国家科学技术学术著作出版基金资助出版

草甸草原生态系统

辛晓平　闫瑞瑞　陈宝瑞　唐华俊 等　著

U0196614

科学出版社

北 京

内 容 简 介

本书以具有代表性的草甸草原生态系统为研究对象,全面论述了草甸草原生态系统的环境条件、地理分布和植被分布规律,并深入分析了草甸草原生态系统的植被特征、土壤特征及其植物生理生态特征变化。在此基础上,系统阐述了放牧和刈割对草甸草原生态系统植物特征、土壤理化特性、土壤微生物、小型哺乳动物及植物病害等的影响,基于生态演替理论对草甸草原生态系统退化特征进行了综合评价,阐明了草甸草原生态系统恢复和改良技术措施对草甸草原生态系统植被-土壤-微生物的影响。上述研究结果系统揭示了草甸草原生态系统的独特性,将为建立草甸草原生态系统科学管理模式、维护生态平衡决策提供科学的理论依据和技术支撑。

本书可供从事草业科学、草地生态学、畜牧科学等学科科研人员和相关业务管理人员阅读与参考。

图书在版编目(CIP)数据

草甸草原生态系统/辛晓平等著. —北京: 科学出版社, 2022.6
ISBN 978-7-03-066695-6

Ⅰ. ①草… Ⅱ. ①辛… Ⅲ. ①草原生态学 Ⅳ. ①S812

中国版本图书馆 CIP 数据核字(2020)第 215403 号

责任编辑:李秀伟 白 雪 / 责任校对:郑金红
责任印制:吴兆东 / 封面设计:无极书装

科学出版社 出版
北京东黄城根北街 16 号
邮政编码:100717
http://www.sciencep.com

北京中科印刷有限公司 印刷
科学出版社发行 各地新华书店经销
*

2022 年 6 月第 一 版 开本:787×1092 1/16
2024 年 1 月第二次印刷 印张:19 3/4
字数:468 000
定价:198.00 元
(如有印装质量问题,我社负责调换)

《草甸草原生态系统》著者名单

（按汉语拼音排序）

白玉婷　曹　婵　曹　娟　陈宝瑞　陈思思

代景忠　邓　钰　高　娃　郭明英　李林芝

李应心　帅凌鹰　谭红妍　唐华俊　王　淼

王占海　卫智军　辛晓平　徐大伟　许宏斌

闫瑞瑞　闫玉春　展春芳　张　楚　张　宇

张　钊　张盼弟　张雅雯　张勇娟　朱立博

朱晓昱

序

　　《草甸草原生态系统》是内蒙古呼伦贝尔草原生态系统国家野外科学观测研究站的系列基础性成果之一。1997 年，中国农业科学院在内蒙古呼伦贝尔建立了草原生态系统野外观测研究站，对我国温带草甸草原生态系统开展了系统深入的研究。20 多年来，以呼伦贝尔站的长期观测和定位试验平台为支撑，来自全国的草原生态学研究人员共同努力，在草甸草原生态系统的生态因子及其变化规律、人类利用与草原演化关系及草原优化管理等方面做了大量研究工作。《草甸草原生态系统》系统地总结了呼伦贝尔站关于草甸草原生态系统的观测和试验研究结果，全面阐述了草甸草原生态系统的环境特征、植被与土壤及其生理生态特征变化规律、放牧与刈割对内蒙古呼伦贝尔草甸草原的影响、退化草原演替特征及其恢复改良方法和有效途径等。

　　草原是陆地表面与森林、农田一样重要的绿色覆被，草原的变化关系着经济发展、生态与环境的改变、人们生活条件与生存环境的变化及生态安全。在我国，随着人们对草原重视程度的不断提高、对草原认识的不断深入，对草原的研究也在不断发展。草甸草原生态系统是草原生态系统的重要类型之一，全面、深入、系统地研究草甸草原生态系统的结构和功能、不同干扰及其变化规律、可持续管理等重大科学问题，将为建立草甸草原生态系统科学管理模式、维护生态平衡决策提供科学的理论依据和技术支撑。

　　我们欣慰地看到《草甸草原生态系统》出版，并衷心祝愿呼伦贝尔站及参与研究的学术集体相偕发展，不断壮大。

任继周

2021 年 10 月

前　言

温性草甸草原生态系统是植物种类最丰富、景观最华丽、生产力最高、自然条件最优越的一类草原生态系统类型，在我国面积为 $1.45×10^7hm^2$。大兴安岭两麓的森林草原过渡带，是我国温性草甸草原的集中分布区，土壤肥沃、草群繁茂，不仅是发展草原畜牧业的基础，也是多种野生动物的栖息地。在这一区域，依存于草原、逐水草而居的游牧民族，创造了独特的生产方式与草原文化。由于自然条件和历史原因，草甸草原生态系统的利用方式多元，在 20 世纪初期就开始刈草越冬，形成了半集约化的畜牧业生产方式，同时垦殖耕种、农牧结合也是草甸草原的重要生产特征。长此以往，放牧、割草和开垦等多元利用导致草甸草原生态系统发生不同程度退化甚至沙化，生态环境质量下降。因此，草原生态系统基础理论及科学管理技术的研究，对维持草甸草原生态系统健康、支撑草原畜牧业可持续发展具有重要价值。

内蒙古呼伦贝尔草原生态系统国家野外科学观测研究站是在李博院士建议下于 1997 年正式建立的。呼伦贝尔站位于大兴安岭北麓草甸草原的中心，是我国温带草甸草原分布最集中、最具代表性的地区。2005 年，呼伦贝尔站被命名为农业部重点野外科学观测试验站，同年进入国家重点野外台站。呼伦贝尔站着眼于草甸草原生态系统环境因子及其变化规律、系统的结构与功能及放牧与割草对草原的影响、草地资源合理利用和草原畜牧业可持续发展等方面，基于长期观测和定位试验开展了深入研究。本书基于呼伦贝尔站观测试验和前人研究成果，系统开展了草甸草原生态系统研究，促进草原生态科学的发展。

全书共 8 章，分别论述了草甸草原生态系统的环境特征和分布规律，探讨了草甸草原生态系统的植被特征、土壤特征及其植物生理生态特征变化，研究了放牧和刈割对草甸草原生态系统相关因子的影响，基于生态演替理论对草甸草原生态系统退化特征进行了评价，论述了草甸草原生态系统恢复和改良的技术措施对草甸草原的影响。

本书得到了国家重点研发计划项目（2017YFE0104500、2016YFC0500600）、国家自然科学基金项目（41201199、41771205、41471093、31971769、41877342）、中国农业科学院创新工程、科技部国家野外科学观测研究站运行服务费、农业农村部野外科学观测研究站运行费、农业科技创新联盟建设-农业基础性长期性科技工作项目（NAES037SQ18）、国家牧草产业技术体系项目（CARS-34）、公益性行业（农业）科研专项（201303060）等的资助。

　　本书的研究工作和编撰工作得到呼伦贝尔站全体工作人员、客座研究人员和研究生的大力支持，在此一并致以诚挚的感谢。

著　者
2021 年 6 月

目　　录

第一章 草甸草原生态系统环境与分布特征

在我国温带草原生态系统的最东部，与森林生态系统相邻的地段，有一狭长地带为草甸草原生态系统。草甸草原生态系统分布于欧亚大陆中纬度地带，处于温带半干旱、半湿润气候区。在地质构造上主要受新华夏构造体系和纬向构造体系控制，地貌结构以显著的镶嵌性和温带高原、山地、平原的带状分布规律为突出特征，在水、热和生物等自然要素组合上具有很强的制约性。土壤在第四纪受不同程度冰川活动的影响，经过腐殖质累积、淋溶与淀积和钙积化等过程，主要土壤类型为黑钙土和暗栗钙土。植被为中温型草原，具有草原生态系统和森林生态系统共存的生态特征，主要由中旱生多年生丛生禾草、根茎禾草和中旱生、中生杂类草组成。这里具有大面积的优良放牧场和割草场，尤以割草场数量、质量为各类草原之首。这片广阔、独特又十分宝贵的天然草原，孕育了以蒙古马、蒙古牛、草原羊等古老品种为基础的多种优良品种。由于人类长期不利因素的干扰和全球气候变化的影响，草甸草原生态系统也出现不同程度的退化现象。因此，研究草甸草原生态系统的环境与分布特征，对草原合理利用和保护、维护我国草原生态安全和放牧畜牧业持续发展具有重要意义。

第一节 草甸草原生态系统的环境特征

一、气候条件

植物组成和植被结构受生态环境的制约，其中气候对植被形成起了直接的影响作用，并制约着植被地带性分布的空间格局。因此，气候因素是影响草原生态系统形成的首要自然因素，特别是水、热配置状况是草原群落类型及结构特征形成的重要条件。在我国地处温带北部的草甸草原生态系统分布于欧亚大陆中纬度地带，具有半湿润、半干旱或半干旱、半湿润的气候特征。随纬度的升高，地面从太阳辐射得到的热量逐渐减少，气温逐渐降低。由于距离海洋较远，加之受蒙古高压气团的控制，草甸草原生态系统大部分地区为大陆性季风气候。在温带的草原生态系统中，草甸草原生态系统为气候条件最好的一种草原植被类型，年降水量一般在 350~550mm，湿润系数为 0.6~1.0，热量偏低，≥10℃积温为 1800~2200℃。

由于草甸草原生态系统所处经纬度的不同和地形的差异，其降水与积温在各地区分配不均。草甸草原生态系统在重点地区所处的气候状况见表 1-1。

大兴安岭山脉东、西两麓为草甸草原生态系统集中分布区，如内蒙古呼伦贝尔地区、锡林郭勒地区、科尔沁地区和松嫩地区。大兴安岭山脉植被生态系统在我国东北部形成了气候变化和生态安全的重要天然屏障。大兴安岭山脉是蒙古高原和松辽平原的分界，北起黑龙江漠河，南至西拉木伦河上游谷地，长达 1400km，宽 150~300km，

表 1-1　草甸草原生态系统分布地区的气候条件

分布地区	年均温（℃）	年降水量（cm）	≥10℃积温（℃）
松嫩平原	2.3～5	350～450	1800～2000
呼伦贝尔草原东部	−4～2	340～380	1700～1900
锡林郭勒高原	0～1	250～380	1900～2100
科尔沁平原	北部−2～3 东南部 2～6	350～440	北部 1400 东南部 2200～3200
阿勒泰山地	−4～−2 萨吾尔山地 3～6	300～600 萨吾尔山地>200	<2000 萨吾尔山地<2000
伊犁山地	坡地−8.1 河谷 5.4～7.5	350～500	2300～3000

海拔多在 1100～1400m，最高峰达 2034m。大兴安岭山脉上部形成寒冷湿润的森林气候。岭东受海洋季风气流影响，降水量大，并形成了半湿润、半干旱的气候特征；岭西较寒冷、干旱，属于半干旱、半湿润的草原气候，这里广泛发育着温带草甸草原植被和土壤类型。大兴安岭山脉的降水总趋势是自东向西递减，岭东降水 440～510mm，岭西高原东部降水 340～380mm，每年降水主要集中在夏季，秋雨多于春雨。其气候特点是冬季漫长寒冷，大雪茫茫，千里雪原，岭西积雪期为 120～180 天，而岭东则为 80～120 天。内蒙古呼伦贝尔根河市积雪深度≥30cm 的日数为 113 天，最大积雪深度50cm。大兴安岭年均温−2.8℃，岭东南麓和岭西 0～5℃；无霜期较短，一般在 120～150 天，大兴安岭北段最短，为 90～100 天。大兴安岭年日照时数在 2700h 以下，图里河、苏格河日照时数最短，仅 2500h，岭东 2800h，岭西 2800～3100h。全年大风日数一般在 20～40 天。

　　阿尔泰山位于我国新疆维吾尔自治区北部和蒙古国西部，西北延伸至俄罗斯境内。该地区属大陆性气候。我国境内的阿尔泰山属其中段南坡，山体长达 500 余千米，海拔1000～3000m。阿尔泰山耸立于亚洲腹部的干旱和干旱半荒漠地带，由于地貌垂直分带明显，在其垂直带上分布有草甸草原生态系统，年均温在−3.60℃以下，7 月平均气温12℃，绝对最高气温 28.8℃；年平均降水量 350～500mm，9 月中旬开始降雪，积雪期达 200～250 天。这一地带气候凉爽，雨量较多，是森林与草原的交错区，牧草产量高，质量好，多属中、良或优等草原，是当地主要的夏季牧场。

　　新疆地区的天山山地北坡、阿尔泰山地和准噶尔山地的山间谷地和盆地，海拔一般在250～4500m，年均温 1.70～9.20℃，最高气温 15.30～27.60℃，极端最高气温 30～34℃，最低气温−23.2～−9.30℃，极端最低气温−43～−33℃。积雪期 100～170 天，积雪深度一般为 10～25cm，伊犁、阿勒泰、塔城山区有时深达 70～100cm。

　　草甸草原生态系统所处气候区的气候演变趋势以海拉尔 1909～1980 年的气象资料为例进行分析。选年均温、冬季平均气温、夏季平均气温、年降水量、冬季降水量、夏季降水量等进行滑动平均，分析结果表明，后 30 年年均温比前 30 年升高了 0.4℃，冬季平均气温升高了 1.5℃，且严寒日数减少，夏季平均气温与年均温的变化趋势相反，下降 1℃ 左右，且夏季低温频繁出现。降水量统计结果表明，内蒙古海拉尔地区 70 年来干湿交替变化夏季降水量增加、冬季降水量减少，特别是后 20 年降雪量明显减少，积雪深度变小，总趋势是干旱期与湿润期交替变化。

从气象灾害看，低温灾害是影响草原地区畜牧业生产的主要灾害，包括生长季节的冷害、春末秋初的霜冻及冬春季的寒潮等。低温冷害对植物影响很大，牧草在生育期内，当气温在 0℃ 以下时则产生霜冻，使牧草提前进入枯萎期，尤其是严重的低温年对草原畜牧业生产影响很大。

以内蒙古呼伦贝尔地区为例分析草原气象灾害。该地区严重低温年有 1961 年、1972 年、1976 年，气候频率为 14%。草原秋霜来得早，使作物、牧草深受其害。年内各月均可出现霜冻，终霜出现日期的年际波动大，最早、最晚相差日数山地一般为 30~60 天，岭东 20~30 天。寒潮，特别是风雪交加的寒潮天气，对牧业生产危害尤为严重。1961~1981 年的 21 年中，各类型寒潮出现 92 次，平均每年有 4~5 次，其中大多数为强寒潮或区域性强寒潮。水涝发生频率大于干旱，春季水涝多发生在大兴安岭山脉，其他季节水涝发生在岭东。冬、春季降雪过多会造成白灾，特点是发生时间早、持续时间长。历史上特大白灾年有 1954 年、1965 年、1970 年，均是 11 月中旬成灾，持续 4~5 个月。据统计，1954 年内蒙古呼伦贝尔全境牲畜死亡 29 万多头（只），1965 年仅陈巴尔虎旗牲畜死亡就达 51 万头（只），1970 年内蒙古呼伦贝尔全境牲畜死亡 21.3 万头（只）。

二、地形组合

在漫长复杂的地质发展历程中，地壳的构造运行造就了我国地形的巨大起伏和地貌的基本轮廓。草甸草原生态系统的地貌在地质构造上主要受新华夏构造体系和纬向构造体系控制，在地貌结构上以显著的镶嵌性和高原、山地、平原的带状分布规律为最突出特征，并在水、热、生物等自然要素的分布规律上显示出很强的制约性。

我国温带草甸草原生态系统从东北到西北，由于分布地区不同地形条件有很大的差异。在松嫩平原上，草甸草原集中分布于中部和南部的漫岗地、缓坡地和低平地，海拔 140~200m。内蒙古呼伦贝尔和锡林郭勒草原上的草甸草原生态系统处于大兴安岭东西两麓的低山丘陵和波状高平原上，山地海拔 900~1400m、丘陵海拔 800~1000m、高平原海拔 500~700m。科尔沁草原上的草甸草原分布于大兴安岭南段山地及山前平原丘陵地带，山地海拔 1500m、丘陵台地海拔 200~400m。阿勒泰地区的草甸草原分布于山地、山前丘陵、河谷，海拔 1400~2300m。伊犁地区的草甸草原分布于坡地、河谷，海拔 1100~2600m。

草甸草原生态系统的垂直分布，因地理位置不同，分布的高度也不同。草甸草原生态系统在大兴安岭东麓分布地海拔多在 800m 以下，在大兴安岭西麓分布在海拔 800~1000m；在内蒙古大青山分布在 1600m 以上。新疆的阿尔泰山和萨吾尔山地的草甸草原生态系统则分布于 1400~2300m，位于山地草原之上或与森林、山地草甸交错分布。在伊犁山地，草甸草原生态系统发育在海拔 1100~2600m。

大兴安岭山脉地形构造属新华夏隆起地带，中生代后期经剧烈的隆起和梯状断裂，以及长期的侵蚀、剥蚀，几经夷平为准平原面。到第四纪新构造运动沿古断裂继续发展，使大兴安岭继续抬升，将两极夷平面抬升到不同高度，造成岭东岭西地形地势的不对称。岭西随蒙古高原不断上升，地势增高，山麓处丘陵起伏，渐没于高原，形成了内蒙古高平原。岭东随松辽平原的陷落下降及强烈的侵蚀切割，使坡面陡峻，造成不对称的阶梯状山形，山顶以下保持着二、三级阶梯状平坦面伸入松辽平原，使山地与平原相嵌。显然岭西高于岭东，西坡平缓，高差 300m 左右，东坡陡峻，高差 700m 左右。大兴安岭的基岩以火成岩为主体，由花岗岩、玄武岩等组成，经长期风化，形成浑圆广阔的山势，大量喷出的玄武岩构成大片熔岩台地。

三、土壤条件

在环境因素中，植被对土壤条件有间接影响。土壤的形成受其环境条件特别是地形地貌、气候、水文、植被、人类活动等因素的影响，其中气候和植被条件是影响土壤形成的基本因素。草甸草原生态系统中，以山地、高平原和河谷平原为主要地形地貌条件，其地形构造条件影响着水分、热量的重新分配和植被类型的形成与分布，也影响土壤类型的形成与分布。从地壳物质的淋溶和淀积过程来看，一般越靠近山地淋溶过程越占优势，越靠近平原中心则淀积过程越占优势。气候对土壤形成过程中的有机化合物、无机化合物的合成与分解、淋溶和还原作用发生深刻的影响，决定土壤类型的性质和分布规律。植被是土壤有机质的主要来源，是形成腐殖质的物质基础，植被类型的演化也明显影响土壤类型的变化。草甸草原生态系统主要分布的土壤类型为黑钙土、黑土、暗栗钙土，土壤类型在不同地区分布均有差异。松嫩平原草甸草原主要为黑土、黑钙土、暗栗钙土；内蒙古呼伦贝尔草甸草原主要为暗栗钙土、淡黑钙土；锡林郭勒草甸草原主要为暗栗钙土、黑钙土；科尔沁草甸草原以黑钙土、暗栗钙土为主；阿勒泰地区以黑钙土、暗栗钙土为主；伊犁地区为暗栗钙土、黑钙土。土壤类型在地理分布上与植被气候带相适应，草甸草原生态系统分布地区的土壤在第四纪时期经受了不同程度冰川活动的影响，成土过程有腐殖质累积过程、淋溶与淀积过程、钙积化过程等。

（一）黑钙土

黑钙土地带主要分布于大兴安岭中南段东西两麓的草原地区，向西延伸到燕山北坡和阴山山地；在新疆的昭苏盆地、阿尔泰山南坡及祁连山东部的北坡也有分布。黑钙土分布区属半湿润大陆性季风气候，气温较低，降水较少，风力较大，年均温–2.5～3℃，降水量 350～400mm，地形大部分为低山丘陵。黑钙土在波状高平原及河流阶地也有大面积分布。黑钙土是在半湿润的气候环境和草甸草原植被下发育的，具有较深厚腐殖质表层，下部有钙积层或石灰反应的土壤。草甸草原植被为土壤带来了大量有机物质，使土壤形成良好的中性环境，为土壤微生物活动和腐殖质大量积累创造了有利条件，因此黑钙土具有草原土壤形成的最基本的两个过程，即腐殖质积累过程和钙积化过程。其中暗黑钙土腐殖质深厚，有机质含量达 10%以上；黑钙土土层 30～50cm，有机质含量为

5%～10%，pH 7.0～7.5；淡黑钙土土层也较深厚，有机质含量为 3%～6%。黑钙土地带 0～20cm 土层有机质平均含量为 7.32%，全氮含量为 0.35%，速效氮含量为 266.03ppm[①]，土壤阳离子代换量为 30.66mg 当量/100g 土。钙积层多出现于 50～90cm 处，剖面中下部有白色粉末状石灰累积。

（二）黑土

黑土是在温带半湿润气候、草原化草甸植被下发育的土壤，是温带森林土壤向草原土壤过渡的一种草原土壤类型。分布在草甸草原生态系统的黑土地带位于大兴安岭东麓山前丘陵平原和河谷平原，海拔 260～500m；属于松辽平原的黑土向大兴安岭山脉边缘延伸部分，与暗棕壤呈镶嵌分布。黑土具有黑灰色的腐殖质层，呈粒状或团块状结构，全剖面无钙积层。黑土地带的自然植被是森林草原及常绿阔叶林间的杂类草草甸，即五花草甸，主要由莎草、拂子茅、地榆、沙参、柴胡、柳、榛等组成。黑土地带植被极为茂密，加之冷湿的气候条件，有机质积累丰富，为黑土腐殖质积累创造条件。由于黑土分布区土壤母质大多黏重，局部形成季节性冻层，水分下渗仅 1～2cm，土地中特殊的淋溶还原条件与有机质强度积累条件相结合，构成了黑土的成土过程，即黑土化过程，使黑土有一个 25～70cm 的深厚的黑色腐殖质层，向下过渡到淀积层和母质层。土壤结构良好。黑土地带 0～20cm 土层有机质平均含量为 6.84%，全氮含量为 0.33%，速效氮含量为 288.01ppm，pH 6.46，土壤阳离子代换量为 27.61mg 当量/100g 土。土层一般深50cm 左右，土壤质地为壤质，具有较高的潜在肥力和较强的保水保肥性能。

（三）暗栗钙土

栗钙土根据主要成土过程的表现程度，可进一步分为暗栗钙土、典型栗钙土、淡栗钙土，其中暗栗钙土的水分及肥力性状较好。栗钙土是草原植被下发育的土壤，具有明显的栗色腐殖质层和钙积层。剖面由栗色腐殖质层、灰白色钙积层与母质组成，易溶性盐类从剖面上中部向下淋失，而石灰石在剖面中部大量沉淀形成钙积层。一般都出现在土层深 30～50cm 处，厚度 20～40cm，以层状为主，也有斑块状。栗钙土表层有机质含量在 1.9%～3.8%。

四、植被地带

温带草甸草原生态系统的植被地带处于中温型草原带森林草原亚带。森林草原亚带是草原植被与森林植被共存的自然景观地带，处于草原带向森林带的过渡地区。在我国，中温型草原带森林草原亚带环绕着大兴安岭针叶林带与常绿阔叶林带，呈连续分布的狭长带状，一般多分布在山地外围的丘陵区，这里发育着黑钙土。森林草原亚带是中温型草原带内气候最寒冷、最湿润、自然条件最优越的地区。年均温-1.5～3.1℃，≥10℃积温 1630～1950℃，年降水量 350～500mm，湿润系数 0.6～1.0。森林草原亚带的植被以各种草原植物群落为主，而森林植物群落仅居于次要地位。森林植物群落常见的有白桦

---

① 1ppm=10⁻⁶

林及白杨林，多出现在海拔较高或具陡坡的低山与丘陵阴坡上，形成零散的岛状林。在森林群落片段的外围，还有一些柳灌丛和绣线菊灌丛。而在阴坡的无林地段上，常常生长有杂类草草甸群落，其主要成分有多种，如野豌豆、野火球、山黧豆、地榆和柄状薹草等。草原植物群落多分布在起伏的丘陵和山体阳坡上，生态系统的构成通常是丘陵上部为线叶菊草甸草原生态系统和羊茅草甸草原生态系统、中部为贝加尔针茅草甸草原生态系统、下部为羊草草甸草原生态系统。

位于岭东的嫩江西岸河谷平原受东南季风气候影响，在大兴安岭山麓丘陵地带发育着以蒙古栎林为主的森林草原，向东一直到松嫩平原是一望无际的以羊草草场为代表类型的草甸草原，进而形成平原丘陵草原亚类草场，这里气候温和、半湿润，土壤肥沃，大部分优良草场已开发为农田，种植业生产在经济结构中占主导地位。

五、动物资源

（一）家畜

草原生态系统中的家畜经营构成了以游牧民族为核心的生产方式，为游牧民族提供了基本生活需求。我国东北三省的西部与内蒙古高原东北部，以及新疆山地垂直带上的草原地带，冬季长而干旱，夏季短而湿润，土质肥沃，牧草茂盛，为马、牛、羊的饲养提供了独特的环境条件及植被。我国草原生态系统的马、牛、绵羊、山羊和驼（五畜）的分布比例分别为9%、13%、67%、9%、2%。敖仁其等（2004）、郑丕留（1980）等对我国主要草原家畜的生态特征进行了分析总结。家畜品种的形成，除遗传因素起决定性作用外，生态条件及人们的选择和培育都有着重要影响。在这些主要因素的综合作用下，经历漫长的时间，逐渐形成具有不同遗传特点、体型外貌和生产性能的各种家畜品种。

1. 草原马

在我国北部辽阔的草原上，东部有蒙古马，西部有哈萨克马。这两种马都具有共同的也是最难能可贵的特点：适应性强，耐粗饲，终年野外放牧，在严冬−40℃既无棚舍又不补饲的条件下也能正常生活。

（1）蒙古马

世界上马的种类较多，蒙古马是独立起源的最古老的马品种之一。蒙古人祖先在蒙古高原驯化了蒙古野马，今天的蒙古马属于半野生、半驯化状态。蒙古马数量大，分布广，针对不同草原生态类型，蒙古马形成了多种优良品系，如乌珠穆沁马等。蒙古马为乘、奶、肉兼用品种；适应恶劣的气候环境和粗放的饲养条件，抗病力强；体形较小，但为世界耐力最强的马种。蒙古马是我国主要马种之一，分布极广，除内蒙古外，遍及东北、华北、西北各地。

（2）哈萨克马

哈萨克马是在粗放牧、群养条件下形成的一个古老地方品种，具有较稳定的遗传性和一定的品种特征，有产肉、泌乳能力，具有耐粗饲、耐高寒的适应性能。哈萨克马分布在新疆北部,与蒙古马相似,具乘、挽、乳等多种用途,当地牧民有饮用马奶的习惯。历史上有过多次哈萨克马产区与外地马进行马匹交往的记载。在清乾隆年间,定居俄国伏尔加河流域的蒙古族重返新疆,可能带回了中亚一带马种,同时受蒙古马影响,经过数百年培育和风土驯化,哈萨克马已成为具有一定品种特征的、有别于蒙古马和其他中亚马种的地方品种。

（3）三河马

三河马是俄罗斯后贝加尔马、蒙古马及英国纯种马等杂交改良而成的,已有上百年的驯养历史,起源于内蒙古呼伦贝尔额尔古纳三河地区（根河、得尔布干河、哈乌尔河）及呼伦贝尔市境内滨洲线一带,主要分布在内蒙古额尔古纳市、陈巴尔虎旗和大兴安岭以西铁路沿线一带。三河马以外貌俊秀、体质结实、结构匀称、具有良好的持久力而著称,外形比蒙古马高大,毛色主要为骝毛和栗毛,力速兼备,脚步轻快,是农业生产、交通运输的首选品种,同时也是骑乘型品种,属挽乘兼用型,部分马匹偏乘或偏挽,遗传性稳定,用于改良蒙古马效果良好,以在寒冷半湿润的草甸草原生长最佳。

2. 草原牛

（1）蒙古牛

蒙古牛是一个古老的品种,广泛分布在中亚、东亚（包括我国的北方地区）、俄罗斯贝加尔湖周边地区。蒙古牛胸深大、体矮、胸围大,具肉、乳、役多用途。由于蒙古牛分布地区的生态差异,在漫长的自然选择和适应性基因突变过程中,形成草甸草原、典型草原区的大体格品种,如巴尔虎牛、布里亚特牛、乌珠穆沁牛的体格较大。草原上的蒙古牛多为终年放牧,无需棚圈和补饲,夏季在河流、湖泊周围,冬季在避风好的阳面山谷地。蒙古牛主要特点为:耐粗饲、宜放养、抓膘快、适应性强、抗病力强、肉品质好、生产潜力大等。

（2）哈萨克牛

哈萨克牛是新疆古老的黄牛品种。根据史料记载,其混有蒙古牛血液。哈萨克牛具有良好肉用性能,夏秋季在草原放牧条件下能迅速长膘。其体小、胸深大、胸窄。哈萨克牛一般均为终年放牧,很少补饲;生产性能虽不高,但具有产奶、产肉和役用等多种用途。哈萨克牛产区地形由高大山脉和大小不同的盆地组成。其在大风雪里仍可露天过夜,一般不补草料,靠采食冬牧场枯草过冬,具有抗寒力强、耐粗饲、抗病、体质强壮、遗传性稳定等优良特性,适于粗放饲养管理。哈萨克牛与其他乳用、兼用及肉用品种进行杂交后均获得良好效果。

（3）三河牛

三河牛因原产于额尔古纳三河地区而得名。三河牛是利用外来西门塔尔牛、后贝加尔牛、雅罗斯拉夫牛与当地蒙古牛杂交培育而成的乳肉兼用优良品种,以红白花为主,主要分布在三河、海拉尔至吉拉林公路与滨洲铁路沿线。三河牛形成的自然条件:土壤以黑钙土为主,有大面积放牧场和割草场,河流多、水源充足。三河牛培育于以羊草为主的草甸草原,青草期限昼夜放牧,其余时间舍饲,饲养方式为半集约化。三河牛耐严寒、耐粗饲、适应性强,可以在严寒地区常年放牧,生产性能好,泌乳期270～300天,平均产奶量为 3886kg，略低于同等饲养条件下的荷斯坦奶牛，但具有良好的肉用性能和对当地气候条件的适应性。

3. 草原绵羊

（1）蒙古绵羊

蒙古绵羊是蒙古高原的一个古老品种。蒙古绵羊分布很广，同蒙古牛的分布区域大致相同。一般来说，草甸草原、典型草原的蒙古羊体型略大、毛质粗。蒙古绵羊的基本外貌特征表现为：体质结实、鼻梁隆起，公羊多有角，毛质较粗，体毛多为白色，头、颈、四肢多有黑色或褐色斑点，尾大而肥。蒙古绵羊肉质细嫩，色味鲜美，营养成分高。蒙古绵羊适应较严酷的自然环境和粗放饲养条件，是一种投入极少、产出较高的绵羊品种。其放牧行走快，游牧采食力强，抓膘快，每日骑马放牧可走 15～20km，大雪天西北方向设简易风障即可过夜。蒙古绵羊具有耐渴特点，秋季抓膘时可采取走"敖特尔"（转场）野营放牧，可几天乃至十几天不需饮水，只要能采食野葱、野韭、瓦松等多汁牧草，即可达到解渴和增膘的效果。

（2）新疆细毛羊

新疆毛肉兼用细毛羊，简称新疆细毛羊。该品种原产于新疆伊犁地区巩乃斯种羊场，是我国于 1954 年育成的第一个毛肉兼用细毛羊品种，用高加索细毛羊公羊与哈萨克羊母羊、泊列考斯羊公羊与蒙古羊母羊进行复杂杂交培育而成。该品种适于在干燥、寒冷的高原地区饲养，具有采食性好、生命力强、耐粗饲等特点，已推广至全国各地。新疆细毛羊的毛在细度、强度、伸长度、弯曲度、密度、油汗和色泽等方面都达到了很高的标准。1995 年，伊犁巩乃斯种羊场 2.3 万只细毛羊平均净毛产量高达 3.32kg，毛长 9.98cm，创造了国内育种场细毛羊大群平均净毛单产的最高纪录，用细毛羊的毛纺织出的各类毛纺或混纺织品畅销国内外。

（3）阿勒泰羊

阿勒泰羊主要产于新疆北部的福海、富蕴、青河等具，分布于新疆北部阿勒泰地区的福海、富蕴、青河、阿勒泰、布尔津、吉木乃及哈巴河等地，是哈萨克羊种的一个分支，以体格大、肉脂生产性能高而著称。阿勒泰地区是哈萨克族的聚居区，羊群基本上以四季长途转移放牧、自群繁育为主，至今该地区绵羊仍保持着哈萨克羊的典型特征。阿勒泰地区繁育的绵羊有别于其他地区的哈萨克羊而成为一个独特的地方良种——阿勒泰羊，属肉脂兼用的粗毛羊。阿勒泰羊羔羊生长发育快，产肉能力强，适应终年放牧条件。夏季放牧于阿勒泰山的中山带，海拔 1500～2500m，春秋季牧场位于海拔 800～1000m 的前山带及 600～700m 的山前平原，冬季牧场主要在河谷低地和沙丘地带。

（二）野生动物

据周以良等（1997）调查，中国东北地区由于自然条件的差异，各地动物区系组成有别，自北向南、自西向东动物区系趋于丰富，共有 6 个动物地理亚区。草甸草原生态系统的动物区系主要分布在大兴安岭亚区和内蒙古东部草原亚区的范围之内。大兴安岭亚区位于中国东北地区最北部，也是全国纬度最高的地方，属寒温带，植被单调（如兴安落叶松和白桦），山势平缓，植被垂直分带不明显，动物种类较其余亚区少。此区的代表动物有驯鹿、驼鹿、貂熊、林旅鼠、东北鼠兔、雪兔、黑嘴松鸡、乌林鸮等。此区还是鹊鸭、斑头秋沙鸭、红胸秋沙鸭、红喉鹨、红喉姬鹟、燕雀、白腰朱顶雀、北朱雀、白翅交嘴雀、小鸥等种类在国内主要的繁殖区。

内蒙古东部草原亚区树木稀少，在丘岗地带有些亚乔型的天然榆树，在水域附近生境条件大为改善，动物种类也多。特有（或代表）种有斑头雁、疣鼻天鹅、草原雕、斑翅山鹑、大鸨、红脚鹬、反嘴鹬、毛腿沙鸡、凤头百灵、角百灵、岩燕、红背伯劳、红嘴山鸦、褐岩鹨、沙鹏、穗鹏、白顶鹏、白背矶鸫、田鹨、白喉林莺、石雀、黑喉雪雀等。兽类特有种有草兔、达乌尔鼠兔、达乌尔黄鼠、草原旱獭、黑线仓鼠、小毛足鼠、狭颅田鼠、长爪沙鼠、五趾跳鼠、沙狐、艾鼬、兔狲、黄羊等。

王文等（1997）的调查显示，内蒙古呼伦贝尔草原共有兽类 17 科 52 种，其中以仓鼠科物种最多，其次为鼬科，另外鼠科物种分布广，在各生境中都有其分布。兽类区系组成极其受环境的制约。内蒙古东部草原亚区属于亚洲大陆中部，在动物地理区划上属古北界蒙新区东部草原亚区，从种类的地理型上看，以古北界种类占优势，共有 44 种，占 84.6%，而东洋界仅 8 种。大兴安岭山脉的动物渗透到森林草原地带，如森林中典型种类马鹿、野猪、狍等大中型兽类。马鹿、野猪从不离开森林，而狍则可以深入草原腹地生活。

第二节　草甸草原生态系统的分布规律

一、生态地理分布

我国的温性草甸草原生态系统，因气候、地形及水热因子组合的不同而具自身独特的分布规律和群落结构特征。草甸草原生态系统是由森林生态系统向典型草原生态系统过渡的一种生态系统类型，由半干旱、半湿润地带性的生境条件构成，具有草原生态系统和森林生态系统共存的生态交错分布特征，植物种类组成主要由中旱生多年生丛生禾草、根茎禾草和中旱生、中生杂类草组成，在植物群落中有时混生小部分中旱生小灌木。草甸草原生态系统过去被称为森林草原生态系统，集中分布在大兴安岭东麓的低山丘陵及大兴安岭西麓的高平原、低山丘陵及松嫩平原，也见于典型草原生态系统地带的丘陵阴坡、宽谷，山地草原带的上侧（山地森林草原带），以及荒漠草原生态系统的山地垂直带。在我国重点牧区中，草甸草原生态系统主要分布在松嫩草原、内蒙古呼伦贝尔草原、科尔沁草原等地区（表 1-2）。

表 1-2　草甸草原生态系统分布地区的地理位置

地区	地理位置
松嫩平原	北纬 41°10′~46°30′、东经 122°20′~128°50′
呼伦贝尔草原	北纬 47°20′~50°50′、东经 115°31′~121°35′
锡林郭勒草原	北纬 41°35′~46°46′、东经 116°09′~119°38′
科尔沁草原	北纬 40°42′~47°39′、东经 116°22′~123°43′
阿勒泰山地	北纬 45°00′~49°10′、东经 85°31′~91°04′
伊犁山地	北纬 42°14′~44°50′、东经 80°10′~84°57′

二、区域分布规律

（一）各地区草甸草原分布

在行政区域上，草甸草原分布于内蒙古、吉林、黑龙江、辽宁、河北、新疆、宁夏、西藏、陕西、甘肃、青海等省区。草甸草原生态系统总面积 $1.45×10^7hm^2$，约占我国草原生态系统总面积的 3.7%，可利用面积 $1.28×10^7hm^2$，占该类型总面积的 88.35%。其中内蒙古草甸草原生态系统面积最大，占全部草甸草原面积的 59.81%，其次是新疆 15.96%，黑龙江占 9.45%，吉林占 7.97%（表 1-3）。

表 1-3　草甸草原生态系统面积与分布

省区	草原面积（hm^2）	所占比例（%）	草原可利用面积（hm^2）	所占比例（%）
河北	355 471	2.45	323 865	2.52
内蒙古	8 682 506	59.81	7 647 925	59.62
辽宁	243 843	1.68	233 082	1.81
吉林	1 157 850	7.97	921 039	7.19
黑龙江	1 372 762	9.45	1 240 249	9.67
西藏	208 400	1.44	193 572	1.51
陕西	19 377	0.13	13 963	0.11
甘肃	94 206	0.65	89 659	0.70
青海	1 481	0.01	1 185	<0.01
宁夏	65 441	0.45	59 765	0.47
新疆	2 317 994	15.96	2 103 107	16.39

注：数据来源《中国草地资源》（中华人民共和国农业部畜牧兽医司全国畜牧兽医总站，1996）

（二）区域草甸草原分布

草甸草原生态系统由于分布地区地理位置、海拔、地形条件及水热因子组合的差异，具有不同的区域分布特征。草甸草原生态系统主要分布于大兴安岭东、西两麓和松嫩平原地区，在陕西北部和甘肃东部的黄土高原及新疆北部和西藏东部的高山河谷地带亦有分布。

1. 大兴安岭东、西两麓的草甸草原

大兴安岭西侧的草甸草原沿岗前丘陵呈带状南北延伸，南起我国锡林郭勒高原东北部宝格达山一带，往北穿过蒙古国东部边缘，再经我国兴安盟伊尔施及内蒙古呼伦贝尔市东部的红花尔基、牙克石、上库力等地区达额尔古纳河流域，并超过我国边界向西北延伸到俄罗斯贝加尔和蒙古国杭爱山地区。我国东北部逐渐进入大兴安岭针叶林区，大兴安岭西麓与内蒙古高原典型草原区相邻，正处于草原向山地针叶林过渡的地区。在植被组合上，该区以几种草甸草原植物为建群种构成草原植被类型，并具有林缘草甸和以白桦为主的森林交互分布的独特景观。基岩主要由花岗岩、安山岩、石英粗面岩等火成岩所组成，岩性较均匀，久经剥蚀，山体浑圆，因此地形起伏比较平缓。海拔由东向西

逐渐下降，且具有南高北低的趋势，北部海拔一般为 700～800m，南部达 950～1200m。气候寒冷、半湿润，年均温−3～−1.5℃，≥10℃积温 1600～2000℃，无霜期 80～100 天，年降水量 350～450mm，湿润系数 0.6～1.0。岭西的地带性土壤东部为淋溶黑钙土、西部为黑钙土，岛状森林下发育了灰色森林土。源于大兴安岭西坡的河流均流经本区，河网较发育，间距多为 3～10km，并形成宽阔的河谷与沼泽。

岭西草甸草原植物区系起主要作用的成分是兴安—蒙古种，其中以贝加尔针茅、线叶菊、羊草为主体的群落均为本区优势建群植物。欧亚大陆温带和东亚分布的森林草甸种也起很大作用，如裂叶蒿、野火球、歪头菜、大叶草藤等。此外，东亚森林种（如白桦）与东西伯利亚森林种（如樟子松）也起一定作用，这里的天然植被保存完好，农田开垦率相对岭东较低。岭西靠近大兴安岭的一侧多为低山地区，阴坡分布有连片的白桦林或白桦、山杨林，平缓山顶及阳坡上部为线叶菊草原；高河滩及谷地分布有中生杂类草和薹草组成的沼泽化草甸，低河滩则为小叶章、塔头薹草和以喜湿杂草为主的草甸化沼泽。向西在靠近高平原的一侧为丘陵漫岗区，这里森林已很零碎，仅在海拔较高、坡度较大的阴坡下部还有小块状的白桦林或白桦、山杨林分布，一般丘陵阴坡主要分布有草原化的五花草甸和团块状分布的兴安柳灌丛；丘顶及坡地上部分布有线叶菊草原及少量羊茅草原，坡地底部及漫岗广泛分布有羊草草原，坡地中部则分布有贝加尔针茅草原；河滩多为中生杂类草草甸。值得指出的是，在本地区南部红花尔基一带，有大片沙地分布，在沙地基质上形成了大面积樟子松林，生长比较疏散，郁闭度多在 0.6 以下，林下有发达的草本层，并以草原成分为主。这是一类独特的草原化樟子松林，是我国十分珍贵的一种森林资源（种源基地）。

大兴安岭东麓的草甸草原与中温型常绿阔叶林带相接，位于大兴安岭东南麓的丘陵地区，即洮儿河流域及其以北的地方，向东北一直伸延到小兴安岭山前地带。这一带由于面临东南海洋季风影响，气候比大兴安岭西麓湿润。从北向南降水量渐减、热量渐增。年均温 2.0～4.0℃，≥10℃积温可达 2300～2800℃，无霜期 120 天以上，年降水量 400～450mm。大兴安岭东麓草甸草原与西麓草甸草原的差别主要是在植物区系上具有东亚成分的明显入侵。例如，山地灌丛草甸草原以西伯利亚杏、大果榆、达乌里胡枝子为主要建群种，草本层的大油芒、野古草、白莲蒿等成为主要优势成分。

在接近中温型常绿阔叶林带外围低山丘陵地区的阴坡分布着团块状蒙古栎林或黑桦林及平榛灌丛、胡枝子灌丛等植被，在阳坡及低缓的漫岗形成以线叶菊、杂类草为主的群落类型，群落中含有丰富的中生与中旱生杂类草，如地榆、沙参、蓬子菜、委陵菜、芍药、尖叶胡枝子等。岭东的南部平原、丘陵地区年降水量 380～420mm，由北部低山丘陵向东南低海拔地区的过渡中蒙古栎的成分逐渐减少，阴坡多为阴生矮林或蒙古栎矮林，阳坡上分布有本区广布的特有类型——西伯利亚杏、线叶菊。大兴安岭东麓的草甸草原土壤肥沃，比大兴安岭西麓的土地开垦率高得多，开垦历史比较悠久。

2. 松嫩平原的草甸草原

在松嫩平原上，草甸草原集中分布于大兴安岭以东、小兴安岭以南及张广才岭以西、辽河以北的漫岗地、缓坡地上，处于欧亚大陆草原区的最东端，海拔 140～200m。该草甸草原区因长白山山地阻碍了夏季东南季风向内地深入,加之纬度较高,大陆性气候特点十分显著;年均温多在 2.3～6℃,日平均气温≥10℃的持续期 120～140 天,积温 2100～2800℃,年积雪量不到 20mm,最冷月份(1 月)平均气温-28～-22℃,夏季温暖多雨,最暖月份(7 月)平均气温 26.8～28.1℃,无霜期 110～150 天;年降水量 350～500mm,自东向西递减,多集中在 7 月和 8 月。多雨与高温季节相吻合,有利于牧草的生长发育。但因地势低平,地表径流少,透水性差,降水绝大部分既不能迅速汇入河流也不能渗入地下,从而停滞于地面和接近地面的土层中,造成雨后土壤经常滞水,但年蒸发量较大,一般为降水量的 2～3 倍。

受地形变化及特殊成土条件的影响,松嫩平原草甸草原的地带性土壤为黑钙土和黑土。黑钙土广泛分布在一级台地和平缓坡地上,土层比较肥沃,腐殖质层 30～60cm,有机质含量在 5%～8%,有良好的物理性状。水资源比较丰富,地表水有嫩江、松花江及洮儿河、霍林河、伊通河、通肯河、乌裕尔河、雅鲁河等,水质多为中性或微碱性,可供家畜饮用。地下水资源也很丰富,且埋藏较深,大部分地区水质都适于人畜饮用。地下水的埋藏与含量因地区不同而有所差异。在小兴安岭西侧的山前漫岗丘陵地区,地下水主要储存在白垩纪和第三纪含水层中,埋藏较浅,一般高于 5m;而在大兴安岭东侧山前平原,沙砾石含水层较厚,地下水深 5～15m,矿化度小于 0.5g/L。

松嫩平原草甸草原植被由根茎型羊草和丛生型贝加尔针茅及大量杂类草组成。由于具有良好的植物生长条件,这里的草原植物种类丰富,植被类型多样,产草量高。除建群植物羊草、贝加尔针茅外,常见植物有大油芒、荻、野古草、线叶菊、披针叶黄华、地榆、兔儿伞、小玉竹、败酱、地瓜儿苗、桔梗、蓬子菜、山萝卜和黄芩。草群盖度大,产草量高,平均载畜量为 0.8hm^2 饲养一个绵羊单位。由于地势平坦,气候适宜,牧草产量高,质量好,是我国目前最好的天然割草场和优良牧场。在固定沙丘和排水良好的沙岗地上,广泛分布有矮生榆树疏林,主要树种是家榆、春榆和大果榆,伴生灌木主要是山杏。

松嫩平原已大部分被开垦为农田。随着农田面积的逐年增加,这一地区原有的自然植被景观已发生了巨大变化。该地区连片分布的地带性草原已所剩无几,大面积的岛状榆树疏林也已基本消失,目前尚未开发的部分草原大多与土壤盐渍化不宜开垦有关。

3. 新疆及其他区域的草甸草原

我国的草甸草原生态系统,按地形可分为平原丘陵草甸草原生态系统和山地草甸草原生态系统。其中,山地草甸草原生态系统除松辽平原西部及内蒙古大兴安岭东、西麓分布外,在内陆温带干旱区的各大山地垂直带上均有分布,多生长发育在山地针叶林下缘,或镶嵌在山地草原的阴坡和山地草甸带的阳坡,是山地草原生态系统向山地草甸生态系统过渡的一种类型。

在新疆,干旱的大陆性气候对新疆植被产生了深刻的影响,水平地带分布的荒漠草地延展到前山和低山地带,草原只是在山地上才有发育,构成山地植被垂直带的一部分。草甸草原生态系统出现于山地的典型草原带以上、森林带以下(170～1900m),在新疆北部天山、阿尔泰山、准噶尔西部山地垂直带上呈不连续的带状分布,在阿尔泰山、准噶尔西部山地、天山北坡草甸草原发育较好，其分布海拔东西差异较大，如阿尔泰山东部海拔为1400~1700m，西部为1700~2000m；准噶尔西部山地西部海拔为1800~2000m，东部为2100~2500m；天山北坡西部海拔为1600~1800m，东部上升到1800~2200m。

山地草甸草原生态系统的生境条件比较湿润，土壤发育成山地黑钙土，腐殖质层深厚，为0~15cm，草群生长繁茂。在新疆草甸草原主要植物有羊茅、新疆早熟禾、白羊草、柄状薹草、天山鸢尾、白莲蒿等。

第三节　草甸草原生态系统的人类活动及利用特点

人类干扰已成为影响植被的最重要的因素，悠久的人类活动对草原生态系统的影响很大。在我国，人类对草原生态系统的利用有漫长的历史，原始农业兴起约在新石器时代的晚期。人类对草原的干扰方式不同及其利用的形式与强度不同，对草原生态系统的影响也十分不同。人类最初是通过狩猎，即猎捕草原上的野生动物保持自身的生存与发展。随着经济发展，狩猎不能满足自身的需要，因而人类通过饲养家畜、放牧活动利用天然草原的第一性生产力，这种放牧活动延续了很长时间，一直到现代，放牧活动仍是我国北方温带草原生态系统最主要的利用方式。这种方式很长一段时间是游牧方式，而后逐步定居下来，目前在我国定居已成为主要状态。这种放牧活动，只是不断增强了对天然草原生态系统利用的强度，并没有从根本上改变天然草原生态系统的结构与组成。但是，当这种利用强度过度，而不能维持生态平衡时，则会导致天然草原生态系统的退化或逆行演替。

人类对草原生态系统干扰的另一种方式是开垦草原为农田，这会导致天然草原生态系统结构、组成与功能过程的根本改变。在中国，大体上从战国到秦汉，一些地区的草原，从自然状态被逐步开垦为农田。人类在草原上的垦殖活动，大多导致生态环境变差。美国20世纪30年代的黑风暴、苏联50年代发生的同类事件、我国近几年频繁发生的沙尘暴，都与天然草原生态系统的开垦有关。人类对草原生态系统的积极影响在于对草原生态系统的科学保护和建设、合理利用草原及退化草原的恢复和改良，确保草原生态系统的可持续发展。

草甸草原生态系统具有比较优越的降水等气候条件、肥力较高的土壤条件及生产力较高的植被条件。因此土地利用除了用作放牧、割草等外，开垦为农田是另一种重要的利用方式。在通常条件下，即使不施肥、不灌溉，草甸草原开垦为农田也可获得相对稳定的产量。也正因如此，草甸草原一直被认为是最好的宜农荒地，是首先被开垦的对象。开垦是对草原植被最彻底的一种破坏方式，也是造成草甸草原大面积减少的主要原因。草甸草原生态系统的开垦，从遥远的过去到最近几十年从未停止，自1950年以来的半个多世纪，曾有过三次大规模的草原开垦。据统计，内蒙古自20世纪50年代到80年代中期，先后开垦草原207万 hm^2，在90年代，大兴安岭东部地区5个盟市开垦草原面积高达97万 hm^2，其中呼伦贝尔盟（今呼伦贝尔市）80年代耕地面积为117.9万 hm^2，至1996年耕地面积已经达到166.62万 hm^2，净增48.72万 hm^2。

开垦使草原面积锐减，还是造成草甸草原地区草场退化的主要原因之一。无计划开垦后，当土壤肥力变差便弃耕，弃耕地植被稳定性很差，迎风坡面经常出现土壤严重裸露的现象。超载放牧、过度利用是草甸草原退化的直接原因。随着草甸草原面积的不断减少和牲畜数量的大量增加，对草原的利用强度也逐渐增大，大部分地区都存在不同程度的超载放牧问题，致使草场出现不同程度的退化。割草利用虽不及放牧利用对草原植被的影响严重，但过度割草和不合理割草同样也是草甸草原大面积退化的直接原因。长期连年割草除了导致草原生态系统的营养物质外流、影响物质的积累过程，还使群落矮生化，对成穗过程产生抑制作用。此外，除了开垦、放牧和割草对草原产生影响外，搂草、挖药、工矿生产等都对草甸草原植被有不同程度的影响。草原退化是荒漠化的主要表现形式之一。根据《联合国防治荒漠化公约》，所谓荒漠化是指气候变化和人为活动导致的干旱、半干旱和亚湿润干旱区的土地退化。主要表现在农田、草原、森林的生物或经济生产力和多样性的下降或丧失，包括土地物质的流失和理化性质的变劣，以及自然植被的长期丧失。草原退化的具体结果将导致草原生态系统生产力与载畜量的下降、群落结构简单、植物多样性减少、生态质量变差、草原环境恶化、灾害的发生加剧，并可能影响边疆地区的经济发展。因此，草甸草原生态系统的保护十分重要，对退化的草甸草原生态系统的恢复与治理、合理利用是草甸草原生态系统持续发展的重要途径。

第四节　结　语

草甸草原生态系统分布于欧亚大陆中纬度地带，主要气候特征为温带半干旱、半湿润气候。年降水量一般为 350～550mm，湿润系数为 0.6～1.0；热量偏低，≥10℃积温为 1800～2200℃。年均温有增高的趋势，冬季平均气温升高；夏季降水量增加，冬季降水量减少。草甸草原生态系统主要分布于大兴安岭山脉两麓森林外围和东北松嫩平原上，地形为低山丘陵和波状高平原，以及漫岗地、缓坡地和低平地。阿勒泰和伊犁地区分布于山前丘陵、河谷、坡地。土壤在第四纪受不同程度冰川活动的影响，成土过程有腐殖质累积过程、淋溶与淀积过程、钙积化过程等，主要土壤类型为黑钙土、暗栗钙土。植被地带属于中温型草原带森林草原亚带，处于草原带向森林带的过渡地区。在此独特的环境条件及植被类型下，孕育了以蒙古马、蒙古牛、草原羊等古老品种为基础的多种优良家畜品种。

草甸草原生态系统集中分布在大兴安岭东麓的低山丘陵及大兴安岭西麓的高平原、低山丘陵及松嫩平原。但也见于典型草原生态系统地带的丘陵阴坡、宽谷，山地草原带的上侧（山地森林草原带），以及荒漠草原生态系统的山地垂直带。在行政区域上，分布于内蒙古、吉林、黑龙江、辽宁、河北、新疆、宁夏、西藏、陕西、甘肃、青海等 11 个省区。草甸草原生态系统约占我国草原生态系统总面积的 3.7%，其中内蒙古的面积占全部草甸草原面积的 59.81%。

人类对草原的干扰最初是通过狩猎保持自身的生存与发展，随着经济发展，人类通过饲养家畜、放牧活动利用天然草原的第一性生产力，当利用强度过度，而不能维持生态平衡时，则会导致天然草原生态系统的退化或逆行演替。此外，人类开垦草原为农田，会导致天然草原生态系统结构、组成与功能过程的根本改变。人类这种在草原上的垦殖活动，大多会产生不良后果。草甸草原生态系统的开垦，从遥远的过去到最近几十年从未停止。由于过度的放牧活动和开垦等干扰，草甸草原生态系统退化现象严重。

草甸草原生态系统有其自身的演变和形成过程，主要受其生物群落、非生物环境和人类活动的综合影响。草甸草原生态系统的合理利用与保护，包括对退化的草甸草原生态系统的恢复与治理、天然草原生态系统的合理利用与保护及人工草原生态系统的建立与持续利用。

参 考 文 献

敖仁其, 敖其, 孙学力, 等. 2004. 制度变迁与游牧文明. 呼和浩特: 内蒙古人民出版社.

侯彩虹. 2019-7-18. 蒙古马: 草原文明的使者. 内蒙古日报(汉), 10.

《内蒙古草地资源》编委会. 1990. 内蒙古草地资源. 呼和浩特: 内蒙古人民出版社.

王文, 王秀辉, 高中信, 等. 1997. 呼伦贝尔草原的兽类. 东北林业大学学报, (6): 21-22.

吴征镒. 1980. 中国植被. 北京: 科学出版社.

郑丕留. 1980. 我国主要家畜品种的生态特征. 畜牧兽医学报, (3): 129-138.

中国科学院内蒙古宁夏综合考察队. 1985. 内蒙古植被. 北京: 科学出版社.

中华人民共和国农业部畜牧兽医司全国畜牧兽医总站. 1996. 中国草地资源. 北京: 中国科学技术出版社.

周以良, 等. 1997. 中国东北植被地理. 北京: 科学出版社.

第二章 草甸草原生态系统的植被特征

地球上的植被是由各种植物群落的总体所构成，不同种类的植物在不同的生态环境中所起作用各不相同，并以植物群落的形式出现。自然植被是在长期环境因素的影响下，出现在某一地区植物的长期历史发展结果（中国科学院中国植被图编辑委员会，2007）。草甸草原生态系统以其独特的自然景观位于我国北方林缘地带，在森林外围与森林接壤或部分与森林交错呈岛状分布，主要分布在大兴安岭东、西两麓的低山丘陵、高平原区及松嫩平原区。草甸草原生态系统的植被特征与植物种类、群落结构及生境条件密切相关，草甸草原植物区系属于泛北极植物区，以中旱生多年生的禾本科、豆科和菊科等草本植物为建群种和优势种，以贝加尔针茅草甸草原生态系统、羊草草甸草原生态系统、线叶菊草甸草原生态系统为主体群系，构成了草甸草原生态系统相对稳定的群落类型。认识草甸草原生态系统植被分布规律及其结构、功能和生产利用特性，是实现草甸草原生态系统持续管理和草原畜牧业可持续发展的基础。

第一节 贝加尔针茅草甸草原生态系统

一、生态地理及分布特征

贝加尔针茅草甸草原生态系统分布于欧亚大陆草原区东端的森林草原地带，其分布中心在我国东北松辽平原、内蒙古高原区东部和内蒙古草原区东北部，以及俄罗斯外贝加尔草原地区。在我国，其由东北向西北可以分布到甘肃、宁夏等地。贝加尔针茅草甸草原是草甸草原生态系统地带性特征的重要标志，而且其与森林接壤带或镶嵌带占据典型的地带性生境，稳定地分布于大兴安岭东、西两麓森林草原亚带和松辽平原排水良好的黑钙土和暗栗钙土区。在松嫩平原外围，内蒙古呼伦贝尔草原东北部和科尔沁草原西北部的起伏平原和缓坡丘陵及锡林郭勒草原东部贝加尔针茅草甸草原均有广泛分布。贝加尔针茅草甸草原总面积约 935.51hm²。

贝加尔针茅草甸草原发育在半干旱、半湿润低温地区，年降水量 350～450mm，7 月降水量一般可超过 100mm。每年有 1～2 个月半干旱期，无绝对干旱期，积雪日数在 70 天以上，最高可达 140 天。年均温为 -2.3～3℃，≥10℃积温北部为 1700～1800℃，南部为 2700～2800℃，生长期 180～210 天，湿润系数为 0.4～0.7。分布海拔一般为 600～700m（呼伦贝尔草原）、900～1200m（锡林郭勒草原）。贝加尔针茅草甸草原处于丘陵斜坡、台地等地势开阔、排水良好的显域地境中，多生长在土层较厚的丘陵坡地中部，其下部与羊草草原相接，而坡地上部常被线叶菊草原或羊茅草原所替代。在大兴安岭西麓，贝加尔针茅草甸草原向内蒙古高原的西部过渡时，则被更干旱的大针茅草原和克氏针茅草原所替代；而在大兴安岭东麓，贝加尔针茅草甸草原群落出现在中、低山带，与抗旱能力较强的蒙古栎林、大果榆林、西伯利亚杏灌丛、白莲蒿半灌木植被及线叶菊草原等形成多种群落类型。其分布海拔自西向东逐渐降低,由 1300～1400m 下降至 200～300m(扎鲁特旗的鲁北),再向东北方向延伸至松辽平原。

贝加尔针茅草甸草原植被的土壤环境主要发育于黑钙土和暗栗钙土。通常在大兴安岭南部山地以暗栗钙土为主;在内蒙古呼伦贝尔草原和锡林郭勒草原则以黑钙土、淡黑钙土和暗栗钙土为主。在科尔沁草原西端、海拔高达 1400～1700m 的玄武岩台地上,其淋溶黑钙土上均有贝加尔针茅草甸草原分布。贝加尔针茅草甸草原能适应多种基质的土壤,但以在肥沃而深厚壤质土上发育最好,在干燥砾石的山坡和沙质土壤上,种类组成明显贫乏,盖度较低。其耐盐性极差,在轻度盐渍化土壤或微碱化土壤上则被羊草草原所替代。

二、植物种类组成

贝加尔针茅植物区系属达乌里—蒙古成分,为针茅属光芒组,是旱生性多年生密丛禾草,叶呈线形,叶片向内褶合,表现出明显的旱生形态特点,叶层自然高度为 35～50cm,最高可达 70cm,生殖枝可达 70～80cm,植丛基部多年宿存枯枝密集,与当年枝叶一起形成紧密草丛,且深陷入土内 8～10cm,以涵蓄水分和保护更新芽越冬;须根性,根系长达 60cm 左右,主要部分集中在 20cm 以上土层中,自然更新方式以营养繁殖为主,即以分蘖方式向四周分出新枝,新枝与母枝脱离后则形成新植株,种子繁殖较普遍。贝加尔针茅有一定耐践踏能力,但连续放牧和割草会抑制其生长和繁殖,此时常出现消退趋势。

贝加尔针茅一般 5 月初萌动,7 月下旬至 8 月初抽穗开花,8 月下旬果实成熟。贝加尔针茅除作为建群种形成群落,还能成为羊草草原、线叶菊草原和大针茅草原的亚优势种。同时还能出现于山地森林地区,构成林缘草甸的伴生成分。在典型草原区则散见于山地阴坡的草甸中。

贝加尔针茅草甸草原的植物群落种类组成比较丰富,种饱和度可达 15～45 种/m^2。根据中国科学院内蒙古宁夏综合考察队(1985)野外考察记载,该草原共有高等植物 152 种,分属于 99 属 34 科,其中以菊科、豆科、禾本科种数最多,均在 20 个以上(表 2-1)。

表 2-1 贝加尔针茅草原种类组成的科属分析

科名	属	种	科名	属	种	科名	属	种
菊科	14	23	莎草科	1	3	牻牛儿苗科	1	1
豆科	10	23	十字花科	2	2	亚麻科	1	1
禾本科	17	20	伞形科	2	2	芸香科	1	1
蔷薇科	4	16	茜草科	2	2	远志科	1	1
百合科	5	8	败酱科	2	2	金丝桃科	1	1
毛茛科	4	6	桔梗科	2	2	瑞香科	1	1
石竹科	4	5	龙胆科	1	2	报春花科	1	1
玄参科	4	5	山萝卜科	1	2	萝藦科	1	1
鸢尾科	1	5	麻黄科	1	1	旋花科	1	1
唇形科	4	4	桦木科	1	1	紫草科	1	1
大戟科	3	3	榆科	1	1			
蓼科	2	3	景天科	1	1	总计	99	152

资料来源:中国科学院内蒙古宁夏综合考察队,1985

在贝加尔针茅草甸草原中，与贝加尔针茅属于同一地理成分的还有羊草、线叶菊、麻花头、草木樨状黄芪、斜茎黄芪、多叶棘豆、叉分蓼、柴胡、射干等，这些都是本群系的建群种、优势种或稳定伴生种。此外，泛北极至北温带分布的种和东西伯利亚成分、东北亚成分等也起一定作用。这种地理成分组合反映了本群系在漫长的自然历史过程中形成和发展的一般特点。

三、植物群落结构

在空间配置上，贝加尔针茅草甸草原群落中杂类草相当丰富，贝加尔针茅在群落组成中占绝对优势，相对盖度45%左右，相对重量30%～40%，在群落中的频度为100%，是稳定的建群成分。贝加尔针茅草甸草原生长较茂密，群落盖度可达70%～80%，叶层高度一般为50cm以上，每公顷可产鲜草4000～6000kg，牧草适口性良好。

在贝加尔针茅草甸草原群落组成中，不同地段上分别生出的优势植物有羊草、大针茅、多叶隐子草、羊草、野古草、柄状薹草、黄囊薹草及杂类草中的地榆、花苜蓿、草木樨状黄芪、山野豌豆、斜茎黄芪、华北岩黄芪、裂叶蒿、南牡蒿、线叶菊、黄花等。这些植物与贝加尔针茅一起组成多样的群落类型。此外，旱中生灌木西伯利亚杏在大兴安岭东麓的贝加尔针茅草甸草原中也常形成明显层片，使群落具有灌丛化外貌，中旱生小灌木兴安胡枝子在这里也有一定的优势作用。常见的禾本科植物有羽茅、异燕麦、光稃茅香、糙隐子草、落草等；中生或旱中生杂类草有多裂叶荆芥、狗舌草、风毛菊、高山紫菀、蒙古白头翁、红纹马先蒿、野火球、广布野豌豆、蓬子菜、细叶沙参等，它们在不同群落中以不同数量出现，是中生杂类草层片的主要组成部分；旱生或中旱生杂类草有狭叶柴胡、麻花头、火绒草、棘豆、防风、狼毒、菊叶委陵菜、三出叶委陵菜、二裂委陵菜、葱属植物等。一、二年生植物在群落中作用很小，有时可看到零星分布的黄蒿。群落亚层分化明显，一般在草本层中可分出三个亚层，第一亚层高40～50cm，生殖枝可达60～80cm，通常由贝加尔针茅、羊草及少量杂类草组成；第二亚层20～30cm，主要由多种杂类草及部分禾草组成；第三亚层高15cm以下，由薹草及矮杂草组成。在贝加尔针茅草甸草原分布范围内，地形、基质、土壤及地方气候的差异常引起层片结构和亚建群种的变化。

四、植物群落类型

根据群落植物种类组成、群落结构及生境条件的差异性和一致性，贝加尔针茅常分别与丛生禾草、根茎禾草、杂类草结合组成多种不同的群落类型。主要群落类型包括贝加尔针茅群落类型；贝加尔针茅、羊草群落类型；贝加尔针茅、线叶菊群落类型；贝加尔针茅、柄状薹草群落类型；贝加尔针茅、多叶隐子草群落类型；西伯利亚杏、贝加尔针茅群落类型。

（一）贝加尔针茅群落

贝加尔针茅群落是以贝加尔针茅为优势种的草甸草原群落类型，主要分布在平原排水良好、漫岗地带性生境上，在固定沙丘甚至在碟形洼地周边也有分布。在平原外围仅分布在山前台地、丘陵和低山阳坡，在高平原内分布最广，是面积最大的群落类型之一。由于小地形起伏制约，它与线叶菊群落和以羊草为建群种的一些群落交替出现，形成独特的群落类型。贝加尔针茅群落能适应各种基质土壤，但以肥沃而深厚的壤质土最为适宜。该群落类型主要生长在土层较深厚的暗栗钙土上。群落物种组成十分丰富，种饱和度可达 26 种/m²。贝加尔针茅在群落中占绝对优势，其他禾草，如野古草、羊茅、大油芒和羊草等所占比重不大。该群落中杂类草种类多，常见的有柴胡、防风、花苜蓿和棉团铁线莲等，小灌木兴安胡枝子和细叶胡枝子等起较大作用。贝加尔针茅群落类型中一些喜湿润中生植物，如蒙古菊、裂叶蒿和线叶蒿的出现体现了其生境特点，这是本群落与其他群落的主要区别（李建东等，2001）。

（二）贝加尔针茅、羊草群落

贝加尔针茅、羊草群落类型建群层片中以贝加尔针茅、羊草为建群种和优势种，该群落类型是贝加尔针茅草甸草原中具有代表性的一种类型，也是温性草甸草原的一个主要类型。该群落集中分布于内蒙古高原东部及松嫩平原外围的森林草甸草原地区，如内蒙古、吉林、黑龙江、辽宁、河北等地均有分布。贝加尔针茅、羊草群落面积共有93.55 万 hm²，可利用面积为 83.28 万 hm²。内蒙古该群落面积最大，为 77.51 万 hm²；其次是黑龙江，为 39.75 万 hm²；吉林该群落面积最小，仅有 1.30 万 hm²。

贝加尔针茅、羊草群落无论分布生境的湿润程度还是土壤基质状况，在贝加尔针茅群系中均为比较居中的类型，而且分布面积最广，分布范围大致与线叶菊草甸草原相当。在岭西北部海拔 900～1000m 的丘陵地区，常位于丘陵斜坡和丘间平坦的高台地上，与丘陵上部的线叶菊草甸草原和谷地的羊草草甸草原构成典型的生态系列组合。在缓丘地带，贝加尔针茅、羊草草甸草原占据整个丘陵区，与谷地的羊草草甸草原和其他类型草甸草原形成组合（中华人民共和国农业部畜牧兽医司全国畜牧兽医总站，1996）。在地形上，贝加尔针茅、羊草群落类型较稳定地分布于排水良好的丘陵坡地、谷地、山前倾斜平原及松嫩平原的平地上，土壤以黑钙土为主。在丘陵地区，贝加尔针茅、羊草草群多生长在土层较厚的坡地中段，常与丘陵上部的线叶菊草甸草原相连，坡地下部常为羊草草甸草原占据。其分布海拔内蒙古呼伦贝尔为 600～700m，内蒙古锡林郭勒为 900～1200m。在松嫩平原上，由于小地形和土壤条件差异，贝加尔针茅、羊草群落常与线叶菊或羊草群落交错出现。

一般情况下，该群落植物种类比较丰富，种饱和度较高，每平方米 15～25 种植物，有时可多达 37 种。在草群组成中，贝加尔针茅占绝对优势，其优势度在 80%以上，草群中常见植物有线叶菊、羊茅、多叶隐子草，主要伴生植物有斜茎黄芪、细叶胡枝子、中华隐子草、柴胡、地榆、蓬子菜、委陵菜、展枝唐松草、棉团铁线莲、裂叶蒿、防风、落草等。草群生长繁荣，层次分化明显，一般可分为三个亚层。草群平均高度 50～70cm，盖度 60%～75%，豆科占 5.9%、菊科占 8.7%、莎草科占 3.4%、其他杂类草占 22.2%。该群落类型属二等草原，牛、马在春、秋、冬三季喜食，夏季乐食，羊对贝加尔针茅采食性较差。秋季贝加尔针茅果实成熟具芒，可刺伤羊的口腔和皮肤，但对大牲畜几乎无伤害。贝加尔针茅、羊草群落粗蛋白含量为 9.86%、粗脂肪为 2.31%、粗纤维为 31.08%、无氮浸出物为 42.45%、粗灰分为 7.42%，营养价值较高，但不如羊草草甸草原。

在吉林，贝加尔针茅、羊草群落主要位于平原高处和接近固定沙丘的地段，岗地上也有分布。由于受微小地形起伏的制约，常与贝加尔针茅群落构成草原植被复合体。有时也与贝加尔针茅群落和羊草群落形成生态系列，在一定程度上展现松嫩平原草原群落的分布规律。生境具有由湿润向干旱过渡的特点。土壤大多是发育良好的壤质或轻壤质的淡黑钙土，所占面积较大。群落各类组成有一定特色，除羊草和贝加尔针茅两种生态习性具明显差异的禾草共同起建群作用外，还包括贝加尔针茅群落常见的有代表性的植物，如线叶菊、棉团铁线莲、柴胡、防风等，又有羊草群落常见的具有代表性的种类，如拂子茅、裂叶蒿、山野豌豆等。但总体上，贝加尔针茅草原占较大比重。种饱和度平均 17 种/m^2，变幅 12～25 种/m^2。草群总盖度因地而异，最低 40%，最高达 90%，一般为 50%～60%。多分为两层，第一层高 40～50cm。该群落贝加尔针茅和羊草占优势，生殖枝最高达 80cm，盖度多 30%～40%；第二层高 10～15cm，盖度一般为 20%～30%，常见的有寸草薹、糙隐子草、小白蒿，该群落类型的生物产量较高，是良好的放牧场和天然割草场，多开垦为农地，应注意草原的保护（李建东等，2001）。

该群落根据地形和植物组成特点，可主要作为放牧场利用，在羊草为亚优势种的情况下，也可作为割草场利用。由于过度放牧利用，部分草原发生退化现象。山坡上贝加尔针茅退化后，变成以克氏针茅、小禾草和冷蒿为主的低矮草场，质量变劣，产量下降。因此，有计划地调整夏季草场是防止其退化的有力措施。

（三）贝加尔针茅、线叶菊群落

贝加尔针茅、线叶菊群落类型是贝加尔针茅群系向线叶菊群系的过渡类型，主要分布在大兴安岭东、西两麓低山丘陵地区。此外，在大兴安岭东、西两麓海拔 800～1400m 的山地陡坡地，由于森林破坏，生境旱化，贝加尔针茅、线叶菊草原发育较好，在额尔古纳市、陈巴尔虎旗的山地分布面积较大，在阿荣旗、牙克石市的山地也有一部分（《中国呼伦贝尔草地》编委会，1992）。此外，除分布在平原漫岗地带性生境上，在固定沙丘周边的局部地段也可见到，并与线叶菊群落和贝加尔针茅群落交替出现。该群落类型在松嫩平原分布较广，但面积不大。该地区土壤发育良好，通常为淡黑钙土，或多或少含有砾石。该群落生境较贝加尔针茅群落稍干燥，但水分和营养状况仍较好，为丰富的杂类草生长发育创造了条件（李建东等，2001）。

该群落的植物种类成分较丰富，种饱和度平均 25 种/m^2，变幅 23～28 种/m^2。杂类草成分较多，生态类群分异比较明显。既含有草原群落中常见的中旱生成分，如建群种线叶菊，还有柴胡、防风、黄芩等，也包含旱中生植物，如棉团铁线莲、蓬子菜，以及中生成分，如地榆、黄花菜和五脉山黧豆。此外，在砾石化生境中有草原石头花、燥原荠等出现。禾草的种类较杂类草少，与贝加尔针茅起着共建种作用，野古草、大油芒占较大比重，羊茅和落草是常见伴生种。群落可分为两层，盖度 50%～70%。第一层高 40～50cm，贝加尔针茅和野古草的生殖枝可达 70cm，由高大禾草和杂类草组成，盖度 30%～40%；第二层高 10～15cm，优势种不明显，多为杂类草，盖度 20%～30%。贝加尔针茅、线叶菊群落在 7～8 月草原处于生长盛季时，景色十分美丽。该群落类型多用于放牧，也可作割草场利用，有些地方已开垦，种植玉米、向日葵等作物。

（四）贝加尔针茅、柄状薹草群落

贝加尔针茅、柄状薹草群落类型主要分布在内蒙古呼伦贝尔草原和锡林郭勒草原放牧利用较严重的地段，地形较平坦，还保留一些沙岗残丘。土壤主要是栗沙土，土壤结构松散，水分状况良好。灌木类植物稀少甚至消失，成为群落的偶见种，草本层片禾草类得到充分发育，贝加尔针茅成为群落的优势种，亚优势种有柄状薹草、斜茎黄芪、多叶棘豆，伴生成分有柴胡、歪头菜、菊叶委陵菜、防风、拂子茅、野菊、沙参、落草、冰草等。草群平均盖度73%，平均高度36cm，亩产鲜草量198.85kg，植物种类20种/m^{2}左右。草群产量构成中，多年生草本占优势地位，其中禾本科占31.9%、豆科占14.8%、菊科占7.25%、莎草科占13%，其他科占33.05%。该群落适宜轻度打草和放牧，需注意加强草原保护。

（五）贝加尔针茅、多叶隐子草群落

贝加尔针茅、多叶隐子草群落主要分布于大兴安岭南麓，内蒙古兴安盟、通辽市及赤峰市的丘陵地或丘间平地。在空间分布上与西伯利亚杏灌木群落和白莲蒿群落相邻。常见植物主要为西伯利亚杏、白莲蒿、达乌里胡枝子、野古草、大油芒，伴生植物有中华隐子草、丛生隐子草、寸草薹、拂子茅、北拟云香、细叶鸢尾、棉团铁线莲、百里香、麻花头、火绒草等，偶见种有线叶菊、知母、贝加尔亚麻、黄芩等，其他植物还有草木樨状黄芪、糙叶黄芪、蓝刺头、阿尔泰狗娃花、委陵菜、达乌里芯芭、狼毒、柴胡、防风、花苜蓿、蓬子菜和长柱沙参。草群总盖度在30%～50%，草群植物种类30种/m^2，高度22cm，产干草为117.87kg/亩^{①}，可食产草量为82.58kg/亩，枯草期可食产草量为40.86kg/亩。草群产量构成中，多年生草本占优势地位，其中禾本科占72.06%、豆科占1.21%、菊科占3.79%、莎草科占11.72%，其他科占11.22%。草原等级为二等5级，草原适宜放牧，全年载畜量为13.93羊单位/亩。

该群落所处地区地形起伏明显，群落水平结构的均匀性往往会被破坏。地势较低的地段成片生长着大油芒或野古草的群落片段，岩石裸露的地段常有西伯利亚杏灌木片段。此外，由于白莲蒿、冷蒿和百里香等半灌木有根蘖特性，所以它们在群落内部常各自聚生成斑块状。有时知母也自行蔓延成片，外貌葱绿（《内蒙古草地资源》编委会，1990）。

（六）西伯利亚杏、贝加尔针茅群落

西伯利亚杏、贝加尔针茅群落是一种灌木草原类型，位于大兴安岭东南坡，为该地区特有的灌木草原，主要分布于内蒙古巴林右旗、阿鲁科尔沁旗、扎鲁特旗、科尔沁右翼中旗、突泉县、扎赉特旗一带。该群落居于比较干燥的丘陵坡地、低山洪积扇，并能顺着沙地蔓延至山前平原，海拔在200～600m，其西部海拔较高，向东北方向延伸时则有降低趋势。种饱和度平均为15种/m^{2}左右，变幅为8～26种/m^2。

---

① 1亩≈666.67m^2

西伯利亚杏高 60～70cm，冠幅直径 50～70cm，16m^2 内有 8～15 株。贝加尔针茅在群落中的变幅较大，盖度大多在 15%～20%，最高达 35%～40%，最低为 6%～9%。次优势种为多叶隐子草和线叶菊，禾草层片中还有羊草、野古草、大油芒、冰草、糙隐子草、狐茅和落草，其中除羊草外，其他植物的频度较低。群落中有旱中生根茎型禾草、野古草和大油芒的出现，说明土壤较肥沃而湿润。杂类草中以中旱生的草木樨状黄芪、麻花头和防风较普遍。薹草层片比较发达。达乌里胡枝子数量最多，盖度最高时可达 25%，其他如白莲蒿变种，在群落中常聚生或呈片状小群落分布，构成群落内部镶嵌结构。尖叶胡枝子、长叶燥原荠和百里香等较少见。

群落总盖度变动幅度较大，最低在 25%～35%，最高为 70%。群丛内部水平镶嵌十分明显，群落出现白莲蒿等为主的小群落，在景观上与大油芒和野古草群落共同构成复合体。这种情况一般出现在山麓平原或丘间平地，这些地段土层较深厚、水分条件较优越。微地形的变化引起土质和水分条件的差异，通常西伯利亚杏、贝加尔针茅群落多出现在微地形稍高的地段，壤质土有细砂或小砾石。野古草群和大油芒群落处于微地形较低的部位（相差 5～10cm）（中国科学院内蒙古宁夏综合考察队，1985）。

五、利用与评价

贝加尔针茅草甸草原是生产力水平较高、质量较好的草场之一。尤其在北部三河一带气候较为湿润，是发展畜牧业的良好基地，全国著名的三河马、三河牛即饲养于这类草场分布地区。作为牧草来说，贝加尔针茅的营养成分见表 2-2。牛和马在春、秋、冬三季喜食，夏季乐食，小牲畜如羊对贝加尔针茅的采食性较差。一般牲畜对营养枝采食性较好，而不采食具有花穗的生殖枝，或在饲料不足时加以利用。贝加尔针茅具长芒的颖果对牲畜危害性较大，容易刺伤山羊和绵羊的口腔和皮肤，造成羊只的伤亡或影响皮毛的质量，而对大牲畜如牛和马几乎无伤害。

表 2-2 贝加尔针茅的营养成分

物候期	各种成分含量								
	水分（%）	粗蛋白（%）	粗脂肪（%）	粗纤维（%）	无氮浸出物（%）	粗灰分（%）	钙（%）	磷（%）	胡萝卜素（g/kg）
营养期	15.61	13.88	2.95	22.81	39.14	5.59	0.44	0.14	73.60
抽穗期	9.20	13.90	3.05	31.70	33.95	8.20	0.77	0.34	84
结实期	11.25	8.39	3.55	45.49	26.31	5.01	1.31	0.21	83
果熟期	12.27	4.09	3.78	28.04	44.89	6.98	0.57	0.09	
干枯期	10.08	2.73	4.55	36.83	40.24	5.62	0.62	0.44	

资料来源：《中国呼伦贝尔草地》编委会，1992

贝加尔针茅草甸草原草层较高、盖度较大，既是良好的放牧场，又是良好的割草场。产草量属中等，仅次于羊草草原，但不同类型贝加尔针茅草甸草原产草量差异较大，这与其种类和覆盖状况有明显关系。从贝加尔针茅草甸草原的种类组成上分析，质量上等的羊草在草原中分布较为普遍，尤其是贝加尔针茅、羊草草原中，一般均占禾草产量的

20%～40%，这提高了贝加尔针茅草原的质量。此外，还有一些优良的豆科牧草，如花苜蓿、山野豌豆、歪头菜、野火球、黄芪等。该草甸草原还有含一定盐分的蒿类和其他杂类草，以及具有调味作用的葱属等。饲草成分组合较好。豆科植物种类虽多，但产量很低。

贝加尔针茅草甸草原中的资源植物很丰富，特别是蘑菇。蘑菇集中分布在内蒙古高原东部森林草原地带和典型草原地带的东部。向西部干旱草原过渡时，随着湿润条件的减弱而逐渐消失。生长于贝加尔针茅、羊草草原群落中的蘑菇呈环状分布，统称"蘑菇圈"。在"蘑菇圈"范围内，由于种间关系和蘑菇菌丝分泌物的作用，贝加尔针茅完全消失，羊草和蒿类植物则生长茂盛、葱绿。另外，在大兴安岭南部山地集中分布的西伯利亚杏可作为野生油料植物和饮料植物，是当地居民收入来源之一。贝加尔针茅草甸草原中药用植物有黄芪、白头翁、地榆、知母、瞿麦、黄芩、柴胡、防风、远志、龙胆、狼毒等。目前，该草甸草原退化较严重，部分山坡上的贝加尔针茅草原草层低矮，产草量低下。

第二节　羊草草甸草原生态系统

一、生态地理及分布特征

羊草草甸草原生态系统在欧亚大陆草原区东部既是一个特有群系又是一种优势草原群落类型，广泛分布在俄罗斯贝加尔草原地带、蒙古国东部和北部及我国松辽平原和内蒙古高原东部。羊草草甸草原的分布区是一个连续完整的区域，它位于亚洲中、东部的温带半湿润、半干旱地区，最北端达北纬62°，南界大约到北纬36°，东西跨度为92°～132°。据记载，羊草草甸草原在亚洲中、东部的总面积大约有42万km^2，其中我国境内的分布面积约22万km^2。在我国，羊草草甸草原的分布中心是松辽平原和内蒙古高原的森林草原地带及其相邻的典型草原外围地区，主要分布在内蒙古高原和松嫩平原西部的大兴安岭台地。在内蒙古高原及其东、南外围草原带，羊草草甸草原主要分布在呼伦贝尔草原、锡林郭勒草原和阴山山脉以南的平原丘陵地区。羊草草甸草原是我国草原带分布面积很广的草原群系之一，并且是畜牧业经济价值最高的草原类型。

以羊草为建群种的草甸草原生态系统生态幅度很广，所处生境条件很复杂。从开阔平原到低山丘陵，从地带性生境到高河滩及盐渍低地均有羊草草原分布。但是，在大兴安岭西麓森林草原地带，气候较湿润的条件下，羊草草甸草原在地带性生境上发育非常好，占据了缓丘坡地中下部广大地段，成为该地带最发达的草甸草原群系。在缓丘上部及顶部则发育有贝加尔针茅草原和线叶菊草原，坡麓以下谷地中则被羊草草甸草原群落占据。往西至典型草原地带，气候湿润程度降低，由半湿润转为半干旱，羊草草甸草原多出现在具有径流补给的地段，如坡麓、宽谷、河流阶地等。在东部平原，羊草草甸草原多发育在低平地上，具半隐域性，土壤具有草甸化性质，并常与碱斑上的盐生植物群落形成复合区存在。

羊草草甸草原所分布的自然地带比较广泛,生境类型丰富。水分条件和土壤盐分状况的差异是影响羊草草甸草原群落类型分化的重要因素。羊草草甸草原在森林草原带是面积最大的草原类型,因此在地带性生境中发育非常好,成为该地带最发达的草原群系。其所处地带大多是开阔平原或高平原及丘陵坡地等排水良好的区域。羊草草甸草原的土壤类型主要是黑钙土、暗栗钙土、栗钙土、草甸化栗钙土和碱化土等。其中土壤质地多为轻质土壤,土壤通气状况良好。

二、植物种类组成

羊草是亚洲中、东部特有的草原建群种,属于中国东北—达乌里—蒙古区系成分,但种的分布区向西延伸较远,直抵哈萨克斯坦的东界。羊草是一种多年生根茎型禾本科植物,其地下根茎十分发达,多在地面以下约 10cm 的土层匍匐横生,而且分枝很多,蔓延形成网状的根茎系统。其越冬芽着生于地下的根茎上,故属于地下芽草本植物。由于根茎发达,所以营养更新能力很强。羊草的地上枝叶与生殖枝多成单枝直立生长,不弯曲下垂,十分挺拔,并疏散均匀地生于地面,由地下根茎联系起来,故不形成密集的草丛。其营养枝的高度一般为 20~50cm,生殖枝高 60~100cm。羊草主要靠根茎进行营养繁殖,根茎生长快,分蘖力强,而且根茎的先端锐尖,能穿过板结的土壤,迅速占据地下和地上空间形成优势。羊草返青早,生长速度快,而休眠晚。东部平原地区,一般 4 月开始发芽出土,4 月中旬展叶,4 月下旬开始分蘖拔节,6 月初抽穗,6 月中旬开花,7 月上旬种子乳熟,7 月中旬种子成熟,8 月中旬落果,果后营养期直到 10 月中旬,然后进入冬眠期,生育期可达 200 天。

羊草具有很大的生态幅度,不但可见于多种生境,而且也见于各类型群落。它除以优势种构成大面积羊草群落外,还常在贝加尔针茅草原、大针茅草原、线叶菊草原甚至草甸群落中以亚优势种或伴生种出现。由于羊草具有强烈的根茎繁殖能力而排挤其他植物的入侵,羊草草原在同一地区与其他草原类型相比植物种类组成常比较单一,如在松辽平原上,羊草草原远不及贝加尔针茅草原和线叶菊草原的植物种类组成复杂。孙鸿烈(2005)对羊草草原生态系统进行了研究,总结了其主要类型的特点,见表 2-3。

表 2-3 羊草草原生态系统主要类型的特点

类型	生境条件	植物种类组成
羊草草甸生态系统	低平原、局部封闭洼地,有地下水或地表水影响,土壤为草甸土或盐碱土,半湿润或半干旱气候	羊草为建群种,其生物量可占总生物量的 90% 以上,伴生种有狼尾草、寸草薹、虎尾草等,种类组成比较简单
羊草草甸草原生态系统	高原或山地,无地下水或地表水影响,土壤主要为黑钙土,半湿润或半干旱气候	羊草为建群种,其生物量可占总生物量的 70% 以上,伴生种有地榆、柄状薹草、无芒雀麦、柴胡、麻花头等,种类组成复杂
羊草典型草原生态系统	高平原、丘陵,无地下水或地表水影响,土壤为暗栗钙土,半干旱气候	羊草为建群种,其生物量可占总生物量的 50% 以上,伴生种有落草、糙隐子草、柴胡、针茅等,种类组成比较复杂

资料来源:孙鸿烈,2005

以羊草为建群种的草甸草原适应性强,分布广,生境类型复杂,群系内群落类型繁多，各地区各类型伴生种区别又很大，总体上羊草群系植物种类组成远超过其他草原类型，成为我国草原上植物种类组成最复杂的一个群系。根据吴征镒（1980）在松辽平原草原、内蒙古呼伦贝尔草原对 255 个样方的统计，共有 357 种维管植物，每平方米内出现的种类一般在 10～15 种，最少者 4 种，最多者 30 余种。出现在羊草草原群系内的 357 种植物分属于 49 科 184 属，其中种类最多的是菊科，共 72 种，其次为禾本科 38 种、豆科 37 种、蔷薇科 28 种、百合科 22 种。其中又以菊科的蒿属（24 种）、蔷薇科的委陵菜属（19 种）、百合科的葱属（13 种）、豆科的黄芪属（8 种）居多。禾本科中的一些属种数不多，但个体数量很大，常成为优势植物，如羊草属、针茅属、隐子草属和菭草属的一些种。

羊草草甸草原群系虽然比各个针茅草原群系的植物种属成分丰富，但科的组成比较相近，在植被组成中，起主要作用的科是完全一致的。羊草草原的各类成分中包括很多不同生态类群，但是仍以多年生旱生草类的数量为最多，其次是多年生中生草类。羊草草甸草原的种类成分虽很丰富，但是这些植物在群落中的作用是不同的。

羊草草甸草原生态系统以羊草、中生杂类草为建群种和优势种，在羊草草原中属于最湿润、最具代表性的一个类型，主要分布于大兴安岭东、西两麓及松嫩平原的森林草原地带，地下为肥厚的黑钙土和暗黑钙土，在松嫩平原还见于碱化草甸土。羊草在草群中居显著的优势地位，其优势度高达 70%～90%。次优势植物有贝加尔针茅、线叶菊、柄状薹草、裂叶蒿、多叶隐子草等。主要伴生植物有直立黄芪、山野豌豆、五脉山黧豆、多裂叶荆芥、地榆、黄花苜蓿、风毛菊、展枝唐松草、大油芒、柴胡、野火球、披针叶黄华、细叶白头翁、棉团铁线莲、黄芩、狭叶沙参、蓬子菜、知母、黄花菜、射干、火绒草、柳叶风毛菊、祁州漏芦、柳穿鱼、白婆婆纳、细叶百合、防风、远志、野亚麻、瓦松等。

三、植物群落结构

在羊草草甸草原群系中，上述吴征镒（1980）统计的 350 多种植物中，能成为优势种的有 50 余种，其中羊草占绝对优势。相对盖度与相对重量都有 40% 以上，频度 100%，是稳定的建群成分。羊草在不同生境条件下可成为优势或次优势类群。在水分生态类型组成上，旱生植物（包括中旱生植物，约占总种数的 56%）与中生、旱中生植物（包括盐中生植物，共占 44%）都占很大比例，并且有少量盐生植物和沙生植物渗入。生活型也是多种多样的，以各种多年生草本植物占绝对优势，此外有少量灌木、半灌木及一年生草类。由于各种类繁多，群落的结构比较复杂，一般可分为三层，第一层高 65～70cm，主要由羊草生殖枝构成；第二层高 30cm 左右，主要由杂类草组成；第三层高 15cm 以下，由莲座状杂类草及薹草组成。地上生物学产量主要集中在 0～40cm 高度内，平均高度在 35～45cm，生殖枝高达 80cm 以上。

羊草草甸草原中草群密茂，叶层高度一般在 40cm 左右，植物种类组成丰富，种饱和度大，每平方米 12～20 种，高者达 30 种以上。植物生长繁茂，章祖同和刘起（1992）研究表明，羊草草甸草原总盖度在 60%～90%，平均产鲜草 4028～6750kg/hm^2。

四、植物群落类型

羊草草甸草原生态系统一般处于排水良好的丘陵斜坡中段和中下段，不受地下水影响，地表水也无过量补给，植被依赖天然降水而生长发展。土壤主要为轻壤质暗栗钙土和黑钙土。羊草草甸草原主要有 5 种群落类型，即羊草群落类型；羊草、贝加尔针茅群落类型；羊草、大油芒群落类型；羊草、柄状薹草群落类型；具灌木的羊草、贝加尔针茅群落类型。

（一）羊草群落

羊草群落是我国温性草甸草原生态系统中，分布范围最广、面积最大、饲用价值最高的类型，也是欧亚大陆温带草原区最具有代表性的草原群落类型之一。羊草群落集中分布于我国松辽平原和内蒙古高原东部，向北延伸至俄罗斯贝加尔草原和蒙古高原东部。在东北地区主要分布在松嫩平原、西辽河平原和阴山山脉以南的平原与丘陵地区。在内蒙古高原集中分布在呼伦贝尔草原，乌珠穆沁草原、锡林郭勒草原，以及大兴安岭东、西两麓的丘陵地区。羊草群落在地带性生境上发育良好，在内蒙古高原主要发育在海拔 500～600m 的丘陵，缓坡的中、下部，排水良好的广大地段，土壤为黑钙土和暗栗钙土。

该群落植物种类一般在 10～20 种/m²，羊草优势度高达 70%～90%及以上。常见伴生种有贝加尔针茅、线叶菊、拂子茅、野古草、裂叶蒿、多叶隐子草、山野豌豆、五脉山黧豆、蓬子菜、冰草、落草、冷蒿、柴胡、风毛菊等。草群生长繁茂，草层高度为 35～45cm，羊草的生殖枝高达 80cm 以上，草群盖度为 60%～80%，平均产草 1805kg/hm²。羊草群落的草质好，叶量丰富，适口性强，各类家畜一年四季均喜食。羊草群落营养价值丰富，含蛋白质 10%～20%、粗脂肪 1.2%～4%、纤维素 26%～35%、无氮浸出物 25%～40%，钙：磷为 2～4：1，消化率为 45%。羊草群落不仅是优良的放牧场，也是我国天然草原上最理想的割草场之一。由于开垦耕种，羊草群落已大面积消失，同时，因利用不合理，羊草群落退化和碱化严重，特别是松嫩平原和科尔沁草原，有些地区形成碱斑裸地，寸草不生，因此，在利用上要严格控制放牧强度，对退化严重的地段应采取禁牧和植被恢复措施。

（二）羊草、贝加尔针茅群落

羊草、贝加尔针茅群落是森林草原地带广泛分布的类型，在大兴安岭东、西两麓的低山丘陵地区分布最多。这里具有半湿润地区及其向半干旱地区过渡的气候条件，湿润系数在 0.55～0.8。土壤大多是发育良好的壤质土或轻壤质黑钙土。羊草、贝加尔针茅群落是草甸草原最发达的类型，所占面积最大，可占草原植被面积的 40%～60%。该群落类型以贝加尔针茅为亚建群种，植物种类 17 种/m² 左右，羊草盖度 80%上下，平均草群高度 40cm，产草量 1717.65kg/hm²。禾本科占 40.5%、豆科占 14.1%、菊科占 16.2%、莎草科占 4.1%，其他科占 25.1%。

在羊草、贝加尔针茅群落组成中，冰草、渐尖早熟禾和落草是旱生丛生禾草层片的恒有成分，甚至会成为优势植物。中旱生与旱中生杂类草层片比较发达，常见伴生种有柴胡、蓬子菜、直立黄芪、展枝唐松草、棉团铁线莲、裂叶蒿、线叶菊、细叶白头翁、山野豌豆、广布野豌豆、狭叶沙参等；其他常见种还有狭叶青蒿、麻花头、野火球等（《中国呼伦贝尔草地》编委会，1992）。

（三）羊草、大油芒群落

以羊草和大油芒为建群种和优势种的群落类型，在大兴安岭东南麓山前丘陵及平原地区均广泛发育。大油芒是属于东亚阔叶林区及森林草原带的山地多年生草本植物，它在草原植被中作为重要成分出现，是松辽平原（包括大兴安岭山脉东南麓地区）草原植被区别于蒙古高原草原植被的特点之一。另外，本区羊草草甸草原中常见的野古草、多叶隐子草、达乌里胡枝子、白莲蒿及西伯利亚杏、大果榆等东亚成分或喜暖植物的出现也是松辽平原区草原植被组成的特色。这是羊草、大油芒草原的生态地理特点。

从羊草、大油芒草原的生态地理分布来看，该群落主要是在森林草原带的气候条件下所发育的群落类型，而大兴安岭东南麓的这类草原则具有山地垂直带的性质，是山麓丘陵平原上稳定的地带性群落。群落种类组成比较丰富，在小禾草层片中主要有冰草、溚草、多叶隐子草等。杂类草较为复杂，除蓬子菜、麻花头、细叶柴胡、防风、花苜蓿、唐松草、白毛委陵菜、中国委陵菜、柳穿鱼、蓝刺头等中旱生植物以外，往往还有一些旱中生的杂类草出现。小半灌木类的白莲蒿、细叶胡枝子也是群落的恒有成分。这一群丛的群落生产力一般都较高，因而成为一类良好的天然草原。羊草、大油芒草原杂类草丰富。特别是有些旱中生草类在群落中成为稳定成分，如野火球、马先蒿、狭叶沙参、大叶野豌豆、野芍药、黄花菜、叉分蓼等。群落外貌比较华丽，而且是生物生产力较高的草原群落类型（《中国呼伦贝尔草地》编委会，1992）。

（四）羊草、柄状薹草群落

羊草、柄状薹草群落主要分布在我国大兴安岭北部的东西两麓地区，以及俄罗斯外贝加尔地区、蒙古国北部地区等，是杭爱山—达乌里—大兴安岭森林草原地带常见的一类羊草草甸草原群落类型。它一般发育在丘陵漫岗的坡地下部、丘间宽谷、河谷阶地与平原等地形部位上。这里的气候湿润系数也较高，一般可达 0.5～0.8。土壤以中层与厚层黑钙土为主，但也有些群落片段则出现在淋溶黑钙土和草甸黑钙土上。该群落类型具有一定的草甸中生化特点。经常出现的杂类草有蓬子菜、柴胡、展枝唐松草、棉团铁线莲、细叶白头翁、直立黄芪、野火球、大叶野豌豆、山野豌豆、山黧豆、长柱沙参、地榆、叉分蓼、麻花头、裂叶蒿、狭叶青蒿、变蒿、射干、囊花鸢尾、黄花菜、山丹、玉竹等。丛生禾草类的贝加尔针茅、早熟禾、溚草等也是群落的恒有成分。其他常见禾草有西伯利亚芨芨草、异燕麦、拂子茅、无芒雀麦、披碱草、冰草等。羊草、柄状薹草群落类型生境条件良好，群落组成很丰富，群落的生产力较高，绿色干物质产量一般为200～300 斤[①]/亩。高产地段上还可达 350 斤/亩以上。同时又因为羊草等优质牧草在群落中占有较大优势，所以该类型是高产优质的割草场与放牧场。

———

① 1 斤=500g

（五）具灌木的羊草、贝加尔针茅群落

灌木为西伯利亚杏，具灌木的羊草、贝加尔针茅群落类型是大兴安岭以东森林草原带特有的群落类型。西伯利亚杏是属于我国华北和东北的区系成分，它所组成的旱中生灌木层片成为该群丛的显著特点。该群落类型重要特征种有大油芒、野古草、达乌里胡枝子、白莲蒿等。西伯利亚杏灌丛化的草原群落类型，为松辽平原草原区所特有。

具灌木的羊草、贝加尔针茅群落是丘陵地形上常见的一种灌丛化草原群落类型，它的形成也和海拔上升及土壤砾石性的生态条件有密切联系。灌木层片在群落外貌上十分显著，并且在群落中构成了一些镶嵌的小群落。西伯利亚杏群落的庇荫作用使一些杂类草聚生在小群落中，此外，丛生禾草层片、杂类草层片等都是构成该群落的次要层片。该群落总生产力较高，并具有独特的经济价值。

五、利用与评价

羊草草甸草原是我国东北地区和内蒙古地区经济价值很高的天然草场，是十分重要的草场资源。在内蒙古高原上，羊草草甸草原具有地带性大面积分布特征，是呼伦贝尔草原中部、东部、乌珠穆沁草原和锡林河流域，以及松辽平原主要的一类草场。

同时，羊草是一种耐旱的草原植物，生态适应幅度很广。羊草草甸草原的土壤生境，主要是地带性草原土壤，并且最适应通气状况良好的轻质壤土。它对土壤盐分的适应性不同于一般的草原禾草，常可生于轻度盐化的草甸土上（如芨芨草草甸、野大麦草甸、马蔺草甸），特别是还可以生长在碱化土与脱碱化土壤上，成为碱化土的一种指示植物。在针茅草原被开垦的撂荒地上，植被恢复演替过程中优势植物以根茎型羊草为主，所以在农田多的草原地带，常可以见到许多以次生性的羊草为建群种的群落类型。羊草具有较宽的生态适应幅度，在中温带的广阔范围内，它能适应最寒冷的地区，热量因素对羊草生长没有限制作用，能够正常越冬和繁殖。羊草忍受干旱的特性和一般的典型草原中旱生草本植物近似，但它在森林草原地带和水分供应充足的条件下，可达到更高的生产效能。羊草不但是草甸草原的建群种，也是典型草原和许多草甸植被中重要的伴生成分。羊草对土壤盐分状况也有较好的适应性，中性的黑钙土和暗栗钙土是其最适土壤生境，在轻度盐化的土壤和碱化土上，羊草也能保持较高的生物产量。

羊草具有十分发达的地下根茎系统，因而成为隐芽植物。地下根茎具有大量的更新芽，又有很好的保护和营养供应条件，所以羊草的营养繁殖能力强。地上枝条均匀分布，叶量很大，叶面积指数高于许多其他禾本科牧草，又因茎枝挺立，其叶片镶嵌排列有利于光能利用。羊草是一种饲用价值很高的优质牧草，适于马、牛、羊各种牲畜四季放牧采食，尤其适于牛。羊草营养丰富，抽穗期粗蛋白含量可达 20%、粗脂肪 2%～4%、粗纤维 26%～35%、无氮浸出物 40%～50%。根据羊草草原产草量与营养动态变化规律，8 月中上旬割草为最佳时间，不但产草量高，其营养价值也高，割草频度一年一次为宜。羊草草原的另一个用途是，其可作为商品干草生产基地。羊草群落中常有真菌中的口蘑生长，于秋雨之后，在群落中形成蘑菇圈。它是名贵的食品，也可促进羊草的生长。

羊草为上繁禾草，便于实行机械化割草，制成优质干草或青贮牧草等良好的冬春贮备饲料。在草原带的天然牧草资源中，羊草被评为最优良的野生禾本科牧草，也是我国草原植被中最好的割草场类型，历史上我国东北地区的羊草草原早已被广泛用于割草，积累了很多利用经验。由于所在土壤肥厚，20世纪80年代大面积垦殖，羊草草甸草原大幅度减少。目前，羊草草甸草原由于过度利用，已出现不同程度的退化和碱化，因此对此类草原应加强保护，降低草原的利用强度。

第三节　线叶菊草甸草原生态系统

一、生态地理及分布特征

线叶菊草原为欧亚草原区亚洲中部亚区山地特有，以双子叶杂类草——线叶菊为建群种的草原，西自杭爱山北麓，沿一系列山系往东延伸，至大兴安岭转南，直到燕山山脉及阴山山脉东段，在上述山系的山前丘陵及其外围地区绵延分布。线叶菊的生态幅度比较有局限性，虽然在从大兴安岭北部落叶松林采伐迹地，到蒙古高原东部低山丘陵均能生长，个别的还一直分布到内蒙古高原中部的达茂旗白云鄂博矿区，与石生针茅、三裂亚菊混生在一起，构成山地荒漠草原的伴生种，但是线叶菊属于山地嗜石性的、耐寒的中旱生多年生草本植物，它的主要分布区在亚洲东部半湿润森林草原地带和半干旱草原地带的一部分地区，介于北纬37°~54°、东经100°~132°。在我国境内，线叶菊草甸草原主要分布在大兴安岭东、西两麓低山丘陵地带的内蒙古呼伦贝尔和锡林郭勒草原东部及松嫩平原北部，基本上限于森林草原地带之内。因此，该群系的大量分布，在中温草原带范围内，可做划分草甸草原的重要标志。该群系有时也出现在干草原地带，但总是零散出现在海拔较高的平缓山顶或高台地。

线叶菊草甸草原的上述分布范围，在气候上属温带半湿润区，但在不同地区，线叶菊草甸草原的分布总与一定的海拔、一定的地形及一定的土壤类型密切相关，随着纬度降低，热量逐渐增加，线叶菊草甸草原的分布高度也逐渐上升。例如，北纬50°左右的三河地区，它的分布高度为520~800m，至北纬43°30′的锡林郭勒河中上游，上升到1250~1460m，每向南移动一个纬度，其分布界限升高100m左右。但在大兴安东南麓，由于地势较低，且受季风影响较强，水热组合状况与岭西不同，线叶菊草甸草原的分布状况与岭西也有明显差异。例如，在北纬47°附近的松嫩平原上，线叶菊草原的分布高度为150m上下，与岭西同纬度比较，分布的海拔要低得多。总的来看，气候的大陆性越强，线叶菊草甸草原的上升幅度越大，分布位置也越高，并逐渐表现出山地垂直带的特征。

线叶菊草甸草原表现为明显的山地草原特征（吴征镒，1980）。线叶菊草甸草原的分布与土壤的关系紧密相连，一般情况下，线叶菊群落多出现在土壤质地粗糙、砾石性或沙性比较明显、风蚀比较严重的丘陵坡地的中上部位和高位台地的边缘地带。植物除依赖大气降水外，还可利用部分土壤凝结水。由于蒸发量相对较低，生长季的土壤水分条件比较优越，这就为较多数量的中旱、旱中生及中生杂类草植物的生长创造了有利的条件。

二、植物种类组成

以线叶菊为建群种的草甸草原生态系统，其植被结构与其所处的山地、高原气候相适应。线叶菊草甸草原是一种以菊科、豆科中旱生草群为优势的山地杂类草草原，在发生上与山地草甸植被、森林—灌木植被保持着密切联系，与植物耐寒的程度和适应方式不同有关。除了建群种线叶菊是一个典型的寒生杂类草外，还有一部分高原山地特有的寒生植物，如禾本科的西伯利亚羊茅、异燕麦、羊茅，菊科的高山紫菀、火绒草，石竹科的蚤缀。在大兴安岭东南山麓坡地的线叶菊草原中，还存在着一类比较喜暖的来自常绿阔叶林区的植物成分，如禾本科的大油芒、野古草、多叶隐子草、华灰早熟禾，菊科的北苍术、翼柄山莴苣、桃叶鸦葱，蔷薇科的西伯利亚杏及桦木科的虎榛子等。

线叶菊是耐寒的中旱生杂类草，其生态生物学特征与其所在的环境条件是统一的。吴征镒（1980）研究表明，线叶菊体高 40cm 左右，但不同生境下，体形和株高变异很大，在不良环境中株高仅 10～15cm，而在优越环境中达 70cm 以上。根生叶莲座状，茎生叶互生。线叶菊自然更新主要靠种子繁殖，一般在 7～8 月雨季来临后出现大量幼苗，但保存率很低，绝大多数越冬之前死亡。个体发育十分缓慢，一般在 15～20 年后才首次开花结实。线叶菊寿命很长，最长达 130 年以上，这在多年生草本植物中是少见的。由于气候因素的制约，线叶菊春季返青期很迟。一般在 5 月中下旬开始萌芽，6 月初即形成胚珠，7 月中旬开花，8 月上旬成熟，9 月中下旬霜冻来临，种子脱落，植株开始枯萎，营养期逐渐终止而进入低温休眠状态。

线叶菊草甸草原的种类组成相当丰富，据不完全统计，共有种子植物 201 种，隶属 35 科 119 属。其中以菊科（41 种）、豆科（29 种）、禾本科（20 种）、蔷薇科（16 种）和百合科（16 种）居多，其次为毛茛科（5 种）、石竹科（7 种），再次为唇形科、莎草科、鸢尾科（各 6 种），玄参科、桔梗科、龙胆科（各 5 种），伞形科、报春花科、堇菜科、十字花科（各 3 种），具 2 个种的有败酱科、亚麻科、大戟科、藜科、蓼科、列当科、苋菜科和山萝卜科。其余 10 科仅一属一种。

根据中国科学院内蒙古宁夏综合考察队（1985）在《内蒙古植被》中的记载，半灌木和小半灌木在线叶菊草甸草原中起次要作用，但在局部环境中，有些种如兴安胡枝子可成为亚优势成分，并对生境特征的旱化和砾石性具有指示作用。旱中生灌木西伯利亚杏往往起景观作用。一、二年生植物作用不明显，但在砾石质地和丘顶上，常常可看到瓦松、地蔷薇、葶苈等一年生植物生长。灌木都是高位芽夏绿植物，共 5 种：小叶锦鸡儿、西伯利亚杏、耧斗菜、绣线菊和虎榛子，通常在草群中不常见，但在特殊条件下则相当发达，可形成灌木型的线叶菊草原。草麻黄是草群中稀见的一种常绿小半灌木，仅出现在线叶菊草原的石生变型中。以种子繁殖方式更新的一、二年生草本植物在草群中不起重要作用，多数是砾石质土壤上的特有成分，如数种瓦松、地蔷薇、葶苈、小花花旗杆等，还有个别种是牧场上的伴生植物，如茵陈蒿、狗尾草等。

三、植物群落结构

吴征镒（1980）、中国科学院内蒙古宁夏综合考察队（1985）、潘学清等（1988）总结了线叶菊草甸草原的群落结构，认为与针茅草甸草原和羊草草甸草原相比，线叶菊草甸草原的结构比较复杂，季相也格外华丽，可以说是温带草原区最易引人注目的一类草原。在典型的线叶菊草甸草原上，由于丛生禾草的数量较少，土壤富铝化程度较低，植被盖度通常不超过 10%，但在茂密杂类草群集生长地段，群落投影盖度却很高，通常可达 60%～70%。叶层高 25～30cm，而生殖枝可高达 40cm 以上。种的饱和度一般都较高，平均每平方米 20 种，最高可达 35 种。

草群成层性不太明显，大致可分成三个亚层：第一亚层由高大的草与杂类草构成，营养体位于 35～40cm 处，生殖枝达 60cm，代表植物有地榆、黄花菜、沙参、细叶百合及贝加尔针茅等。第二亚层比较发达，主要由建群种线叶菊及多种杂类草构成，其中杂类草最主要的有多种白头翁（*Pulsatilla* spp.）、柴胡、防风、火绒草、黄芩等，此外还有小型丛生禾草和薹草；叶层高 0～20cm，生殖枝达 45cm 左右。本层的植物主要是夏季开花植物，少部分为春季开花植物。第三亚层一般由矮生杂类草构成，成分比较复杂，常见的有委陵菜属、棘豆属、羊草属数种植物及百里香等。处于该层植物的叶片多处于 0～5cm 的高度，多由莲座叶型杂类草构成，其中大部分是春季开花植物。

地上部分产量结构与亚层一致，绿色植物主要集中在第二亚层。地下成层性与地上成层性是对应的，组成第一亚层的植物，一般根系最深（可达 1.5m）；第二亚层具有中等长度的根系；第三亚层的矮草根系最浅，多分布于土壤上层。地上部分的产量结构和地下成层结构基本一致，基本的绿色物质集中在第二亚层范围内（5～20cm），再向上或向下产量即逐渐下降。

线叶菊在群落组成中占绝对优势，相对盖度与相对重量均达 40%～50%或更高。具有亚建群作用或优势作用的有：丛生禾草贝加尔针茅、羊茅、大针茅及银穗草，喜温暖的多叶隐子草、丛生薹草、柄状薹草；根茎型禾草中的羊草及喜温暖的大油芒、野古草；根茎型的黄囊薹草及旱中生灌木楼斗叶绣线菊。此外，在群落中经常出现的或数量较多的植物很多，丛生禾草中有落草、冰草、糙隐子草、早熟禾等，根茎禾草有光稃茅香，中生或旱中生杂类草有细叶白头翁、棉团铁线莲、唐松草、白叶委陵菜、细叶蓼、斜茎黄芪、裂叶蒿、细叶百合、达乌里龙胆、多裂叶荆芥、沙参等，中旱生杂类草有花苜蓿、委陵菜属的一些物种、旱麦瓶草、远志、黄芩、麻花头、火绒草、射干、狼毒及小半灌木变蒿、冷蒿等。

四、植物群落类型

线叶菊草甸草原生态系统分布于我国东北、内蒙古及河北，以及蒙古国北部、俄罗斯。根据禾草共建成分优势度的差异和杂类草生态种组合的区别，线叶菊草甸草原层片结构差异明显。线叶菊草甸草原分布在我国境内的主要群落类型共 6 种，即线叶菊、贝加尔针茅群落类型；线叶菊、羊茅群落类型；线叶菊、大油芒群落类型；线叶菊、多叶隐子草、尖叶胡枝子群落类型；西伯利亚杏、线叶菊群落类型；小叶锦鸡儿、线叶菊群落类型，它们各自占据一定的生态位。

（一）线叶菊、贝加尔针茅群落

线叶菊、贝加尔针茅群落分布范围广，主要分布在大兴安岭山地和阴山山地，贺兰山有小面积分布。在大兴安岭东、西两麓森林草原地带及东北松嫩平原地区，这类草原常在波状平原的垄岗部位和低山丘陵的缓坡中部占有较大面积，与相邻群落空间的组合关系，在一定程度上表现出明显的地域性特征。在大兴安岭西北麓山地森林草原地带，这类草原经常出现在海拔 420~1100m 的阳坡，并与阴坡的白桦—山杨林结合分布；在大兴安岭东南麓阔叶林地带(甘河地区)，这类草原则出现在海拔 370m 左右的丘陵顶部，并与蒙古栎林、白桦林、榛灌丛或草原化的杂类草草甸交错分布；在大兴安岭西麓森林草原和向典型草原过渡的无林地带（如免渡河中游），这类草原主要出现在丘陵阴坡（海拔 790~800m），并与阳坡上的西伯利亚杏、线叶菊灌木草原（在平缓坡地上）或西伯利亚杏、贝加尔针茅灌木草原（在较陡的山坡上）结合分布；在内蒙古呼伦贝尔草原东部沙地樟子松林区，这类草原（沙地变型）多出现在固定沙丘间的开阔平原地上（海拔880m 左右），并和沙丘上的樟子松林、山杨—白桦林、杂木灌丛及沙质土上的羊茅草原、针茅草原交替出现。在接近干草原地带的边缘，如东乌珠穆沁北部丘陵地区，线叶菊、贝加尔针茅草甸草原主要分布在丘陵中上部或垄岗坡地的顶部，并与坡地中下部的贝加尔针茅草原和谷地中的羊草草原交替分布。随着纬度的南移，如在西拉木伦河上游，这类草原的分布可上升到海拔 1760m 的高原台地，而随着海拔的进一步升高,则被银穗草、羊茅山地草原替代。

线叶菊、贝加尔针茅草甸草原的土壤发育比较好，通常为淋溶黑钙土或浅色黑钙土。地面虽然或多或少具有一定的砾石性，但水分和营养状况都较优越，这就为丰富的杂类草层片生长发育创造了有利条件。杂类草不仅种类繁多，而且生态类型分异比较明显，既含有草原群落中常见的中旱生成分，如柴胡、防风、黄芩、展枝唐松草、麻花头等，也含有大量草原旱中生植物，如棉团铁线莲、细叶白头翁、蓬子菜，以及典型草甸草原中生成分，如地榆、黄花菜、野火球、沙参等，此外还有一些山地石生草原的特征植物，如多叶棘豆、三出叶委陵菜等。

该群落类型禾草的种数较杂类草少，但其作用却仅次于建群种，其中贝加尔针茅为稳定的优势成分，起着共建种作用。羊茅和羊草的优势度依群落所处的地形部位不同而表现出明显波动：一般随着中小地形升起，土体砾石性增强，或海拔升高，草群中羊茅多度增加，频度提高；相反，在缓坡中下部位，伴随着坡积作用的加强，坡流补给量增多，羊草在草群中的比例明显提高，使群落结构发生明显分异。主要伴生植物有地榆、唐松草、火绒草、草木樨状黄芪、蓬子菜、斜茎黄芪、羽茅、麻花头、万年蒿、尖叶胡枝子、柴胡、黄芩、细叶鸢尾、多叶棘豆、柄状薹草等。每平方米有植物 39 种，草群盖度 60%，平均高度 65cm，产鲜草 320~330kg/亩，可食产草量为 172.60kg/亩，枯草期可食产草量为 92.48kg/亩。草群产量构成中，以多年生草本占优势地位，其中禾本科占 20.6%、豆科 4.1%、菊科 35.6%、莎草科 12.7%，其他 27%。在利用上应适宜放牧，以免发生退化。

（二）线叶菊、羊茅群落

线叶菊、羊茅群落是寒温禾草型线叶菊草甸草原的一个代表类型，这类草原所占的空间面积并不大，约 2%，但在森林草原地带低山丘陵和典型草原的东部高平原台地的出现率却较高。主要特点是与线叶菊一起混生大量的、高度耐寒耐旱的山地草原成分，并与山地石生杂类草群落在发生上保持着一定联系。众所周知，石生杂类草群聚在大兴安岭山脉、阴山山脉的结晶岩露头区，分布极为广泛，似乎每种植物都生长在一个特殊环境中。就数量和作用来看，各色壳状、叶状地衣占据着重要的优势地位。几乎覆盖着岩砾碎块的各个部分，分解岩石，为绿色植物创造生长和定居的土壤条件。常见的多年生杂类草植物除线叶菊外，还有高山紫菀、柴胡、蚤缀、白婆婆纳、多叶棘豆、三出叶委陵菜，以及一、二年生植物如瓦松、点地梅、小花花旗杆、葶苈等。种的饱和度平均为 17 种/m²，变幅 15～25 种。草群高 20～25cm，投影盖度 45%～55%，生物产量在不同年份不同地区差异显著，鲜草重量为 80～220kg/亩。产量结构中菊科杂类草所占比例最高，占 75%（其中建群种线叶菊占 85.5%），禾草位居第二，占 13.9%（其中共建种羊茅占 9.6%），小半灌木以冷蒿为主，占 3.8%，其他莎草类、豆类、鳞茎类占 7.3%。

（三）线叶菊、大油芒群落

线叶菊、大油芒群落是暖温禾草型线叶菊草原的一个代表类型，它主要特点是：①仅出现在气候比较温暖的大兴安岭东南麓海拔 300～570m 的丘陵坡地和岗状坡地；②组成中含有一定数量的华北、东北区系成分；③在生态序列中与蒙古栎矮林、虎榛子灌丛等常绿阔叶林和灌木林保持着一定的联系；④结构上往往带有明显的次生性烙印；⑤土壤表面富含坡积碎石，但土层较厚，水分和营养状况较为良好。该群落类型草群稀疏不均，总盖度平均 50%，一般波动于 30%～80%。基本草群的叶层高 50～60cm，禾本科植物的生殖枝可达 80cm 以上。7～8 月地上部分鲜草产量平均每亩 186～340kg，是线叶菊草原中产量较高的一个类型。

（四）线叶菊、多叶隐子草、尖叶胡枝子群落

线叶菊、多叶隐子草、尖叶胡枝子群落是与上述线叶菊、大油芒群落相近的一类暖温型线叶菊草原，主要分布在大兴安岭东南麓低山丘陵和山前漫岗坡地，北部海拔 400m 左右，南部上升到 950～1000m。土体多砾石，侵蚀比较明显。除建群种线叶菊外，喜温暖的多叶隐子草和尖叶胡枝子占亚优势地位。群落中植物分布不均，水平结构具斑点性，垂直结构分异不显著。草群疏密不均，投影盖度变幅较大，最低 15%，最高可达 45%，平均 30%。草群在生长旺季平均每亩可产鲜草 181kg，但变幅很大，每亩最低 80kg，最高可达 282kg。

（五）西伯利亚杏、线叶菊群落

西伯利亚杏、线叶菊群落主要分布在大兴安岭东南麓的低山丘陵和嫩江上游西部的波状平原垄岗部位。在低山丘陵区多出现于向阳坡地的中上部，并与中部和下部的西伯利亚杏、贝加尔针茅草原和西伯利亚杏、羊草草原形成一个完整的西伯利亚杏—禾草、杂类草草原群落生态序列，同时和背阴坡地上的虎榛子、绣线菊灌丛及岩石陡坡上的大果榆疏林、蒙古栎矮林形成组合，而随着海拔升高，也可和山杨—白桦林形成组合，交替出现。在平原地区，这类草原经常和含丰富杂类草的贝加尔针茅草甸草原、羊草草甸草原处在同一个生态序列中。西伯利亚杏、线叶菊草甸草原的土壤，一般表面多砾石，土体较薄，腐殖质层厚15～25cm，类型也比较复杂，部分属暗栗钙土，部分则属灰棕和暗棕土，具有森林土壤和草原土壤交错出现、互相结合的过渡特征。

群落中种的饱和度不高，平均每平方米10种，变幅9～24种。群落中西伯利亚杏多呈丛状分布，丛间距1.5～2.5m，水平结构表现为明显的镶嵌性。草群高度40～50cm，与基本草群高度近似，成层性不甚明显。西伯利亚杏在线叶菊草原群落中的分布一般较开阔地段（如固定沙地、陡坡地）少，通常3～6枝形成一丛，植丛直径0.5m左右；同样，其结实率也较西伯利亚杏灌丛中低。西伯利亚杏、线叶菊草甸草原除作为放牧场利用外，同时也是生产野生油料——杏核比较集中地方之一，为特殊资源。该类型常见植物有西伯利亚杏、线叶菊、羊草、三出叶委陵菜、多叶隐子草、达乌里胡枝子、贝加尔针茅、糙隐子草、寸草薹、草木樨状黄芪、芯芭等。在大兴安岭东南麓森林草原地带和常绿阔叶林地带内，可见到灌丛植物蒙古栎矮林、绣线菊灌丛、虎榛子均在该群落类型中混生。

从牧场利用角度看，西伯利亚杏、线叶菊草甸草原属中等质量草场。平均盖度45%～50%，生长旺季每亩可产鲜草210kg左右，其中杂类草比例最高，占67.6%，禾草占19.7%，小半灌木占11.0%，莎草类占1.3%，豆科草类比例虽然很低（占0.4%），但小半灌木饲料中以豆类为主（其中包括达乌里胡枝子、多花胡枝子、尖叶胡枝子等）。

（六）小叶锦鸡儿、线叶菊群落

与西伯利亚杏、线叶菊群落类型相对应，小叶锦鸡儿、线叶菊群落主要出现在大兴安岭西北麓低山丘陵地区和内蒙古高原东部边缘的暗栗钙土和浅黑钙土区。这类草原的组成与中温型线叶菊禾草草原基本相同，主要区别在于草群中小叶锦鸡儿灌木的作用更为明显，并成为建群种，景观作用明显。线叶菊草原中生、旱生灌木层片的形成，显然与大兴安岭西北麓较为干旱的气候有关，同时，也和达乌里—蒙古草原区系成分与达乌里—蒙古—中国东北区系成分之间的相互渗透有着密切联系。小叶锦鸡儿、线叶菊群落常见于内蒙古呼伦贝尔草原东南部伊敏河流域砂质栗钙土上和锡林郭勒高原东南部玄武岩台地砾质暗栗钙土和砂质暗栗钙土上。

五、利用与评价

线叶菊草甸草原生态系统的自然属性表明，这类草原资源的异质性十分明显，群落产草量因类型不同而有很大差异，群落类型之间产草量极差达 8～9 倍。差异的形成与线叶菊草原不同群落类型所处地区的生态环境及开发利用程度相关。在大兴安岭西麓山地草甸草原和低山丘陵草甸草原，寒温型的线叶菊草原（线叶菊、羊茅群落类型为主）所占面积最大；在岭东南低山丘陵区，以暖温型线叶菊草原和西伯利亚杏、线叶菊草甸草原群落为主；在中温型线叶菊草原以线叶菊、贝加尔针茅为主，占 50%～60%，是一类重要的放牧场。

对线叶菊草原质量的评价，多从线叶菊的营养成分和适应性方面考虑，在不同的地区往往得出相反的结论。俄罗斯布里亚特蒙古族牧民认为，在春、夏牧场上羊、牛、马都喜食线叶菊，其属于抓膘植物；在蒙古国，牧民则认为线叶菊是不良的，甚至是劣质牧草，在夏季牛、马仅吃少量茎叶，绵羊和山羊吃枝条，霜后植物变红时家畜乐食。而中国科学院内蒙古宁夏综合考察队（1985）根据访问调查，认为不同类型线叶菊草场，其质量是不同的。草甸型线叶菊草场，虽然产量高，但多种杂类草成分比例较大，使牧草质量有显著提高。另外，牧民在评价草场质量时，还特别重视草场群落组合的特点，牧民认为线叶菊草场周围往往缺少草甸草场，家畜吃不到含盐牧草，因此不愿在这类草场长期放牧。由此可以看出，制定牧场利用计划时，充分考虑各类草场资源的结合配置，对提高线叶菊草原的利用效率具有一定实用性。

线叶菊草甸草原各类成分组成丰富，内蒙古近 200 种高等植物中，除大部分饲用植物外，还蕴藏着不少特种经济植物，其中有 80 余种药用植物分布在线叶菊草原群落中，此外还有多种油料植物、食用植物。线叶菊草甸草原为中等质量的放牧场，也可兼做割草场。线叶菊在青鲜状态下牲畜不喜食，干枯后嗜口性则提高。地上部分生产力因群落类型不同而有很大差异，每亩最高产鲜草达 1330kg，最低仅 160kg，一般在 350kg 上下。

第四节　草甸草原生态系统的生产力特征

绿色植物作为生态系统的生产者，具有固定太阳能、提供初级生产力或第一性生产力的作用。草原净初级生产力（net primary productivity，NPP）通常用草原植被在单位时间、单位面积内光合作用所产生的有机质总量减去呼吸消耗后的剩余部分，包括植物的枝叶和根系等生产量及植物枯落物部分。NPP 用于植被的生长和繁殖，直接反映草原群落在自然条件下的生产能力（Roxburgh et al.，2005；朴世龙等，2001a，2001b），表征草原生态系统的质量状况。因此，NPP 是生态系统结构组建的物质基础，也是控制养分循环、能量流动和碳循环过程的基本环节（胡中民等，2006），在应对全球变化及碳平衡中起到重要作用。认识草甸草原植被生物量分布格局及其变化，揭示以贝加尔针茅、羊草和线叶菊为建群种的草甸草原的不同群系生物量年际和月际变化趋势，可以深入了解草原生态系统变化规律、正确评价植物生产过程及碳平衡状况，为维护草原生产力、草原健康评价和草原可持续发展提供理论依据。

一、贝加尔针茅草甸草原植物生物量

贝加尔针茅草甸草原样地位于内蒙古呼伦贝尔草原生态系统国家野外科学观测研究站附近谢尔塔拉 11 队贝加尔针茅草甸草原围封样地内，北纬 49°20.979′、东经 120°07.419′，海拔 660.09～664.60m。该地区属中温带半干旱大陆性气候，年平均降水量、年均气温、最低气温、年积温、无霜期均与羊草草甸草原相同；土壤为暗栗钙土或黑钙土。植被类型为贝加尔针茅草原，建群种以贝加尔针茅为主，亚优势种为羊草，主要伴生种及常见种有柄状薹草、羽茅、裂叶蒿、细叶白头翁、多裂叶荆芥、囊花鸢尾、花苜蓿、长柱沙参、细叶葱、双齿葱、展枝唐松草、寸草薹、糙隐子草等。

（一）贝加尔针茅草甸草原生物量年际变化

2009 年与 2018 年贝加尔针茅草甸草原样地观测数据（表 2-4）显示，2018 年与 2009 年相比，贝加尔针茅群落生物量增加了 11.38g/m²，禾本科植物生物量减少了 10.1g/m²，差异均不显著（$P>0.05$）；而枯落物却显著增加了 5.40 倍（$P<0.05$）。2009～2018 年，贝加尔针茅群落生物量、禾本科植物生物量、枯落物量平均值分别为 221.69g/m²、80.52g/m²、134.03g/m²。

表 2-4　2009 年与 2018 年贝加尔针茅草甸草原样地地上生物量干重比较（g/m²）

		样本数	均值	标准差	标准误	均值的95%置信区间		极小值	极大值	变异系数
						下限	上限			
禾本科植物生物量	2009 年	10	85.57	49.87	15.77	49.89	121.24	35.14	177.05	0.58
	2018 年	10	75.47	90.64	28.66	10.63	140.31	26.56	327.66	1.20
	合计	20	80.52	71.39	15.96	47.11	113.93	26.56	327.66	0.89
贝加尔针茅群落生物量	2009 年	10	216.00	46.02	14.55	183.08	248.93	161.12	311.77	0.21
	2018 年	10	227.38	56.53	17.88	186.94	267.82	183.66	352.33	0.25
	合计	20	221.69	50.51	11.29	198.05	245.33	161.12	352.33	0.23
枯落物量	2009 年	10	37.68	17.71	5.60	25.01	50.35	8.88	63.36	0.47
	2018 年	9	241.08	72.13	24.04	185.63	296.52	164.11	354.13	0.30
	合计	19	134.03	115.57	26.51	78.32	189.73	8.88	354.13	0.87

由图 2-1 可以看出，贝加尔针茅草甸草原 2009～2015 年地上生物量年际波动明显。7 年平均地上生物量为 311.11g/m²。最大地上生物量出现在 2015 年，为 482.19g/m²，最小地上生物量出现在 2010 年，为 223.34g/m²，前者是后者的 2.16 倍。

2012～2018 年长期监测研究结果显示，贝加尔针茅草甸草原 0～60cm 土层范围内的地下生物量 7 年平均值为 107.26g/m²，最高值出现在 2016 年，为 144.17g/m²，最低值出现在 2017 年，为 69.38g/m²，最高值是最低值的 2.08 倍（图 2-2）。如图 2-3 所示，2012～2018 年贝加尔针茅草甸草原地下生物量在土壤剖面中的分布基本表现为由上层至下层逐渐减少，10cm 以下，地下生物量随土壤深度的增加而急剧下降。土壤上层是地下

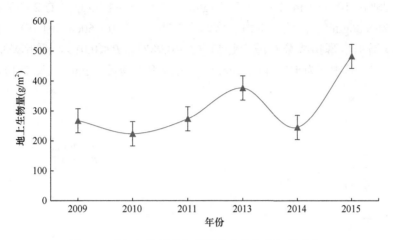

图 2-1　贝加尔针茅草甸草原地上生物量年际动态

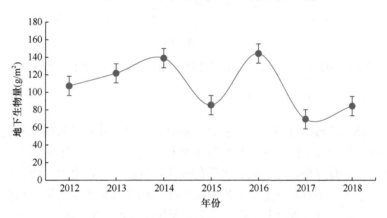

图 2-2　贝加尔针茅草甸草原地下生物量年际动态

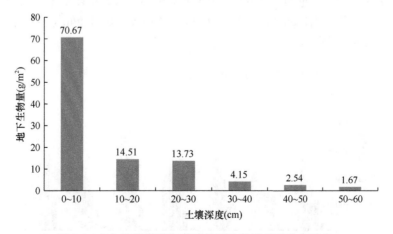

图 2-3　贝加尔针茅草甸草原地下生物量垂直分布动态

生物量的主要集中层,其中 0~10cm 土层中的根系生物量为 70.67g/m²,占地下生物量总量的 65.88%;10~30cm 土层为 28.24g/m²,占地下生物量总量的 26.33%;而 30~60cm 土层为 8.36g/m²,占地下生物量总量的 7.79%。在 0~60cm 范围内,地下生物量与土层深度增加呈幂指数分布减少趋势($R^2=0.9877$,$P<0.01$)。两者关系可表示为 $y=8361.2x^{-2.048}$,其中 x 为土层深度(cm);y 为地下生物量(g/m²)(图 2-4)。

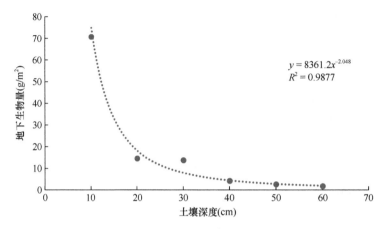

图 2-4 贝加尔针茅草甸草原地下生物量剖面分布规律(2012~2018 年)

(二)贝加尔针茅草甸草原生物量季节变化

2009~2015 年统计分析数据表明(图 2-5),贝加尔针茅草甸草原的地上生物量随着生长季节气温的上升、雨水的增加而逐步增长,由春季 4 月中下旬返青,于夏季 8 月(除 2013 年)达到高峰期,之后随着秋季的到来,气温降低,地上生物量逐渐减少。不同年际之间贝加尔针茅草甸草原地上生物量变化趋势及其最大生物量的高低存在着很大差异。贝加尔针茅草甸草原地上生物量的季节变化动态表现为单峰曲线,2015 年 8 月地上生物量最高,为 482.19g/m²。2009~2015 年 7 年间,贝加尔针茅草甸草原地上生物量 8 月平均值最高,为 311.11g/m²,其次是 9 月,平均值为 268.42g/m²,第三位是 7 月,平均值为 216.51g/m²(图 2-6)。

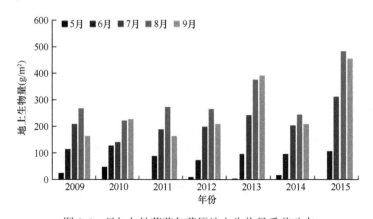

图 2-5 贝加尔针茅草甸草原地上生物量季节动态

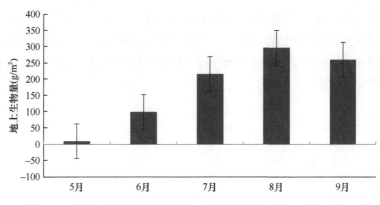

图 2-6 贝加尔针茅草甸草原地上生物量生长季动态（7年平均）

二、羊草草甸草原植物生物量

羊草草甸草原监测样地位于内蒙古呼伦贝尔草原生态系统国家野外科学观测研究站附近谢尔塔拉 12 队，北纬 49°19.833′、东经 120°03.356′，海拔 629～651m。该地区属中温带半干旱大陆性气候，年平均降水量为 350mm，多集中在 7～9 月且变率较大。年均气温为–2.4℃，最高、最低气温分别为 36.17℃和–48.5℃，积温为 1580～1800℃，无霜期为 110 天；土壤为黑钙土或暗栗钙土。植被类型为羊草草甸草原，建群种为羊草，亚优势种为贝加尔针茅，伴生种有蓬子菜、展枝唐松草、斜茎黄芪、山野豌豆、防风、草地早熟禾等。

（一）羊草草甸草原生物量年际变化

2009 年与 2018 年 7 月样地观测数据显示，2018 年羊草植物生物量、羊草群落生物量、枯落物量较 2009 均显著增加（$P < 0.05$）（表 2-5）。2018 年与 2009 年相比，羊草植物生物量、羊草群落生物量、枯落物量分别增加 2.12 倍、0.23 倍、3.92 倍；2009～2018 年，羊草植物生物量、羊草群落生物量、枯落物量平均值分别为 24.38g/m²、201.23g/m²、112.69g/m²。

表 2-5　2009 年与 2018 年羊草草甸草原样地地上生物量干重比较（g/m²）

		样本数	均值	标准差	标准误	均值的 95%置信区间		极小值	极大值	变异系数
						下限	上限			
羊草植物生物量	2009 年	10	11.84	12.56	3.97	2.86	20.83	1.16	37.04	1.06
	2018 年	10	36.91	27.40	8.66	17.30	56.51	6.98	97.45	0.74
	合计	20	24.38	24.41	5.46	12.95	35.80	1.16	97.45	1.00
羊草群落生物量	2009 年	10	180.26	13.40	4.24	170.67	189.84	157.21	202.26	0.07
	2018 年	10	222.20	28.37	8.97	201.90	242.49	190.17	267.53	0.13
	合计	20	201.23	30.48	6.82	186.96	215.49	157.21	267.53	0.15
枯落物量	2009 年	10	41.07	19.35	6.12	27.23	54.91	16.91	67.13	0.47
	2018 年	8	202.22	111.50	39.42	109.01	295.44	122.05	467.61	0.55
	合计	18	112.69	110.03	25.93	57.98	167.41	16.91	467.61	1.02

由图 2-7 可以看出，羊草草甸草原 2009～2015 年每年 8 月地上生物量随着年际气温和降水的气候变化具有明显波动。7 年间 8 月平均地上生物量为 170.90g/m²。最大地上生物量出现在 2014 年，为 208.57g/m²，最小地上生物量出现在 2012 年，为 101.21g/m²，前者是后者的 2.06 倍。

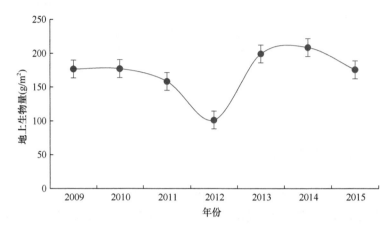

图 2-7　羊草草甸草原地上生物量年际动态

在草甸草原生态系统中，地下生物量的多少及其分布可以反映出植物对土壤水分和营养成分的利用能力，对地上生物量的影响很大。根系作为植物积累和贮藏非结构性碳水化合物的主要器官，对植物被刈割或被家畜采食后，特别是在叶片大量损失的情况下，能否尽快重新建立光合组织、恢复生长具有决定性作用。根据 2012～2018 年长期监测研究（图 2-8），羊草草甸草原 0～60cm 土层范围内的地下生物量 7 年的平均值为 91.05g/m²，最高值出现在 2016 年，为 126.83g/m²，最低值出现在 2017 年，为 31.96g/m²，最高值是最低值的 3.97 倍。

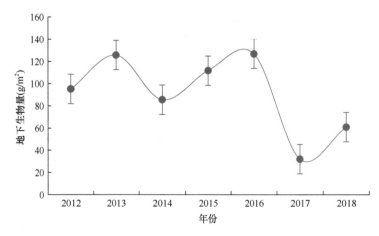

图 2-8　羊草草甸草原地下生物量年际动态

2012～2018 年生长季（8 月）内生长旺期监测资料显示，羊草草甸草原地下生物量在土壤剖面中的分布基本表现为由上层至下层逐渐减少，10cm 以下，地下生物量随土壤深度的增加而急剧下降。根系的地下生物量集中分布在土壤上层，其中 0~10cm 土层中的根系生物量为 54.19g/m², 占地下生物量总量的 59.51%; 10~30cm 土层为 29.57g/m², 占地下生物量总量的 32.47%; 而 30~60cm 土层为 7.30g/m², 占地下生物量总量的 8.02%（图 2-9）。在 0~60cm 的范围内，地下生物量与土层深度增加呈指数分布减少趋势（R^2=0.9506，$P<0.01$），两者关系可表示为 y=88.923$e^{-0.072x}$，其中 x 为土层深度（cm），y 为地下生物量（g/m²）（图 2-10）。

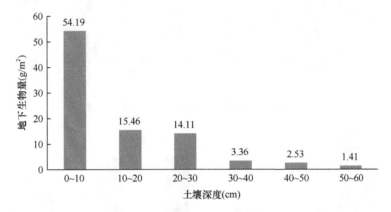

图 2-9　羊草草甸草原地下生物量垂直分布动态

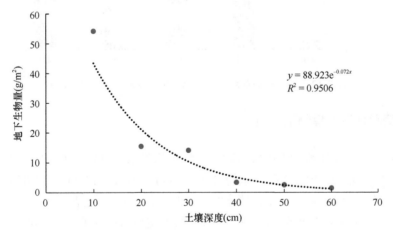

图 2-10　羊草草甸草原地下生物量剖面分布规律

（二）羊草草甸草原生物量季节变化

　　羊草草甸草原地上生物量 2009~2015 年季节动态显示，羊草草甸草原群落随着季节和生育期进展，地上生物量变化明显（图 2-11）。从 4 月早春返青，生物量逐渐增加；7 年间除 2012 年、2013 年外，其他年份均在 8 月中旬达到高峰期，之后随着植株逐渐衰老，凋落物量增加，地上生物量又逐渐下降，至 10 月地上生物量部分枯死。羊草草甸草原地上生物量的季节变化动态表现为单峰曲线，2013 年 7 月地上生物量最高，为 249.12g/m²。 生物量的变化是植物群落本身生长发育特性与生态因子相互作用的结果。2009~2015 年 7 年间，羊草草甸草原地上生物量 7 月平均值最高，为 172.45g/m²，其次是 8 月，平均值为 170.90g/m²，第三位是 9 月，平均值为 123.77g/m²（图 2-12）。

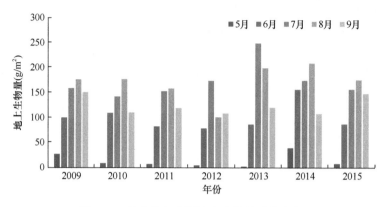

图 2-11　羊草草甸草原地上生物量季节动态

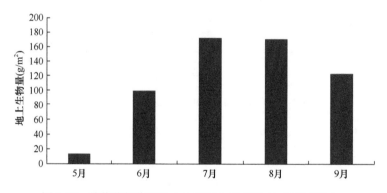

图 2-12　羊草草甸草原地上生物量生长季动态（7 年平均）

三、线叶菊草甸草原植物生物量

线叶菊草甸草原样地位于内蒙古呼伦贝尔市陈巴尔虎旗特尼河 11 队线叶菊草甸草原围封样地内，北纬 49°31.269′、东经 120°01.556′，海拔 619.90～851.00m。该地区属中温带半干旱大陆性气候，年平均降水量、年均气温、最低气温、积温、无霜期均与羊草草甸草原相同；土壤为暗栗钙土或黑钙土。植被类型为线叶菊草原，建群种为线叶菊，亚优势种为柄状薹草，伴生种及常见种有柴胡、瓣蕊唐松草、丛生隐子草、达乌里胡枝子、防风、火绒草、黄花菜、棉团铁线莲、长柱沙参、展枝唐松草、裂叶蒿、寸草薹等。

（一）线叶菊草甸草原地上生物量年际变化

由表 2-6 可以看出，2009～2018 年样地观测数据显示，线叶菊样地每平方米有 15～33 种植物。2009 年与 2018 年 7 月样地观测数据显示，2018 年线叶菊群落生物量、线叶菊植物生物量、禾本科植物生物量较 2009 年均显著增加（$P<0.05$），分别增加 0.63 倍、1.33 倍、3.09 倍；而枯落物量有所减少，减少了 3.36%，但不显著（$P>0.05$）。2009～2018 年线叶菊群落生物量、线叶菊植物生物量、禾本科植物生物量、枯落物量平均值分别为 170.19g/m²、66.83g/m²、58.19g/m²、32.35g/m²。

表 2-6 2009 年与 2018 年线叶菊草甸草原地上生物量干重比较（g/m²）

		样本数	均值	标准差	标准误	均值的95%置信区间		极小值	极大值	变异系数
						下限	上限			
线叶菊植物生物量	2009 年	10	40.14	12.50	3.95	31.20	49.09	26.50	60.29	0.31
	2018 年	10	93.52	52.45	16.59	55.99	131.04	30.93	205.07	0.56
	合计	20	66.83	46.12	10.31	45.24	88.42	26.50	205.07	0.69
线叶菊群落生物量	2009 年	10	129.29	17.66	5.58	116.66	141.93	95.97	159.23	0.17
	2018 年	10	211.09	57.03	18.03	170.29	251.89	141.43	329.22	0.27
	合计	20	170.19	58.73	13.13	142.70	197.68	95.97	329.22	0.35
枯落物量	2009 年	6	33.04	14.20	5.80	18.14	47.94	22.95	58.98	0.43
	2018 年	10	31.93	19.89	6.29	17.70	46.16	8.57	80.22	0.62
	合计	16	32.35	17.46	4.37	23.04	41.65	8.57	80.22	0.54
禾本科植物生物量	2009 年	10	22.86	10.01	3.16	15.70	30.02	3.96	38.87	0.44
	2018 年	10	93.52	52.45	16.59	55.99	131.04	30.93	205.07	0.56
	合计	20	58.19	51.62	11.54	34.03	82.35	3.96	205.07	0.89

由图 2-13 可以看出，线叶菊草甸草原 2009～2015 年的地上生物量有明显波动。7 年平均地上生物量为 136.75g/m²。最大地上生物量出现在 2013 年，为 175.53g/m²，最小地上生物量出现在 2014 年，为 94.89g/m²，前者是后者的 1.85 倍。

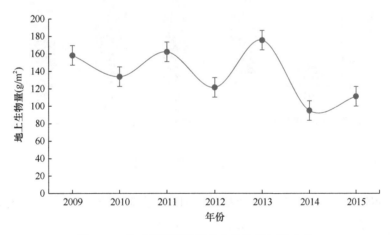

图 2-13 线叶菊草甸草原地上生物量年际动态

（二）线叶菊草甸草原地上生物量季节变化

由图 2-14 可以看出，线叶菊草甸草原地上生物量随季节的进展、气温的上升、雨水的增加而逐步增长，由 4 月中下旬返青，2009～2011 年和 2015 年于 8 月达到高峰期，2012～2014 年于 7 月达到最高峰，之后随着秋季的到来，气温降低，地上生物量逐渐减少。线叶菊草甸草原地上生物量的季节变化动态表现为单峰曲线，峰值均出现在 7 月。不同年际之间线叶菊草甸草原地上生物量的变化趋势及其最大生物量的大小存在着很大差异，2013 年 7 月地上生物量最高，为 175.53g/m²。2009～2015 年 7 年间，线叶菊草甸草原地上生物量 7 月和 8 月为最高，平均值差异较小，分别为 137.32g/m^2、136.75g/m^2，其次是 9 月和 6 月，平均值差异也较小，分别为 107.99g/m^2、100.99g/m^2（图 2-15）。

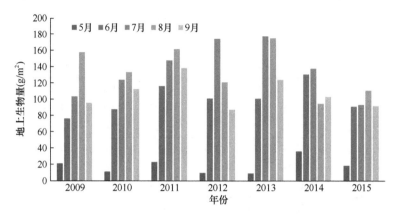

图 2-14　线叶菊草甸草原地上生物量季节动态

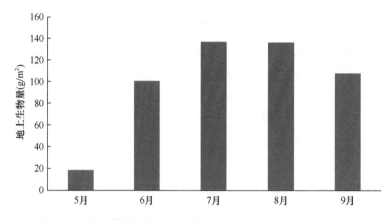

图 2-15　线叶菊草甸草原地上生物量生长季动态（7 年平均）

第五节　结　　语

以贝加尔针茅为建群种的群落类型是草甸草原生态系统地带性特征的标志，它以在肥沃而深厚的壤质土上发育最好，耐盐性极差，植物群落种类比较丰富。贝加尔针茅常分别与丛生禾草、根茎禾草、杂类草结合组成多种不同的群落类型。贝加尔针茅草甸草原是我国优良的放牧场和割草场。与 2009 年相比，2018 年贝加尔针茅群落生物量增加了 11.38g/m^2；2009～2015 年地上生物量年际波动明显；0～60cm 土层范围内地下生物量年平均值为 107.26g/m^2，0～10cm 土层根系生物量占地下生物量总量 65.88%。地上生物量季节变化表现为单峰曲线，峰值均出现在 8 月（除 2012～2014 年）。

我国境内羊草草原占亚洲中、东部总面积 50% 以上。羊草生态幅度很广，在中温带能生于最寒冷的地区，还可生于轻度盐化草甸土。羊草被评为最优良的野生禾本科牧草。该群落饲用价值高，是优良的放牧场和割草场，尤其是割草场，以面积大、质量好位居各类草场之首。2018 年羊草植物生物量、羊草群落生物量、枯落物量较 2009 年均显著增加（$P<0.05$）。2009～2015 年地上生物量随年际气温和降水的气候变化波动明显。0～60cm 土层范围内的地下生物量年平均值为 91.05g/m²，地下生物量集中分布在土壤上层，其中 0～10cm 土层中地下生物量占地下生物量总量的 59.51%。地上生物量季节变化表现为单峰曲线，一般在 7 月中旬达到高峰期。

线叶菊草甸草原生态系统是山地和山前平原特有的一种以杂类草占优势的草地，其生态幅度比较有局限性。以线叶菊为建群种的群落类型是山地草甸草原的重要标志，多出现在土壤质地粗糙的丘陵坡地的中上部位和高位台地边缘地带。线叶菊属耐寒的中旱生杂类草，群落种类组成丰富，结构复杂，季相华丽，西伯利亚杏常起景观作用。该群落为中等质量的放牧场，有时也可兼作割草场。2018 年线叶菊群落生物量、线叶菊植物生物量、禾本科植物生物量较 2009 年均显著增加（$P<0.05$），而枯落物量有所减少，但不显著（$P>0.05$）。不同年际之间线叶菊草甸草原地上生物量的变化趋势及其最大生物量的大小存在着很大差异，线叶菊草甸草原地上生物量 7 月和 8 月平均值差异较小，季节变化表现为单峰曲线，最大值月为 7～8 月。

参 考 文 献

胡中民, 樊江文, 钟华平, 等. 2006. 中国温带草地地上生产力沿降雨梯度的时空变异性. 中国科学(D辑: 地球科学), 3(12): 1154-1162.

李建东, 吴榜华, 盛连喜. 2001. 吉林植被. 长春: 吉林科学技术出版社.

《内蒙古草地资源》编委会. 1990. 内蒙古草地资源. 呼和浩特: 内蒙古人民出版社.

潘学清, 刘英俊, 吕新龙. 1988. 呼伦贝尔三种草地植被的变化. 中国草地学报, (6): 19-23.

朴世龙, 方精云, 郭庆华. 2001a. 1982—1999 年我国植被净第一性生产力及其时空变化. 北京大学学报(自然科学版), 37(4): 563-569.

朴世龙, 方精云, 郭庆华. 2001b. 利用 CASA 模型估算我国植被净第一性生产力. 植物生态学报, 25(5): 603-608.

孙鸿烈. 2005. 中国生态系统. 北京: 科学出版社.

吴征镒. 1980. 中国植被. 北京: 科学出版社.

章祖同, 刘起. 1992. 中国重点牧区草地资源及其开发利用. 北京: 中国科学技术出版社.

《中国呼伦贝尔草地》编委会. 1992. 中国呼伦贝尔草地. 长春: 吉林科学技术出版社.

中国科学院内蒙古宁夏综合考察队. 1985. 内蒙古植被. 北京: 科学出版社.

中国科学院中国植被图编辑委员会. 2007. 中华人民共和国植被图 1∶1 000 000. 北京: 地质出版社.

中华人民共和国农业部畜牧兽医司全国畜牧兽医总站. 1996. 中国草地资源. 北京: 中国科学技术出版社.

Roxburgh S H, Berry S L, Buckley T N, et al. 2005. What is NPP? Inconsistent accounting of respiratory fluxes in the definition of net primary production. Functional Ecology, 19(3): 378-382.

第三章 草甸草原生态系统的土壤特征

土壤是陆地生物生活的基质,是生态系统中生物部分与无机环境相互作用的产物。在草原生态系统中,土壤是影响生态环境条件的一个重要因子。土壤不仅是植物生活的基础,也是草原植被的立地条件。土壤可供给植物生命活动所需的大部分生活要素,在植物生活要素中,植物根系主要从土壤中吸收水分和养分。土壤养分和水分是评价土壤肥力和土壤性状水平的重要指标。土壤的物理性质、化学性质及生物性质是构成土壤养分的基本性质,这些基本性质紧密联系、相互制约,对维持土壤肥力和植物生长繁殖产生重要影响。土壤肥力状况的好坏直接影响植物群落物种组成、群落结构及群落演替的方向(侯晓东,2007;黄昌勇,2000)。土壤是在自然因素和人为因素长期共同作用下形成的,因此,土壤性质具有时间和空间尺度上的变异性(吴文斌等,2007;郑周敏,2019)。认识草甸草原生态系统土壤的基本性质,揭示土壤养分状况变化及其机制,可为草原植被恢复和管理提供理论依据。

第一节 草甸草原生态系统土壤物理特性

一、土壤水分

(一)土壤水分现状

土壤含水量是土壤水重量与干土重量之比的百分数。土壤含水量不仅可以影响土壤有机物溶解度、转移和微生物活动,还可反映当地的气候、植被、地形、土壤质地和其他自然条件。土壤含水量是衡量土壤坚实度和土壤渗透率的主要指标。以贝加尔针茅和羊草为建群种的草甸草原土壤含水量如表 3-1 所示,2017 年、2018 年,0～30cm 土层土壤平均含水量为 13.34%,变化幅度在 12.32%～14.38%,测定的最小含水量为 8.73%,最大含水量为 23.91%。各土层土壤平均含水量是 0～10cm＞10～20cm＞20～30cm,即 13.61%、13.42%、12.99%。测定的最小值和最大值均发生在 0～10cm 土层深度,各土

表 3-1 2017～2018 年草甸草原土壤平均含水状况(%)

土壤深度	均值	均值的95%置信区间		标准差	最小值	最大值	标准误	变异系数
		下限	上限					
0～30cm	13.34	12.32	14.38	3.34	8.73	23.91	0.54	0.25
0～10cm	13.61	11.62	16.22	4.08	8.73	23.91	1.19	0.30
10～20cm	13.42	11.92	15.07	2.93	9.79	18.98	0.84	0.22
20～30cm	12.99	11.27	14.86	3.17	9.47	18.61	0.88	0.24

层含水量最小值变化为 0～10cm＜20～30cm＜10～20cm，最大值变化是 0～10cm＞10～20cm＞20～30cm。0～10cm 表层含水量波动较大，各土层含水量变异系数为 0～10cm＞20～30cm＞10～20cm。

草甸草原不同群落类型土壤含水量的变化见表 3-2。0～30cm 土层贝加尔针茅草甸草原和羊草草甸草原比较土壤含水量没有显著差异（$P＞0.05$），两个群落平均值分别为 13.84%、12.84%，但羊草草甸草原含水量在最小值、最大值之间流动，各值之间波动均大于贝加尔针茅草甸草原，其变异系数大于贝加尔针茅草甸草原。贝加尔针茅草甸草原各土层土壤平均含水量为 0～10cm＞10～20cm＞20～30cm，0～30cm 土层中平均含水量最小值、最大值分别为 9.47%、23.91%。羊草草甸草原各土层土壤平均含水量 0～10cm＜20～30cm＜10～20cm，0～30cm 土层中平均含水量最小值、最大值分别为 8.73%、17.84%。

表 3-2　草甸草原不同群落类型土壤含水量的变化（%）

植被类型	土层深度	均值	均值的95%置信区间		标准差	最小值	最大值	标准误	变异系数
			下限	上限					
贝加尔针茅草甸草原	0～30cm	13.84	12.76	15.16	2.69	9.47	23.91	0.62	0.19
	0～10cm	15.68	11.04	20.33	4.43	12.84	23.91	1.81	0.28
	10～20cm	14.29	11.08	17.49	3.05	10.65	18.98	1.25	0.21
	20～30cm	14.18	10.34	18.02	3.66	9.47	18.61	1.50	0.26
羊草草甸草原	0～30cm	12.84	11.10	14.76	3.90	8.73	17.84	0.93	0.30
	0～10cm	11.54	8.84	14.25	2.58	8.73	15.99	2.58	0.22
	10～20cm	12.55	9.62	15.48	2.79	9.79	17.84	2.79	0.22
	20～30cm	11.81	9.37	14.25	2.32	9.61	15.98	2.32	0.20

（二）土壤水分年际变化

草甸草原不同年度土壤含水量变化见表 3-3。2018 年和 2017 年比较，0～30cm 土层土壤含水量有显著差异（$P＜0.05$），2018 年明显好于 2017 年。2018 年为 14.72%，比 2017 年的 11.97% 增加了 2.75 个百分点；平均含水量下限和上限变化范围 2018 年大于 2017 年，最小含水量出现在 2017 年，而最大含水量出现在 2018 年，2018 年含水量波动大于 2017 年。草甸草原不同年度不同土层土壤含水量变化见图 3-1。

表 3-3　草甸草原不同年度 0～30cm 土层土壤含水量（%）

时间	均值	均值的95%置信区间		标准差	最小值	最大值	标准误	变异系数
		下限	上限					
2017 年	11.97b	10.87	13.21	2.45	8.73	17.84	0.58	0.21
2018 年	14.72a	13.14	16.69	3.60	9.47	23.91	0.85	0.24

注：同列不同字母代表差异显著（$P＜0.05$）

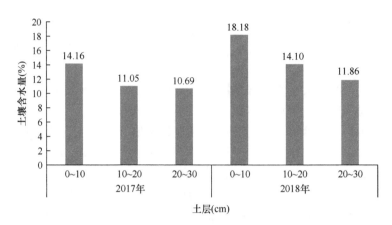

图 3-1　草甸草原不同年度不同土层土壤含水量

草甸草原不同群落类型不同土层土壤含水量变化显示（表 3-4），贝加尔针茅草甸草原不同年份各土层土壤含水量均无显著差异（$P>0.05$），2017 年各土层土壤含水量 10～20cm＞20～30cm＞0～10cm；2018 年各土层含水量 0～10cm＞10～20cm＞20～30cm；羊草草甸草原 2017 年 0～10cm 表土层含水量明显小于 10～20cm、20～30cm 土层（$P<0.05$）；2018 年各土层含水量 0～10cm＞10～20cm＞20～30cm。

表 3-4　草甸草原不同群落类型不同土层土壤含水量的变化（%）

土层深度	贝加尔针茅草甸草原		羊草草甸草原	
	2017 年	2018 年	2017 年	2018 年
0～10cm	12.20±0.73a	16.90±1.90a	10.46±0.35b	19.47±2.23a
10～20cm	14.12±1.40a	13.78±0.95a	12.42±0.57a	14.42±1.68a
20～30cm	13.78±1.15a	11.77±1.15a	12.24±0.86a	11.96±0.86a

注：同行不同字母代表差异显著（$P<0.05$）

二、土壤容重

（一）土壤容重现状

土壤容重是指单位容积土壤的质量。草原土壤容重与土壤质地、压实状况、土壤颗粒密度、土壤有机质含量及放牧与割草利用和管理措施有关。土壤越疏松多孔，容重越小；土壤越紧实，容重越大。土壤容重是土壤紧实度的指标之一，可以反映土壤的结构、孔隙度和渗透率。表 3-5 为 2017 年、2018 年以贝加尔针茅和羊草为建群种的草甸草原平均土壤容重，0～30cm 土层土壤平均容重为 1.01g/m³，主要变化幅度为 0.96～1.05g/m³，测定的最小容重为 0.70g/m³，最大容重为 1.25g/m³。各土层土壤平均容重变化趋势是 0～10cm＞10～20cm＞20～30cm，即 1.04g/m³、1.01g/m³、0.98g/m³，土壤容重变异系数为 0.13。平均容重在 10～20cm 土层变化幅度较大，测定的最大值也发生在此。同时容重最大值变化是 10～20cm＞0～10cm＞20～30cm。各土层容重变异系数为 10～20cm＞0～10cm＞20～30cm。

表 3-5　草甸草原土壤容重状况（g/m³）

土层深度	均值	均值的 95%置信区间		标准差	极小值	极大值	标准误	变异系数
		下限	上限					
0～30cm	1.01	0.96	1.05	0.13	0.70	1.25	0.02	0.13
0～10cm	1.04	0.94	1.12	0.14	0.70	1.23	0.04	0.13
10～20cm	1.01	0.91	1.10	0.15	0.80	1.25	0.04	0.15
20～30cm	0.98	0.92	1.05	0.11	0.74	1.09	0.03	0.11

草甸草原不同群落类型土壤容重的变化见表 3-6。0～30cm 土层贝加尔针茅草甸草原和羊草草甸草原土壤容重平均值均为 1.01g/m³，但羊草草甸草原容重最小值、最大值之间波动均大于贝加尔针茅草甸草原。贝加尔针茅草甸草原各土层土壤平均容重为 0～10cm＞20～30cm＞10～20cm；各土层平均容重最小值在 10～20cm 土层、最大值在 0～10cm 土层。羊草草甸草原各土层平均容重 10～20cm＞20～30cm＞0～10cm；各土层平均容重最小值、最大值分别处于 0～10cm、10～20cm 土层。贝加尔针茅草甸草原、羊草草甸草原变异系数最小值均在 20～30cm 土层。

表 3-6　草甸草原不同群落类型土壤容重的变化（g/m³）

植被类型	土层深度	均值	均值的 95%置信区间		标准差	最小值	最大值	标准误	变异系数
			下限	上限					
贝加尔针茅草甸草原	0～30cm	1.01	0.95	1.06	0.12	0.80	1.23	0.03	0.12
	0～10cm	1.09	0.98	1.20	0.11	0.98	1.23	0.04	0.10
	10～20cm	0.95	0.81	1.09	0.13	0.80	1.12	0.05	0.14
	20～30cm	0.98	0.90	1.06	0.08	0.88	1.07	0.03	0.08
羊草草甸草原	0～30cm	1.01	0.93	1.08	0.15	0.70	1.25	0.04	0.15
	0～10cm	0.98	0.81	1.14	0.16	0.70	1.11	0.06	0.16
	10～20cm	1.06	0.89	1.23	0.16	0.83	1.25	0.07	0.15
	20～30cm	0.99	0.84	1.13	0.14	0.74	1.09	0.06	0.14

（二）土壤容重年际变化

不同年度草甸草原土壤容重见表 3-7。2018 年和 2017 年比较，0～30cm 土层草甸草原土壤容重有显著差异（$P<0.05$），2018 年土壤平均容重明显小于 2017 年，2018 年和 2017 年土壤平均容重分别为 0.94g/m³、1.06g/m³；平均容重最小值和最大值波动范围 2018 年小于 2017 年，土壤的最小容重和最大容重都出现在 2017 年。2018 土壤平均容重变化为 0～10cm＞10～20cm＞20～30cm，2017 年土壤平均容重 10～20cm 土层为 1.07g/m³，均大于 0～10cm、20～30cm 土层。

三、土壤机械组成

土壤是由大小不同的土粒按不同比例组合而成，它的组成和性质对土壤的水、肥、

表 3-7　不同年度草甸草原土壤容重（g/m³）

时间	土层深度	均值	均值的95%置信区间		标准差	最小值	最大值	标准误	变异系数
			下限	上限					
2017年	0～30cm	1.06	0.10	1.12	0.14	0.70	1.25	0.03	0.13
	0～10cm	1.06	0.87	1.26	0.19	0.70	1.23	0.08	0.18
	10～20cm	1.07	0.90	1.25	0.17	0.80	1.25	0.07	0.16
	20～30cm	1.06	1.04	1.09	0.03	1.03	1.09	0.01	0.02
2018年	0～30cm	0.94	0.89	1.0	0.10	0.74	1.12	0.03	0.10
	0～10cm	1.00	0.92	1.08	0.08	0.88	1.11	0.03	0.08
	10～20cm	0.94	0.83	1.05	0.11	0.83	1.12	0.04	0.11
	20～30cm	0.90	0.80	1.01	0.10	0.74	1.03	0.04	0.11

气、热各种物理化学性质都起着重大作用。这些不同的粒级混合在一起表现出的土壤粗细状况称为土壤机械组成或土壤质地。相同粒级的土粒，其成分和性质基本一致，不同粒级之间则有明显差异。土壤机械组成是土壤稳定的自然属性之一，显著影响土壤水分、空气和热量运动，也影响养分的转化和土壤结构类型。以贝加尔针茅和羊草为建群种的草甸草原土壤机械组成如表 3-8 所示，草甸草原土壤机械组成按土壤 0.05～2mm 砂粒百分率、0.002～0.05mm 粉粒百分率、小于 0.002mm 黏粒百分率分类比较分析，其 0～30cm 土层土壤平均值比例分别为 76.06%、23.33%、0.61%，均无明显差异（$P>0.05$）；然而贝加尔针茅草甸草原和羊草草甸草原的比较分析中，砂粒、粉粒、黏粒平均值比例均无明显差异（$P>0.05$）；各级土粒均值比例最小值到最大值之间差异、变异系数，贝加尔针茅草甸草原均大于羊草草甸草原。以上分析表明，在相同的气候带和地形范围内，贝加尔针茅草甸草原和羊草草甸草原的土壤机械组成没有明显差异，砂粒在土壤机械组成中所占比例均呈较高水平。

表 3-8　草甸草原 0～30cm 土层土壤机械组成（%）

项目		均值	标准差	标准误	均值的95%置信区间		极小值	极大值	变异系数
					下限	上限			
0.05～2mm 砂粒百分率	贝加尔针茅草甸草原	75.97	7.27	2.42	70.38	81.56	64.90	86.56	0.10
	羊草草甸草原	76.16	3.37	1.12	73.56	78.75	71.63	81.48	0.04
	均值	76.06	5.50	1.30	73.33	78.80	64.90	86.56	0.07
0.002～0.05mm 粉粒百分率	贝加尔针茅草甸草原	23.46	6.77	2.26	18.25	28.66	13.44	33.79	0.29
	羊草草甸草原	23.20	3.00	1.00	20.89	25.50	18.50	27.27	0.13
	均值	23.33	5.08	1.20	20.80	25.85	13.44	33.79	0.22
小于 0.002mm 黏粒百分率	贝加尔针茅草甸草原	0.57	0.53	0.18	0.16	0.98	0.00	1.31	0.94
	羊草草甸草原	0.65	0.38	0.13	0.36	0.94	0.02	1.11	0.59
	均值	0.61	0.45	0.11	0.39	0.84	0.00	1.31	0.74

表 3-9 表明，在不同采样深度，贝加尔针茅草甸草原和羊草草甸草原土粒分级组成

变化规律有所不同。贝加尔针茅草甸草原土壤砂粒比例变化是由0～10cm土层的83.26%降至20～30cm的68.77%，粉粒和黏粒比例变化则相反，粉粒和黏粒比例均呈由0～10cm向20～30cm增加的趋势；羊草草甸草原土壤砂粒比例变化是10～20cm土层大于0～10cm、20～30cm土层，粉粒比例则是10～20cm土层小于0～10cm、20～30cm，黏粒比例0～10cm、10～20cm相同，均小于20～30cm。

表3-9　草甸草原不同土层土壤机械组成（%）

植被类型	采样深度	0.05～2mm 砂粒百分率	0.002～0.05mm 粉粒百分率	小于0.002mm 黏粒百分率
贝加尔针茅草甸草原	0～10cm	83.26	16.73	0.01
	10～20cm	75.89	23.52	0.59
	20～30cm	68.77	30.12	1.12
羊草草甸草原	0～10cm	77.43	22.09	0.49
	10～20cm	77.79	21.72	0.49
	20～30cm	73.25	25.78	0.97

第二节　草甸草原生态系统土壤化学特性

一、土壤 pH

（一）土壤 pH 现状

土壤酸碱度，即土壤pH，是土壤溶液的酸碱反应，其主要取决于土壤溶液中氢离子的浓度，以pH表示。pH等于7的溶液为中性反应；pH小于7为酸性反应；pH大于7为碱性反应。土壤酸碱度一般可分为7级：pH<4.5为极强酸性、4.5～5.5为强酸性、5.5～6.5为酸性、6.5～7.5为中性、7.5～8.5为碱性、8.5～9.5为强碱性、pH>9.5为极强碱性。土壤酸碱度对养分的有效性、土壤肥力及植物生长影响很大，了解草原土壤的酸碱度尤为重要。2017年、2018年以贝加尔针茅和羊草为建群种的草甸草原平均土壤pH如表3-10所示，0～30cm土层土壤平均pH为6.41，pH变化幅度为6.14～6.70，测定的最小pH为5.45，最大pH为7.83。因此，这里的土壤反应为中性至微酸性，从上到下酸性增强。该草原各土层土壤平均pH变化趋势是0～10cm>10～20cm>20～30cm。平均pH在10～20cm土层变化幅度较大，测定的最小值和最大值也发生在此，此层pH变异系数最高，为0.15，高于0～10cm土层和20～30cm土层。

表3-10　草甸草原各土层 pH

土层深度	均值	标准差	标准误	均值的95%置信区间		极小值	极大值	变异系数
				下限	上限			
0～30cm	6.41	0.77	0.15	6.14	6.70	5.45	7.83	0.12
0～10cm	6.74	0.56	0.19	6.35	7.08	5.81	7.36	0.08
10～20cm	6.31	0.95	0.32	5.73	7.00	5.45	7.83	0.15
20～30cm	6.18	0.73	0.24	5.74	6.68	5.52	7.25	0.12

表 3-11 表明,0～30cm 土层贝加尔针茅草甸草原和羊草草甸草原土壤 pH 比较有显著差异（$P<0.05$），其平均 pH 分别为 6.66、5.92,可见贝加尔针茅草甸草原土壤反应为中性,而羊草草甸草原土壤反应为酸性。两种草甸草原群落各土层土壤 pH 均为 0～10cm＞10～20cm＞20～30cm;贝加尔针茅草甸草原各土层土壤的 pH 均大于羊草草甸草原。

表 3-11　草甸草原不同群落类型土壤 pH 的变化

植被类型	土层深度	均值	标准差	标准误	均值的 95%置信区间		极小值	极大值	变异系数
					下限	上限			
贝加尔针茅草甸草原	0～30cm	6.66a	0.84	0.2	6.25	7.01	5.45	7.83	0.13
	0～10cm	7.08	0.21	0.08	6.93	7.23	6.79	7.36	0.03
	10～20cm	6.52	1.14	0.43	5.77	7.36	5.45	7.83	0.17
	20～30cm	6.37	0.84	0.3	5.82	6.91	5.52	7.25	0.13
羊草草甸草原	0～30cm	5.92b	0.22	0.07	5.76	6.06	5.6	6.35	0.04
	0～10cm	6.05	0.27	0.13	5.81	6.35	5.81	6.35	0.05
	10～20cm	5.9	0.15	0.07	5.76	6.05	5.76	6.05	0.02
	20～30cm	5.79	0.22	0.1	5.65	6.03	5.6	6.03	0.04

注:不同字母代表差异显著（$P<0.05$）

（二）土壤 pH 年际变化

不同年度草甸草原土壤 pH 变化见表 3-12。在 0～30cm 土层 2018 年与 2017 年草甸草原土壤 pH 存在显著差异（$P<0.05$）,2017 年土壤明显呈中性反应,平均 pH 为 7.23,2018 年则呈酸性反应,平均 pH 为 6.00;平均 pH 下限和上限变化范围 2018 年大于 2017 年,最小 pH 出现在 2018 年,而最大 pH 出现在 2017 年,2018 年 pH 变异系数大于 2017 年。2017 年各土层平均土壤 pH 10～20cm＞20～30cm＞0～10cm,2018 年土壤在 0～10cm 土层 pH 为 6.60,下面两层均稳定在 5.70。

表 3-12　不同年度草甸草原土壤 pH

时间	土层深度	均值	标准差	标准误	均值的 95%置信区间		极小值	极大值	变异系数
					下限	上限			
2017 年	0～30cm	7.23a	0.31	0.10	6.99	7.47	6.95	7.83	0.04
	0～10cm	7.02	0.08	0.04	6.83	7.21	6.95	7.10	0.01
	10～20cm	7.54	0.38	0.22	6.60	8.48	7.11	7.83	0.05
	20～30cm	7.13	0.12	0.07	6.84	7.42	7.02	7.25	0.02
2018 年	0～30cm	6.00b	0.58	0.14	5.71	6.29	5.45	7.36	0.10
	0～10cm	6.60	0.65	0.27	5.92	7.28	5.81	7.36	0.10
	10～20cm	5.70	0.24	0.10	5.45	5.95	5.45	6.05	0.04
	20～30cm	5.70	0.18	0.07	5.51	5.89	5.52	6.03	0.03

注:不同字母代表差异显著（$P<0.05$）

二、土壤有机质

（一）土壤有机质含量现状

土壤有机质是通过微生物作用所形成的腐殖质、动植物残体和微生物体的合称（武天云等，2004），也就是泛指以各种形态存在于土壤中的各种含碳有机化合物，它是土壤的重要组成部分，也是土壤肥力的物质基础。土壤中有机质的含量虽少，但对土壤肥力影响很大。土壤有机质不仅含有各种营养元素，而且是土壤微生物生命活动的能源，对土壤物理性质，土壤水、肥、气、热等起着重要的调节作用（王荫槐，1992），并对土壤的形成、土壤结构及植物生长有极其重要的影响。土壤有机质含量的多少，是衡量土壤肥力高低的一项重要指标。在一定的有机质含量范围内，土壤肥力随有机质含量增加而提高，植物产量也随之增加。草原土壤的有机质基本来源于动物、植物、微生物的残体。2017 年、2018 年以贝加尔针茅和羊草为建群种的草甸草原土壤有机质平均含量如表 3-13 所示，草甸草原在 0～30cm 土层，土壤有机质平均含量为 42.30g/kg，集中分布在 37.78～46.83g/kg，测定的最小有机质含量为 22.33g/kg，最大有机质含量为 64.67g/kg，平均值之间的变异系数为 0.27。从各土层土壤有机质含量变化看，各土层有机质含量无显著差异（$P>0.05$），但各土层有机质平均含量有所不同，其变化趋势是 0～10cm＜10～20cm＜20～30cm，即 40.19g/kg、42.53g/kg、44.19g/kg；有机质最小值分布在 0～10cm 土层，最大值分布在 20～30cm 土层，各土层有机质变异系数为 0～10cm＜10～20cm＜20～30cm。

表 3-13　草甸草原各土层土壤有机质含量（g/kg）

土层深度	均值	标准差	标准误	均值的 95%置信区间		极小值	极大值	变异系数
				下限	上限			
0～30cm	42.30	11.44	2.20	37.78	46.83	22.33	64.67	0.27
0～10cm	40.19	8.26	2.75	33.84	46.54	22.33	53.20	0.21
10～20cm	42.53	12.02	4.01	33.30	51.77	26.60	64.21	0.28
20～30cm	44.19	14.26	4.75	33.22	55.15	26.24	64.67	0.32

不同群落类型草甸草原不同土层土壤有机质含量如表 3-14 所示，0～30cm 土层贝加尔针茅草甸草原和羊草草甸草原土壤有机质平均含量无显著差异（$P>0.05$），但贝加尔针茅草甸草原土壤有机质平均含量为 44.14g/kg，大于羊草草甸草原的 38.62g/kg；贝加尔针茅草甸草原土壤有机质平均最小含量和最大含量均高于羊草草甸草原，平均变异系数羊草草甸草原大于贝加尔针茅草甸草原。

（二）土壤有机质含量年际变化

不同年度草甸草原不同土层土壤有机质含量年际变化如表 3-15 所示。2018 年和 2017 年比较，0～30cm 土层的草甸草原土壤有机质含量无显著差异（$P>0.05$），但 2018 年土壤有机质含量高于 2017 年，2018 年和 2017 年土壤有机质平均含量分别为 42.30g/kg、

表 3-14　草甸草原不同群落类型不同土层土壤有机质含量（g/kg）

植被类型	土层深度	均值	标准差	标准误	均值的95%置信区间		极小值	极大值	变异系数
					下限	上限			
贝加尔针茅草甸草原	0～30cm	44.14	10.78	2.54	38.78	49.51	26.60	64.67	0.24
	0～10cm	41.51	2.76	1.13	38.61	44.41	38.25	45.96	0.07
	10～20cm	44.01	13.62	5.56	29.71	58.30	26.60	64.21	0.31
	20～30cm	46.92	13.58	5.55	32.66	61.17	31.21	64.67	0.29
羊草草甸草原	0～30cm	38.62	12.46	4.15	29.04	48.20	22.33	57.94	0.32
	0～10cm	37.55	15.44	8.91	−0.80	75.90	22.33	53.20	0.41
	10～20cm	39.59	9.71	5.61	15.47	63.70	32.09	50.55	0.25
	20～30cm	38.73	16.89	9.75	−3.23	80.68	26.24	57.94	0.44

41.43g/kg；平均有机质含量最小值和最大值均出现在 2018 年，2018 年平均有机质波动大于 2017 年。从 2017 年和 2018 年各土层平均土壤有机质含量变化看，各土层有机质含量无显著差异（$P>0.05$），不同年度各土层有机质平均含量不同，变化规律也不同，2017 年各土层有机质平均含量变化趋势为 20～30cm>0～10cm>10～20cm，2018 年变化趋势为 10～20cm>20～30cm>0～10cm。2017 年各土层平均有机质含量最小值分布在 10～20cm 土层，最大值分布在 20～30cm 土层，各土层有机质含量变异系数为 10～20cm>20～30cm>0～10cm。2018 年各土层平均有机质含量最小值分布在 0～10cm 土层，最大值分布在 20～30cm 土层，各土层有机质含量变异系数为 0～10cm<10～20cm<20～30cm。

表 3-15　不同年度不同土层土壤有机质含量年际变化（g/kg）

时间	土层深度	均值	标准差	标准误	均值的95%置信区间		极小值	极大值	变异系数
					下限	上限			
2017 年	0～30cm	41.43	10.53	3.51	33.34	49.53	26.60	60.44	0.25
	0～10cm	41.11	1.89	1.09	36.41	45.80	39.31	43.08	0.05
	10～20cm	38.85	14.03	8.10	4.01	73.69	26.60	54.15	0.36
	20～30cm	44.34	14.84	8.57	7.47	81.21	31.21	60.44	0.33
2018 年	0～30cm	42.30	11.44	2.20	37.78	46.83	22.33	64.67	0.27
	0～10cm	39.73	10.35	4.22	28.87	50.59	22.33	53.20	0.26
	10～20cm	44.37	11.84	4.83	31.95	56.80	32.09	64.21	0.27
	20～30cm	44.11	15.41	6.29	27.94	60.28	26.24	64.67	0.35

三、土壤氮素

植物的生长发育所需的氮元素来源于土壤，氮参与了植物很多重要的生命过程，如光合作用和细胞生长分裂等。大量研究表明，氮素是生态系统正常功能的限制性因子，因此对土壤氮元素的研究对于了解草原生态系统较为重要。土壤氮素状况是衡量土壤肥力的一项重要指标,了解土壤中氮素的含量、形成及其转化是保持和提高土壤肥力、合理培育土壤的重要依据。

（一）土壤全氮

1. 土壤全氮含量

土壤全氮是指土壤中各种形态氮素含量之和,包括有机态氮和无机态氮,但不包括土壤空气中的分子态氮。表 3-16 表明,在 0～30cm 土层,2017 年、2018 年土壤全氮平均含量为 2.32g/kg,集中分布在 2.06～2.58g/kg,测定的全氮含量最小值为 1.36g/kg,最大值为 3.58g/kg,平均值之间的变异系数为 0.28。从各土层土壤全氮含量变化看,各土层全氮含量无显著差异（$P>0.05$）,但各土层全氮平均含量有所不同,变化趋势是 0～10cm<10～20cm<20～30cm,全氮含量依次为 2.25g/kg、2.30g/kg、2.42g/kg。全氮含量最小值分布在 0～10cm 土层,最大值分布在 20～30cm 土层,0～30cm 各土层全氮含量变异系数为 0～10cm<10～20cm<20～30cm。

表 3-16 2017～2018 年草甸草原各土层土壤全氮含量（g/kg）

土层深度	均值	标准差	标准误	均值的 95%置信区间		极小值	极大值	变异系数
				下限	上限			
0～30cm	2.32	0.66	0.13	2.06	2.58	1.36	3.58	0.28
0～10cm	2.25	0.47	0.16	1.89	2.61	1.36	3.06	0.21
10～20cm	2.30	0.68	0.23	1.78	2.82	1.47	3.41	0.30
20～30cm	2.42	0.84	0.28	1.78	3.06	1.42	3.58	0.35

草甸草原不同群落类型不同土层土壤全氮含量如表 3-17 所示,0～30cm 土层贝加尔针茅草甸草原和羊草草甸草原土壤全氮平均含量无显著差异（$P>0.05$）,贝加尔针茅草甸草原土壤全氮平均含量为 2.41g/kg,较羊草草甸草原的 2.16g/kg 高出 0.25g/kg;贝加尔针茅草甸草原土壤全氮平均最小含量和最大含量均高于羊草草甸草原,平均变异系数羊草草甸草原大于贝加尔针茅草甸草原。

表 3-17 不同植被类型草甸草原在不同土层的土壤全氮含量（g/kg）

植被类型	土层深度	均值	标准差	标准误	均值的 95%置信区间		极小值	极大值	变异系数
					下限	上限			
贝加尔针茅草甸草原	0～30cm	2.41	0.61	0.14	2.10	2.71	1.52	3.58	0.25
	0～10cm	2.28	0.23	0.09	2.12	2.46	2.01	2.67	0.10
	10～20cm	2.39	0.69	0.26	1.91	2.94	1.52	3.41	0.29
	20～30cm	2.55	0.84	0.31	1.97	3.15	1.65	3.58	0.33
羊草草甸草原	0～30cm	2.16	0.74	0.25	1.59	2.73	1.36	3.23	0.34
	0～10cm	2.19	0.85	0.40	1.36	3.06	1.36	3.06	0.39
	10～20cm	2.12	0.76	0.36	1.47	2.96	1.47	2.96	0.36
	20～30cm	2.17	0.95	0.44	1.42	3.23	1.42	3.23	0.44

2. 土壤全氮含量年际变化

不同年度不同土层土壤全氮含量年际变化如表 3-18 所示。2018 年和 2017 年比较，0～30cm 土层的草甸草原土壤全氮含量无显著差异（$P>0.05$），但 2018 年土壤全氮含量高于 2017 年，2018 年和 2017 年土壤全氮平均含量分别为 2.33g/kg、2.30g/kg；平均全氮含量最小值和最大值均出现在 2018 年，2018 年变异系数高于 2017 年。从 2017 年和 2018 年各土层平均土壤全氮含量变化看，各土层全氮含量无显著差异（$P>0.05$），不同年度各土层全氮平均含量不同，变化规律也不同。2017 年各土层全氮平均含量变化趋势为 20～30cm＞0～10cm＞10～20cm，2018 年变化趋势是 0～10cm＜10～20cm＜20～30cm。2017 年各土层全氮含量最小值分布在 10～20cm 土层，最大值分布在 20～30cm 土层，2018 年各土层全氮含量最小值分布在 0～10cm 土层，最大值分布在 20～30cm 土层。两年度各土层全氮含量变异系数均为 0～10cm＜10～20cm＜20～30cm。

表 3-18　不同年度不同土层土壤全氮含量年际变化（g/kg）

时间	土层深度	均值	标准差	标准误	均值的 95%置信区间 下限	上限	极小值	极大值	变异系数
2017 年	0～30cm	2.30	0.62	0.21	1.83	2.77	1.52	3.51	0.27
	0～10cm	2.23	0.13	0.07	1.92	2.55	2.13	2.37	0.06
	10～20cm	2.20	0.73	0.42	0.39	4.01	1.52	2.97	0.33
	20～30cm	2.47	0.95	0.55	0.12	4.83	1.65	3.51	0.38
2018 年	0～30cm	2.33	0.69	0.16	1.99	2.68	1.36	3.58	0.30
	0～10cm	2.26	0.58	0.24	1.64	2.87	1.36	3.06	0.26
	10～20cm	2.35	0.72	0.29	1.60	3.11	1.47	3.41	0.31
	20～30cm	2.39	0.87	0.36	1.48	3.31	1.42	3.58	0.36

（二）土壤速效氮

1. 土壤速效氮含量

速效氮是土壤中易为植物吸收利用的氮素，包括游离态、水溶态的一些铵态氮、硝态氮。速效氮在土壤中的含量甚少，但是植物主要的利用部分。如表 3-19 所示，草甸草原在 0～30cm 土层中，2017 年、2018 年土壤速效氮平均含量为 168.62mg/kg，集中分布在 143.84～193.40mg/kg，测定的最小速效氮含量为 87.73mg/kg，最大速效氮含量为 305.88mg/kg，平均值之间的变异系数为 0.37。从各土层土壤速效氮含量变化看，各土层速效氮含量无显著差异（$P>0.05$），但各土层速效氮平均含量有所不同，变化趋势是 20～30cm＞0～10cm＞10～20cm；速效氮含量最小值、最大值均分布在 0～10cm 土层，各土层速效氮含量变异系数为 0～10cm＞10～20cm＞20～30cm。

草甸草原不同群落类型不同土层土壤速效氮含量如表 3-20 所示，0～30cm 土层贝加尔针茅草甸草原和羊草草甸草原土壤速效氮平均含量无显著差异（$P>0.05$），但贝加尔

表 3-19　草甸草原各土层土壤速效氮含量（mg/kg）

土层深度	均值	标准差	标准误	均值的95%置信区间		极小值	极大值	变异系数
				下限	上限			
0～30cm	168.62	62.64	12.05	143.84	193.40	87.73	305.88	0.37
0～10cm	168.86	68.78	22.93	115.99	221.73	87.73	305.88	0.41
10～20cm	166.96	66.85	22.28	115.57	218.34	107.84	300.69	0.40
20～30cm	170.03	59.55	19.85	124.25	215.81	110.20	276.88	0.35

表 3-20　草甸草原不同群落类型不同土层土壤速效氮含量（mg/kg）

植被类型	土层深度	均值	标准差	标准误	均值的95%置信区间		极小值	极大值	变异系数
					下限	上限			
贝加尔针茅草甸草原	0～30cm	178.12	67.40	15.56	150.59	210.19	108.25	305.88	0.38
	0～10cm	186.02	74.02	27.17	133.43	240.95	108.40	305.88	0.40
	10～20cm	177.62	75.44	28.09	125.75	235.75	108.25	300.69	0.42
	20～30cm	170.70	64.30	23.48	129.72	220.25	110.20	276.88	0.38
羊草草甸草原	0～30cm	149.62	49.89	16.63	111.27	187.97	87.73	240.11	0.33
	0～10cm	134.54	50.76	23.69	87.73	188.49	87.73	188.49	0.38
	10～20cm	145.63	51.24	23.96	107.84	203.95	107.84	203.95	0.35
	20～30cm	168.69	62.01	28.99	128.52	240.11	128.52	240.11	0.37

针茅草甸草原土壤速效氮平均含量为 178.12mg/kg，较羊草草甸草原的 149.62mg/kg 高出 28.50mg/kg；贝加尔针茅草甸草原土壤速效氮最小含量和最大含量均高于羊草草甸草原，平均变异系数贝加尔针茅草甸草原大于羊草草甸草原。

2. 土壤速效氮含量年际变化

不同年度不同土层土壤速效氮含量年际变化如表 3-21 所示。2018 年和 2017 年比较，0～30cm 土层的草甸草原土壤速效氮平均含量无显著差异（$P>0.05$），但 2017 年土壤速效氮平均含量高于 2018 年，2018 年和 2017 年土壤速效氮平均含量分别为 156.77mg/kg、185.85mg/kg；速效氮含量最小值出现在 2018 年，最大值出现在 2017 年。土壤速效氮平均含量变异系数 2018 年高于 2017 年。从 2017 年和 2018 年各土层平均土壤速效氮含量变化看，各土层速效氮含量无显著差异（$P>0.05$），不同年度各土层速效氮平均含量不同，变化规律也不同。2017 年各土层速效氮平均含量变化趋势为 0～10cm＞20～30cm＞10～20cm，2018 年变化趋势是 10～20cm＞20～30cm＞0～10cm。2017 年各土层速效氮含量最小值分布在 10～20cm 土层，最大值分布在 0～10cm 土层，各土层速效氮含量变异系数为 0～10cm＜10～20cm＜20～30cm。2018 年各土层速效氮含量最小值分布在 0～10cm 土层，最大值分布在 10～20cm 土层，各土层速效氮含量变异系数为 0～10cm＜20～30cm＜10～20cm。

3. 土壤铵态氮和硝态氮

土壤中氮素绝大多数为有机的结合形态，无机态的氮一般占全氮的 1%～5%，这部

表 3-21 不同年度不同土层土壤速效氮含量年际变化（mg/kg）

时间	土层深度	均值	标准差	标准误	均值的95%置信区间		极小值	极大值	变异系数
					下限	上限			
2017年	0～30cm	185.85	67.64	20.40	140.40	231.29	108.25	305.88	0.36
	0～10cm	243.95	55.30	26.01	199.49	305.88	199.49	305.88	0.23
	10～20cm	164.90	63.68	29.73	108.25	233.82	108.25	233.82	0.39
	20～30cm	183.93	84.99	39.95	110.20	276.88	110.20	276.88	0.46
2018年	0～30cm	156.77	58.17	14.54	125.78	187.77	87.73	300.69	0.37
	0～10cm	131.32	35.67	14.56	93.89	168.75	87.73	188.49	0.27
	10～20cm	167.99	74.33	30.34	89.98	245.99	107.84	300.69	0.44
	20～30cm	163.08	51.11	20.86	109.45	216.71	123.49	240.11	0.31

分氮是植物可直接吸收利用的矿质氮，主要是铵态氮（NH_4^+-N）和硝态氮（NO_3^--N）两种形式。铵态氮是由土壤含氮有机质通过水解和氧化作用而生成的，但在通气好的土壤中很容易转化为硝态氮。土壤中的铵态氮和硝态氮都是水溶性的，前者主要为交换态，也可溶解在土壤溶液中，能直接被植物吸收利用，属于速效氮，后者是土壤溶液的主要成分，也是能为植物直接吸收的速效养分。铵态氮被土壤胶体吸附，不易流失；硝态氮不被土壤胶体吸附，极易流失。土壤中无机态氮是微生物活动的产物，它易被植物吸收，而且也易挥发和流失，其含量在不断地变化。

（1）草甸草原土壤铵态氮和硝态氮现状

草甸草原土壤铵态氮含量和硝态氮含量见表 3-22，在 0～30cm 土层，2017 年、2018 年土壤铵态氮平均含量为 4.42mg/kg，集中分布在 2.82～6.01mg/kg，测定的最小铵态氮含量为 0.33mg/kg，最大铵态氮含量为 19.01mg/kg，平均值之间的变异系数为 1.07。从各土层土壤铵态氮含量变化看，各土层铵态氮含量无显著差异（$P > 0.05$），但各土层铵态氮平均含量有所不同，其变化趋势为 0～10cm＞20～30cm＞10～20cm。铵态氮含量最小值分布在 20～30cm 土层，最大值分布在 0～10cm 土层，0～30cm 各土层铵态氮含量变异系数为 0～10cm＜10～20cm＜20～30cm。

表 3-22 草甸草原各土层土壤铵态氮、硝态氮含量（mg/kg）

	土层深度	均值	标准差	标准误	均值的95%置信区间		极小值	极大值	变异系数
					下限	上限			
铵态氮	0～30cm	4.42	4.72	0.79	2.82	6.01	0.33	19.01	1.07
	0～10cm	6.03	5.80	1.67	2.35	9.71	1.45	19.01	0.96
	10～20cm	3.25	3.60	1.04	0.96	5.53	0.61	12.14	1.11
	20～30cm	3.97	4.43	1.28	1.16	6.79	0.33	14.49	1.12
硝态氮	0～30cm	4.70	3.99	0.67	3.35	6.05	0.25	15.61	0.85
	0～10cm	5.31	3.35	0.97	3.18	7.44	0.74	10.64	0.63
	10～20cm	4.59	4.42	1.28	1.79	7.40	0.25	13.20	0.96
	20～30cm	4.19	4.40	1.27	1.40	6.99	0.54	15.61	1.05

在 0～30cm 土层，2017 年、2018 年土壤硝态氮平均含量为 4.70mg/kg，集中分布在 3.35～6.05mg/kg，测定的最小硝态氮含量为 0.25mg/kg，最大硝态氮含量为 15.61mg/kg，平均值之间的变异系数为 0.85。从各土层土壤硝态氮含量变化看，各土层硝态氮含量无显著差异（$P > 0.05$），但各土层硝态氮平均含量有所不同，其变化趋势为 0～10cm＞10～20cm＞20～30cm；硝态氮含量最小值分布在 10～20cm 土层，最大值分布在 20～30cm 土层，各土层硝态氮含量变异系数为 0～10cm＜10～20cm＜20～30cm。

草甸草原不同群落类型不同土层土壤铵态氮含量如表 3-23 所示，0～30cm 土层贝加尔针茅草甸草原和羊草草甸草原土壤铵态氮平均含量无显著差异（$P > 0.05$），但羊草草甸草原土壤铵态氮平均含量为 4.60mg/kg，较贝加尔针茅草甸草原的 4.23mg/kg 高出 0.37mg/kg；贝加尔针茅草甸草原土壤铵态氮平均最小含量高于羊草草甸草原，最大含量则低于羊草草甸草原，而平均变异系数贝加尔针茅草甸草原略大于羊草草甸草原。

表 3-23　草甸草原不同植被类型不同土层土壤铵态氮含量（mg/kg）

植被类型	土层深度	均值	标准差	标准误	均值的 95%置信区间		极小值	极大值	变异系数
					下限	上限			
贝加尔针茅草甸草原	0～30cm	4.23	4.61	1.03	2.45	6.53	0.36	16.78	1.09
	0～10cm	5.39	5.74	2.14	2.29	10.18	1.45	16.78	1.07
	10～20cm	3.15	3.04	1.10	1.58	5.66	1.08	9.24	0.96
	20～30cm	4.16	5.20	1.97	1.34	8.44	0.36	14.49	1.25
羊草草甸草原	0～30cm	4.60	4.95	1.17	2.14	7.06	0.33	19.01	1.08
	0～10cm	6.67	6.32	3.77	3.33	19.01	2.71	19.01	0.95
	10～20cm	3.34	4.39	2.72	1.58	12.14	0.61	12.14	1.31
	20～30cm	3.78	4.01	2.37	1.58	11.51	0.33	11.51	1.06

草甸草原不同群落类型不同土层土壤硝态氮含量如表 3-24 所示，0～30cm 土层贝加尔针茅草甸草原和羊草草甸草原土壤硝态氮平均含量有显著差异（$P < 0.05$），贝加尔针茅草甸草原土壤硝态氮平均含量为 6.21mg/kg，较羊草草甸草原的 3.19mg/kg 高出 0.95 倍；贝加尔针茅草甸草原土壤硝态氮最小和最大含量均高于羊草草甸草原，

表 3-24　草甸草原不同植被类型不同土层土壤硝态氮含量（mg/kg）

植被类型	土层深度	均值	标准差	标准误	均值的 95%置信区间		极小值	极大值	变异系数
					下限	上限			
贝加尔针茅草甸草原	0～30cm	6.21	4.87	1.15	3.78	8.63	0.54	15.61	0.78
	0～10cm	6.36	3.69	1.37	3.75	9.08	2.16	10.64	0.58
	10～20cm	6.49	5.62	2.05	2.71	10.33	1.03	13.20	0.87
	20～30cm	5.77	5.93	2.22	1.99	10.63	0.54	15.61	1.03
羊草草甸草原	0～30cm	3.19	2.07	0.62	3.27	5.58	0.25	7.83	0.65
	0～10cm	4.25	2.90	1.14	3.60	7.83	0.74	7.83	0.68
	10～20cm	2.69	1.63	0.16	3.25	3.85	0.25	4.01	0.60
	20～30cm	2.62	1.20	0.40	2.33	3.98	0.69	3.98	0.46

贝加尔针茅草甸草原的平均变异系数也大于羊草草甸草原。贝加尔针茅草甸草原各土层土壤硝态氮含量平均值有所不同,其变化趋势为 10～20cm>0～10cm>20～30cm,羊草草甸草原各土层土壤硝态氮含量平均值有所不同,其变化趋势为 0～10cm>10～20cm>20～30cm。

(2)土壤铵态氮和硝态氮含量年际变化

不同年度不同土层土壤铵态氮含量年际变化如表 3-25 所示。2018 年和 2017 年比较,0～30cm 土层草甸草原土壤铵态氮含量有显著差异($P<0.05$),2018 年土壤铵态氮含量显著高于 2017 年,平均含量为 7.19mg/kg,较 2017 年的 2.19mg/kg 高出 2.28 倍;铵态氮含量最小值出现在 2017 年,最大值出现在 2018 年。2018 年变异系数高于 2017 年。从 2017 年和 2018 年各土层平均土壤铵态氮含量变化看,各土层铵态氮含量无显著差异($P>0.05$),不同年度各土层铵态氮平均含量不同,2017 年铵态氮平均含量 0～10cm 为 2.96mg/kg,而 10～20cm、20～30cm 均为 1.70mg/kg;2018 年铵态氮平均含量变化趋势是 0～10cm>20～30cm>10～20cm。2017 年各土层铵态氮含量最小值分布在 20～30cm 土层,最大值分布在 0～10cm 土层,各土层铵态氮含量变异系数为 0～10cm<10～20cm<20～30cm。2018 年各土层铵态氮含量最小值分布在 10～20cm 土层,最大值分布在 0～10cm 土层,各土层铵态氮含量变异系数为 0～10cm<20～30cm<10～20cm。

表 3-25   不同年度不同土层土壤铵态氮含量年际变化(mg/kg)

| 时间 | 土层深度 | 均值 | 标准差 | 标准误 | 均值的 95%置信区间 | | 极小值 | 极大值 | 变异系数 |
					下限	上限			
2017 年	0～30cm	2.19	1.25	0.28	1.61	2.78	0.33	4.56	0.57
	0～10cm	2.96	1.28	0.52	1.62	4.30	1.45	4.56	0.43
	10～20cm	1.70	0.87	0.35	0.79	2.61	0.61	2.70	0.51
	20～30cm	1.70	1.21	0.49	0.44	2.97	0.33	3.34	0.71
2018 年	0～30cm	7.19	5.92	1.48	4.04	10.35	1.08	19.01	0.82
	0～10cm	9.10	7.05	2.62	4.24	14.37	3.03	19.01	0.78
	10～20cm	4.79	4.69	1.68	1.73	8.20	1.08	12.14	0.98
	20～30cm	6.24	5.42	2.05	2.48	10.28	1.58	14.49	0.87

不同年度不同土层土壤硝态氮含量年际变化如表 3-26 所示。2018 年和 2017 年比较,0～30cm 土层草甸草原土壤硝态氮含量有显著差异($P<0.05$),2018 年土壤硝态氮含量显著高于 2017 年,平均含量为 8.04mg/kg,较 2017 年的 2.03mg/kg 高出 2.96 倍;硝态氮含量最小值出现在 2017 年,最大值出现在 2018 年。2017 年变异系数高于 2018 年。从 2017 年和 2018 年各土层平均土壤硝态氮含量变化看,各土层硝态氮含量无显著差异($P>0.05$),2017 年和 2018 年土壤各土层硝态氮平均含量变化趋势均为 0～10cm>10～20cm>20～30cm。2017 年各土层硝态氮含量最小值分布在 10～20cm 土层,最大值分布在 0～10cm 土层,各土层硝态氮含量变异系数为 0～10cm<20～30cm<10～20cm。2018 年各土层硝态氮含量最小值分布在 10～20cm 土层,最大值均分布在 20～30cm 土层,各土层硝态氮含量变异系数为 0～10cm<10～20cm<20～30cm。

表 3-26　不同年度不同土层土壤硝态氮含量年际变化（mg/kg）

时间	土层深度	均值	标准差	标准误	均值的95%置信区间		极小值	极大值	变异系数
					下限	上限			
2017 年	0～30cm	2.03	1.22	0.27	1.46	2.60	0.25	4.19	0.60
	0～10cm	2.65	1.17	0.48	1.43	3.88	0.74	4.19	0.44
	10～20cm	1.63	1.34	0.55	0.22	3.04	0.25	4.01	0.82
	20～30cm	1.52	1.08	0.44	0.39	2.65	0.54	3.44	0.71
2018 年	0～30cm	8.04	3.73	0.93	6.05	10.03	3.25	15.61	0.46
	0～10cm	7.96	2.54	1.04	5.30	10.62	3.60	10.64	0.32
	10～20cm	7.55	4.49	1.83	2.84	12.26	3.25	13.20	0.59
	20～30cm	6.86	4.92	2.01	1.70	12.03	2.33	15.61	0.72

四、土壤磷素

土壤磷素含量可以反映土壤的供磷潜力，与母质类型、成土过程和利用方式有关。磷素在土壤中存在的形式有多种，对植株的有效性也不同，植株能够吸收利用土壤中的磷主要是速效磷。磷不但是植物体中许多重要化合物的成分，而且以多种方式参与植物的新陈代谢过程，包括核酸等生物大分子、细胞核、细胞膜的构建及光合作用、呼吸作用等能量传递系统的能量储存、迁移、转化。因此，磷素营养可以增强植物的光合作用及碳水化合物的合成与运转，也可以促进氮的吸收同化、提高生物固氮能力，同时对脂肪的代谢活动有重要的调节作用。对土壤中磷素的研究对于更好地认识、调控和管理磷的生物地球化学循环十分必要。

（一）土壤全磷和速效磷含量

表 3-27 为以贝加尔针茅和羊草为建群种的草甸草原 2017 年、2018 年土壤全磷和速效磷平均含量情况。在 0～30cm 土层中，土壤全磷平均含量为 0.45g/kg，集中分布在 0.42～0.48g/kg，测定的最小全磷含量为 0.32g/kg，最大全磷含量为 0.64g/kg，平均值之间的变异系数为 0.17。从各土层土壤全磷含量变化看，各土层全磷含量无显著差异

表 3-27　草甸草原各土层土壤全磷含量（g/kg）、速效磷含量（mg/kg）

	土层深度	均值	标准差	标准误	均值的95%置信区间		极小值	极大值	变异系数
					下限	上限			
全磷	0～30cm	0.45	0.07	0.01	0.42	0.48	0.32	0.64	0.17
	0～10cm	0.45	0.06	0.02	0.41	0.50	0.32	0.51	0.13
	10～20cm	0.44	0.07	0.02	0.39	0.49	0.34	0.51	0.15
	20～30cm	0.45	0.10	0.03	0.37	0.52	0.33	0.64	0.22
速效磷	0～30cm	2.24	1.12	0.21	1.80	2.68	0.50	6.10	0.50
	0～10cm	2.20	0.88	0.28	1.66	2.74	0.50	3.71	0.40
	10～20cm	1.74	0.87	0.27	1.23	2.29	0.70	3.10	0.50
	20～30cm	2.78	1.38	0.44	2.10	3.77	1.60	6.10	0.49

（$P>0.05$），但各土层全磷平均含量有所不同，10～20cm 土层为 0.44g/kg，而 0～10cm 和 20～30cm 均为 0.45g/kg，全磷含量最小值分布在 0～10cm 土层，最大值分布在 20～30cm 土层，各土层全氮含量变异系数为 0～10cm<10～20cm<20～30cm。

2017 年、2018 年草甸草原土壤速效磷平均含量在 0～30cm 土层为 2.24mg/kg，集中分布在 1.80～2.68mg/kg，测定的最小速效磷含量为 0.50mg/kg，最大速效磷含量为 6.10mg/kg，平均值之间的变异系数为 0.50。从各土层土壤速效磷含量变化看，各土层速效磷含量无显著差异（$P>0.05$），但各土层速效磷平均含量有所不同，变化趋势是 10～20cm<0～10cm<20～30cm；速效磷含量最小值分布在 0～10cm 土层，最大值分布在 20～30cm 土层，各土层全氮含量变异系数为 0～10cm<20～30cm<10～20cm。

草甸草原不同群落类型不同土层土壤全磷含量如表 3-28 所示，0～30cm 土层贝加尔针茅草甸草原和羊草草甸草原土壤全磷平均含量无显著差异（$P>0.05$），但贝加尔针茅草甸草原土壤全磷平均含量为 0.47g/kg，较羊草草甸草原的 0.40g/kg 高出 0.18 倍；贝加尔针茅草甸草原土壤全磷最小含量和最大含量均高于羊草草甸草原，平均变异系数羊草草甸草原略大于贝加尔针茅草甸草原。

表 3-28　草甸草原不同植被类型不同土层土壤全磷含量（g/kg）

植被类型	土层深度	均值	标准差	标准误	均值的95%置信区间		极小值	极大值	变异系数
					下限	上限			
贝加尔针茅草甸草原	0～30cm	0.47	0.07	0.02	0.44	0.50	0.34	0.64	0.15
	0～10cm	0.48	0.03	0.01	0.45	0.51	0.44	0.51	0.06
	10～20cm	0.45	0.07	0.03	0.37	0.52	0.34	0.51	0.16
	20～30cm	0.48	0.10	0.04	0.38	0.58	0.40	0.64	0.20
羊草草甸草原	0～30cm	0.40	0.07	0.02	0.36	0.45	0.32	0.49	0.17
	0～10cm	0.40	0.08	0.05	0.20	0.60	0.32	0.48	0.20
	10～20cm	0.42	0.07	0.04	0.25	0.60	0.35	0.49	0.17
	20～30cm	0.39	0.08	0.05	0.19	0.59	0.33	0.48	0.20

草甸草原不同群落类型不同土层土壤速效磷含量如表 3-29 所示，0～30cm 土层

表 3-29　草甸草原不同植被类型不同土层土壤速效磷含量（mg/kg）

植被类型	土层深度	均值	标准差	标准误	均值的95%置信区间		极小值	极大值	变异系数
					下限	上限			
贝加尔针茅草甸草原	0～30cm	2.19	0.67	0.16	1.85	2.52	1.10	3.71	0.31
	0～10cm	2.52	0.66	0.25	2.09	3.06	1.89	3.71	0.26
	10～20cm	1.85	0.66	0.24	1.42	2.33	1.10	3.00	0.36
	20～30cm	2.19	0.61	0.22	1.80	2.69	1.60	3.19	0.28
羊草草甸草原	0～30cm	2.35	1.75	0.58	1.00	3.70	0.50	6.10	0.75
	0～10cm	1.56	1.05	0.51	0.50	2.60	0.50	2.60	0.67
	10～20cm	1.53	1.36	0.65	0.70	3.10	0.70	3.10	0.89
	20～30cm	3.96	1.87	0.88	2.60	6.10	2.60	6.10	0.47

贝加尔针茅草甸草原和羊草草甸草原土壤速效磷平均含量无显著差异（P＞0.05），羊草草甸草原土壤速效磷平均含量为 2.35mg/kg，较贝加尔针茅草甸草原的 2.19mg/kg 高出 0.16mg/kg；贝加尔针茅草甸草原土壤速效磷最小含量高于羊草草甸草原，而最大含量则小于羊草草甸草原；平均变异系数贝加尔针茅草甸草原小于羊草草甸草原。

（二）土壤全磷和速效磷含量年际变化

不同年度不同土层土壤全磷含量年际变化如表 3-30 所示。2018 年和 2017 年比较，0～30cm 土层草甸草原土壤全磷含量无显著差异（P＞0.05），但 2017 年土壤全磷平均含量高于 2018 年，2017 年土壤全磷平均含量为 0.47g/kg，较 2018 年的 0.43g/kg 高出 0.04g/kg；全磷最小值出现在 2018 年，最大值出现在 2017 年。2017 年变异系数高于 2018 年。从 2017 年和 2018 年各土层土壤全磷平均含量变化看，各土层全磷含量无显著差异（P＞0.05），不同年度各土层全磷平均含量不同，2017 年全磷平均含量为 10～20cm＜0～10cm＜20～30cm；2018 年变化趋势是 20～30cm＜0～10cm＜10～20cm。2017 年各土层全磷最小值和最大值分别分布在 10～20cm 土层、20～30cm 土层，各土层全磷含量变异系数为 0～10cm＜10～20cm＜20～30cm。2018 年各土层全磷平均含量最小值在 10～20cm 土层，最大值在 0～10cm、10～20cm 土层均有分布，各土层全磷含量变异系数为 0～10cm＞20～30cm＞10～20cm。

表 3-30 不同年度不同土层土壤全磷含量年际变化（g/kg）

时间	土层深度	均值	标准差	标准误	均值的95%置信区间		极小值	极大值	变异系数
					下限	上限			
2017 年	0～30cm	0.47	0.09	0.03	0.40	0.54	0.34	0.64	0.19
	0～10cm	0.48	0.03	0.02	0.39	0.56	0.44	0.50	0.07
	10～20cm	0.41	0.09	0.05	0.19	0.64	0.34	0.51	0.21
	20～30cm	0.53	0.12	0.07	0.23	0.83	0.40	0.64	0.23
2018 年	0～30cm	0.43	0.06	0.01	0.40	0.46	0.32	0.51	0.14
	0～10cm	0.44	0.07	0.03	0.37	0.51	0.32	0.51	0.16
	10～20cm	0.45	0.06	0.03	0.39	0.51	0.35	0.51	0.13
	20～30cm	0.41	0.06	0.02	0.35	0.47	0.33	0.48	0.14

不同年度不同土层土壤速效磷含量年际变化如表 3-31 所示。2018 年和 2017 年比较，0～30cm 土层草甸草原土壤速效磷平均含量无显著差异（P＞0.05）。2018 年土壤速效磷平均含量为 2.25mg/kg，较 2017 年的 2.23mg/kg 高出 0.02mg/kg；速效磷含量最小值、最大值均出现在 2018 年。2017 年变异系数小于 2018 年。从 2017 年和 2018 年各土层土壤速效磷平均含量变化看，各土层速效磷平均含量无显著差异（P＞0.05）。2017 年和 2018 年各土层土壤速效磷平均含量变化趋势相同，均为 10～20cm＜0～10cm＜20～30cm；2017 年和 2018 年各土层土壤速效磷平均含量变异系数趋势也相同，均为 0～10cm＜20～30cm＜10～20cm。

表 3-31 不同年度不同土层土壤速效磷含量年际变化（mg/kg）

时间	土层深度	均值	标准差	标准误	均值的95%置信区间		极小值	极大值	变异系数
					下限	上限			
2017年	0～30cm	2.23	0.61	0.20	1.76	2.70	1.40	3.19	0.27
	0～10cm	2.23	0.31	0.15	1.89	2.50	1.89	2.50	0.14
	10～20cm	2.03	0.85	0.41	1.40	3.00	1.40	3.00	0.42
	20～30cm	2.42	0.75	0.35	1.69	3.19	1.69	3.19	0.31
2018年	0～30cm	2.25	1.31	0.31	1.59	2.90	0.50	6.10	0.58
	0～10cm	2.18	1.10	0.45	1.03	3.33	0.50	3.71	0.50
	10～20cm	1.60	0.92	0.38	0.63	2.57	0.70	3.10	0.58
	20～30cm	2.96	1.64	0.67	1.24	4.68	1.60	6.10	0.55

五、土壤钾素

钾是植物营养三大必需元素之一。土壤中的钾多来自成土母质中的含钾矿物质。土壤中全钾含量主要受母质、风化及成土条件、土壤质地、耕作及施肥情况等的影响。全钾是指土壤中含有的全部钾，是水溶性钾、交换性钾、非交换性钾和结构态钾的总和。速效钾是指土壤中易被作物吸收利用的钾素，包括土壤溶液钾及土壤交换性钾。速效钾含量是表征土壤钾素供应状况的重要指标之一。

（一）土壤全钾和速效钾含量现状

草甸草原土壤全钾平均含量和速效钾平均含量如表 3-32 所示。2017 年、2018 年，在 0～30cm 土层中土壤全钾平均含量为 22.83g/kg，集中分布在 22.49～23.18g/kg，测定的全钾最小含量为 21.24g/kg，最大含量为 24.57g/kg，平均值之间的变异系数为 0.04。

表 3-32 草甸草原各土层土壤全钾含量（g/kg）、速效钾含量（mg/kg）

	土层深度	均值	标准差	标准误	均值的95%置信区间		极小值	极大值	变异系数
					下限	上限			
全钾	0～30cm	22.83	0.88	0.17	22.49	23.18	21.24	24.57	0.04
	0～10cm	23.24	0.77	0.26	22.65	23.83	22.38	24.57	0.03
	10～20cm	22.68	0.97	0.32	21.94	23.43	21.24	24.33	0.04
	20～30cm	22.57	0.83	0.28	21.94	23.21	21.77	24.15	0.04
速效钾	0～30cm	154.37	85.61	16.48	120.50	188.24	66.00	344.31	0.55
	0～10cm	164.25	84.96	0.24	22.79	23.74	81.00	342.00	0.52
	10～20cm	156.25	93.72	0.29	22.12	23.27	66.00	344.31	0.60
	20～30cm	142.62	86.88	0.26	22.13	23.11	76.00	333.00	0.61

从各土层土壤全钾含量变化看，各土层全钾含量无显著差异（$P>0.05$），但各土层全钾平均含量有所不同，变化趋势是 0～10cm>10～20cm>20～30cm；全钾含量最小值分布在 10～20cm 土层，最大值分布在 0～10cm 土层，各土层全钾含量变异系数 0～10cm<10～20cm=20～30cm。

2017 年、2018 年，在 0～30cm 土层中土壤速效钾平均含量为 154.37mg/kg，集中分布在 120.50～188.24mg/kg，测定的速效钾最小含量为 66mg/kg，最大含量为 344.31mg/kg，平均值之间的变异系数为 0.55。从各土层土壤速效钾含量变化看，各土层速效钾含量无显著差异（$P>0.05$），但各土层速效钾平均含量有所不同，变化趋势是 0～10cm>10～20cm>20～30cm；速效钾最小值和最大值均分布在 10～20cm 土层，各土层速效钾含量变异系数为 0～10cm<10～20cm<20～30cm。

草甸草原不同群落类型不同土层土壤全钾含量如表 3-33 所示，0～30cm 土层贝加尔针茅草甸草原和羊草草甸草原土壤全钾平均含量无显著差异（$P>0.05$），但羊草草甸草原土壤全钾平均含量为 23.60g/kg，较贝加尔针茅草甸草原的 22.45g/kg 高出 1.15g/kg；贝加尔针茅草甸草原土壤全钾最小含量小于羊草草甸草原，最大含量则高于羊草草甸草原，而平均变异系数贝加尔针茅草甸草原略大于羊草草甸草原。

表 3-33　草甸草原不同群落类型不同土层土壤全钾含量（g/kg）

| 植被类型 | 土层深度 | 均值 | 标准差 | 标准误 | 均值的95%置信区间 | | 极小值 | 极大值 | 变异系数 |
					下限	上限			
贝加尔针茅草甸草原	0～30cm	22.45	0.77	0.18	22.12	22.83	21.24	24.57	0.03
	0～10cm	23.10	0.84	0.31	22.58	23.79	22.38	24.57	0.04
	10～20cm	22.19	0.69	0.27	21.66	22.72	21.24	23.22	0.03
	20～30cm	22.07	0.28	0.10	21.88	22.30	21.77	22.54	0.01
羊草草甸草原	0～30cm	23.60	0.50	0.16	23.31	23.94	22.84	24.33	0.02
	0～10cm	23.53	0.65	0.31	22.84	24.14	22.84	24.14	0.03
	10～20cm	23.68	0.57	0.27	23.33	24.33	23.33	24.33	0.02
	20～30cm	23.59	0.48	0.23	23.29	24.15	23.29	24.15	0.02

草甸草原不同群落类型不同土层土壤速效钾含量如表 3-34 所示，0～30cm 土层贝加尔针茅草甸草原和羊草草甸草原土壤速效钾平均含量有显著差异（$P<0.05$），羊草草甸草原土壤速效钾平均含量为 170.07mg/kg，较贝加尔针茅草甸草原的 146.52mg/kg 高出0.16 倍；羊草草甸草原土壤速效钾最小含量和最大含量均高于贝加尔针茅草甸草原，平均变异系数羊草草甸草原大于贝加尔针茅草甸草原。

（二）土壤全钾和速效钾含量年际变化

不同年度不同土层土壤全钾含量年际变化如表 3-35 所示。2018 年和 2017 年比较，0～30cm 土层草甸草原土壤全钾平均含量有显著差异（$P<0.05$），2018 年土壤全钾平均含量显著高于 2017 年，2018 年土壤全钾平均含量为 23.23g/kg，较 2017 年的 22.04g/kg

表 3-34　草甸草原不同群落类型不同土层土壤速效钾含量（mg/kg）

植被类型	土层深度	均值	标准差	标准误	均值的95%置信区间		极小值	极大值	变异系数
					下限	上限			
贝加尔针茅草甸草原	0~30cm	146.52	74.04	17.45	109.70	183.34	66.00	342.00	0.51
	0~10cm	169.87	92.00	34.22	114.85	245.50	81.84	342.00	0.54
	10~20cm	141.39	75.30	28.83	93.69	205.38	66.00	275.00	0.53
	20~30cm	128.30	58.48	21.48	90.64	172.95	76.00	213.00	0.46
羊草草甸草原	0~30cm	170.07	108.42	36.14	86.73	253.41	77.00	344.31	0.64
	0~10cm	153.00	86.19	41.76	81.00	248.50	81.00	248.50	0.56
	10~20cm	185.96	137.75	66.07	93.81	344.31	93.81	344.31	0.74
	20~30cm	171.26	140.71	65.74	77.00	333.00	77.00	333.00	0.82

表 3-35　不同年度不同土层土壤全钾含量年际变化（g/kg）

时间	土层深度	均值	标准差	标准误	均值的95%置信区间		极小值	极大值	变异系数
					下限	上限			
2017 年	0~30cm	22.04	0.42	0.13	21.76	22.28	21.24	22.50	0.02
	0~10cm	22.45	0.06	0.03	22.38	22.50	22.38	22.50	0.00
	10~20cm	21.66	0.41	0.20	21.24	22.07	21.24	22.07	0.02
	20~30cm	22.02	0.23	0.11	21.77	22.23	21.77	22.23	0.01
2018 年	0~30cm	23.23	0.78	0.18	22.86	23.56	21.87	24.57	0.03
	0~10cm	23.64	0.62	0.23	23.20	24.12	22.84	24.57	0.03
	10~20cm	23.20	0.69	0.26	22.74	23.70	22.43	24.33	0.03
	20~30cm	22.85	0.90	0.33	22.23	23.49	21.87	24.15	0.04

高出 1.19g/kg；全钾含量最小值出现在 2017 年，最大值出现在 2018 年。2018 年变异系数高于 2017 年。从 2017 年和 2018 年各土层土壤全钾平均含量变化看，各土层全钾含量无显著差异（$P > 0.05$），不同年度各土层全钾平均含量不同，2017 年全钾平均含量变化为 0~10cm＞20~30cm＞10~20cm，2018 年变化趋势是 0~10cm＞10~20cm＞20~30cm。2017 年各土层全钾含量最小值分布在 10~20cm 土层，最大值分布在 0~10cm 土层，0~10cm 土层全钾含量各值无变异，10~20cm、20~30cm 变异系数在 0.02 及以下。2018 年各土层全钾含量最小值分布在 20~30cm 土层，最大值分布在 0~10cm 土层，全钾含量变异系数在 20~30cm 土层最大。

不同年度不同土层土壤速效钾含量年际变化如表 3-36 所示。2018 年和 2017 年比较，0~30cm 土层草甸草原土壤速效钾含量无显著差异（$P > 0.05$），2018 年土壤速效钾平均含量为 173.20mg/kg，较 2017 年的 116.71mg/kg 高出 0.48 倍；速效钾含量最小值出现在 2017 年，最大值出现在 2018 年。2018 年变异系数高于 2017 年。从 2017 年和 2018 年各土层土壤速效钾平均含量变化看，各土层速效钾含量无显著差异（$P > 0.05$），2017 年土壤各土层速效钾平均含量变化趋势为 0~10cm＜10~20cm＜20~

30cm，2018 年则相反，其变化趋势为 0～10cm＞10～20cm＞20～30cm。2017 年各土层速效钾含量最小值分布在 10～20cm 土层，最大值分布在 20～30cm 土层，各土层速效钾变异系数为 0～10cm＜ 20～30cm＜10～20cm。2018 年各土层速效钾含量最小值分布在 20～30cm 土层，最大值分布在 10～20cm，各土层速效钾含量变异系数为 0～10cm＜10～20cm＜20～30cm。

表 3-36 不同年度不同土层土壤速效钾含量年际变化（mg/kg）

| 时间 | 土层深度 | 均值 | 标准差 | 标准误 | 均值的95%置信区间 | | 极小值 | 极大值 | 变异系数 |
					下限	上限			
2017 年	0～30cm	116.71	42.77	14.26	83.84	149.59	66.00	190.00	0.37
	0～10cm	111.28	25.52	12.60	81.84	127.00	81.84	127.00	0.23
	10～20cm	113.60	56.47	26.93	66.00	176.00	66.00	176.00	0.50
	20～30cm	125.26	57.53	26.88	80.00	190.00	80.00	190.00	0.46
2018 年	0～30cm	173.20	96.03	22.64	125.44	220.96	76.00	344.31	0.55
	0～10cm	190.73	93.62	34.91	128.23	261.89	81.00	342.00	0.49
	10～20cm	177.57	105.56	39.97	107.78	257.88	93.81	344.31	0.59
	20～30cm	151.30	102.38	38.36	86.00	235.00	76.00	333.00	0.68

第三节 草甸草原生态系统土壤微生物特征

土壤微生物是地球上多样性及物种最丰富的生物类群之一，参与了土壤中几乎所有的物质转化过程，是驱动地球生物化学过程的关键因素。土壤微生物量是指土壤中除了植物根茬等残体和大于 $5 \times 10^3 \mu m^3$ 土壤动物以外的具有生命活动的有机物的量，是活的土壤有机质部分。土壤微生物虽然仅占土壤有机质的很小一部分，但其养分有效性很高，是土壤养分的一个重要的源与库，它在土壤有机物质的转化过程及土壤肥力的维持方面起着决定性作用。土壤微生物是土壤有机质和土壤养分（碳、氮、磷、硫等）转化和循环的动力，并参与有机质的分解、腐殖质的形成，调控土壤中能量和养分循环等各个生化过程，是重要的植物养分储备库，对植物养分转化、有机质代谢和污染物降解具有非常重要的作用。土壤微生物的重要类群有细菌、放线菌、真菌、显微藻类和一些小型原生动物，它们与土壤肥力的演变、营养元素的转化、土传病害的发生均有密切关系。目前有关影响有机质分解的土壤微生物主要集中在细菌、放线菌和真菌三大类群上。全球陆地生态系统每年估计有 27～45Pg 或更多的碳是通过微生物分解作用循环的，占陆地生态系统向大气返还量的一半以上（窦森，2010）。土壤微生物个体微小，一般以微米或纳米来计算，通常 1g 土壤中有几亿到几百亿个微生物，其种类和数量随成土环境及土层深度的不同而变化。它们在土壤中进行氧化、硝化、氨化、固氮、硫化等过程，促进土壤有机质的分解和养分的转化。土壤微生物种类和数量直接影响土壤的生物化学活性及土壤养分的组成与转化，从而影响土壤养分的有效性和肥力状况。近年来，随着测定方法的不断改进和完善，土壤微生物研究快速发展并更加深入。研究和探讨草甸草原不同群落类型及不同时间的土壤微生物数量和生物量变化状况，对揭示草甸草原土壤质量、肥力及土壤健康状况具有十分重要的意义。

一、土壤微生物数量

（一）土壤细菌数量

1. 土壤细菌数量现状

土壤微生物一般以细菌数量最多，一般土壤细菌占土壤微生物总数的70%～90%，土壤细菌生物量却并不是很高。土壤细菌主要能分解各种有机物质。以贝加尔针茅和羊草为建群种的草甸草原土壤细菌数量如表 3-37 所示，在 0～30cm 土层，2017 年、2018 年土壤细菌平均数量为 35.26×10^5 cfu/g，集中分布在 22.21×10^5～50.60×10^5 cfu/g，测定的最小细菌数量为 1.82×10^5 cfu/g，最大细菌数量为 182.00×10^5 cfu/g，平均值之间的变异系数为 1.20。从各土层土壤细菌数量变化看，各土层细菌数量无显著差异（$P>0.05$），但各土层细菌平均数量有所不同，变化趋势是 0～10cm＞20～30cm＞10～20cm；土壤细菌数量最小值分布在 0～10cm 和 20～30cm 土层，均为 1.82×10^5 cfu/g，最大值分布在 10～20cm 土层，各土层细菌数量变异系数为 10～20cm＜0～10cm＜20～30cm。

表 3-37　2017～2018 年草甸草原各土层土壤细菌数量（×10^5 cfu/g）

土层深度	均值	标准差	标准误	均值的95%置信区间		极小值	极大值	变异系数
				下限	上限			
0～30cm	35.26	42.36	7.03	22.21	50.60	1.82	182.00	1.20
0～10cm	43.90	46.66	13.15	20.69	72.63	1.82	136.00	1.06
10～20cm	30.22	30.07	8.47	15.58	49.67	1.83	93.40	1.00
20～30cm	31.66	50.06	13.51	11.76	62.08	1.82	182.00	1.58

草甸草原不同群落类型不同土层土壤细菌数量如表 3-38 所示，0～30cm 土层贝加尔

表 3-38　草甸草原不同群落类型不同土层土壤细菌数量（×10^5 cfu/g）

植被类型	土层深度	均值	标准差	标准误	均值的95%置信区间		极小值	极大值	变异系数
					下限	上限			
贝加尔针茅草甸草原	0～30cm	35.97	42.20	9.48	17.80	55.51	1.82	136.00	1.17
	0～10cm	60.87	59.44	22.76	20.82	105.60	1.83	136.00	0.98
	10～20cm	31.20	33.09	12.40	10.95	59.17	3.64	93.40	1.06
	20～30cm	15.85	13.06	5.04	7.01	26.11	1.82	35.30	0.82
羊草甸草原	0～30cm	34.54	43.73	9.94	17.01	56.15	1.82	182.00	1.27
	0～10cm	26.92	23.75	8.39	12.24	44.61	1.82	69.40	0.88
	10～20cm	29.25	29.87	11.33	7.80	53.02	1.83	69.70	1.02
	20～30cm	47.47	68.87	26.70	10.37	106.47	1.85	182.00	1.45

针茅草甸草原和羊草草甸草原土壤细菌平均数量无显著差异（$P>0.05$），但贝加尔针茅草甸草原土壤细菌平均数量高于羊草草甸草原，两种类型分别为 35.97×10^5cfu/g、34.54×10^5cfu/g；贝加尔针茅草甸草原与羊草草甸草原土壤细菌数量最小值均为 1.82×10^5cfu/g；而最大值羊草草甸草原为 182.00×10^5cfu/g，大于贝加尔针茅草甸草原的 136.00×10^5cfu/g；贝加尔针茅草甸草原的平均变异系数为 1.17，而羊草草甸草原为 1.27，表明贝加尔针茅草甸草原的土壤细菌数量波动小于羊草草甸草原。

2. 土壤细菌数量年际变化

不同年度不同土层土壤细菌数量年际变化如表 3-39 所示。2018 年和 2017 年比较，$0\sim30$cm 土层草甸草原土壤细菌数量有显著差异（$P<0.05$），2018 年土壤细菌数量明显高于 2017 年，2018 年和 2017 年土壤细菌平均数量分别为 63.68×10^5cfu/g、6.84×10^5cfu/g；细菌数量最小值出现在 2017 年，最大值则出现在 2018 年；2017 年细菌平均数量变异系数大于 2018 年。2017 年各土层细菌平均数量变化趋势为 $0\sim10$cm$>10\sim20$cm$>20\sim30$cm；2018 年变化趋势是 $0\sim10$cm$>20\sim30$cm$>10\sim20$cm。2017 年各土层细菌数量最小值均分布在 $0\sim10$cm、$20\sim30$cm 土层，最大值分布在 $10\sim20$cm 土层，各土层细菌平均数量变异系数为 $10\sim20$cm$>0\sim10$cm$>20\sim30$cm。2018 年各土层细菌数量最小值、最大值均分布在 $20\sim30$cm 土层，各土层细菌平均数量变异系数为 $20\sim30$cm$>0\sim10$cm$>10\sim20$cm。

表 3-39 不同年度不同土层土壤细菌数量年际变化（$\times10^5$cfu/g）

时间	土层深度	均值	标准差	标准误	均值的95%置信区间 下限	上限	极小值	极大值	变异系数
2017 年	$0\sim30$cm	6.84	5.97	1.38	4.40	9.67	1.82	23.70	0.87
	$0\sim10$cm	8.93	5.81	2.17	4.89	12.95	1.82	14.90	0.65
	$10\sim20$cm	7.01	8.43	3.15	2.44	14.00	1.83	23.70	1.20
	$20\sim30$cm	4.57	2.22	0.81	3.04	6.08	1.82	7.26	0.49
2018 年	$0\sim30$cm	63.68	44.14	10.15	45.76	86.23	21.40	182.00	0.69
	$0\sim10$cm	78.87	42.66	16.18	49.05	109.58	28.90	136.00	0.54
	$10\sim20$cm	53.43	25.02	9.09	35.75	72.25	27.40	93.40	0.47
	$20\sim30$cm	58.75	61.21	23.40	28.57	110.17	21.40	182.00	1.04

（二）土壤放线菌数量

1. 土壤放线菌数量现状

土壤放线菌是广泛分布于土壤中的优势微生物类群，其分枝状的菌丝体能够产生各种胞外酶，降解土壤中的各种不溶性有机物质以获得细胞代谢所需的各种营养，对有机物的矿化有着重要作用，从而参与自然界物质循环、净化环境、改良土壤。草甸草原土壤放线菌数量如表 3-40 所示，在 $0\sim30$cm 土层，2017 年、2018 土壤放线菌平均数量为 7.93×10^5cfu/g，集中分布在 $4.19\times10^5\sim12.78\times10^5$cfu/g，测定的最小放线菌数量为 $0.18\times$

10^5cfu/g，最大放线菌数量为 $54.00×10^5$cfu/g，平均值之间的变异系数为 1.69。从各土层土壤放线菌数量变化看，各土层放线菌数量无显著差异（$P>0.05$），但各土层放线菌平均数量有所不同，变化趋势是 0～10cm＞20～30cm＞10～20cm；土壤放线菌数量最小值在各土层均为 $0.18×10^5$cfu/g，最大值分布在 20～30cm 土层，各土层土壤放线菌数量变异系数为 0～10cm＜10～20cm＜20～30cm。

表 3-40　草甸草原各土层土壤放线菌数量（$×10^5$cfu/g）

土层深度	均值	标准差	标准误	均值的95%置信区间		极小值	极大值	变异系数
				下限	上限			
0～30cm	7.93	13.39	2.19	4.19	12.78	0.18	54.00	1.69
0～10cm	10.22	15.29	4.44	2.79	19.89	0.18	42.40	1.50
10～20cm	5.24	9.31	2.57	1.69	10.81	0.18	33.70	1.78
20～30cm	8.34	15.37	4.15	2.15	17.55	0.18	54.00	1.84

草甸草原不同群落类型不同土层土壤放线菌数量如表 3-41 所示，0～30cm 土层贝加尔针茅草甸草原和羊草草甸草原土壤放线菌平均数量无显著差异（$P>0.05$），但贝加尔针茅草甸草原土壤放线菌平均数量高于羊草草甸草原，两种群落分别为 $8.81×10^5$cfu/g、$7.05×10^5$cfu/g；贝加尔针茅草甸草原与羊草草甸草原土壤放线菌数量最小值均为 $0.18×10^5$cfu/g；而最大值羊草草甸草原为 $54.00×10^5$cfu/g，大于贝加尔针茅草甸草原的 $42.40×10^5$cfu/g。贝加尔针茅草甸草原的平均数量变异系数为 1.61，而羊草草甸草原为 1.83，表明贝加尔针茅草甸草原的土壤放线菌数量波动小于羊草草甸草原。

表 3-41　草甸草原不同群落类型不同土层土壤放线菌数量（$×10^5$cfu/g）

植被类型	土层深度	均值	标准差	标准误	均值的95%置信区间		极小值	极大值	变异系数
					下限	上限			
贝加尔针茅草甸草原	0～30cm	8.81	14.18	3.26	2.76	15.80	0.18	42.40	1.61
	0～10cm	15.34	20.38	7.88	1.84	29.11	0.18	42.40	1.33
	10～20cm	7.65	12.91	4.75	1.25	18.28	0.36	33.70	1.69
	20～30cm	3.43	3.78	1.47	1.08	6.62	0.18	10.10	1.10
羊草草甸草原	0～30cm	7.05	12.90	2.85	2.62	13.79	0.18	54.00	1.83
	0～10cm	5.09	6.01	2.16	1.09	9.50	0.19	14.50	1.18
	10～20cm	2.82	3.18	1.22	0.84	5.50	0.18	8.50	1.13
	20～30cm	13.24	21.15	8.21	1.31	31.04	0.37	54.00	1.60

2. 土壤放线菌数量年际变化

不同年度不同土层土壤放线菌数量年际变化如表 3-42 所示。2018 年和 2017 年比较，0～30cm 土层草甸草原土壤放线菌数量有显著差异（$P<0.05$），2018 年土壤放线菌数量明显高于 2017 年，2018 年和 2017 年土壤放线菌平均数量分别为 $15.02×10^5$cfu/g、$0.85×10^5$cfu/g，2018 年比 2017 年的土壤放线菌平均数量多 16.67 倍；放线菌数量最小值出现

在 2017 年，最大值则出现在 2018 年；2017 年放线菌平均数量变异系数小于 2018 年。2017 年各土层放线菌平均数量变化趋势为 0～10cm＞10～20cm＞20～30cm；2018 年变化趋势是 0～10cm＞20～30cm＞10～20cm。2017 年各土层放线菌数量最小值均为 0.18×10⁵cfu/g，最大值分布在 0～10cm 土层，为 3.10×10⁵cfu/g，各土层放线菌数量变异系数为 10～20cm＞0～10cm＞20～30cm。2018 年各土层放线菌数量最小值分布于 0～10cm，最大值分布在 20～30cm 土层，各土层放线菌数量变异系数为 10～20cm＞20～30cm＞0～10cm。

表 3-42　不同年度不同土层土壤放线菌数量年际变化（×10⁵cfu/g）

| 时间 | 土层深度 | 均值 | 标准差 | 标准误 | 均值的95%置信区间 | | 极小值 | 极大值 | 变异系数 |
					下限	上限			
2017年	0～30cm	0.85	0.86	0.20	0.50	1.30	0.18	3.10	1.02
	0～10cm	1.23	1.17	0.43	0.43	2.08	0.18	3.10	0.95
	10～20cm	0.76	0.89	0.33	0.30	1.52	0.18	2.55	1.17
	20～30cm	0.55	0.26	0.09	0.37	0.73	0.18	0.91	0.47
2018年	0～30cm	15.02	16.19	3.80	8.15	22.82	3.40	54.00	1.08
	0～10cm	19.21	17.86	6.97	6.47	32.57	3.40	42.40	0.93
	10～20cm	9.72	11.91	4.45	3.85	19.46	3.46	33.70	1.23
	20～30cm	16.13	19.33	7.42	5.49	32.62	3.57	54.00	1.20

（三）土壤真菌数量

1. 土壤真菌数量现状

土壤真菌是指土壤中具有真核细胞的单细胞或多细胞分枝丝状体或单细胞个体，属真核生物。它以土壤作为活动场所完成其全部或部分生活史。土壤真菌是土壤微生物的主要成员，也是生态系统中重要的组成部分，并与其他微生物一起推动着陆地生态系统的能量流动和物质循环，维持生态系统的正常运转。真菌类群一方面通过将有机物分解为有效的营养供植物体吸收，促进植物生长，同时也利用植物的根际分泌物调节自身的生长繁殖，是有益菌；另一方面它们以病原菌的形式出现，入侵植物，对植物的根、茎、叶造成危害。土壤真菌参与动植物残体的分解，成为土壤中氮、碳循环不可缺少的动力，特别是在植物有机体分解的早期阶段，真菌比细菌和放线菌更为活跃。真菌的代谢产物对土质改善、植被病虫害防治、作物保护有重要作用。

草甸草原土壤真菌数量如表 3-43 所示。草甸草原在 0～30cm 土层中，2017 年、2018 年土壤真菌平均数量为 0.11×10⁵cfu/g，集中分布在 0.09×10⁵～0.15×10⁵cfu/g，测定的最小真菌数量为 0.02×10⁵cfu/g，最大真菌数量为 0.46×10⁵cfu/g，平均值之间的变异系数为 0.95。从各土层土壤真菌数量变化看，各土层真菌数量有显著差异（$P<0.05$），20～30cm 土层明显高于 0～10cm、10～20cm 土层；土壤真菌数量最小值在各土层均表现为 0.02×10⁵cfu/g，最大值分布在 20～30cm 土层，各土层真菌变异系数为 10～20cm＞0～10cm＞20～30cm。

表 3-43　草甸草原各土层土壤真菌数量（×10⁵cfu/g）

土层深度	均值	标准差	标准误	均值的95%置信区间		极小值	极大值	变异系数
				下限	上限			
0～30cm	0.11	0.11	0.02	0.09	0.15	0.02	0.46	0.95
0～10cm	0.09	0.07	0.02	0.05	0.13	0.02	0.23	0.82
10～20cm	0.08	0.09	0.03	0.04	0.14	0.02	0.29	1.14
20～30cm	0.18	0.13	0.04	0.11	0.26	0.02	0.46	0.74

草甸草原不同群落类型不同土层土壤真菌数量如表 3-44 所示，0～30cm 土层贝加尔针茅草甸草原和羊草草甸草原土壤真菌平均数量无显著差异（$P>0.05$），但贝加尔针茅草甸草原土壤真菌平均数量小于羊草草甸草原，两种群落分别为 0.11×10⁵cfu/g、0.12×10⁵cfu/g；贝加尔针茅草甸草原与羊草草甸草原土壤真菌数量最小值均为 0.02×10⁵cfu/g；最大值在贝加尔针茅草甸草原为 0.46×10⁵cfu/g，大于羊草草甸草原的 0.30×10⁵cfu/g；贝加尔针茅草甸草原的平均变异系数为 1.07，大于羊草草甸草原的 0.84，表明贝加尔针茅草甸草原的土壤真菌数量波动大于羊草草甸草原。

表 3-44　草甸草原不同群落类型不同土层土壤真菌数量（×10⁵cfu/g）

植被类型	土层深度	均值	标准差	标准误	均值的95%置信区间		极小值	极大值	变异系数
					下限	上限			
贝加尔针茅草甸草原	0～30cm	0.11	0.12	0.03	0.07	0.17	0.02	0.46	1.07
	0～10cm	0.09	0.07	0.02	0.06	0.15	0.05	0.23	0.74
	10～20cm	0.04	0.02	0.01	0.03	0.06	0.02	0.07	0.52
	20～30cm	0.21	0.17	0.06	0.09	0.33	0.02	0.46	0.82
羊草草甸草原	0～30cm	0.12	0.10	0.02	0.08	0.16	0.02	0.30	0.84
	0～10cm	0.08	0.08	0.03	0.03	0.14	0.02	0.19	1.00
	10～20cm	0.12	0.12	0.04	0.04	0.21	0.02	0.29	1.02
	20～30cm	0.15	0.09	0.04	0.09	0.22	0.04	0.30	0.62

2. 土壤真菌数量年际变化

草甸草原土壤真菌数量年际变化如表 3-45 所示。2018 年和 2017 年比较，0～30cm 土层草甸草原土壤真菌数量无显著差异（$P>0.05$），但 2017 年土壤真菌数量高于 2018 年，2017 年和 2018 年土壤真菌平均数量分别为 0.14×10⁵cfu/g、0.09×10⁵cfu/g；真菌数量最小值出现在 2018 年，最大值则出现在 2017 年；2018 年真菌平均数量变异系数大于 2017 年。2017 年各土层真菌平均数量变化趋势为 10～20cm＜0～10cm＜20～30cm，各土层真菌数量最小值在 0～10cm、10～20cm 土层，均为 0.03×10⁵cfu/g，最大值分布在 20～30cm 土层，为 0.46×10⁵cfu/g，各土层真菌数量变异系数为 10～20cm＞0～10cm＞20～30cm。2018 年各土层真菌平均数量变化趋势是 0～10cm＜10～20cm＜20～30cm，各土层真菌数量最小值均为 0.02×10⁵cfu/g，最大值分布在 20～30cm 土层，为 0.30×10⁵cfu/g，各土层真菌数量变异系数为 0～10cm＜20～30cm＜10～20cm。

表 3-45　草甸草原土壤真菌数量年际变化（$\times 10^5$ cfu/g）

时间	土层深度	均值	标准差	标准误	均值的95%置信区间		极小值	极大值	变异系数
					下限	上限			
2017 年	0～30cm	0.14	0.12	0.03	0.09	0.20	0.03	0.46	0.86
	0～10cm	0.10	0.08	0.03	0.05	0.16	0.03	0.23	0.81
	10～20cm	0.07	0.09	0.03	0.03	0.14	0.03	0.25	1.24
	20～30cm	0.24	0.12	0.04	0.18	0.33	0.15	0.46	0.47
2018 年	0～30cm	0.09	0.10	0.02	0.05	0.14	0.02	0.30	1.04
	0～10cm	0.07	0.07	0.02	0.03	0.12	0.02	0.19	0.89
	10～20cm	0.09	0.10	0.04	0.03	0.17	0.02	0.29	1.14
	20～30cm	0.11	0.12	0.05	0.03	0.21	0.02	0.30	1.09

二、土壤微生物生物量碳、氮含量

土壤微生物生物量碳和氮转化迅速，能在检测到土壤总碳和总氮变化之前表现出较大的差异，是比较敏感的生态学指标，能较早地预测土壤有机质的变化过程。土壤微生物生物量碳、氮与土壤养分的转化密切相关，因此土壤微生物生物量碳、氮不仅是研究土壤碳氮循环及其转化过程的重要指标，而且是综合评价土壤质量和肥力状况的指标之一（赵先丽等，2010）。不同土壤类型、不同土地利用方式对土壤微生物生物量碳、氮均有一定影响，其中土地利用方式的影响更为明显（徐华勤等，2009）。土壤微生物生物量碳（MBC）、微生物生物量氮（MBN）虽然只分别占土壤全碳（TC）的 1%～3%、土壤全氮（TN）的 1%～5%，但在土壤形成和发育等过程中及土壤养分的转化等方面均发挥着重要作用（吴文斌等，2007；黄昌勇，2000；姚爱兴等，1996）。对草甸草原土壤微生物生物量碳、氮含量及其变化的研究可为草原生态系统的合理利用和管理提供理论依据。

（一）土壤微生物生物量碳

1. 土壤微生物生物量碳含量现状

土壤微生物生物量碳是土壤有机质中活性较高的部分，是土壤养分的重要来源。土壤微生物生物量碳具有极高的灵敏性，土壤活性有机碳虽然只占土壤全碳的一小部分，但其养分有效性高，并可以在土壤全碳变化之前反映土壤微小的变化，对于调节土壤营养元素的生物地球化学过程、矿物风化、土壤微生物活动及其他土壤化学、物理和生物学过程具有重要意义。

草甸草原土壤微生物生物量碳含量如表 3-46 所示。在 0～30cm 土层中，2017 年、2018 年土壤微生物生物量碳平均含量为 318.77mg/kg，集中分布在 252.47～393.36mg/kg，测定的最小微生物生物量碳含量为 9.68mg/kg，最大含量为 963.64mg/kg，平均值之间的变异系数为 0.72。从土壤微生物生物量碳含量变化看，各土层无显著差异（$P > 0.05$），但各土层微生物生物量碳平均含量有所不同，变化趋势是 0～10cm＜10～20cm＜20～30cm；

微生物生物量碳最小值分布在 10～20cm 土层，最大值分布在 20～30cm 土层，各土层微生物生物量碳变异系数为 10～20cm<0～10cm<20～30cm。

表 3-46　草甸草原各土层土壤微生物生物量碳含量（mg/kg）

土层深度	均值	标准差	标准误	均值的 95%置信区间		极小值	极大值	变异系数
				下限	上限			
0～30cm	318.77	229.86	37.21	252.47	393.36	9.68	963.64	0.72
0～10cm	293.70	208.46	58.99	193.71	421.42	19.64	765.77	0.71
10～20cm	313.65	205.10	55.96	203.68	429.09	9.68	666.25	0.65
20～30cm	348.95	284.40	76.48	210.90	498.55	32.68	963.64	0.82

　　草甸草原不同群落类型不同土层土壤微生物生物量碳含量如表 3-47 所示，0～30cm 土层贝加尔针茅草甸草原和羊草草甸草原土壤微生物生物量碳平均含量无显著差异（$P>0.05$），但羊草草甸草原土壤微生物生物量碳平均含量高于贝加尔针茅草甸草原；最小值为 9.68mg/kg，出现在贝加尔针茅草甸草原，最大值为 963.64mg/kg，出现在羊草草甸草原。不同群落类型不同土层土壤微生物生物量碳含量有不同的变化规律，贝加尔针茅草甸草原土壤微生物生物量碳平均含量变化为 0～10cm<10～20cm<20～30cm；羊草草甸草原土壤微生物生物量碳平均含量变化为 10～20cm<0～10cm<20～30cm。贝加尔针茅草甸草原的平均变异系数为 0.79，羊草草甸草原为 0.67，表明前者土壤微生物生物量碳含量波动大于羊草草甸草原。

表 3-47　草甸草原不同群落类型不同土层土壤微生物生物量碳含量（mg/kg）

植被类型	土层深度	均值	标准差	标准误	均值的 95%置信区间		极小值	极大值	变异系数
					下限	上限			
贝加尔针茅草甸草原	0～30cm	278.75	219.90	52.76	179.40	387.51	9.68	809.95	0.79
	0～10cm	244.28	188.35	71.71	113.73	384.11	19.64	548.28	0.77
	10～20cm	293.55	223.60	83.22	139.93	456.02	9.68	656.97	0.76
	20～30cm	298.42	277.09	105.91	129.97	517.62	32.68	809.95	0.93
羊草草甸草原	0～30cm	358.79	238.81	55.12	261.78	476.93	82.76	963.64	0.67
	0～10cm	343.13	232.94	79.45	193.22	505.50	89.29	765.77	0.68
	10～20cm	333.76	203.90	118.90	191.84	644.22	135.74	666.25	0.61
	20～30cm	399.48	308.28	125.85	75.96	723.00	82.76	963.64	0.77

2. 土壤微生物生物量碳含量年际变化

　　不同年度不同土层土壤微生物生物量碳含量年际变化如表 3-48 所示。2018 年和 2017 年比较，0～30cm 土层草甸草原土壤微生物生物量碳含量有显著差异（$P<0.05$），2018 年土壤微生物生物量碳含量明显高于 2017 年；微生物生物量碳最小值出现在 2017 年，最大值则出现在 2018 年；2017 年平均微生物生物量碳变异系数大于 2018 年。2017 年各土层微生物生物量碳平均含量变化趋势为 0～10cm<20～30cm<10～20cm；2018 年变化趋势是 0～10cm<10～20cm<20～30cm。2017 年各土层微生物生物量碳含量最小值、最大

值均分布在 10～20cm 土层，各土层微生物生物量碳变异系数为 0～10cm＜10～20cm＜20～30cm。2018 年各土层微生物生物量碳含量最小值分布在 0～10cm 土层，最大值分布在 20～30cm 土层，各土层微生物生物量碳变异系数为 10～20cm＜0～10cm＜20～30cm。

表 3-48　不同年度不同土层土壤微生物生物量碳含量年际变化（mg/kg）

时间	土层深度	均值	标准差	标准误	均值的95%置信区间		极小值	极大值	变异系数
					下限	上限			
2017 年	0～30cm	184.97	143.65	34.30	123.15	254.98	9.68	478.43	0.78
	0～10cm	174.39	136.08	50.04	80.47	274.81	19.64	352.33	0.78
	10～20cm	196.61	161.24	60.29	87.71	330.53	9.68	478.43	0.82
	20～30cm	183.90	159.20	57.60	80.28	305.78	32.68	448.70	0.87
2018 年	0～30cm	452.57	224.12	51.30	359.46	555.71	211.74	963.64	0.50
	0～10cm	413.02	207.16	57.60	80.28	305.78	211.74	765.77	0.50
	10～20cm	430.69	183.49	78.92	275.64	576.58	241.09	666.25	0.43
	20～30cm	513.99	295.33	66.04	302.95	556.94	285.32	963.64	0.57

（二）土壤微生物生物量氮

1. 土壤微生物生物量氮含量现状

土壤微生物生物量氮是指土壤中体积＜5000μm³ 时活的和死的微生物体内氮的总和。土壤微生物生物量氮基础含量能够反映土壤供氮能力的大小。国外已有资料表明，土壤微生物生物量氮含量一般为 20～200mg/kg，占土壤全氮的 3%～6%（唐玉霞等，2002）。微生物生物量氮是土壤氮素的一个重要储备库，在土壤氮素循环与转化过程中起着重要的调节作用。大部分的矿化氮来自土壤微生物生物量氮，可见其在植物营养中的重要性（徐阳春等，2002）。

草甸草原土壤微生物生物量氮含量如表 3-49 所示，2017 年、2018 年在 0～30cm 土层中，土壤微生物生物量氮平均含量为 34.04mg/kg，集中分布在 23.89～45.91mg/kg，测定的最小微生物生物量氮含量为 0.33mg/kg，最大含量为 138.11mg/kg，平均值之间的变异系数为 1.02。从各土层土壤微生物生物量氮含量变化看，各土层微生物生物量氮含量无显著差异（P＞0.05），但各土层微生物生物量氮平均含量有所不同，变化趋势是 0～10cm＜10～20cm＜20～30cm；微生物生物量氮含量最小值和最大值均分布在 20～30cm 土层，各土层微生物生物量氮含量变异系数为 10～20cm＜0～10cm＜20～30cm。

表 3-49　草甸草原各土层土壤微生物生物量氮含量（mg/kg）

土层深度	均值	标准差	标准误	均值的95%置信区间		极小值	极大值	变异系数
				下限	上限			
0～30cm	34.04	34.69	5.75	23.89	45.91	0.33	138.11	1.02
0～10cm	31.38	32.91	9.50	14.91	52.14	2.02	113.63	1.05
10～20cm	31.93	31.24	8.68	16.43	50.41	0.65	97.83	0.98
20～30cm	38.80	41.62	11.29	19.44	62.25	0.33	138.11	1.07

　　草甸草原不同群落类型不同土层土壤微生物生物量氮含量如表 3-50 所示，0～30cm 土层贝加尔针茅草甸草原和羊草草甸草原土壤微生物生物量氮平均含量无显著差异（$P > 0.05$），但羊草草甸草原土壤微生物生物量氮平均含量高于贝加尔针茅草甸草原，最小值为 0.33mg/kg，出现在贝加尔针茅草甸草原，最大值为 138.11mg/kg，出现在羊草草甸草原。不同群落类型不同土层土壤微生物生物量氮含量有不同的变化规律，贝加尔针茅草甸草原土壤微生物生物量氮平均含量变化为 0～10cm＜10～20cm＜20～30cm，羊草草甸草原变化为 10～20cm＜0～10cm＜20～30cm。贝加尔针茅草甸草原的平均变异系数为 1.02，羊草草甸草原为 1.01，表明前者土壤微生物生物量氮含量波动大于羊草草甸草原。

表 3-50　草甸草原不同群落类型不同土层土壤微生物生物量氮含量（mg/kg）

| 植被类型 | 土层深度 | 均值 | 标准差 | 标准误 | 均值的95%置信区间 | | 极小值 | 极大值 | 变异系数 |
					下限	上限			
贝加尔针茅草甸草原	0～30cm	29.10	29.67	7.16	16.05	43.95	0.33	102.45	1.02
	0～10cm	25.14	24.44	9.42	8.98	45.35	2.02	67.90	0.97
	10～20cm	30.39	30.95	11.50	10.87	54.47	0.65	85.84	1.02
	20～30cm	31.78	37.54	14.51	9.12	63.30	0.33	102.45	1.18
羊草草甸草原	0～30cm	38.97	39.31	9.21	23.35	58.59	3.65	138.11	1.01
	0～10cm	37.62	41.14	14.60	13.42	67.89	3.65	113.63	1.09
	10～20cm	33.47	34.40	13.29	11.32	62.79	4.80	97.83	1.03
	20～30cm	45.83	47.79	18.46	17.28	85.50	9.14	138.11	1.04

2. 土壤微生物生物量氮含量年际变化

　　不同年度不同土层土壤微生物生物量氮含量年际变化如表 3-51 所示。2018 年和 2017 年比较，0～30cm 土层草甸草原土壤微生物生物量氮含量有显著差异（$P < 0.05$），2018 年和 2017 年土壤微生物生物量氮平均含量分别为 58.20mg/kg、9.87mg/kg，2018 年

表 3-51　不同年度不同土层土壤微生物生物量氮含量年际变化（mg/kg）

| 时间 | 土层深度 | 均值 | 标准差 | 标准误 | 均值的95%置信区间 | | 极小值 | 极大值 | 变异系数 |
					下限	上限			
2017 年	0～30cm	9.87	8.55	2.04	6.23	14.17	0.33	31.31	0.87
	0～10cm	8.27	7.08	2.64	3.50	13.88	2.02	19.67	0.86
	10～20cm	9.60	8.54	3.15	3.97	16.34	0.65	24.19	0.89
	20～30cm	11.75	10.86	3.98	4.66	20.36	0.33	31.31	0.92
2018 年	0～30cm	58.20	34.17	7.78	43.62	73.62	25.85	138.11	0.59
	0～10cm	54.50	32.42	12.29	34.04	80.47	25.85	113.63	0.59
	10～20cm	54.27	29.60	10.58	34.07	74.90	29.90	97.83	0.55
	20～30cm	65.85	44.02	16.58	37.63	102.68	34.17	138.11	0.67

比 2017 年高出 4.9 倍；最小值出现在 2017 年，最大值出现在 2018 年；2018 年微生物生物量氮平均含量变异系数小于 2017 年；2017 年各土层微生物生物量氮平均含量变化趋势为 0～10cm＜10～20cm＜20～30cm，2018 年变化趋势是 10～20cm＜0～10cm＜20～30cm。2017 年各土层微生物生物量氮含量最小值、最大值均分布在 20～30cm 土层，各土层微生物生物量氮含量变异系数为 0～10cm＜10～20cm＜20～30cm。2018 年各土层微生物生物量氮含量最小值分布在 0～10cm 土层，最大值分布在 20～30cm 土层，各土层微生物生物量氮含量变异系数为 10～20cm＜0～10cm＜20～30cm。

第四节 结 语

地球表面的土壤具有肥力的特征是通过土壤的物理、化学及生物等性质共同作用形成的。这些基本的土壤性质紧密联系、相互制约地维持土壤肥力，对植物生长和繁殖产生重要影响。以贝加尔针茅和羊草为建群种的草甸草原的土壤主要特征和变化状况如下。

1）土壤的物理特征：土壤各土层平均含水量为 13.34%，贝加尔针茅草甸草原和羊草草甸草原土壤含水量没有显著差异（$P>0.05$），但羊草草甸草原含水量波动大于贝加尔针茅草甸草原。土壤平均容重为 1.01g/m^3，羊草草甸草原容重波动大于贝加尔针茅草甸草原。土壤的砂粒、粉粒、黏粒土壤机械组成平均值分别为 76.06%、23.33%、0.61%，均无明显差异（$P>0.05$）；贝加尔针茅草甸草原和羊草草甸草原的各粒级平均值比例均无明显差异（$P>0.05$），其中砂粒在土壤机械组成中所占比例均呈较高水平。各土层土壤平均 pH 为 6.41，土壤反应为中性至微酸性，从上到下酸性增强。贝加尔针茅草甸草原和羊草草甸草原土壤 pH 有显著差异（$P<0.05$），贝加尔针茅草甸草原土壤反应为中性，而羊草草甸草原土壤反应为酸性。

2）土壤的化学特征：土壤各土层有机质平均含量为 42.30g/kg，贝加尔针茅草甸草原和羊草草甸草原土壤有机质平均含量无显著差异（$P>0.05$），但贝加尔针茅草甸草原高于羊草草甸草原。各土层土壤全氮平均含量为 2.32g/kg，速效氮平均含量为 168.62mg/kg，各土层全氮含量和速效氮含量均无显著差异（$P>0.05$），但贝加尔针茅草甸草原均高于羊草草甸草原。各土层土壤铵态氮平均含量为 4.42mg/kg，各土层土壤硝态氮平均含量为 4.70mg/kg，羊草草甸草原土壤铵态氮平均含量高于贝加尔针茅草甸草原，但贝加尔针茅草甸草原土壤硝态氮平均含量高于羊草草甸草原。各土层土壤全磷平均含量为 0.45g/kg，速效磷平均含量为 2.24mg/kg，贝加尔针茅草甸草原土壤全磷平均含量高于羊草草甸草原，但羊草草甸草原土壤速效磷平均含量却高于贝加尔针茅草甸草原。各土层土壤全钾平均含量为 22.83g/kg，各土层全钾含量无显著差异（$P>0.05$），贝加尔针茅草甸草原和羊草草甸草原土壤速效钾平均含量有显著差异（$P<0.05$），羊草草甸草原土壤速效钾平均含量明显高于贝加尔针茅草甸草原。

3）土壤的微生物特征：各土层土壤细菌和放线菌平均数量分别为 35.26×10^{5}cfu/g、7.93×10^{5}cfu/g，各土层均无显著差异（$P>0.05$），贝加尔针茅草甸草原土壤细菌、放线菌平均数量均高于羊草草甸草原。土壤真菌平均数量为 0.11×10^{5}cfu/g，虽然各土层真菌数量有显著差异（$P<0.05$），但贝加尔针茅草甸草原和羊草草甸草原土壤真菌平均数量无显著差异（$P>0.05$），贝加尔针茅草甸草原土壤真菌平均数量小于羊草草甸草原。土壤微生物生物量碳平均含量为318.77mg/kg，各土层土壤微生物生物量碳含量无显著差异（$P>0.05$），但羊草草甸草原土壤微生物生物量碳平均含量高于贝加尔针茅草甸草原。土壤微生物生物量氮平均含量为34.04mg/kg，各土层土壤微生物生物量氮含量无显著差异（$P>0.05$），但羊草草甸草原土壤微生物生物量氮平均含量高于贝加尔针茅草甸草原。

参 考 文 献

曹慧, 杨浩, 孙波, 等. 2002. 不同种植时间菜园土壤微生物生物量和酶活性变化特征. 土壤, (4): 197-200.

窦森. 2010. 土壤有机质. 北京: 科学出版社.

何振立. 1997. 土壤微生物量及其在养分循环和环境质量评估中的意义. 土壤, 29(2): 61-69.

洪坚平, 谢英荷, Kleber M, 等. 1997. 德国西南部惠格兰牧草区土壤微生物生物量的研究. 生态学报, 17(5): 493-496.

侯晓东. 2007. 蒙古高原不同草原区土壤因子及根茎禾草生长发育状况的比较研究. 内蒙古农业大学硕士学位论文.

黄昌勇. 2000. 土壤学. 北京: 中国农业出版社.

黎荣彬. 2008. 土壤微生物生物量碳研究进展. 广东林业科技, 24(6): 65-69.

刘海琴, 王志明, 朱培立. 2002. 施加有机肥对土壤微生物量及其周转的影响. 江苏农业科学, 5: 69-71.

毛宁, 贾海燕, 杨建霞, 等. 2019. 不同生态类型土壤养分与微生物数量相关关系研究. 陇东学院学报, 30(5): 72-76.

邵玉琴, 赵吉, 岳冰, 等. 2002. 皇甫川流域人工油松林地土壤微生物的垂直分布. 内蒙古大学学报(自然科学版), 33(5): 541-545.

谭周进, 戴素明, 谢桂先, 等. 2006. 旅游踩踏对土壤微生物生物量碳、氮、磷的影响. 环境科学学报, 26(11): 1921-1926.

唐玉霞, 贾树龙, 孟春香, 等. 2002. 土壤微生物生物量氮研究综述. 中国生态农业学报, (2): 80-82.

王芳. 2014. 土壤真菌多样性研究进展. 菌物研究, 12(3): 178-186.

王岩, 沈其荣, 史瑞和, 等. 1996. 土壤微生物量及其生态效应. 南京农业大学学报, 19(4): 45-51.

王荫槐. 1992. 土壤肥料学. 北京: 农业出版社.

吴文斌, 杨鹏, 唐华俊, 等. 2007. 土地利用对土壤性质影响的区域差异研究. 中国农业科学, 40(8): 1697-1702.

武天云, Schoenau J J, 李凤民, 等. 2004. 土壤有机质概念和分组技术研究进展. 应用生态学报, 15(4): 717-722.

徐华勤, 章家恩, 冯丽芳, 等. 2009. 广东省不同土地利用方式对土壤微生物量碳氮的影响. 生态学报, (8): 4112-4118.

徐阳春, 沈其荣, 冉炜. 2002. 长期免耕与施用有机肥对土壤微生物生物量碳、氮、磷的影响. 土壤学报, (1): 83-90.

姚爱兴, 李平, 王培, 等. 1996. 不同放牧制度下奶牛对多年生黑麦草/白三叶草地土壤特性的影响. 草地学报, 4(2): 95-102.

俞慎, 李振高. 1994. 薰蒸提取法测定土壤微生物量研究进展. 土壤学进展, 22(6): 42-50.

张成霞, 南志标. 2010. 土壤微生物生物量的研究进展. 草业科学, 27(6): 50-57.

赵先丽, 吕国红, 于文颖, 等. 2010. 辽宁省不同土地利用对土壤微生物量碳氮的影响. 农业环境科学学报, (10): 1996-1970.

郑周敏. 2019. 黄土高原不同封育年限草地土壤理化和生物学性质变化. 西北农林科技大学硕士学位论文.

周建斌, 陈竹君, 李生秀. 2001. 土壤微生物量氮含量、矿化特性及其供氮作用. 生态学报, 21(10): 1718-1723.

周健民, 沈仁芳. 2013. 土壤学大辞典. 北京: 科学出版社.

Carter M R. 1986. Microbial biomass as an index for tillage-induced changes in soil biological properties. Soil & Tillage Research, (7): 29-40.

Henrot K, Robertson G P. 1994. Vegetation removal in two soils of the humid tropics: effect on microbial biomass. Soil Biology and Biochemistry, 26: 111-116.

Jenkinson D S. 1988. Determination of microbial biomass carbon and nitrogen in soil//Wilson J R. Advances in Nitrogen Cycling in Agricultural Ecosystems. Wallingford: CAB International: 368-386.

第四章　草甸草原生态系统的生理生态特征

在生态系统中，生理生态系统主宰着物质和能量的流转，具有不可替代的功能。绿色植物的光合作用是地球上生命活动所需能量的基本源泉和植物干物质生产的主要途径。植物光合性能是由机体自身调节和光照强度、温度、水分等多种环境因素共同影响的，光合效率是估测植物潜在生产力和光合机制运行状态的重要参数。土壤呼吸是异养微生物和植物根系代谢活动的指示因子，其受环境因素影响而变化，温度和土壤水分是影响土壤呼吸的主要因素。碳是绿色植物干物质中含量最高的元素，碳素的积累过程很大程度上表征了植物生长和生产力的形成特征，碳循环是自然界物质循环的基础之一。因此，生理生态特征研究是认识生态系统各种生态关系的基础。研究在不同胁迫、不同土壤环境和不同干扰下，草甸草原生态系统光合生理特征、土壤呼吸特征、碳循环过程及变化机理，对揭示草原生态系统生理生态特征对植物生长发育与碳源/汇的影响具有重要作用，对调控草原生态系统的良性循环、提高草原碳管理水平等具有指导作用，并将为草原生态系统的保护和管理提供理论依据。

第一节　草原生态系统生理生态特征的研究进展

一、植物光合生理特征的研究进展

植物光合生理特征的研究指标有光合速率、蒸腾速率、气孔导度、胞间 CO_2 浓度及水分利用效率，另外，在不同光照强度、不同大气 CO_2 浓度和不同温度下通过光合-光响应曲线、CO_2 响应曲线等计算并判断出的光补偿点、光饱和点、CO_2 补偿点、CO_2 饱和点及光合最适温度、最大表观光能利用效率或表观量子效率、暗呼吸速率及最大光合速率等指标也是光合生理特征研究的重要内容（蒋高明和林光辉，1997）。影响光合作用的内在因素有种间差异、叶龄、叶位和叶绿素等（陶俊等，1999；曹慧等，2000）；外在生理生态因子有光照、水分、温度、大气湿度、CO_2 浓度、矿质营养等（孙艳等，2002；李长缨和朱其杰，1997）。

干旱直接影响着植物的生长和产量，而这种影响是通过影响植物叶片的光合作用来实现的。光合作用是到目前为止地球上唯一的可以在改善生态环境的同时大规模地将太阳能转化为化学能、无机物转化为有机物的过程，而干旱会降低光合作用的强度。因此，研究干旱胁迫对植物光合作用的影响，对揭示干旱胁迫对植物生长的影响具有重要作用。光是植物进行光合作用的能源，也是叶绿素合成、叶绿体发育及叶片生长的必要条件，是对植物光合机构最重要的和影响最大的环境因素。水分（尤其是土壤水分）对植物的生长、蒸腾、光合等生理过程具有明显的影响，从而影响植物的光能利用效率（房玉林等，2006）。水分胁迫是光合作用过程中最主要的限制因子之一，植物在水分亏缺条件下光合作用强度会显著降低（McDonald and Davies，1996）。近几年来，不同土壤水分条件下植物的生理生态特性的研究在国内日益受到重视，主要是土壤水分与光合作用之间关系的研究（张香凝等，2008；马全林等，2003；杨素苗等，2008）。

　　光合作用是干物质生产的主要途径，与植物生长关系十分密切。光合速率是植物生理性状的一个重要指标，也是估测植株光合能力的主要依据。一天中，影响植物光合作用的主要环境因子如光强、温度、土壤和大气的水分状况、空气中 CO_2 的浓度及植物体的水分与光合中间产物的含量、气孔开放情况等都呈明显的日变化，因此这些变化会使植物光合作用发生各种日变化规律，其中光强日变化对光合速率日变化的影响最大。多年来，许多学者对有关羊草光合作用日变化出现的"午降"现象的生理、生态和生化因子及其适应意义进行了大量研究，结果表明，在多种环境中，不良的土壤水分状况和相对低的空气湿度是引起"午降"现象的一个决定因素。王德利等（1999）研究表明，羊草光合作用的"午降"出现时，也是相对湿度最低的时期，因而其得出结论即相对湿度是影响羊草光合作用的重要因子。

　　羊草叶片光合速率中午降低或者说中午气孔关闭和光化学效率下降，是强光和干旱条件下植物避免过度的水分损失和光合机构遭受光破坏的有效途径，似乎是植物在长期进化过程中形成的应对环境胁迫的一种办法。虽然光能是植物光合作用的原动力，但是在强光下都普遍存在着光合作用强度下降的现象，植物光合作用的光抑制是植物光合机构吸收的光能超过光合作用所能利用的量时引起的光合活性降低的现象。光抑制最初的明显特征是光合效率降低。植物叶片光合能力受植株生长发育时期、叶龄、叶片质量和生存条件等因素的影响。自然条件下，在一个生长季内，随着植物个体生长发育状况和环境因素的变化，各种植物的光合作用也表现出明显的季节变化。叶片光合作用的季节变化是叶片光合能力与季节变化的环境条件综合作用的结果。一般来讲，在夏季和秋季，植物光合作用较强，夏季光合速率最高；在春季和冬季，植物光合作用相对较弱，冬季光合速率最低。不同植物种类或同一植物在不同生态环境下其光合作用表现出不同的季节动态变化规律。

　　王玉辉和周广胜（2001）对松嫩平原羊草叶片光合作用生理生态特征分析的结果表明：①6月、7月光强达到光饱和点以前，羊草叶片的净光合速率随瞬时光合有效辐射强度的增加而增加，两者具有明显的正相关关系，尤其7月净光合速率与光合有效辐射强度呈极显著正相关；9月净光合速率对光合有效辐射强度的反应不明显，两者无相关性。②羊草在6月、7月、9月叶片的蒸腾速率随着瞬时光合有效辐射强度的变化十分明显。随着瞬时光合有效辐射强度的增加，羊草叶片蒸腾速率增加，两者呈明显正相关，7月、9月尤为突出。③6月、7月间羊草叶片气孔阻力与瞬时光合有效辐射气孔阻力是逐渐降低的，而在9月气孔阻力与光合有效辐射强度间无明显趋势。在6月，羊草光合作用主要受光合有效辐射的影响；7月各种环境因子对羊草光合作用都有明显影响，其中以对蒸腾速率的影响最为突出；9月蒸腾速率受环境因子的影响最为突出。

二、放牧对土壤呼吸特征影响的研究进展

土壤呼吸是指土壤新陈代谢过程中，CO_2 向大气释放的过程，是土壤碳素同化和异化平衡的结果，包括微生物呼吸、根系呼吸、动物呼吸三个生物过程，以及一个非生物过程，即在高温条件下的化学氧化过程（杨晶和李凌浩，2003；崔骁勇等，2001）。放牧对草地土壤呼吸作用的影响主要在于对土壤微生物数量、植物根系生长和土壤理化性质等方面的改变（李凌浩等，2000），因此土壤呼吸作用与植物群落生长状况及土壤环境条件密切相关（陈全胜等，2003），受多方面因素共同控制。目前国内外已有很多有关放牧对草地生态系统土壤呼吸作用影响的研究工作，并取得了一定的成果。Cao 等（2004）研究表明，在生长季节，轻度放牧的土壤呼吸 CO_2 通量几乎是重度放牧的两倍，但土壤呼吸速率的日变化和季节变化在轻度放牧和重度放牧时是相似的。Jia 等（2007）研究了放牧对羊草草原土壤呼吸作用的影响，结果表明，放牧对土壤呼吸作用的日动态和季节动态影响不显著，但围栏禁牧显著增强了土壤呼吸速率。李玉强等（2006）研究科尔沁不同强度放牧后自然恢复的沙质草地的土壤呼吸速率，结果表明，整个生长季平均土壤呼吸速率表现为轻牧后恢复草地＞无牧后恢复草地＞中牧后恢复草地＞重牧后恢复草地。陈海军等（2008）研究表明，不同强度的放牧对土壤呼吸作用产生不同程度的影响，非牧段土壤呼吸作用最强，其余各放牧段，随着放牧强度增加，土壤呼吸作用减弱。总的来说，大量研究均表明，适度放牧能够促进退化草地生物量和生物（包括土壤微生物）多样性增加，根系、凋落物、动物粪便及土壤动物和微生物数量增加，从而促进土壤呼吸作用增强。过度放牧又导致草地退化，植被稀疏，土壤条件恶化，从而使土壤呼吸强度下降（张金霞等，2001）。

CO_2、CH_4 等温室气体的吸收与排放是近年来全球变化研究的热点（李明峰等，2004），也是草原生态系统碳循环研究最核心的内容。放牧是最主要的作用方式之一，它将会对整个草原生态系统的土壤与植被产生全方位的影响。放牧对于草原植物、凋落物、土壤等均存在着不同程度的影响，而这些因素又是除气候因子以外影响草原温室气体排放的最主要因素，因此，放牧在很大程度上会影响草地生态系统碳循环及各含碳温室气体的产生与排放。王艳芬等（2000）对锡林河流域放牧条件下草原 CH_4 通量研究进行了初报，结果表明，不同放牧率处理在短期的时间尺度上对土壤-植被系统吸收 CH_4 没有显著影响。王跃思等（2003）采用静态箱-气相色谱法测定内蒙古天然草原与放牧草原温室气体排放情况，结果表明，与天然羊草草原相比，自由放牧降低了羊草草原对 CH_4 的吸收和 N_2O 排放，增加了 CO_2 的排放。国内对高寒草地土壤温室气体（尤其是 CO_2）通量日变化和季节变化动态的研究也比较多。大量研究表明，温室气体通量的日变化呈现明显的单峰型（徐世晓等，2005；徐玲玲等，2005），但峰值出现的时间存在差异。一些研究认为，放牧强度等人为因素仅影响高寒草甸含碳温室气体的排放强度，但不改变其作为大气源、汇的功能，基本不改变它们吸收/排放的季节变化形式（王跃思等，2002；齐玉春等，2005）。

三、草原生态系统碳循环及预测模型的研究进展

草原生态系统碳收支研究起步较早，初期主要集中在土壤呼吸的研究。从 20 世纪 90 年代初开始，随着涡度相关技术（eddy covariance technique）在草原生态系统通量观测中的广泛应用，研究人员进一步对草地生态系统在全球碳循环中的作用进行了更加准确的评估。草原的碳循环状态、碳交换量的大小及草原碳库的容量对区域的气候变化和全球的碳循环有着非同寻常的意义。草原具有庞大的根系，根冠比相对于其他植被类型更大。Mokany 等（2008）指出草原地下部分占其总生物量的 80%，其贮存的碳约有 90% 贮存在土壤中，在生物量中仅占 10%。土壤是陆地生态系统巨大的碳库，土壤碳库包括有机碳库和无机碳库，其中土壤有机碳库是全球碳循环中重要的流通途径，是地表活性最强的碳库，草地碳循环的主要过程也是在土壤中完成的。我国对于草原 CO_2 通量的研究与国际上的相关研究相比较晚。杜睿等（1998）在内蒙古天然草甸草原利用静态箱法分析讨论了 CO_2 通量的日变化特征，结果表明白天 CO_2 通量变化较为复杂，仅在早晨和下午出现 CO_2 的吸收，其他时段均为排放，晚上呼吸作用最强，夜间随着温度的降低呼吸作用减弱。董云社等（2000）利用黑色不透光气体采集箱对内蒙古温带草原典型草原 CO_2 通量进行现场测定，结果表明，典型草原在碳的生物地球化学循环方面具有低强度高循环的特点，同时也表现出明显的碳汇特征，而 CO_2 通量随着降水量的减少呈现降低的变化趋势，放牧和草原开垦利用显著影响草原温室气体通量。

近年来，涡度相关技术在世界范围内被广泛用于测量植被与大气间碳、水和能量的交换通量，已经成为直接测定大气与群落 CO_2 交换通量的主要方法，也是世界上 CO_2 和水热通量测定的标准方法，观测的数据已经成为检验各种模型估算精度的最权威资料。我国学者伍卫星等（2008）利用涡度相关技术对内蒙古草甸草原生态系统的碳、水通量在平水年和干旱年进行了定量化研究，发现水分条件是草甸草原生态系统碳源、碳汇功能的主要控制因子。涡度相关技术对观测对象扰动非常小，理论上理想的界面通量观测值与实测值非常接近，但是该技术原理相对复杂，仪器昂贵、维护成本高，对下垫面、天气和地形的要求较高，这些限制了其应用范围（Baldocchi et al.，2001）。并且，涡度相关技术本身也具有一定的局限性，如夜间偏低通量的估算问题及通量观测中高频和低频损失的问题等。因此，由于气候、土壤、植被和人类活动等主要驱动因子之间的相互作用，生态系统对环境变化的响应变得非常复杂，因此仅依靠观测到的生态系统净交换（net ecosystem exchange，NEE）数据无论是静态箱法还是涡度相关技术都很难真正揭示控制生态系统碳动态的机制和其他生理过程（如植物自养呼吸和土壤异养呼吸）（Kurbatova et al.，2008）。

由于陆地生态系统碳循环的复杂性，仅根据若干个点的测定结果尚不足以阐明区域乃至全球生态系统碳循环的时空分布特征及其对大气 CO_2 浓度的贡献，况且目前我们还难以进行大范围的野外测定。因此，建立受气候、土壤、生物和人类活动综合影响的生态系统模型不仅有助于客观认识我国陆地生态系统碳循环动态的过去、现在和未来，而

且可以通过碳循环模型与气候模式的双向耦合对未来气候变化做出更为客观的估计，以帮助人类制定适应气候变化的措施。

目前运用于陆地生态系统碳循环的主要模型有以下几类：统计模型、生物地理模型、气候分类系统、气候-生理学 DOLY 模型、气候-植物功能群的 BIOME 模型、生物物理模型、CENTURY 模型、CASA 模型等。但是这类模型的缺点是对碳在植被和土壤中的移动过程描写太简单，仅给出界面上的通量，未考虑碳库量。生物地球化学循环模型要求输入气候变量（降水、气温等）、植被类型（或以植被模型作为基础），有的也需要输入遥感信息（如光合有效辐射等），具有输出生态系统碳收支动态的能力。生物地球化学模型重点考虑植被通过光合作用从大气中固定碳后，碳在植被-土壤中的传输过程，包括自养呼吸、异养呼吸、光合同化产物在各植物器官间的分配、植物死亡和凋落、凋落物分解呼吸、土壤有机物呼吸和氮矿化等，并模拟土壤速效氮、土壤水分和大气 CO_2 浓度等对其的影响，因此它是进行生态系统水平碳收支研究的最适模型。

脱氮脱碳（denitrification-decomposition，DNDC）模型是通过计算反硝化和有机质分解来模拟氮和碳从土壤丢失而转入大气时主要生物地球化学过程的模型。作为目前国际上最成功的模拟陆地生物地球化学循环的模型之一（张钊等，2017），DNDC 模型是研究物质循环和追踪元素运动轨迹的很实用的模型，其可以模拟生态系统中碳、氮、水、热量在不同界面中的交换和变化过程。通过建立土壤、植被、大气等不同界面的元素与水热库，用生理和生态过程公式来表达不同碳库之间的动态模拟，如光合、呼吸、生长、凋落、降水、下渗、蒸发、固氮、分解和矿化等生物化学和地球化学过程。DNDC 模型是目前开发历史较长、使用较多、扩展较为丰富，尤其是在我国得到大量验证并且广泛应用的一种生物地球化学过程模型。DNDC 模型创建于 1992 年，最初用于模拟美国农田生态系统，模型以降水为主要驱动力，主要模拟 N_2O、CO_2、N_2 在农田中的释放。DNDC模型整合了土壤环境中碳氮元素的氧化还原过程，通过大量的实验数据和前人的研究构建了碳氮元素与土壤气候环境的关系，模型主要追踪碳素和氮素在土壤中的生物地球化学过程。过去几十年中 DNDC 模型被全球各地的生态学者利用，有了很大的改进和发展，加入了许多新的子模块和更加翔实的生态过程参数，以适应不同生态系统和不同关注点的研究。

DNDC 模型从最初的农田 N_2O 排放模拟模型，逐步开发和发展到涵盖森林、湿地、草原等多种生态系统类型模拟，并且可以模拟系统中碳氮元素运动变化轨迹等多种生态过程。经过多点的验证与校正，DNDC 模型可以在多种生态系统中阐明物质循环的过程，同时可以模拟三种主要温室气体的排放量，可以很方便地进行温室气体效应的模拟和估算。DNDC 模型成为未来进行生态系统碳循环模拟与研究的又一个很好的工具。从模型输出的生态系统各组分参数对环境变化的响应和反馈中，研究者可以更好地理解土壤化学过程的机理与环境因子的互作，还可以评估不同生态系统管理和不同土地利用方式下温室气体的排放、土壤有机碳的流失/积累。DNDC 模型对研究生物地球化学循环和生态系统可持续发展具有积极的指导作用。

第二节 研究区域概况与研究方法

一、研究区自然地理特征

本实验地点选择在内蒙古呼伦贝尔草原生态系统国家野外科学观测研究站试验区，试验站位于内蒙古呼伦贝尔市谢尔塔拉牧场，地处大兴安岭西麓丘陵向蒙古高原的过渡区。地理位置北纬 49°27′25″～49°31′40″、东经 120°14′58″～120°3′22″，海拔640～860m。

呼伦贝尔草原地处北纬 47°20′00″～50°50′30″、东经 115°31′00″～121°35′30″，位于内蒙古高原东部，它东部和南部与海拔 700～1000m 的大兴安岭相连；北有海拔 650～1000m 的陈巴尔虎旗山地，西部在中蒙毗邻地区有相对高度较大的低山，仅南隅与蒙古高原连成一片，四周多为山地和丘陵，环抱中部的海拉尔台地是构成呼伦贝尔草原的主体，海拔在 650～750m。

二、研究样地与方法

（一）羊草生理特征试验地与方法

试验所用材料为羊草，选取地点在内蒙古呼伦贝尔草原生态系统国家野外科学观测研究站辅助观测场 1 号——谢尔塔拉 12 队羊草草甸草原样地（与试验区距离相近，使用同一个气象观测场），待 4 月初羊草返青后在该样地随机选点，选取长势一致的幼苗带土挖取并移入高 30～33cm、直径 25～28cm 的塑料桶中，每盆栽植 30 株左右，带回试验区正常管理，确保成活后准备进行实验观测。

（二）土壤呼吸试验地与方法

选取内蒙古呼伦贝尔草原生态系统国家野外科学观测研究站的羊草草甸草原恢复改良样地，周围分布有村庄的放牧场和割草场。试验在 2010 年 6～9 月 4 个月进行，分别在样地内与样地外，设置放牧、刈割、围封 3 种处理进行土壤呼吸、土壤温度及土壤含水量的测定，每种处理重复 3 次。试验地相邻，在土壤母质状况、降雨状况、光照强度、群落组成等方面均比较相似。

1. 羊草围栏封育草原试验地

本试验地自 2007 年起进行围栏封育试验，是在放牧场上进行围封。

2. 羊草自由放牧草原试验地

羊草自由放牧草原试验地位于羊草围栏封育样地外西侧，为常年自由放牧草场，并且放牧强度较小，主要放牧家畜为牛，本试验选取的样地属轻度放牧状态。

3. 羊草刈割草原试验地

羊草刈割草原试验地位于羊草围栏封育样地外南侧，为常年刈割草场。刈割时间一般为每年 8 月初，留茬高度 10cm。本试验 6 月、7 月在刈割前进行，8 月、9 月在刈割后进行。

第三节　羊草光合生理特征

一、羊草叶片叶绿素含量

叶绿素含量是影响植物叶片光合速率的重要因素，植物体内叶绿素含量的水平可以作为衡量植物光合能力强弱的一个指标。本研究于 2009 年 8 月中旬测定不同水分梯度（W1～W4 土壤含水量分别为 40%±1%、20%±1%、10%±1%、5%±1%）下羊草叶片的叶绿素 a、叶绿素 b 及叶绿素 a+b 含量，结果如图 4-1 所示。由图可知，叶绿素 a、叶绿素 b 及叶绿素 a+b 含量的变化趋势大致相似，在不同水分处理条件下，叶绿素 a、叶绿素 b 及叶绿素 a+b 的含量均大致随着土壤含水量的下降而降低，均为 W1 条件下含量最高，叶绿素 a、叶绿素 b 及叶绿素 a+b 的含量分别为 0.82mg/g、0.76mg/g、1.59mg/g。W3、W2 条件下次之，W4 条件下叶绿素含量最低，叶绿素 a、叶绿素 b 及叶绿素 a+b 的含量分别为 0.70mg/g、0.36mg/g、1.07mg/g。以上结果说明，严重水分胁迫降低了羊草叶片叶绿素的含量，使其光合能力减弱。

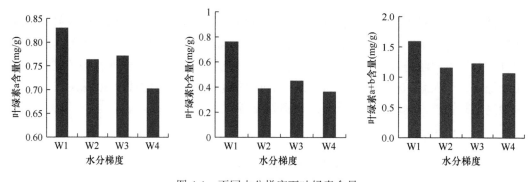

图 4-1　不同水分梯度下叶绿素含量

二、羊草叶片光合生理特征的日变化

（一）不同土壤水分梯度下净光合速率日变化

植物的光合速率是估测植株光合能力的主要依据之一。植物生活在某种环境中，并且与环境之间不断地进行能量与物质的交换，由于影响光合速率的环境因子在一天中发生明显的变化，光合速率也呈现出相应的变化规律。研究表明（图 4-2），4 种土壤含水量中，W1、W2 和 W3 三个水分梯度下各个时期的净光合速率（Pn）均大于 W4 干旱胁迫条件下各时期 Pn，且光合曲线变化相似，均呈双峰曲线，Pn 的两个峰值及日平均值均以 W2 处于较高水平，第一个峰值 W1 最高。除 W4 外，其余 3 个梯度下随着气温和光合有效辐射（PAR）的上升，Pn 迅速上升，均在 8:00 出现第 1 个峰值，此时 Pn 在 W1、W2 和 W3 之间没有显著差异（$P>0.05$），且都显著高于 W4（$P<0.05$）。Pn 在 8:00～

12:00 出现下降趋势，这是因为 *PAR* 进一步增强可能导致叶片吸收的光能过剩，同时伴随着其他环境因子的较大变化，如空气 CO_2 供应不足、气孔阻力和暗呼吸速率的增加等，光合作用出现了较明显的光合"午休"现象。12:00～14:00，除 W2 上升以外，W1、W3、W4 均呈下降；14:00～16:00 *Pn* 均开始回升，第 2 个峰值均出现在 16:00，此时 *Pn* 呈现 W2>W1>W3 的趋势，但是 W1、W2 和 W3 之间无显著差异（*P*>0.05），且都显著高于 W4（*P*<0.05）。16:00 以后随着气温的降低和光照的减弱，*Pn* 呈下降趋势。随着土壤含水量的减少，*Pn* 下降，在 W4 干旱胁迫条件下，*Pn* 日变化趋势比较平缓，曲线的双峰特征不及前 3 个梯度明显，其日平均值大幅下降，仅为 $2.08\mu molCO_2/(m^2 \cdot s)$，较日平均值最大的 W2[$9.01\mu molCO_2/(m^2 \cdot s)$]降低了 76.9%。

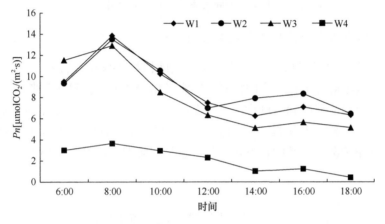

图 4-2　不同水分梯度下 *Pn* 日变化

（二）不同土壤水分梯度下蒸腾速率日变化

蒸腾作用是植物水分关系中起主导作用的重要过程。蒸腾作用为植物提供蒸腾拉力，使物质和水分从下向上运输，使气孔张开进行气体交换，还可以降低植物表面的温度，减少植物损伤。蒸腾作用的强弱是表明植物水分代谢的一个重要生理指标，在一定程度上反映其调节水分的能力及适应干旱环境的方式。由于光合作用需要水分并且通过水分运载的矿质养分的不断供应，一般光合速率高，蒸腾速率（*Tr*）也较高。研究表明（图 4-3），不同水分梯度下羊草叶片的 *Tr* 日变化曲线均呈双峰型，随着土壤含水量的下降，*Tr* 也降低。4 个水分梯度均在 10:00 出现第 1 个峰值，此时 *Tr* 在各梯度间无显著差异（*P*>0.05），在 10:00 以后出现下降趋势，12:00 以后 W2 又开始回升，其他均下降至14:00，第 2 个峰值均出现在 16:00，W2 的第 2 个峰值及日平均 *Tr* 明显高于其他 3 个梯度，且显著高于 W3 和 W4（*P*<0.05），与 W1 之间无显著差异（*P*>0.05），W1 与 W2、W3 之间也无显著差异（*P*>0.05）。*Tr* 日变化与 *Pn* 日变化相似，一致出现"午休"现象。这可能是因为 *Tr* 受气孔调节的影响，上午随着 *PAR* 的增强，叶温升高，相对湿度降低，蒸腾加剧，叶片内水分暂时亏缺，叶面蒸气压亏缺加大，以致呼吸气孔出现部分关闭（气孔导度下降），从而导致正午 *Tr* 的降低，之后随着 *PAR* 的减弱和温度的降低，蒸腾也逐渐恢复，达到第 2 个峰值。

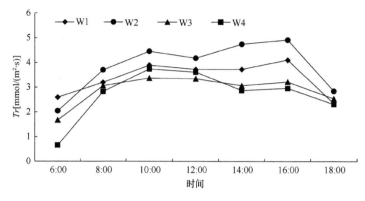

图 4-3　不同水分梯度下 Tr 日变化

（三）不同土壤水分梯度下气孔导度日变化

气孔导度（Gs）代表气孔张开的程度，它反映植物蒸腾耗水的多少，其大小受光照、温度、光合有效辐射等多种因素的控制。一般气孔导度大，表明气孔张开大，对水分传输的阻力小，植物能够顺利地进行水、气交换；而气孔导度小，表明气孔张开小，对水分传输的阻力大，抑制水分的流失。由图 4-4 可以看出，W1、W2 羊草气孔导度的日变化与净光合速率和蒸腾速率的日变化一致，也呈双峰曲线，且中午出现"午休"现象，其他单峰明显。

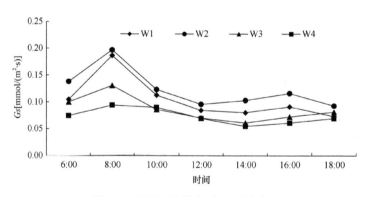

图 4-4　不同水分梯度下 Gs 日变化

W2 处理下 Gs 的最大值及日均值均高于其他梯度。W2 和 W1 的变化趋势相似，各梯度 Gs 的最大值都出现在 8:00 左右，以后逐渐下降，16:00 左右 W2 和 W1 又出现次高峰，其他未见次高峰。W2 和 W1 次高峰后迅速下降，这说明气孔导度对水分反应的敏感性与净光合速率反应一致。随着土壤含水量的降低，Gs 逐渐减小，即气孔阻力逐渐增加，W4 干旱胁迫条件下 Gs 变化趋势比较平缓，Gs 日均值较 W2 下降了 40.7%。

（四）不同土壤水分梯度下胞间 CO_2 浓度日变化

CO_2 是植物进行光合作用的原料之一，胞间 CO_2 浓度（Ci）一般与大气 CO_2 浓度、净光合速率和气孔导度关系密切。不同土壤水分梯度下羊草叶片胞间 CO_2 浓度的日变化如图 4-5 所示。由图可以看出，不同土壤水分梯度下羊草叶片 Ci 日变化与 Pn 日变化基本相反，因为当 Pn 较大时，固定的 CO_2 多，引起 Ci 降低。W4 的 Ci 明显高于其他梯度，这与 W4 干旱胁迫条件下叶片气孔导度及蒸腾速率明显低于其他梯度的变化规律相反，表明严重水分胁迫降低了 CO_2 的利用效率，使 Ci 升高，这可能与光合作用酶系统的活性受阻有关。

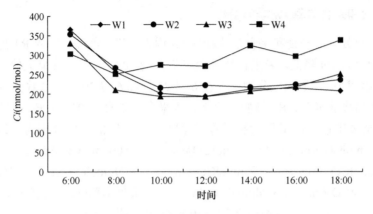

图 4-5　不同水分梯度下 Ci 日变化

（五）不同土壤水分梯度下水分利用效率日变化

这里所说的水分利用效率（water use efficiency，WUE）不是指通常农学上所说的水分利用效率，而是从生理学角度考虑的水分利用效率，是指每蒸腾一定量的水分所同化的 CO_2 的量，即同一时刻叶片的光合速率与蒸腾速率的比值（Pn/Tr）（单位为 $\mu molCO_2/mmolH_2O$）。

图 4-6 为 4 种土壤水分梯度下羊草叶片 WUE 日变化曲线图。W3 的 WUE 在 6:00 最高，然后逐渐下降，中午前后降至低谷，16:00 又开始回升。W2 的变化趋势与 W3 相似。W1 早晨 6:00 并不是最高点，8:00 升到最高，然后逐渐下降，16:00 以后又开始回升。W4 的 WUE 明显低于其他梯度，一直处于下降趋势，最后还有向低于零的趋势发展，没有证据表明下午有回升的可能。

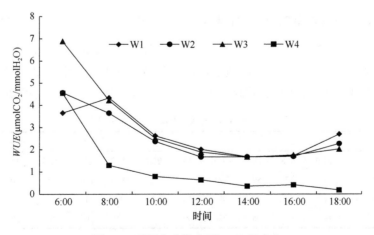

图 4-6　不同水分梯度下 WUE 日变化

三、放牧对羊草光合生理特征的影响

（一）不同放牧强度下羊草光合生理特征季节变化

1. 未采食和采食羊草 *Pn* 季节变化

由图 4-7 可知，未采食和采食羊草叶片 *Pn* 均为单峰曲线变化；除 R1 外，随放牧强度增加，羊草叶片 *Pn* 降低。未采食和采食羊草 *Pn* 在 8 月 8 日出现最大值，之前呈增长趋势，此后逐渐降低，最小值分别出现在 6 月 27 日和 6 月 20 日。放牧强度越大，羊草叶片 *Pn* 增加趋势越缓慢。R5 放牧强度下，未采食与采食羊草叶片 *Pn* 差异较其他放牧强度显著。整个生长季，未采食和采食羊草叶片 *Pn* 均值变化分别为 12.64μmolCO_2/(m^2·s)、13.61μmolCO_2/(m^2·s)、11.25μmolCO_2/(m^2·s)、10.06μmolCO_2/(m^2·s)、8.95μmolCO_2/(m^2·s)、7.72μmolCO_2/(m^2·s)和 12.94μmolCO_2/(m^2·s)、11.79μmolCO_2/(m^2·s)、10.65μmolCO_2/(m^2·s)、9.33μmolCO_2/(m^2·s)、6.98μmolCO_2/(m^2·s)；未采食羊草叶片 *Pn* 变化范围为 3.32～22.75μmolCO_2/(m^2·s)，采食羊草为 3.24～20.82μmolCO_2/(m^2·s)。

图 4-7　不同放牧强度下未采食和采食羊草 *Pn* 季节变化

R0～R5 表示放牧强度。R0：0.00 牛单位/hm^2；R1：0.23 牛单位/hm^2；R2：0.34 牛单位/hm^2；R3：0.46 牛单位/hm^2；R4：0.69 牛单位/hm^2；R5：0.92 牛单位/hm^2。下同

2. 未采食和采食羊草的 *Pn* 与环境因子的相关性

由表 4-1 和表 4-2 可知，2010 年，6 月出现最高温和极低降水量，进而形成干热环境；在 8 月降水量显著增多，气温适中，形成温热适中环境。然而 2011 年，最高温和最大降水量均出现 7 月，形成高温高湿环境；且其最大降水量显著高于 2010 年，但其

表 4-1　2010 年试验区的环境因子月变化

月份	1	2	3	4	5	6	7	8	9	10	11	12
气温（℃）	−21.6	−23.8	−15.1	−1.9	13	22.1	21.3	17.3	12.2	0.6	−10.7	−23.6
降水量（mm）	8	113	59	200	570	32	310	1087	150	70	107	203
降水量≥0.1mm 日数	4	8	6	8	10	6	11	16	8	5	10	18
相对湿度（%）	64	66	65	55	49	47	59	64	53	58	72	75

表 4-2　2011 年试验区的环境因子月变化

月份	1	2	3	4	5	6	7	8	9	10	11	12
气温（℃）	−30.2	−20.4	−12.4	3.4	10.6	19.7	20.1	19.6	9.5	3.4	−14.6	−26.6
降水量（mm）	20	11	50	41	292	297	1847	394	65	12	118	27
降水量≥0.1mm 日数	7	3	2	2	4	6	22	6	4	3	5	5
相对湿度（%）	74	77	78	50	53	48	76	65	54	55	79	77

最高温略低于 2010 年。整体上，2010 年气温高于 2011 年，降水量低于 2011 年。在生长季，2011 年的水热分布较 2010 年均匀。

本研究对生长季未采食和采食羊草的 Pn、大气温度、大气相对湿度、PAR 进行了相关性分析（表 4-3）。结果显示，在大气相对湿度充足时，不同放牧强度下，未采食羊草 Pn 与大气温度和 PAR 呈弱正相关；在一定温度条件下，Pn 与大气相对湿度呈极显著正相关；在低大气相对湿度时，随大气温度升高 Pn 下降。

表 4-3　未采食羊草 Pn 与环境因子的相关性

	日期	Pn	大气温度	大气相对湿度	PAR
日期	1	0.354	−0.547	0.397	0.060
Pn		1	0.265	0.812**	0.214
大气温度			1	−0.270	0.239
大气相对湿度				1	−0.565*
PAR					1

* $P<0.05$；** $P<0.01$

3. 不同放牧强度下羊草光响应曲线变化

由图 4-8 可知，在不同放牧强度下，羊草叶片 Pn 在一定范围内随 PAR 增大而增大，R1 增幅最强烈，R4 和 R5 增幅较平缓；Pn 随放牧强度加剧而显著降低。当 PAR 低于 50μmol/(m²·s) 时，羊草叶片的 Pn 出现负值；PAR 在 50~400μmol/(m²·s) 时，几乎所有

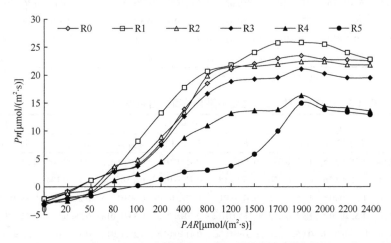

图 4-8　不同放牧强度下羊草 Pn 光响应曲线

放牧处理羊草的 Pn 均呈线性增长趋势。在光强低于光饱和点（LSP）前，各放牧强度下羊草的 Pn 均随光强增加而增大。

由表 4-4 可知，R1 处理下羊草的最大光合值（P_{max}）、表观量子放率（AQY）和暗呼吸速率（Rd）均高于其他放牧强度。除 R1 之外，随放牧强度增大，羊草的 P_{max}、AQY 和 Rd 下降，光补偿点（LCP）、LSP 升高。研究表明，羊草光合作用直接受放牧胁迫抑制，除 R1 外，羊草叶片 Pn 随放牧强度增强呈下降趋势。

表 4-4　不同放牧强度下羊草的光合作用特性

处理	P_{max}	LCP	LSP	AQY	Rd
R0	27.679	53.017	578.235	0.0527	2.794
R1	29.136	53.726	573.084	0.0561	3.014
R2	27.274	53.800	598.88	0.0500	2.690
R3	25.509	54.0798	617.206	0.0451	2.439
R4	18.204	68.363	620.000	0.0330	2.256
R5	14.939	74.318	753.364	0.0220	1.635

（二）不同放牧强度下羊草光合色素含量变化

由表 4-5 和表 4-6 可知，6 月 26 日、7 月 23 日和 8 月 26 日，未采食羊草叶片叶绿素 a 和叶绿素 b 含量基本随放牧强度的增大而减小，而类胡萝卜素含量随放牧强度的增大基本呈先下降后升高趋势；随放牧强度的增大，采食羊草叶片叶绿素 a 和叶绿素 b 含量均呈现下降→升高→下降的变化趋势，而类胡萝卜素含量在 6~8 月呈上升趋势。采食羊草的光合色素含量大体低于未采食的。整个测试期，不同放牧强度下未采食羊草

表 4-5　2010 年不同放牧强度下未采食羊草光合色素含量变化（mg/gFW）

	叶绿素 a			叶绿素 b			类胡萝卜素		
	6 月 26 日	7 月 23 日	8 月 26 日	6 月 26 日	7 月 23 日	8 月 26 日	6 月 26 日	7 月 23 日	8 月 26 日
R0	1.67±0.01a	1.87±0.02a	1.49±0.02a	0.56±0.02a	0.54±0.02a	0.44±0.05a	0.31±0.01a	0.29±0.05a	0.39±0.00a
R1	1.51±0.02b	1.85±0.02a	1.37±0.01a	0.52±0.03b	0.52±0.00a	0.39±0.00ab	0.33+0.00ab	0.35±0.00b	0.36±0.00b
R2	1.39±0.02c	1.63±0.01b	1.31±0.01b	0.48±0.02c	0.46±0.02b	0.37±0.00ab	0.36±0.00b	0.36±0.01b	0.42±0.01c
R3	1.24±0.01d	1.39±0.01c	1.22±0.01c	0.41±0.04d	0.39±0.01c	0.33±0.15b	0.34±0.01b	0.37±0.10c	0.44±0.05c
R4	1.20±0.01d	1.30±0.01d	1.19±0.01d	0.38±0.02e	0.36±0.08cd	0.32±0.01b	0.34±0.01b	0.39±0.00d	0.42±0.06c
R5	1.22±0.02d	1.22±0.02e	1.15±0.02e	0.37±0.01e	0.34±0.12d	0.29±0.01b	0.38±0.05c	0.42±0.01e	0.56±0.09d

注：不同放牧强度不同字母代表差异显著（$P<0.05$）

表 4-6　2011 年不同放牧强度下采食羊草光合色素含量变化（mg/gFW）

	叶绿素 a			叶绿素 b			类胡萝卜素		
	6 月 26 日	7 月 23 日	8 月 26 日	6 月 26 日	7 月 23 日	8 月 26 日	6 月 26 日	7 月 23 日	8 月 26 日
R1	1.19±0.01a	1.28±0.00a	1.02±0.02a	0.39±0.01a	0.45±0.01a	0.29±0.01a	0.17±0.00a	0.34±0.00a	0.29±0.00a
R2	1.07±0.05a	1.25±0.01b	0.97±0.02b	0.37±0.18a	0.41±0.01b	0.26±0.01ab	0.15±0.10a	0.39±0.00a	0.29±0.01a
R3	1.37±0.01b	1.27±0.01b	1.15±0.03c	0.47±0.01b	0.43±0.01ab	0.30±0.02a	0.21±0.01a	0.38±0.01b	0.35±0.01b
R4	1.41±0.01b	1.52±0.01c	1.27±0.01d	0.41±0.01bc	0.50±0.01c	0.33±0.01a	0.28±0.00b	0.42±0.00c	0.46±0.01c
R5	1.02±0.02ac	1.34±0.01ab	0.95±0.02e	0.31±0.00c	0.41±0.01b	0.24±0.01b	0.33±0.01b	0.38±0.00b	0.54±0.01d

注：不同放牧强度不同字母代表差异显著（$P<0.05$）

叶片叶绿素 a、叶绿素 b 和类胡萝卜素含量的变化范围分别为 1.15～1.87mg/gFW、0.29～0.56mg/gFW 和 0.29～0.56mg/gFW，而采食羊草为 0.95～1.52mg/gFW、0.24～0.50mg/gFW 和 0.15～0.54 mg/gFW，其范围大致较未采食羊草叶片的光合色素含量范围窄。

第四节 羊草草甸草原土壤呼吸特征

认识不同利用方式对羊草草甸草原土壤呼吸特征和土壤呼吸变化规律的影响，探讨环境因子对土壤呼吸特征与土壤呼吸速率的影响机制，可为草原生态系统的保护和管理提供科学依据。

一、不同利用方式下环境因子的变化

土壤呼吸是异养微生物和植物根系代谢活动的指示因子，因此其受环境因素影响而变化。土壤温度和土壤水分是影响土壤呼吸的两个主要因素。相对而言，土壤温度与土壤呼吸的关系比较简单，而土壤水分与土壤呼吸的关系相对复杂。在野外条件下，土壤水分和土壤温度二者往往具有相关性，因此确切区分二者对土壤呼吸的影响比较困难。在此，首先分别分析土壤呼吸和土壤温度、土壤水分单因子的关系，然后进行土壤呼吸与土壤温度、土壤水分的复合关系分析。

（一）气候和土壤温度日变化

1. 气温日变化

本研究于 2010 年 6～9 月 4 个月份对围封样地、放牧样地、割草样地气温的日动态进行了测定。测定时间为 8:00 至次日 6:00，均为 24h 昼夜动态。从图 4-9 可以看出，除 7 月外，其他月份的变化规律基本一致。峰值一般出现在 12:00～14:00，最低值一般出现在 0:00～4:00，呈较好的单峰曲线特征。由于 7 月受干旱影响，气温呈不规则曲线，出现两个峰值，分别在 12:00～14:00、22:00 至次日 2:00，其中最高峰值出现在 12:00～14:00。

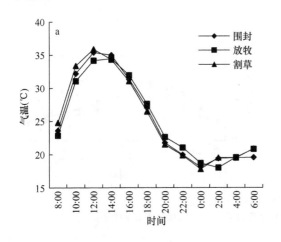
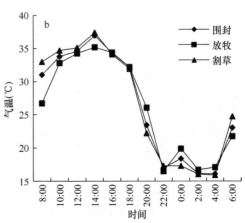

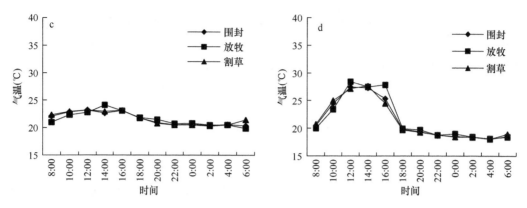

图 4-9　不同月份气温日动态

a、b、c、d 分别为 6 月 10 日、7 月 11 日、8 月 12 日、9 月 11 日的气温日动态

通过同一生长期围封与不同利用方式下气温日变化比较可以看出，整个生长季气温日变化规律基本一致，除 8 月，其他月份具有较明显的日动态变化特征，8 月气温的变化波动不明显，但围封与不同利用方式间曲线差异不大。

2. 土壤温度日变化

本研究于 2010 年 6～9 月 4 个月份对围封样地、放牧样地、割草样地土壤温度的日动态进行了测定。测定时间为 8:00 至次日 6:00，均为 24h 昼夜动态。由图 4-10 可以看出，4 个月份的变化规律基本一致，峰值一般出现在 14:00～16:00，最低值一般出现在 6:00，呈较好的单峰曲线特征。

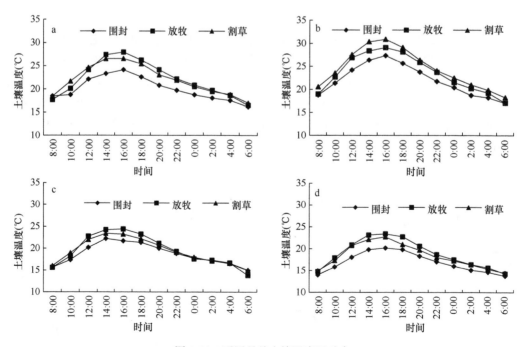

图 4-10　不同月份土壤温度日动态

a、b、c、d 分别为 6 月 10 日、7 月 11 日、8 月 12 日、9 月 11 日的土壤温度日动态

通过同一生长期围封与不同利用方式下土壤温度日变化比较可以看出，除 7 月，其他月份土壤温度的日变化均表现放牧样地＞割草样地＞围封样地，而 7 月表现出割草样地＞放牧样地＞围封样地。整个生长季土壤温度日变化规律基本一致，具有较明显的日动态变化特征，但围封与不同利用方式间曲线差异不大。

（二）气候和土壤温度季节变化

1. 气温季节变化

本研究根据 6～9 月的测定值分析气温季节动态（图 4-11）。在整个试验期间，围封与不同利用方式下，羊草草甸草原土壤呼吸速率具有明显的季节变化，围封样地、放牧样地与割草样地的季节变化曲线基本一致，气温均表现出 7 月＞6 月＞8 月＞9 月。由于 7 月受干旱影响，气温呈现夏季明显升高的趋势，高峰值出现在 7 月，低峰值出现在 9 月。方差分析的结果显示，气温在整个生长季均无显著差异（$P>0.05$），气温均值在围封与不同利用方式间也不存在显著差异（$P>0.05$）。

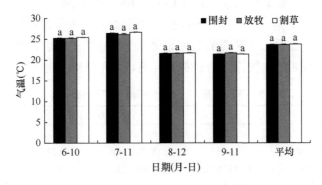

图 4-11　围封与不同利用方式下气温季节动态
相同日期相同字母表示差异不显著（$P>0.05$）

2. 土壤温度季节变化

本研究根据 6～9 月的测定值分析土壤温度季节动态（图 4-12）。在整个试验期间，围封与不同利用方式下，羊草草甸草原土壤温度具有明显的季节变化，围封样地、放牧样地与割草样地的季节变化曲线基本一致，土壤温度均表现出 7 月＞6 月＞8 月＞9 月。由于 7 月受干旱影响，土壤温度呈现夏季明显升高的趋势，高峰值出现在 7 月，低峰值出现在 9 月。在整个生长季除 7 月割草样地土壤温度较高以外，其他月份均为放牧样地土壤温度高；在整个生长季围封样地土壤温度最低。方差分析的结果显示，除 8 月外其他三个月份间土壤温度均无显著差异（$P>0.05$），其他月份均是围封样地与放牧样地、割草样地存在显著差异（$P<0.05$），而放牧样地与割草样地无显著差异（$P>0.05$）。综合整个生长季，土壤温度均值在围封样地略低（分别比放牧样地和割草样地降低 7.7%、7.9%），与放牧样地、割草样地均存在显著差异（$P<0.05$），而放牧样地和割草样地无显著差异（$P>0.05$）。

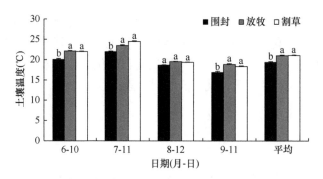

图 4-12　围封与不同利用方式下土壤温度季节动态

相同日期不同字母表示差异显著（$P<0.05$）

（三）土壤含水量季节动态

1. 不同深度土壤含水量季节变化

由表 4-7 可知，在整个生长季，0～10cm 与 10～20cm 两土层的含水量在围封样地、放牧样地与割草样地无显著差异（$P>0.05$）。由于 7 月的干旱，4 个月份的 3 种利用方式均表现出"下降—上升—下降"的变化趋势，围封样地的土壤含水量均高于放牧样地与割草样地，6 月与 8 月放牧样地高于割草样地，7 月与 9 月割草样地高于放牧样地。

表 4-7　不同深度下土壤含水量的季节动态（%）

月份	样地	土壤含水量			
		0～10cm	10～20cm	20～30cm	30～40cm
6 月	围封样地	22.67±5.84a	18.50±3.16a	16.37±1.67a	15.17±1.34a
	放牧样地	16.98±3.02a	15.96±3.25a	15.48±3.09a	14.74±3.14a
	割草样地	15.79±1.85a	13.84±0.44a	13.56±0.36a	13.57±0.31a
7 月	围封样地	8.74±1.66a	9.69±0.78a	9.24±0.69a	8.95±0.76a
	放牧样地	6.47±1.51a	8.86±1.18a	9.54±1.47a	9.45±1.47a
	割草样地	7.59±0.64a	9.25±0.51a	9.17±0.42a	9.02±0.45a
8 月	围封样地	24.04±2.05a	21.41±2.29a	19.36±2.03a	17.35±2.73a
	放牧样地	22.74±2.13a	20.54±0.55a	18.40±1.98a	13.69±4.57a
	割草样地	21.08±0.76a	19.56±0.74a	17.48±0.73a	14.65±1.40a
9 月	围封样地	14.14±2.31a	16.00±1.13a	15.40±0.82a	15.55±1.10a
	放牧样地	13.27±1.99a	14.73±1.84a	15.64±1.46a	15.46±1.15a
	割草样地	13.78±0.88a	15.01±0.27a	15.21±0.22a	15.08±0.06a

注：同一月份同列比较，不同字母代表差异显著（$P<0.05$）

在整个生长季，20～30cm 土层的含水量围封样地、放牧样地与割草样地无显著差异（$P>0.05$）。由于 7 月的干旱，4 个月份的 3 种利用方式均表现出"下降—上升—下降"的变化趋势，6 月与 8 月围封样地＞放牧样地＞割草样地，7 月与 9 月放牧样地＞围封样地＞割草样地，割草样地的含水量最低。

在整个生长季，30～40cm 土层的含水量围封样地、放牧样地与割草样地无显著差异（$P>0.05$）。由于 7 月的干旱，4 个月份的围封样地表现出"下降—上升—下降"

的变化趋势；而放牧样地与割草样地表现出"下降—上升"的趋势，6 月与 9 月围封样地＞放牧样地＞割草样地，7 月放牧样地＞割草样地＞围封样地，8 月围封样地＞割草样地＞放牧样地。

可以看出，无论哪种利用方式，均是 6 月（除割草样地外）与 8 月土壤含水量随着土层深度的增加而递减，7 月与 9 月土壤含水量随着土层深度的增加表现为先增加后降低。

2. 土壤含水量季节变化

本研究根据 6～9 月的测定值分析土壤含水量季节动态（图 4-13）。在整个试验期间，围封与不同利用方式下，羊草草甸草原土壤含水量具有明显的季节变化，围封样地与放牧样地的季节变化曲线基本一致，土壤含水量均表现出 8 月＞6 月＞9 月＞7 月，割草样地土壤含水量季节变化表现出 8 月＞9 月＞6 月＞7 月。由于 7 月受干旱影响，土壤含水量呈现夏季明显降低的趋势，高峰值出现在 8 月，低峰值出现在 7 月。在整个生长季土壤含水量均表现出围封样地＞割草样地＞放牧样地。方差分析的结果显示，6 月、8 月围封样地与放牧样地、割草样地存在显著差异（$P<0.05$），放牧样地与割草样地无显著差异（$P>0.05$）；7 月围封样地与放牧样地存在显著差异（$P<0.05$），割草样地与其他两种利用方式均无显著差异（$P>0.05$）；9 月 3 种利用方式均无显著差异（$P>0.05$）。综合整个生长季，土壤含水量均值在放牧样地略低（分别比围封样地和割草样地降低9.4%、4.9%），围封与不同利用方式均无显著差异（$P>0.05$）。

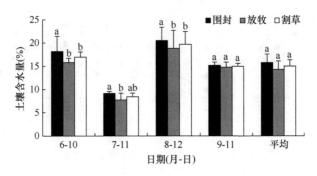

图 4-13　围封与不同利用方式下土壤含水量季节动态
相同日期不同字母表示差异显著（$P<0.05$）

二、不同利用方式下土壤呼吸速率的变化

（一）土壤呼吸速率日变化

本研究于 2010 年 6～9 月对围封与不同利用方式下土壤呼吸速率的日动态进行了测定。测定时间为 8:00 至次日 6:00，均为 24h 昼夜动态。由图 4-14 可以看出，除 7 月外，其他月份的变化规律基本一致。高峰值一般出现在 12:00～14:00，低峰值出现在夜间2:00～6:00，呈较好的单峰曲线特征。由于 7 月受干旱影响，土壤呼吸速率呈不规则曲线，出现三个峰值，分别为 12:00～14:00、20:00 至次日 2:00、2:00～6:00，其中最高峰值出现在 20:00 至次日 2:00。

通过同一生长期围封与不同利用方式下土壤呼吸速率日变化比较可以看出，生长季初期与生长季末期，土壤呼吸速率日变化规律基本一致，均表现出围封样地＞割草样地＞放牧样地。生长季中期，在温度较高的 7 月，土壤呼吸速率日变化总体表现出围封样地＞放牧样地＞割草样地，围封样地土壤呼吸日变化波动很大，8 月在割草样地进行割草处理后，土壤呼吸速率表现出割草样地＞围封样地＞放牧样地的变化趋势，6 月、8 月、9 三个月份放牧样地土壤呼吸日变化比围封样地和割草样地平缓。整个生长季，土壤呼吸速率具有较明显的日动态变化特征，但围封与不同利用方式间曲线差异不大。

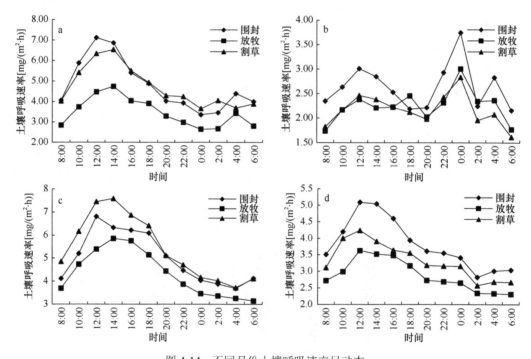

图 4-14   不同月份土壤呼吸速率日动态

a、b、c、d 分别为 6 月 10 日、7 月 11 日、8 月 12 日、9 月 11 日的土壤呼吸速率日动态

（二）土壤呼吸速率季节变化

本研究根据 6～9 月的测定值分析土壤呼吸速率季节动态（图 4-15）。在整个试验期间，围封与不同利用方式下，羊草草甸草原土壤呼吸速率具有明显的季节变化，围封样地、放牧样地与割草样地的季节变化曲线基本一致，土壤呼吸速率均表现出 8 月＞6 月＞9 月＞7 月。由于 7 月受干旱影响，土壤呼吸速率呈现夏季明显降低的趋势，高峰值出现在 8 月，低峰值出现在 7 月。在整个生长季 7 月割草样地土壤呼吸速率较小，其他月份均是放牧样地土壤呼吸速率最小；8 月割草样地土壤呼吸速率最高，其他月份均是围封样地土壤呼吸速率较高。方差分析的结果显示，6 月、8 月放牧样地与围封样地、割草样地存在显著差异（$P<0.05$），围封样地与割草样地无显著差异（$P>0.05$）；7 月土壤呼吸速率在围封样地显著高于放牧样地和割草样地（$P<0.05$），放牧样地和割草样地无显著差异（$P>0.05$）；9 月围封与不同利用方式之间均存在显著差异（$P<0.05$）。综

合整个生长季，土壤呼吸速率均值在放牧样地略低（分别比围封样地和割草样地降低20%、17%），与围封样地、割草样地存在显著差异（$P<0.05$）。

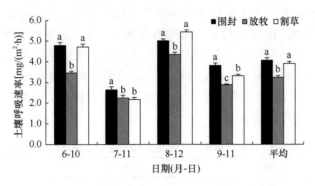

图 4-15　围封与不同利用方式下土壤呼吸季节动态

相同日期不同字母表示差异显著（$P<0.05$）

三、不同利用方式下土壤呼吸速率与环境因子的关系

（一）土壤呼吸速率日变化与温度的关系

不同月份围封与不同利用方式下土壤呼吸速率日变化与气温、土壤温度的相关关系见表 4-8。结果表明，7 月围封与不同利用方式下土壤呼吸速率日变化与气温、土壤温度相关关系不显著，其中与气温均呈负相关；6 月的围封样地土壤呼吸速率日变化与土壤温度相关显著，其他月份围封与不同利用方式下土壤呼吸速率日变化与气温、土壤温度的相关程度都达到了极显著水平；围封样地与割草样地 7 月、8 月土壤呼吸速率日变化与气温的相关性小于与土壤温度的相关性；放牧样地只有 7 月土壤呼吸速率日变化与气温的相关性小于与土壤温度的相关性，其他月份土壤呼吸速率日变化与气温的相关性大于与土壤温度的相关性。

表 4-8　不同月份土壤呼吸日变化与温度因子相关性

样地	月份	气温	土壤温度
围封样地	6 月	0.958**	0.635*
	7 月	−0.151	0.045
	8 月	0.815**	0.847**
	9 月	0.877**	0.737**
放牧样地	6 月	0.929**	0.732**
	7 月	−0.154	0.249
	8 月	0.956**	0.924**
	9 月	0.921**	0.844**
割草样地	6 月	0.951**	0.805**
	7 月	−0.022	0.424
	8 月	0.860**	0.875**
	9 月	0.925**	0.721**

** $P<0.01$；* $P<0.05$

（二）土壤呼吸速率季节变化与温度、土壤水分的关系

围封与不同利用方式下土壤呼吸速率季节变化与气温、土壤温度、土壤水分的相关关系见表4-9。结果表明，土壤呼吸速率季节变化与土壤水分的相关性达到了显著水平。土壤呼吸速率季节变化与气温、土壤温度的相关性没有达到显著水平，且呈负相关。研究表明，羊草草甸草原在水分胁迫的影响下，温度因子对土壤呼吸速率影响降低。土壤呼吸速率季节变化与土壤水分的相关性在围封样地高于放牧样地和割草样地，而围封与放牧、割草之间差别均不明显。

表 4-9　土壤呼吸速率季节变化与温度、土壤水分相关性

样地	气温	土壤温度	土壤水分
围封样地	−0.508	−0.474	0.988*
放牧样地	−0.578	−0.526	0.986*
割草样地	−0.476	−0.596	0.967*

* $P<0.05$

（三）土壤呼吸速率与土壤温度回归分析

本研究对围封与不同利用方式下土壤呼吸速率与土壤温度进行了回归分析（表4-10）。结果表明，7月围封与不同利用方式下土壤呼吸速率与土壤温度日变化回归关系不显著，6月围封样地土壤呼吸速率与土壤温度日变化回归关系显著，其他月份土壤呼吸速率与土壤温度日变化均具有极显著的回归关系。本研究根据回归方程可得出温度敏感系数，进而计算出整个生长季各个月份的土壤呼吸温度敏感系数（Q_{10}）。可以看出，Q_{10}在生长季呈现季节变化。围封样地与割草样地的Q_{10}变化趋势基本相同，表现为8月>6月>9月>7月，放牧样地Q_{10}变化趋势为8月>9月>6月>7月。总体表现为在8月最高、

表 4-10　土壤呼吸速率与土壤温度回归分析

样地	月份	回归方程	R^2	P 值	Q_{10}
围封样地	6 月	$Rs=1.271e^{0.065Ts}$	0.412	0.0266	1.91
	7 月	$Rs=2.420e^{0.003Ts}$	0.005	0.8908	1.03
	8 月	$Rs=1.183e^{0.076Ts}$	0.723	0.0005	2.14
	9 月	$Rs=1.352e^{0.612Ts}$	0.523	0.0085	1.85
放牧样地	6 月	$Rs=1.475e^{0.0387Ts}$	0.527	0.0068	1.46
	7 月	$Rs=1.727e^{0.0117Ts}$	0.094	0.4343	1.12
	8 月	$Rs=1.312e^{0.0607Ts}$	0.852	<0.0001	1.82
	9 月	$Rs=1.283e^{0.0427Ts}$	0.721	0.0006	1.53
割草样地	6 月	$Rs=1.493e^{0.0517Ts}$	0.669	0.0016	1.67
	7 月	$Rs=1.434e^{0.017Ts}$	0.223	0.1692	1.18
	8 月	$Rs=1.187e^{0.0777Ts}$	0.764	0.0002	2.16
	9 月	$Rs=1.320e^{0.0507Ts}$	0.629	0.0023	1.66

注：Rs. 土壤呼吸速率；Ts. 地下 10cm 土壤温度

7月最低，6月、9月变化不明显，这与土壤呼吸速率季节变化趋势基本一致（图4-16）。6月、9月 Q_{10} 在围封与不同利用方式下，围封样地＞割草样地＞放牧样地；7月 Q_{10} 割草样地与放牧样地小于围封样地；8月 Q_{10} 在割草样地和围封样地大于放牧样地。在整个生长季节，放牧降低了土壤呼吸的温度敏感性。

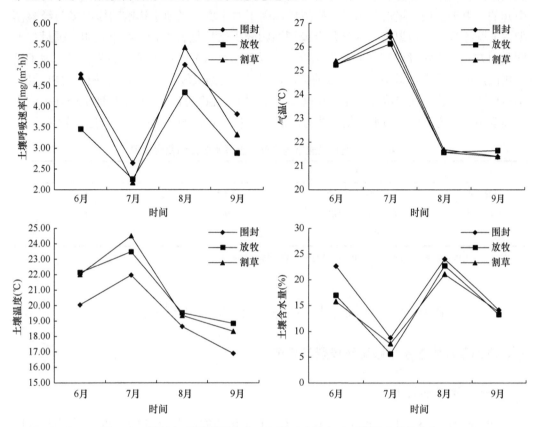

图4-16　围封与不同利用方式下土壤呼吸速率及环境因子季节动态

（四）土壤呼吸速率与土壤水分回归分析

本研究对土壤呼吸速率和土壤水分进行了回归分析（表4-11）。结果表明，土壤呼吸速率和土壤水分具有显著的回归关系。围封与不同利用方式下土壤呼吸速率与土壤水分回归关系均较好，且差异不明显。围封样地这一模型可以解释其土壤呼吸97.6%的变化情况，高于放牧样地和割草样地下的97.2%和93.5%。

表4-11　土壤呼吸速率与土壤水分回归分析

样地	回归方程	R^2	P 值
围封样地	$Rs=0.147Ws+1.502$	0.976	0.0119
放牧样地	$Rs=0.122Ws+1.446$	0.972	0.0141
割草样地	$Rs=0.252Ws+0.240$	0.935	0.0330

注：$Rs.$ 土壤呼吸速率；$Ws.$ 0～10cm 土层土壤含水量。

（五）土壤呼吸速率与温度、土壤水分的复合模型

土壤呼吸速率的变化主要受温度与水分共同调控。对土壤呼吸与温度和水分间的多元回归分析表明，土壤年呼吸量的总变异中至少有 60% 是由土壤温度和水分的共同作用引起的。由于土壤环境的复杂性，模拟环境因子对土壤呼吸速率影响的模型多为经验模型。土壤呼吸速率与温度、水分复合模型回归分析结果见表 4-12。结果表明，围封与不同利用方式下土壤呼吸速率和土壤温度、气温及土壤水分回归关系极显著。与单因子模型相比，决定系数 R^2 均有不同程度的提高，回归拟合结果较好。通过复合模型可以看出，围封样地与放牧样地土壤呼吸速率与温度、水分相关性都为正值；割草样地土壤呼吸速率与温度相关性为负值，与水分相关性为正值，其中土壤水分的作用大于温度的作用。

表 4-12 土壤呼吸速率与温度、土壤水分回归复合模型

样地	回归方程	R^2	P 值
围封样地	$Rs=0.029Ta+1.502Ws$	0.995	0.0005
放牧样地	$Rs=0.031Ta+0.181Ws$	0.994	0.0061
割草样地	$Rs=-0.007Ta+0.272Ws$	0.993	0.0074

注：Rs. 土壤呼吸速率；Ta. 气温；Ws. 0～10cm 土层土壤含水量

第五节 草甸草原生态系统碳循环模拟及预测

一、草甸草原生态系统碳循环模型与验证

（一）模型参数化

DNDC 模型整合了土壤环境中碳氮元素的氧化还原过程，通过大量的前人实验数据构建了碳氮元素与土壤气候环境的关系，模型主要追踪碳素和氮素在土壤中的生物地球化学过程。该模型所用的参数涉及地点、气象、土壤、植被和管理措施等。模拟所需参数较多，因此必须分类进行确定。一部分模型参数使用模型的默认值，一部分模型参数从前人公认的研究成果中获得，另一部分参数则需通过野外试验观测获得。而模型参数优化通常采用的方法是结合模型敏感性分析在一些敏感参数合理的取值范围内调节并校正参数值，比较模拟值与观测值的符合程度，最终确定取值。

1. 地理位置气象参数确定

模型所需地理位置、气象参数见表 4-13。其中降水含氮量数据是由氮沉降模型模拟获得，模型所需气象输入数据包括日最高气温、日最低气温、日降水量、风速、太阳辐射数据，采用碳通量塔涡度相关系统实测数据及内蒙古呼伦贝尔草原生态系统国家野外科学观测研究站草原生态系统的实测气象数据（表 4-13）。

本研究利用绑在样地内垂直竖立的封闭式聚氯乙烯（PVC）量雨筒进行降水的收集并测量降水中的氮浓度。样地内布设 3 个采样区域，每个区域 5 个量雨筒。降雨和降雪

表 4-13 地理位置与气象参数输入

项目	输入参数	取值	来源
地理位置	模拟地点名称	呼伦贝尔	—
	经度（E）	116.66°	—
	纬度（N）	49.36°	—
	模拟的时间尺度	4 年	—
气象	降水中的氮浓度（ppm）	0.96	实地测量
	大气 NH_3 背景浓度（$\mu gN/m^3$）	0.06	默认值
	大气 CO_2 背景浓度（ppm）	375	实地测量

样品收集后保存在实验室冰箱中。所收集样品的铵态氮和硝态氮采用流动分析仪进行测定，可溶性总氮采用过硫酸钾氧化-紫外分光光度法分析，总氮和铵态氮、硝态氮的差值即可溶性有机氮。模型中输入的参数采用湿沉降的年平均值。

大气 NH_3 背景浓度采用 DNDC 模型内提供的默认值。此数字来源于美国国家环境保护局（EPA）根据洁净空气状态与趋势网（CASTNET）模型对全球各地干沉降速率的模拟。

大气 CO_2 背景浓度来源于 Li-6400 便携式光合测定仪在样地环境中的实际测量数据。测量方式为每周测量 1 次，分别在样地中 3 个区域，每个区域重复 6 次，测量时间为早晨太阳初升和傍晚太阳落山前。模型中的输入参数采用全年 CO_2 背景浓度平均值。

2. 土壤参数确定

气候因子通过直接影响土壤环境条件，从温度、水分、pH 和氧化还原电位等方面来影响植物的生长，进而影响草原土壤碳的输入和土壤有机碳的分解，主要包括土地利用类型、土壤质地、土壤结构、土壤表层土壤有机碳（SOC）含量及土壤分层等（表 4-14）。

土壤黏粒含量采用激光粒度分析仪进行一次性本底测量。土壤容重采用环刀法以 100cm³ 环刀在样地土壤表层剖面进行取样。土壤 pH 通过 pH 酸度计进行校准后测量。田间持水量、土壤萎蔫点、饱和导水率和土壤孔隙度在模型初始化时均采用暗栗钙土的 DNDC 模型默认参考数据，在土壤水分参数的校正验证中作为调参主要参数。表 4-14 中的输入值为最后调参结果。土壤有机质含量首先采用重铬酸钾容量法—外加热法对土壤样品的有机碳进行测量，然后除以国际通用的土壤有机碳含量计算系数 0.58 进行计算得出。均匀 SOC 深度和 SOC 分解速率均采用 DNDC 模型，暗栗钙土地区提供的默认参数。表层土壤的 NO_3^- 和 NH_4^+ 浓度是由 DNDC 模型根据土壤有机质一般特性由实际测量的土壤有机质含量进行计算得出。土壤微生物活性系数：由于没有土壤污染、毒害或其他因素的影响，故用"1"表示微生物活性正常。坡度：由于草甸草原样地较高的地上生物量和枯落物保有量及基本平坦的样地特性，故用"0"代表没有地表径流的发生。

3. 植被参数确定

植物的生理特征参数是决定植物生产力的重要因素，主要包括植物地上地下各部分的生物量及所占比例、碳氮比，以及植物的最大需水量、最大根深等（表 4-15）。

表 4-14 土壤输入参数

输入参数	取值	来源
土地利用类型	湿润草原	王道龙和辛晓平，2011
土壤质地	暗栗钙土	王道龙和辛晓平，2011
黏粒含量（0～1）	0.14	实地测量
容重（g/cm³）	1.16	实地测量
土壤 pH	8.3	实地测量
田间持水量（wfps）	0.30	默认值
土壤萎蔫点（wfps）	0.2	默认值
饱和导水率（m/h）	0.03	默认值
土壤孔隙度（0～1）	0.485	默认值
土壤表层有机质（%）	0.04	实地测量
均匀 SOC 深度（m）	0.08	默认值
SOC 半分解期（year）	1.4	默认值
表层土壤 NO_3^- 浓度（ppm）	5	实地测量
表层土壤 NH_4^+ 浓度（ppm）	20	实地测量
微生物活性系数	1	估算值
坡度	0	估算值

表 4-15 植被输入参数

输入参数	取值	来源
植被种类	温性草甸草原	王道龙和辛晓平，2011
是否多年生	多年生	王道龙和辛晓平，2011
枯落物返回比例	1	默认值
最大籽粒产量（kgC/hm²）	23	计算值
最大茎叶产量（kgC/hm²）	1495	实测值
最大根系产量（kgC/hm²）	782	计算值
籽粒比例	0.01	计算值
茎叶比例	0.65	实测值
根系比例	0.34	实测值
籽粒碳氮比	23	实测值
茎叶碳氮比	40	实测值
根系碳氮比	55	实测值
固氮系数	1.5	默认值
最大需水量	450	实测值
生长成熟积温（℃）	3200	实测值
最大根深（m）	1	实测值

　　最大茎叶产量在参数化时采用样方历史数据中的最大值，在调参过程中不断调整，表 4-15 中的输入值为最后的调参结果。最大籽粒产量、最大根系产量都是根据模型输入的根冠比由系统自动计算得出。茎叶比例、根系比例由多年样方数据求均值得出，籽粒比例在草甸草原植物群落中所占比例非常小。各类型碳氮比数据来源于草原生物量实际分析数据，其中植物碳含量采用重铬酸钾容量法—外加热法进行测量，植物氮含量采用半微量凯氏定氮法测量。DNDC 模型中的固氮系数定义为植物吸收的总氮量为植物从土壤吸收氮量的倍数，因为目前尚无成熟的草甸草原多种群落物种综合的固氮效应研究结果，故采用 DNDC 模型中对草原植物的默认固氮系数 1.5。需水量和生长成熟积温是 DNDC 模型参数校正过程中调整的主要指标，表 4-15 中的输入值为最后调参结果。

　　（二）DNDC 模型参数敏感性分析

　　模型基础参数构建完成后，需要对模型的输入参数，尤其是植被参数和土壤参数中的默认值进行敏感性分析，判断对不同校正指标敏感性不同的参数，进行参数的校正。

　　如图 4-17 所示，从模型的敏感性分析可以得出，在呼伦贝尔温性草甸草原土壤气候背景下，生态系统碳固持对地上生物量碳、植物碳氮比、生长积温、水分效率非常敏感，准确模拟草甸草原地上碳储量的关键是调参时选择合适的植物需水系数和生长季有效积温。降水量、土壤有机碳是次级敏感因素，对土壤有机碳的积累速度起着重要作用。相反，生态系统碳固持能力对固氮系数并不敏感，说明以暗栗钙土和黑钙土为主的草甸草原土壤中含氮有机质含量丰富，氮素并非植物生长中的主要限制因子。

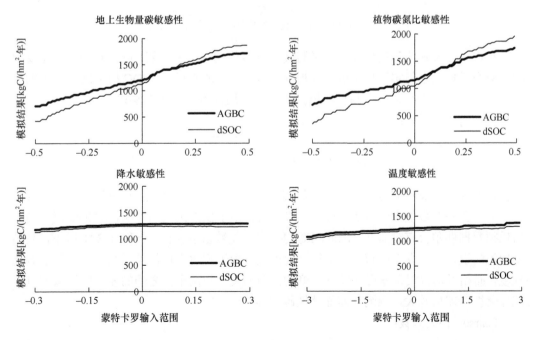

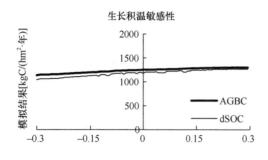
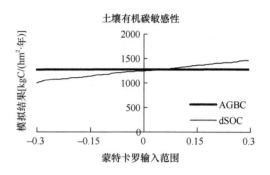

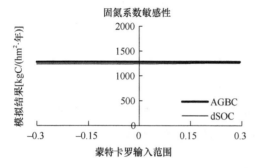

图 4-17 DNDC 模型主要输入参数敏感性分析

AGBC：地上生物量碳；dSOC：土壤有机碳变化量

（三）DNDC 模型模拟结果验证

为了定量研究针茅建群温性草甸草原模拟参数的精度和效率，本研究选用以下 4 个统计学指标来描述模型预测精度。

相对平均偏差：

$$\mathrm{MAE}(\%) = 100 \frac{\sum_{i=1}^{n} |x_i - y_i|}{n} / \overline{y}$$

平均偏差反映的是模型模拟结果与实测真实值的线形偏离值，而相对平均偏差反映的是模型模拟结果与实测真实值的线形偏离程度。一般来说，DNDC 模型准确模拟的相对平均偏差应在 25% 以下，高精度模拟的相对平均偏差应该在 20% 以下。

相对均方根误差：

$$\mathrm{RMSE}(\%) = 100 \sqrt{\frac{\sum_{i=1}^{n} (y_i - x_i)^2}{n}} / \overline{y}$$

均方根误差反映的是模型模拟值与实测真实值之差的离散度，相对均方根误差反映了离散度在整个数值中的离散程度。一般来说，由于偶然因素的影响，DNDC 模型的逐日模拟数据偶尔会有时滞性，因此相对均方根误差数值会偏大，一般在 30% 以下，高精度模拟的误差一般在 25% 以下。值得一提的是，由于相对平均偏差反映模型预测的偏离程度，而相对均方根误差反映模型预测的离散程度，故两个值之间的差可以衡量预测误差显著性，差值越大，预测误差显著性越明显。

Pearson 相关系数：

$$r = \frac{\sum_{i=1}^{n}(x_i - \bar{x})(y_i - \bar{y})}{\sqrt{\sum_{i=1}^{n}(x_i - \bar{x})^2 \sum_{i=1}^{n}(y_i - \bar{y})^2}}$$

Pearson 相关系数反映的是模型模拟值和实测真实值之间的相关性，这个值并不能反映模型的准确程度，只能反映模拟值和真实值之间是否有稳定的变化规律，在 DNDC 模型模拟中这个值一般都在 0.25 以上，当相关系数低于 0.25 时，需要重新考虑模型主要模拟参数的准确性。

纳什萨特克里夫模型效率系数：

$$E = 1 - \sum_{i=1}^{n}(x_i - y_i)^2 / \sum_{i=1}^{n}(y_i - \bar{y})^2$$

纳什萨特克里夫模型效率系数反映的是模型的综合预测精度，表现了在整个模拟尺度内，预测值能在总体上多大程度反映出真实值，即模型模拟的有效率。该指数从$-\infty$到 1 分布，当效率系数 $E=1$ 时说明观测值和模拟值完美匹配，当效率系数 $E=0$ 时说明模型预测精度和观测平均精度相同，当效率系数 $E<0$ 时说明模型模拟误差大于观测平均误差。纳什萨特克里夫模型效率系数是所有 DNDC 模型评价指标中最重要的一个，如果效率系数太低，其余指标再准确也没有实际意义。一般发表的 DNDC 模型模拟结果中，在不同模拟指标、不同模拟点数量、不同真实数据误差情况下，模型效率系数在 0.1～0.9 浮动。

DNDC 模型的验证主要集中于以下几个关键性生态系统参量：土壤气候（包括土壤含水量、土壤温度）、地上生物量碳和 NEE。

1. 土壤气候模拟结果验证

土壤气候参数的研究主要集中于土壤温湿度方面，土壤温度和土壤湿度是影响土壤有机碳含量、土壤有机质分解及土壤养分循环、水循环的重要指标。土壤 20cm 处的温湿度表现出和气温及降水事件显著的相关性。每一次大雨之后土壤的湿度都会达到田间持水量，然后逐日降低 0.02%左右，在降到土壤萎蔫点附近之前，这种趋势不会减慢或停止。土壤温度与气温有高达 0.91 的泊松相关系数。

模型对 2008～2011 年温性草甸草原土壤含水量的模拟结果显示整体精度较好，线性回归相关系数 R^2 达到了 0.66，拟合曲线的斜率达到 0.97，截距 0.03。模拟中影响 R^2 的主要因素是大型降水事件，模型对降水后土壤湿度变化的响应如果有 1～2 天的延迟或者提前，将会导致模拟 R^2 的大幅下降（图 4-18）。

模型对土壤温度的模拟在春夏两季达到了很高的精度，但是入秋之后模型对土壤温度的估计有些偏高，这可能是模型内部的植物生长机制导致的。四年整体的模拟相关系数 R^2 达到了 0.68，拟合曲线斜率 0.56，截距 8.23（图 4-18）。

本研究利用 DNDC 模型对土壤气候参数进行了准确模拟，土壤含水量的模型效率系数 E 达到了 0.23～0.58，这表明 DNDC 模型基本把握了温性草甸草原生长季期间的土壤水分变化动态；R^2 在 0.59～0.77，意味着土壤含水量模拟结果与野外测量结果高度相关；相对平均偏差在 12.17%～20.29%，说明土壤含水量模拟的平均偏差比较低；相

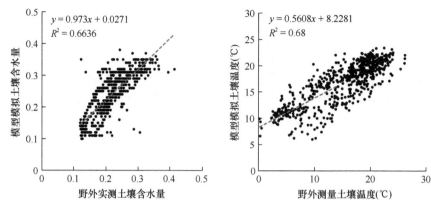

图 4-18 2008～2011 年土壤（20cm）含水量模拟和温度模拟精度验证

对均方根误差在 14.81%～25.94%，说明土壤含水量模拟的误差稳定性尚可（表 4-16）。相对均方根误差与相对平均偏差之间差值并不是很大，说明土壤含水量模拟具有足够的可靠性。模拟的整体结果表明，当年的模型参数基本把握了温性草甸草原在生长季的草原土壤水分动态。

表 4-16 模拟土壤含水量分析

年份	MAE（%）	RMSE（%）	R^2	E
2008 年	15.56	21.37	0.59	0.43
2009 年	14.60	21.42	0.77	0.58
2010 年	12.17	14.81	0.58	0.23
2011 年	20.29	25.94	0.67	0.29

土壤温度的模型效率系数 E 在 0.93～0.95，表明模型对温性草甸草原生长季土壤温度变化的机理解释是完全符合野外条件的；R^2 在 0.59～0.76，表明模型模拟结果与野外实测数据高度相关；相对平均偏差在 19.18%～22.16%，说明模型对土壤温度模拟的偏差处在较低水平；相对均方根误差在 24.50%～27.54%，说明模型对土壤温度的模拟误差比较稳定（表 4-17）。相对均方根误差与相对平均偏差之间差值并不是很大，说明土壤温度模拟具有很高的可靠性。与土壤湿度模拟情况不同，土壤温度模拟有着更高的模型效率但更大的相对平均偏差，表明模型对土壤温度变化趋势和波动规律模拟的把握更加准确，但是在模拟的部分时间区间存在更大误差。实际上，土壤温度模拟的主要误差来源于当模型内达到植物所需积温之后，植物生长模块进入凋落模式，这个模式下模型倾向于高估土壤温度。

表 4-17 模拟土壤温度分析

年份	MAE（%）	RMSE（%）	R^2	E
2008 年	19.72	26.03	0.76	0.94
2009 年	22.16	27.54	0.74	0.93
2010 年	19.82	24.93	0.59	0.94
2011 年	19.18	24.50	0.72	0.95

2. 地上 NPP 模拟结果验证

2008～2011 年呼伦贝尔温性草甸草原的地上生物量碳（AGBC）数据表现出统一的变化趋势：草原每年 5 月初返青，在日均温达到 10℃之前地上生物量碳增长缓慢。当日均温达到 10℃之后随着春季降水的到来，地上生物量碳在 6 月中旬到 7 月会进入一个高速增长期。碳蓄积以每 15 天 150～250kgC/hm² 的速度增加。从 8 月中旬到 9 月上旬，地上生物量碳含量将进入一个相对稳定的时期，每日增幅都很小。9 月中下旬，随着日均温低于 10℃的到来，地上活体生物量碳会快速减少（图 4-19）。

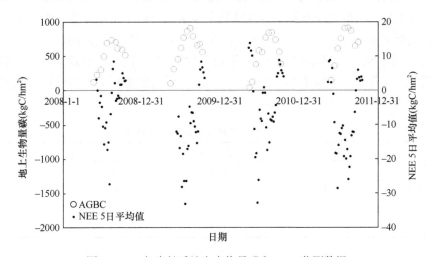

图 4-19　4 年生长季地上生物量碳和 NEE 监测数据

2008～2011 年模型输出的地上生物量碳与样地中实测的数据拟合得非常好，R^2 达到 0.90（图 4-20），模型的输出结果在 4 个生长季内都基本准确地拟合了地上生物量碳的变化格局。从 5 月底（DOY[①]140～150 天）草原植物开始萌发，模型模拟的地上生物量碳开始同步增长。春季降水到来之后，随着温度上升到 10℃以上，植被进入生长期，

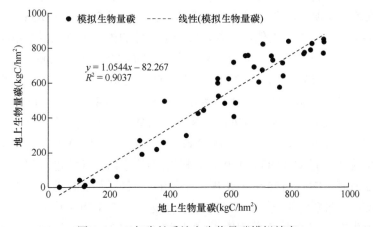

图 4-20　4 年生长季地上生物量碳模拟精度

---

① DOY 表示积日（day of year），从历年的第一天起连续累计的日数

模型模拟的地上生物量碳也进入快速增长期。4 年的模拟中，2008 年和 2010 年都是轻微高估产量，而 2009 年和 2011 年都是轻微低估产量。从 8 月中旬开始模型模拟值进入下降期，该时期地上生物量碳实测数据也表现出衰退趋势。当日均温低于 0°时，地上生物量碳会大幅下降，模型中也有会地上活体生物量碳的剧烈衰退。

本研究所选的研究区是多年围封的温性草甸草原样地，地上生物量碳采用样方割草法获得。DNDC 模型在地上生物量碳的模拟方面保持了很高的模拟精度，模型效率系数 E 达到 0.97~0.98，R^2 达到了 0.89~0.94，相对平均偏差和相对均方根误差分别是 13.28%~17.58% 和 14.90%~19.55%（表 4-18）。非常高的模型效率与相关系数说明，当前参数下 DNDC 模型已经把握了温性草甸草原生长季地上生物量碳动态的变化规律。借助高频的野外实测数据，尤其是多指标生态系统监测数据，我们构建了一套高精度的温性草甸草原 DNDC 模型地上生物量碳模拟参数。非常高的模型效率与中等的相对平均偏差说明，尽管模拟值依然和实测值有一定的误差，但模拟值都是围绕实测值小范围波动的，并没有降低模型模拟的效率和可靠性。

表 4-18　地上生物量碳模拟结果评价

年份	MAE（%）	RMSE（%）	R^2	E
2008 年	16.21	18.42	0.94	0.97
2009 年	14.43	16.03	0.90	0.98
2010 年	13.28	14.90	0.94	0.98
2011 年	17.58	19.55	0.89	0.97

3. CO_2 交换量模拟结果验证

在监测的 4 年中，实验区生态系统碳平衡表现出类似的格局——"W"形变化曲线（图 4-19）。生长季中会出现两个碳固定峰值期，并且在生长季中段会出现一个碳排放峰值。根据生长季中不同的气温和降水分布格局，每年的碳固定峰值期和碳排放峰值会有一些不同。2008 年生态系统从 6 月中旬（DOY 165 天）进入碳固定期，在 8 月初（DOY 215 天）达到碳吸收顶峰，之后碳排放会逐渐增强。到了 8 月底（DOY 235 天），生态系统的碳排放会达到夏季最大值，随着月底降水事件的再度来临，生态系统再一次进入碳固定期，第二次碳固定期一直持续到 9 月中旬（DOY 245 天）。2009 年，NEE 从 5 月进入碳固定期（DOY 135 天），在 7 月下半月（DOY 200 天）达到碳汇的峰值，之后一个月持续的干旱导致生态系统碳平衡向碳排放移动，直到 8 月下旬（DOY 230 天）达到碳固定的最低值，仅为每天 4.7kgC/hm²。8 月末的降水将会带来第二个碳固定峰值，这次的碳固定期会持续到 9 月中旬（DOY 260 天）。2010 年和 2011 年有着类似的碳动态格局，生态系统从 6 月初（DOY 150 天）日均温达到 10℃ 开始进入碳固定期，第一个碳汇高峰在 6 月底（DOY 175 天）出现，干旱的 7 月使得 NEE 迅速减少，在 7 月中旬（DOY 200 天）生态系统的碳固定和碳排放基本达到一个平衡的状态，直到 7 月底的大规模降水使得生态系统再次变成碳固定。8 月初（DOY 215 天）达到第二个碳固定峰值期，碳固定的状态将一直持续到 9 月中旬（DOY 260 天）。

NEE 的模拟值分布格局与观测值也有很好的拟合性。NEE 的正值和负值分别代表生态系统碳排放和碳固定。模拟 NEE 表现出实测值"W"形变化趋势，两个碳吸收峰值出现在 6 月和 8 月前后，而 7 月则是一个碳吸收很弱的谷值（图 4-19）。在 4 年的模拟中 DNDC 模型表现出较高的模型效率，并且 5 天均值 NEE 模拟 R^2 达到了 0.40（图 4-21）。在 4 年的 NEE 模拟中，春夏两季的模拟精度达到可接受的程度，然而秋季的 NEE 模拟精度较低，只有 2011 年表现出不错的精度。2008 年和 2010 年模型的秋季 NEE 模拟值都偏低，2009 年模型的秋季 NEE 模拟持续 32 天低于实测值，从 8 月下旬（DOY 231 天）到 9 月下旬（DOY 263 天）平均每天低估 15.39kgC/hm²。8 月 19 日（DOY 230 天）是模型中作物生长所需积温达到最大值的日期，根据 DNDC 模型机理当模型中的植物所需积温得到满足，植物生长速度将会放缓，并且激活模型内的枯萎模块。而 2009 年 7 月温性草甸草原样地出现了连续 50 天的干旱期，直到 8 月下旬（DOY 232 天）迎来了一次大强度降水事件，样方监测数据和涡度相关通量数据显示，这次降水后生态系统维持了 30 天左右碳固定状态。但是模型对这次降水的响应很微弱，因为植物生长所需积温已经达到。

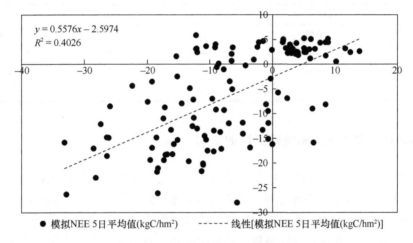

图 4-21　4 年生长季 NEE 模拟精度

在野外的实地监测中，生长季中长期干旱时涡度相关通量数据偶尔会出现剧烈波动，前一天是一个强碳源第二天就转变为一个强碳汇。但是在模型中，生态系统在没有降水事件时只能连续地、有趋势地改变 NEE 输出结果。涡度相关通量数据的波动，并不是生态系统真实状态的短期剧变，而是特殊条件下涡度相关通量监测法带来的不确定性。为了消除这种仪器不确定性对模型模拟的影响，我们采用 5 天平均 NEE 数据作为 NEE 模拟的验证指标。

NEE 模拟是生态系统过程模型模拟中的难点（Qiu et al.，2009）。NEE 是研究生态系统碳蓄积的关键指标，而且 NEE 可以通过涡度相关通量技术直接获得高频率的验证数据。涡度相关通量系统测量生态系统 NEE 值有着许多优势：很高精度的实测数据、很高的时相频率，而且下垫面一般都是无干扰的。涡度相关通量数据用于 DNDC 模型校正时有一个小问题需要匹配——涡度相关通量系统的超高时相精度，导致每个阴天、低温日日尺度 NEE 值都会出现大幅增加（碳排放增强）以致降水和寒流过境的情况下日值 NEE 的波动则会更大。利用这种大幅的 NEE 波动进行日值模型的验证会导致较大的模拟误差，因为日值模型仅能逐日改变对生态系统的响应，不会出现一两天内的大幅波动。因此，本研究采用了 5 天平均的涡度相关通量数据作为 DNDC 模型 NEE 的验证数据。

本研究 NEE 的模型模拟效率系数 E 在 0.43～0.68，R^2 在 0.34～0.53（表 4-19）。对于 NEE 模拟相对平均偏差和相对均方根误差没有统计意义。NEE 的大小在 0 附近上下波动。模拟精度最差的一年是 2008 年，该年模型效率同样最低。可能是因为 2008 年呼伦贝尔站的涡度相关通量塔刚刚完整运行第一年，下垫面于 2007 年安装涡度相关通量系统时进行过扰动。2008 年的涡度相关通量数据自身波动较大。4 年整体看，虽然模型在秋季模型效率有些下降（模型倾向于低估每年秋季第二个生态系统碳汇峰值的 NEE 强度），但 DNDC 模型对生长季 NEE 的模拟基本做到了较高的模型效率（表 4-19）。

表 4-19　NEE 模拟结果评价

年份	MAE（%）	RMSE（%）	R^2	E
2008 年	6.61	8.37	0.37	0.43
2009 年	6.66	8.68	0.53	0.68
2010 年	6.86	8.32	0.50	0.52
2011 年	7.03	9.24	0.34	0.54

二、放牧对草甸草原生态系统碳循环的影响

应用 DNDC 模型进行放牧对草甸草原土壤碳变化和生态系统碳固定的研究，既有利于分析草原生态系统碳循环途径，又能阐明全球气候变化背景下草原放牧活动对气候变化的响应。通过 DNDC 模型对放牧草原的地上生物量进行模拟，分析相同实验区放牧对草原碳固定量的影响，比较草原土壤碳含量的变化，对比生态系统呼吸强度和光合作用强度的强弱，对草甸草原碳循环和气候变化的研究具有重要的科学意义，同时也为正确管理和合理利用草原生态系统，使草原生态系统增加固碳减排功能提供数据参考和理论依据。

本研究于放牧区每年从 5～9 月每隔 15 天采样一次，样区内条带状采集 5×2 个标准草原样方地上生物量，通过实验区周围的重度放牧草场放牧时间和放牧强度，计算得出 DNDC 模型中的放牧强度参数。等效放牧压力为每公顷 3 个牛单位，每日放牧按 6h 计算，每年从 5 月 1 日持续到 9 月 1 日。

图 4-22 表明，实验区放牧场 2008～2011 年 4 年表现出不同的地上生物量碳存留规律。2008～2009 年地上生物量碳最大存留值出现在 7 月底（DOY 210 天），最大地上生物量碳存留分别为 325.64kgC/hm^2 和 416.29kgC/hm^2。2010 年地上生物量碳存留最大值出现在 6 月上旬（DOY 163 天），最大值为 335.98kgC/hm^2。2011 年地上生物量碳存留最大值出现在 8 月中旬（DOY 224 天），最大值仅为 259.78kgC/hm^2。出现这种地上生物

量碳存留分布格局的主要原因是这 4 年不同的降水和气温分布格局，2008～2009 年当地都表现出水热不同期的特点，2008 年当气温在 5 月中旬（DOY 134 天）上升到日均温 10℃以上时并没有同期降水，并且一周后还出现了一次寒流气温回落到 1℃，直到5 月底（DOY 149 天）出现了一次大规模降水，同时 6 月初（DOY 154 天）气温回升到 10℃以上之后生态系统才进入高速生长期。2009 年 5 月中旬（DOY 135 天）气温就上升到 10℃以上，并且之后在 20℃和 10℃之间大幅波动，但是直到 6 月上旬（DOY 170 天）才出现了第一次大规模降水。从此植物才进入高速生长期。2010 年，呼伦贝尔在 5 月上旬（DOY 130 天）就出现了一次 18.5mm 的降水，改善了土壤中的干旱状态，从 5 月中旬（DOY 133 天）气温升高到 10℃之后，第 136、140 天又出现两次 10mm 以内的小规模降水，小规模降水过去之后气温迅速在 144 天提升到 19℃，生长季初期生态系统水热同期配合得很好，6 月上旬（DOY 160 天）大规模放牧活动开始之后，放牧场的最大生物量监测值出现在 6 月中旬（DOY 163 天），之后整个生长季都处在一个较高的地上生物量碳存留水平。2011 年，6 月初（DOY 131 天）就迎来了早春第一次大规模降水，降水量达到 24mm，但是降水之后于一周内（DOY 134 天和 140 天）连续两次寒流的到来，导致气温一直处在 10℃以下，5 月下旬（DOY 144 天）之后气温升高到 10℃以上，但是一直到 6 月上旬（DOY 160 天）放牧活动开始，都没有再出现降水，因此草原生物量从放牧开始之初就没有进入高速生长期，因此在整个生长季，放牧场地上生物量碳存留都始终处于一个较低状态的稳定平衡中，最大值出现在生长最旺季的 8 月中旬（DOY 224 天）。

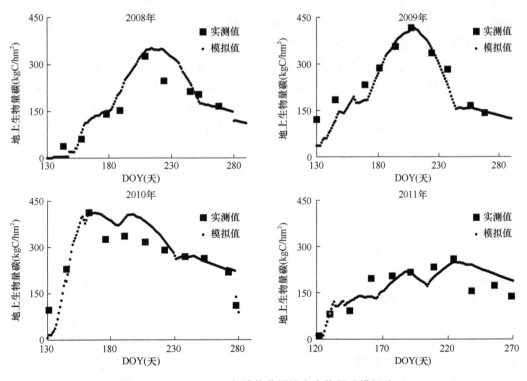

图 4-22　2008～2011 年放牧草原地上生物量碳模拟验证

DNDC 模型对温性草甸草原放牧场表现出很高的模拟精度，从 2008 年到 2011 年均表现出很高的相关系数，以及很高的萨特克里夫模型效率。对实验区放牧场 4 年的模拟中，模型效率系数 E 在 0.87～0.97，模型很好地模拟了地上生物量碳每天的存留量，同时也很好地模拟了地上生物量碳存留量在不同气候条件下的变化规律（表 4-20）。

表 4-20 放牧草原地上生物量碳模拟精度

年份	MAE（%）	RMSE（%）	R^2	E
2008 年	18.60	24.52	0.89	0.95
2009 年	15.00	20.42	0.90	0.96
2010 年	15.46	18.36	0.75	0.97
2011 年	26.53	39.18	0.77	0.87

从表 4-21 中可以看出，适度放牧并没有显著改变生态系统的光合作用强度，从 2008 年到 2011 年放牧草场对比围封草场光合作用总固碳量改变了-0.8%到 8.6%不等，出现这种情况的主要原因是家畜采食导致了地上生物量的减少，使得草原群落的叶面积指数（LAI）下降，减少了固碳作用，但是同时植物的采食刺激了草原植物的再生，又加剧了植物光合作用活性。植物地上呼吸强度大幅减少，从 2008 年到 2011 年植物茎叶呼吸量减少了 44.3%～70.3%，出现这种情况的主要原因是持续大部分生长季的连续放牧，使得植物地上生物量始终维持在一个较低的水平，因此植物地上呼吸量大幅减少。植物根呼吸强度变化不大，2008 年增加了 3.8%，2009～2011 年下降了 2.0%～5.6%，植物根呼吸强度与植物光合作用强度具有较高的相关性，放牧对植物光合作用活性的影响并不一致，导致这种情况的主要原因为：家畜的采食减少了地上生物量，让植物有效光合作用面积减少，但是同时地上生物量的移除也激活了草原植物的补偿性生长，使得草原群落的生长速度增加，光合作用效率提升。具体的表现就是 2008 年植物根呼吸出现了小幅增加，突出表现为秋季生长季末期随着 9 月 1 日（DOY 243 天）的一次降水事件，放牧样地相对围封样地出现了一小段生态系统根呼吸的活跃期，而 2009～2011 年根呼吸总量出现了小幅下降，生长季末期没有大的降水事件，根呼吸活跃期并不明显。土壤异养呼吸在放牧情景下出现小幅衰减，除 2008 年外 2009～2011 年减少了 7.8%～12.3%，这与放牧情况下输入土壤的枯落物、有机质减少，导致土壤异养呼吸底物浓度降低有关。2008 年土壤异养呼吸出现轻微增加，可能跟水热不同期导致的微生物活性增强有关。生态系统 NPP 总量呈现了大幅增加，2008～2011 年增加了 31.2%～54.9%，DNDC 模型模拟的结果表现出连续的放牧使得植物再生性得到激活，尽管地上生物量减少，但是与此同时生态系统的固碳能力并没有出现衰减，甚至部分年份还有提升，同时植物呼吸作用大幅减弱，因此生态系统 NPP 得到增加。与 NPP 的变化规律相同，NEE 总量增加了 86.6%～142.5%，出现这种结果说明连续放牧大幅减少了植物呼吸量，同时土壤异养呼吸的强度还有小幅下降，因此在 2008～2011 年 NEE 有了大幅增加，尽管放牧减少了地上生物量，但是却大幅提高了生态系统对碳元素的固定能力。

表 4-21 放牧草原与围封草场生态系统碳循环对比

项目	2008 年			2009 年			2010 年			2011 年		
	围封 (kgC/hm²)	放牧场 (kgC/hm²)	变化率 (%)	围封 (kgC/hm²)	放牧场 (kgC/hm²)	变化率 (%)	围封 (kgC/hm²)	放牧场 (kgC/hm²)	变化率 (%)	围封 (kgC/hm²)	放牧场 (kgC/hm²)	变化率 (%)
光合作用固碳	4258	4409	3.5	4871	5290	8.6	4648	4686	0.8	5143	5100	-0.8
植物地上呼吸	1034	419	-59.5	1059	503	-52.5	1159	645	-44.3	1076	320	-70.3
植物根呼吸	1492	1549	3.8	1944	1891	-2.7	1612	1579	-2.0	2132	2012	-5.6
土壤异养呼吸	926	937	1.2	1087	1002	-7.8	1084	951	-12.3	1062	955	-10.1
NPP	1731	2441	41.0	1869	2896	54.9	1876	2462	31.2	1935	2768	43.0
NEE	806	1504	86.6	781	1894	142.5	793	1511	90.5	873	1813	107.7

对比实验地的围封区和放牧区，本研究选取的 4 年期间土壤有机碳都只有轻微变化（图 4-23），对于土壤有机碳的积累和流失来说 4 年时间影响非常微弱。模型模拟都是遵循已有的土壤气候数据和植物生长过程数据，因此即便是非常轻微的土壤有机碳变化也可以在模型结果中反映出细微的差别。从模拟结果看，围封草场和放牧草场都在缓慢积累土壤有机碳，但是围封草场的土壤有机碳积累速度相对较快且更稳定，大约每年积累量增加 $800kgC/hm^2$，年际之间波动很小。而放牧草场每年土壤有机碳积累速度较慢，且每年积累量根据植物地上保有量的不同波动较大，每年土壤有机碳积累量增加在 $350\sim530kgC/hm^2$ 波动。其中 2008 年土壤有机碳积累量增加最少，为 $350kgC/hm^2$，2010 年土壤有机碳积累量增加最大，为 $530kgC/hm^2$。放牧是草原土壤有机碳输入减少的主要原因，根据 DNDC 模型的预测，每公顷 3 个牛单位、每日 6h 的放牧压力导致每年草甸草原土壤有机碳积累减少 $35\%\sim55\%$，并且年际之间有相对较大的土壤有机碳输入波动，产生这种波动的主要原因是气候条件的变化导致秋季植物枯落物向土壤有机碳输入量的变化。

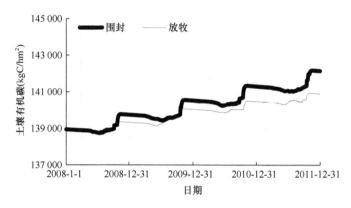

图 4-23　2008～2011 年围封与放牧草原土壤有机碳变化对比

三、未来气候变化对草甸草原生态系统碳循环的影响

探测我国草原生态系统在未来气候变化影响下的碳循环动态变化，对确定我国碳通量的总体目标必不可少，为改进我国生态系统的管理、采取增汇减排措施、降低净排放、保护气候资源提供理论依据。将 DNDC 模型应用于未来气候变化的尺度上，从而研究未来长期气候变化对温性草甸草原碳循环的影响，并对温性草甸草原碳循环动态的影响因素进行分析，为在未来气候变化条件下合理利用草原资源及保障中国未来的草原安全提供决策依据，同时对预测气候变化对人类和生态环境的影响与采取合理措施保护地球气候系统都具有重要意义。

（一）2016～2050 年气候情景数据来源与处理

未来气候情景模式数据采用 PRECIS 气候预测系统 HadCM3 模式 Q0 强迫 A1B 情景数据，选择研究样地对应区域的 2016～2050 年气候预测数据。设置 A1B 情景作为基准情景，根据呼伦贝尔草甸草原区过去 30 年降水量主要在 350～450mm 波动，5 年均温上升 3℃的历史记录，以及 A1B 情景预测未来降水量在 300～500mm 波动的情况，在基准情景（B 或 Base）上进行温度增减 3℃、降水增减 30%，来设置 4 个新的单气候因素变化情景，以及 4 个双因素变化情景（气温、降水）。总计 9 套未来 35 年气候情景预测数据（表 4-22）。其中+T 情景代表每日温度提升 3℃，−T 情景代表每日温度减少 3℃，+P 情景代表每日降水量增加 30%，−P 情景代表每日降水量减少 30%。+T+P 情景代表每日温度提升 3℃、降水量增加 30%，+T−P 情景代表每日温度提升 3℃、降水量减少 30%，−T+P 情景代表每日温度减少 3℃、降水量增加 30%，−T−P 情景代表每日温度减少 3℃、降水量减少 30%。未来预测情景数据中模型的植被和土壤参数都与验证后的参数保持一致，模拟场景为围封保护草场，每年的枯落物都会回到土壤生态系统，重新进入枯落物库和有机质库继续参与生态系统的物质循环。同时为了研究不同气候情景下温性草甸草原长期放牧的影响，同步设置了 9 套放牧情景下的未来模拟参数。其中为了简化模型，分析数据后采用中等放牧压力在模型中的参数定义，每年 6 月 10 日到 9 月 10 日持续 3 个月的放牧期，每天持续 6h，放牧压力为每公顷 3 个牛单位（每日消耗 12kg 碳元素、0.6kg 氮元素）。草原生态系统 NPP、土壤有机碳（SOC）和土壤有机碳变化（dSOC）将作为评价未来生态系统碳储量变化的主要因子。

表 4-22　9 种气候情景与两种草原管理组合

B+T+P	B+P	B−T+P	2016～2050 年温性草甸草原生态系统未来气候模式情景	G+T+P	G+P	G−T+P
B+T	Base	B−T		G+T	放牧	G−T
B+T−P	B−P	B−T−P		G+T−P	G−P	G−T−P

（二）2016～2050 年草甸草原生态系统碳循环动态变化

本研究利用 DNDC 模型通过经过验证的温性草甸草原验证数据，对 2016～2050 年的草甸草原生态系统在多种气候情景下进行模拟。

1. 2016～2050 年基准情景下温性草甸草原生态系统碳动态

根据 PRECIS 气候预测系统 HadCM3 模式 A1B 情景数据，2016～2050 年温性草甸草原地区年均降水量将会在 380mm 附近以 4～6 年为一个周期进行 100mm 左右的上下波动。但是每年降水格局则是在不断变化的，整体趋势表现为降水总量基本不变，但是降水事件的间隔趋于加大，极端降水事件和超过一个月的干旱期出现得愈加频繁，到 2040 年之后每年生长季降水比例从 2016 年的 80%降低到 60%左右。年均温则是缓慢波动上升，在 2020 年之前年均温在−1℃±0.5℃范围内波动，在 2040～2050 年则在 1℃±1℃范围内波动。基准情景模式下未来 35 年草原生态系统 NPP 变化呈现出前期大幅波动、后期小幅波动、2042 年之后大幅下降的趋势。这与气候情景的逐渐变化有关，气候情景数据中总降水量始终保持波动，但是年均温一直在不断上涨（图 4-24）。未来 10 年左右气温相对较低，降水波动较大，降水分布格局与现在类似，因此 NPP 表现出较大波动，总量变化不大，维持在 2000kgC/hm² 左右。未来 20 年左右随着年均温的上升，生态系统年尺度 NPP 逐渐呈现出比较稳定的状态，10 年均值也维持在 2000kgC/hm² 左右，未来 30 年左右降水分布格局与现在出现较大差异，降水分布向春季和秋季移动更多，夏季长时间干旱期的出现加剧，最终导致 2042 年之后 NPP 大幅下降，年均 NPP 降低到 1280kgC/hm²。出现这种情况的主要原因是 A1B 气候情景下，未来的降水格局逐渐出现分散化倾向，也就是无论降水总量如何波动，降水事件的间隔会逐渐延长，降水事件会更多地向初春和秋末移动，而夏季的干旱间隔期则会延长。模拟初期的 20 多年降水分散化对 NPP 的影响并不显著，但是一旦春季第一次大范围降水移动到均温 0℃ 之前，就会导致初春在草原上形成大量积雪，大量的积雪会推迟返青期的到来，从而使整个生长季 NPP 受到较大程度的影响（图 4-25）。

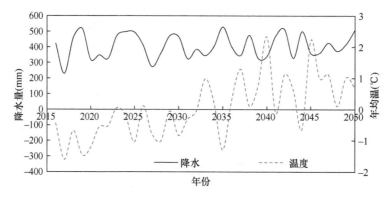

图 4-24　2016~2050 年基准情景下降水、温度变化预测

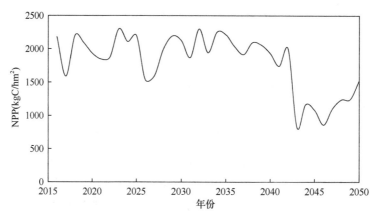

图 4-25　2016~2050 年基准情景下 NPP 预测

基准情景下 2016~2050 年温性草甸草原土壤有机碳会呈现缓慢上升趋势，从 104 720kgC/hm² 增加到 115 880kgC/hm²。但是这种增长不是逐年递增的，2016~2050 年大部分年份土壤有机碳都呈现积累的趋势，但是每年积累的土壤有机碳量在小幅波动中逐年下降。极端气候年份土壤有机碳积累会突然增大，部分极端气候年份土壤有机碳会流失。整体表现为未来 10 年间土壤有机碳会呈现相对快速的积累，每年平均积累 700kgC/hm²，2026~2035 年极端年份增多，除去个别土壤有机碳流失的年份，其余年份表现出较快的积累速度，每年平均积累 360kgC/hm²，2036~2050 年随着气候参数中温度的进一步升高，降水的进一步分散化，土壤有机碳的变化出现极大波动，高速积累和碳流失的年份都高频出现，这 15 年间土壤有机碳平均积累速度为 200kgC/hm²（图 4-26）。

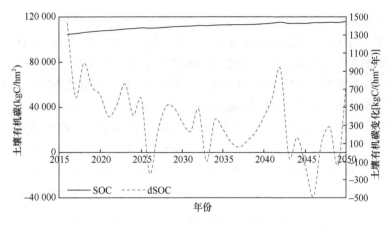

图 4-26　2016～2050 年基准情景下 SOC 和 dSOC 预测

2. 2016～2050 年单因素改变气候情景下温性草甸草原生态系统碳动态

由图 4-27 可以看出，在气温降水单因素改变的气候情景预测中，降水增加的 B+P 情景和温度增加的 B+T 情景在 2016～2050 年的预测 NPP 较高，其中 B+P 情景在 2042 年之后的降水格局变化情景下也依然能保持 1500kgC/hm² 的 NPP 积累，而且在传统降水格局的 2016～2042 年即便是遇到干旱年份也能维持 1900kgC/hm² 的 NPP。同时 B−P 情景的 NPP 预测结果最低，传统降水格局的年份峰值在 1500kgC/hm²，大部分年份在 1000kgC/hm² 附近，降水格局分散化的最后 8 年平均只有 400kgC/hm²。B−T 情景下 NPP 变化规律和基准情景很相似，但是每年 NPP 都有所减少，平均每年减少 400kgC/hm²，在降水格局分散化的最后 8 年 NPP 平均每年减少 50kgC/hm²。上述各气候情景下的 NPP 预测表现说明降水是决定温性草甸草原 NPP 总量的关键因素，同时较高的年降水总量也能缓冲降水格局分散化对草甸草原生态系统 NPP 的负面效应。温度对草甸草原生态系统 NPP 的影响相对复杂，在传统降水格局下温度提升有助于提高生态系统 NPP，但是在分散化的降水格局下，温度的提升对 NPP 的影响并不稳定，有时提升、有时下降。

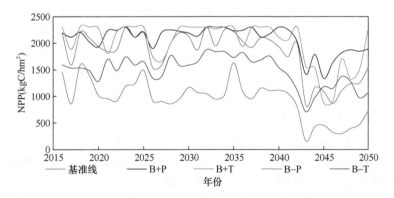

图 4-27　2016～2050 年单因素情景下 NPP 预测（彩图请扫封底二维码）

3. 2016～2050 年多因素改变气候情景下温性草甸草原生态系统碳动态

由图 4-28 可以看出，在气温、降水多因素改变的气候情景预测中，B+T+P 情景下，除了降水格局分散化的最后几年,其他年份草甸草原生态系统 NPP 几乎稳定在 2300kgC/hm²,该值是 DNDC 模型校准参数中温性草甸草原的潜在最大 NPP 输入参数,也就是说如果没有刈割、放牧等刺激再生的人为管理措施,2300kgC/hm² 就是草甸草原生态系统的最大 NPP 潜力。其他多因素改变的气候情景 NPP 都比基准情景表现出更低的 NPP,其中 B–T+P 情景在 2016~2050 年平均每年 NPP 1500kgC/hm² 比起基准情景的 1806kgC/hm² 少 17%。B+T–P 和 B–T–P 情景在 2016~2050 年平均每年 NPP 分别为 990kgC/hm² 和 915kgC/hm²。比起基准情景减少约一半。上述各气候情景下的 NPP 预测表现进一步说明降水对 NPP 贡献更大,当年降水量减少 30% 时,无论气候冷暖整个生态系统 NPP 都要减少约 50%。同时从图 4-28 中可以看出,在降水量一致的情况下,年均温较高的气候情景 NPP 年际波动较小。

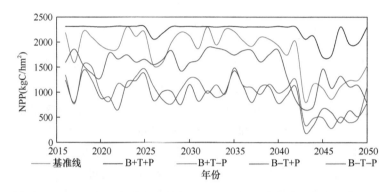

图 4-28 2016~2050 年多因素情景下 NPP 预测(彩图请扫封底二维码)

4. 2016~2050 年各种气候情景下温性草甸草原土壤有机碳动态

从 2016~2050 年土壤有机碳变化的趋势可以看出,B+P 和 B+T+P 情景下土壤有机碳积累的速度最快,分别达到 413kgC/(hm²·年)和 402kgC/(hm²·年)。B+T、B–T、B–T+P 和基准情景下土壤有机碳积累速度中等,分别为 352kgC/(hm²·年)、287kgC/(hm²·年)、265kgC/(hm²·年)和 319kgC/(hm²·年)。B+T–P、B–T–P 和 B–P 情景下土壤有机碳积累速度最慢,分别为 140kgC/(hm²·年)、122kgC/(hm²·年)和 112kgC/(hm²·年)。详细分析土壤有机碳变化的年际规律可以看出,在未来 10 年间干旱的情景土壤有机碳含量会显著低于其他情景,除干旱情景外,低温情景土壤有机碳会显著低于基准情景和增温情景。在 2025~2042 年干旱情景<低温情景<其他情景的基本格局不变,但是高温湿润情景会显著高于其他情景。到 2042 年降水格局强烈分散化之后只有高温湿润情景和湿润情景能维持在 118 000kgC/hm² 的土壤有机碳含量之上;增温情景和基准情景增速明显变慢维持在 115 000kgC/hm² 的土壤有机碳含量之上;低温情景和低温湿润情景维持在 113 500kgC/hm² 的土壤有机碳含量之上;而干旱情景、增温干旱情景和降温干旱情景土壤有机碳含量都在 109 000kgC/hm² 之下(图 4-29)。

综合 9 种气候情景在 2016~2050 年的土壤有机碳含量预测结果,可以看出对草甸草原生态系统未来土壤有机碳变化的影响因素中,降水是最关键的一个环节。无论温度增减还是干旱气候情景下土壤有机碳积累速度都会很缓慢;在传统降水格局的年份中降水增加和基准情景的土壤有机碳积累速度差异并不大,但是如果温度和水分同时增加则

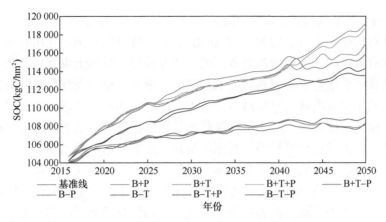

图 4-29　2016～2050 年多情景下 SOC 预测（彩图请扫封底二维码）

土壤有机碳积累会显著加速；在降水分散化的年份中只有不降温的湿润情景才能维持较高的土壤有机碳积累速度，而降水不变的情景在降水分散化的年份土壤有机碳积累速度明显下降。

5. 2016～2050 年各种气候情景下放牧对草甸草原生态系统碳循环的影响

直接对比基准预测的基础情景和放牧情景可以看出，NPP 最强的为 B+T+P 情景和 G+T+P 情景，NPP 最弱的为 B–T–P 和 G–T–P 情景。可以看出在中度放牧压力下温性草甸草原生态系统 NPP 普遍得到增强，详细分析具体日值数据主要表现在放牧处理地上 NPP 比天然围封处理要高出将近一倍，年均 NPP 总量平均提升 30%。从 6 月上旬到 9 月上旬的连续中度放牧使得草原生态系统地上生物量被不断移除，给了生态系统更大的 NPP 积累空间。对比 B+T+P 情景和 G+T+P 情景可以看出，在较高水热条件下，放牧情景下生态系统 NPP 积累年际动态格局和围封情景下的格局几乎没有差异，只有积累总量差异。对比 B–T–P 情景和 G–T–P 情景可以看出，放牧情景下虽然 NPP 积累总量有所提升，但是年际间 NPP 波动出现了增大的情况。同时分析 2043～2050 年降水格局分散化的数据可以看出，在降水格局逐步分散化的情景下，放牧对全年 NPP 的提升作用会减弱（图 4-30）。

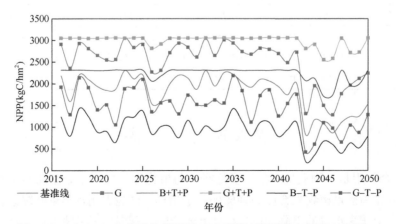

图 4-30　2016～2050 年放牧情景下 NPP 预测（彩图请扫封底二维码）

对比基准预测的基础情景和放牧情景，土壤有机碳积累最强的 B+T+P 情景和 G+T+P 情景，土壤有机碳积累最弱的 B−T−P 和 G−T−P 情景可以看出，在所有的气候情境下放牧对土壤有机碳积累的速度都是负面的，中度放牧会减弱土壤有机碳积累的速度。不同气候情景下土壤有机碳积累速度的差异区别很大，整体表现为越湿润的气候情景下放牧损失的土壤有机碳积累量越多；对于基准情景和干旱情景，越低温的情景放牧土壤有机碳积累速度越慢，对于湿润情景则是温度越高的情景下放牧损失的土壤有机碳积累量越大。出现这种差异的主要原因是高温湿润情景下温度和水分都不再是生物生长和土壤有机碳积累的主要限制因素，其他情景下的次要因素，即放牧对地上生物量的移除，在这种场景下成了影响土壤有机碳积累的主要因素，与此同时高湿润的情景下土壤微生物更为活跃，高温情景下土壤微生物分解活动释放的碳元素更多。对于基准降水场景和干旱场景低温在放牧影响的同时也抑制了地上生物量碳的积累，加剧了植物生长季内的温度胁迫，从而进一步减少了秋季植物枯落物向土壤碳库的输入（图 4-31 和表 4-23）。

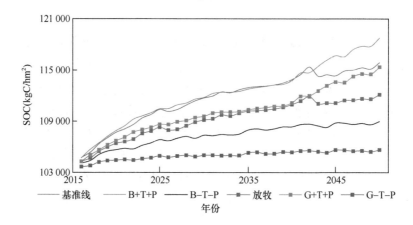

图 4-31　2016～2050 年基准情景下对比放牧情景下 SOC 预测（彩图请扫封底二维码）

表 4-23　放牧草原对比围封草原土壤有机碳减少量（kgC/hm²）

情景	围封草地			放牧草地			土壤有机碳减少		
	增温	基准	降温	增温	基准	降温	增温	基准	降温
湿润	118 761	119 185	113 530	113 650	114 823	109 719	−5 111	−4 362	−3 811
基准	117 020	115 881	114 310	113 650	112 118	105 212	−3 370	−3 763	−4 505
干旱	108 321	108 156	108 992	105 599	105 212	105 642	−2 722	−2 944	−3 350

第六节　结　　语

1）光合作用是干物质生产的主要途径，与植物生长关系十分密切。植物体内叶绿素含量可以作为衡量植物光合能力强弱的一个指标。试验表明，羊草叶绿素含量和光合速率均随着土壤含水量的下降而降低，使其光合能力减弱。干旱胁迫同样抑制了草甸草原羊草的光合作用，使羊草的净光合速率、蒸腾速率及气孔导度的日均值都大幅降低，胞间 CO_2 浓度增大，从而导致草甸草原羊草的光合能力下降。在一年中的生长季，净光合速率、蒸腾速率、气孔导度的季节变化大致呈双峰曲线。不同水分处理之间净光合速率存在明显差距，土壤水分含量越高，各个季节净光合速率均值越大。干旱胁迫条件下羊草叶片胞间 CO_2 浓度在整个生长季的均值明显高于其他梯度的，表明严重水分胁迫降低了 CO_2 的利用效率，使胞间 CO_2 浓度升高。近几年，草甸草原由气候变化引起干旱化，由上述研究可知草地植被光合能力下降，必然会造成草地生产力的大幅度降低，引起草地生态系统结构和功能产生一系列不利的连锁反应，从而影响人类的生产和生活。因此，遏制气候变化和草原退化，增加降水量（如通过人工增雨等方式）是保护草原生态环境，提高草地生产力的重要保障。

2）围封与不同利用方式下气温的日变化呈较好的单峰曲线特征。围封样地、放牧样地、割草样地土壤温度的日动态变化规律基本一致，具有较明显的日动态变化特征。土壤温度日变化，均表现放牧样地＞割草样地＞围封样地；7月表现出割草样地＞放牧样地＞围封样地。土壤呼吸速率具有明显的季节变化，围封样地、放牧样地与割草样地的季节变化曲线基本一致。气温均表现出7月＞6月＞8月＞9月。围封样地、放牧样地与割草样地的季节变化曲线基本一致，除7月割草样地土壤温度较高以外，其他月份均是放牧样地土壤温度高，围封样地土壤温度最低。0~10cm 与 10~20cm 土层内的含水量季节变化，围封样地、放牧样地与割草样地无显著差异（$P>0.05$），围封样地的土壤含水量均高于放牧样地与刈割样地。土壤含水量具有明显的季节变化，围封样地与放牧样地的季节变化曲线基本一致，土壤含水量均表现出围封样地＞割草样地＞放牧样地。

土壤呼吸速率日变化除7月外，其他月份的变化规律基本一致，呈较好的单峰曲线特征。围封与不同利用方式的土壤呼吸速率日变化随着生长季的初期、中期和末期而发生变化，围封样地、放牧样地与割草样地的季节变化曲线基本一致。土壤呼吸速率日变化与温度的关系：除7月围封与不同利用方式下土壤呼吸速率与气温、土壤温度相关不显著，其中与气温均呈负相关。土壤呼吸速率与土壤水分的相关程度达到了显著水平。土壤呼吸速率与气温、土壤温度相关性未达到显著水平，且呈现负相关的结果。土壤呼吸速率与土壤水分相关性，在围封样地高于放牧样地和割草样地，而围封与放牧、割草之间差别均不明显。土壤呼吸速率与温度、水分复合模型分析表明，围封与不同利用方式，土壤呼吸速率和土壤温度、气温及土壤水分回归结果极显著。围封样地与放牧样地土壤呼吸速率与温度、水分相关性都为正值；割草样地土壤呼吸速率与温度相关性为负值，与水分相关性为正值，其中土壤水分的作用大于温度的作用。

3）贝加尔针茅草甸草原生态系统的碳交换，在生长季内表现出明显的日变化，非生长季呈不规律的日变化，基本表现为碳排放。生长季土壤呼吸的日动态均呈明显的单峰曲线，土壤呼吸呈明显的季节变化。土壤呼吸和各土层土壤温度均呈极显著的指数回归关系，非生长季土壤呼吸受温度影响更为显著。不同土壤深度 Q_{10} 值为非生长季大于生长季，非生长季土壤呼吸对土壤温度的变化更为敏感。土壤呼吸与水热因子关系可以用线性模型和指数-乘幂模型来表示。土壤呼吸、土壤异养呼吸及根系呼吸日动态均呈单峰曲线。土壤呼吸与根系呼吸季节动态均呈双峰型，土壤异养呼吸季节变化相对较复杂。土壤呼吸、土壤异养呼吸及根系呼吸的这种季节变化与降雨强度及频率有密切的关系。除 20cm 土壤含水量外，土壤呼吸和土壤异养呼吸与 5cm、10cm及 15cm 土壤含水量均表现为显著正相关；在季节尺度上，土壤呼吸和土壤异养呼吸与 5cm 和 10cm 土壤温度均呈极显著的指数回归关系。根系呼吸占土壤呼吸比例波动较大。

4）DNDC 模型基本把握了温性草甸草原生态系统中土壤温度、土壤湿度、地上生物量碳和 NEE 的变化规律，表现出较高的模拟精度和相关性，尤其是春夏两季的模拟更为精确，相对而言秋季是模拟过程中误差积累的主要时段。模拟结果验证数据表明，本地化的呼伦贝尔温性草甸草原参数可以让 DNDC 模型对土壤含水量模拟效率系数 E 达到了 0.23～0.58，R^2 达到 0.59～0.77，这表明 DNDC 模型基本把握了温性草甸草原在生长季期间的土壤水分变化动态。DNDC 模型对土壤温度的模拟效率系数 E 达 0.93～0.95，R^2 达到 0.59～0.76，表明模型对温性草甸草原生长季土壤温度变化的机理解释是完全符合野外条件的。地上生物量碳模拟效率系数 E 达 0.97～0.98，R^2 达到了 0.89～0.94。非常高的模型效率与相关系数说明，DNDC 模型已经把握了温性草甸草原生长季地上生物量碳动态的变化规律。NEE 的模拟效率系数 E 在 0.43～0.68，R^2 在 0.37～0.53，说明当前参数基本把握了生态系统 NEE 的变化规律。

DNDC 模型可以较高精度地模拟放牧草地地上生物量碳现存量。模型每日移除的地上生物量和野外实际采样验证结果的误差较小。无论是围封草场还是放牧草场在 2008～2011 年都表现为碳汇。生态系统 NPP 在每年 1869～2768kgC/hm^2 范围内变化。生态系统 NEE 都表现为碳吸收，吸收量在每年 1511～1813kgC/hm^2 范围内变化，波动范围比 NPP 相对较小，主要是土壤异养呼吸也同步受到气温和降水的影响缓冲了 NPP 的大幅波动。适度放牧有助于提高生态系统的碳汇能力。

相对于围封草场，放牧草场小幅改变了生态系统的光合作用固定强度，不同年份生态系统光合作用总量的改变为–0.8%～+8.6%。但是放牧草场相对围封草场大幅减弱了植物地上呼吸的强度，不同年份植物地上呼吸总量减少 44.3%～70.3%。大部分年份放牧草场生态系统根呼吸量有轻微下降，但是 2008 年由于生长季末期的一次大规模降水事件，全年生态系统根呼吸有轻微增强。4 年的 NPP 模拟认为放牧管理大幅增加了草地生态系统 NPP，增加幅度为 31.2%～54.9%。但是由于土壤微生物活性的相对稳定，放牧对生态系统 NEE 的影响表现更为剧烈。放牧草场在 4 年期间的比起围封草场 NEE 增加了 86.6%～142.5%。说明放牧活动尽管放牧减少了地上生物量，但是却大幅提高了生态系统对碳元素的固定能力。

5）土壤有机碳的积累与流失是发生在大时间尺度上的缓慢变化事件。4 年实验期间土壤有机碳含量的变化量都不足 1%，因此，无论是围封草场还是放牧草场，土壤有机碳是长时间尺度变化的指标，4 年研究中无法用土壤有机碳变化来验证模型模拟精度。但是尽管变化量很小，由于 DNDC 模型的机理性，根据模型输出的结果我们可以分析得出围封草场和放牧草场都在不断积累土壤有机碳。在不同气候格局下围封草场每年积累的土壤有机碳含量相对稳定，而放牧草场的土壤有机碳积累波动更大，同时放牧草场的土壤有机碳积累速度下降了 35%～55%。

参 考 文 献

曹慧, 兰彦平, 王孝威, 等. 2000. 水分胁迫对短枝型果树光合速率日变化的影响. 山西农业科学, 28(3): 53-55.

陈海军, 王明玖, 韩国栋, 等. 2008. 不同强度放牧对贝加尔针茅草原土壤微生物和土壤呼吸的影响. 干旱区资源与环境, 22(4): 165-169.

陈全胜, 李凌浩, 韩兴国, 等. 2003. 水热条件对锡林河流域典型草原退化群落土壤呼吸的影响. 植物生态学报, 27(2): 202-209.

崔骁勇, 陈佐忠, 陈四清. 2001. 草地土壤呼吸研究进展. 生态学报, 21(2): 315-325.

董云社, 章申, 齐玉春, 等. 2000. 内蒙古典型草地 CO_2, N_2O, CH_4 通量的同时观测及其日变化. 科学通报, 45(3): 318-322.

杜睿, 陈冠雄. 1997. 不同放牧强度对草原生态系统 N_2O 和 CH_4 排放通量的影响. 河南大学学报(自然科学版), 27(2): 79-85.

杜睿, 王庚辰, 刘广仁, 等. 1998. 内蒙古羊草草原温室气体交换通量的日变化特征研究. 草地学报, 6(4): 258-264.

房玉林, 惠竹梅, 陈洁, 等. 2006. 水分胁迫对葡萄光合特性的影响. 干旱地区农业研究, 24(2): 135-138.

蒋高明, 林光辉. 1997. 生物圈二号内生长在很高 CO_2 浓度下的几种植物光合能力的变化. 科学通报, 42(4): 434-438.

李长缨, 朱其杰. 1997. 光强对黄瓜光合特性及亚适温下生长的影响. 园艺学报, 24(1): 97-99.

李凌浩, 王其兵, 白永飞, 等. 2000. 锡林河流域羊草草原群落土壤呼吸及其影响因子的研究. 植物生态学报, 24(6): 680-686.

李明峰, 董云社, 齐玉春, 等. 2004. 极端干旱对温带草地生态系统 CO_2、CH_4、N_2O 通量特征的影响. 资源科学, 26(3): 89-95.

李玉强, 赵哈林, 赵学勇, 等. 2006. 不同强度放牧后自然恢复的沙质草地土壤呼吸、碳平衡与碳储量. 草业学报, 15(5): 25-31.

马全林, 王继和, 纪永福, 等. 2003. 固沙树种梭梭在不同水分梯度下的光合生理特征. 西北植物学报, 23(12): 2120-2126.

齐玉春, 董云社, 杨小红, 等. 2005. 放牧对温带典型草原含碳温室气体 CO_2、CH_4 通量特征的影响. 资源科学, 27(2): 103-109.

孙艳, 冯贵颖, 黄炜. 2002. 两种黄瓜接穗在同一砧木上对生长状况影响的研究. 西北植物学报, 22(1): 163-167.

陶俊, 陈鹏, 佘旭东. 1999. 银杏光合特性的研究. 园艺学报, 26(3): 157-160.

王道龙, 辛晓平. 2011. 北方草地及农牧交错区生态-生产功能分析与区划. 北京: 中国农业科学技术出版社.

王德利, 王正文, 张喜军. 1999. 羊草两个趋异类型的光合生理生态特性比较的初步研究. 生态学报, 19(6): 837-843.

王艳芬, 纪宝明, 陈佐忠, 等. 2000. 锡林河流域放牧条件下草原 CH_4 通量研究结果初报. 植物生态学报, 24(6): 693-696.

王玉辉, 周广胜. 2001. 松嫩草地羊草叶片光合作用生理生态特征分析. 应用生态学报, 12(1): 75-79.

王跃思, 胡玉琼, 纪宝明, 等. 2002. 放牧对内蒙古草原温室气体排放的影响. 中国环境科学, 22(6): 490-494.

王跃思, 薛敏, 黄耀, 等. 2003. 内蒙古天然与放牧草原温室气体排放研究. 应用生态学报, 14(3): 372-376.

伍卫星, 王绍强, 肖向明, 等. 2008. 利用 MODIS 影像和气候数据模拟中国内蒙古温带草原生态系统总初级生产力. 中国科学(D 辑: 地球科学), (8): 993-1004.

武天云, Schoenau J J, 李凤民, 等. 2004. 土壤有机质概念和分组技术研究进展. 应用生态学报, (4): 717-722.

徐玲玲, 张宪洲, 石培礼, 等. 2005. 青藏高原高寒草甸生态系统净二氧化碳交换量特征. 生态学报, 25(8): 1948-1952.

徐世晓, 赵新全, 李英年, 等. 2005. 青藏高原高寒灌丛 CO_2 通量日和月变化特征. 科学通报, 50(5): 481-485.

杨晶, 李凌浩. 2003. 土壤呼吸及其测定法. 植物杂志, (5): 36-37.

杨素苗, 郑辉, 齐国辉, 等. 2008. 土壤含水量对盆栽红富士苹果叶片光合特性的影响. 河北林果研究, 23(2): 179-181, 186.

张金霞, 曹广民, 周党卫, 等. 2001. 放牧强度对高寒灌丛草甸土壤 CO_2 释放速率的影响. 草地学报, 9(3): 183-190.

张香凝, 孙向阳, 王保平, 等. 2008. 土壤水分含量对 Larrea tridentata 苗木光合生理特性的影响. 北京林业大学学报, 30(2): 95-101.

张钊, 李玮, 辛晓平. 2017. 基于无线感传网络的草原气象自动监测系统设计. 现代电子技术, 40(23): 15-17, 22.

Baldocchi D, Falge E, Gu L H, et al. 2001. A new tool to study the temporal and spatial variability of ecosystem-scale carbon dioxide, water vapor, and energy flux densities. Bulletin of the American Meteorological Society, 82(11): 2415-2434.

Cao G M, Tang Y H, Mo W H, et al. 2004. Grazing intensity alters soil respiration in an alpine meadow on the Tibetan Plateau. Soil Biology and Biochemistry, 36(2): 237-243.

Jia B, Zhou G, Wang F, et al. 2007. Effects of grazing on soil respiration of Leymus chinensis steppe. Climatic Change, 82(1): 211-223.

Kurbatova J, Li C, Varlagin A, et al. 2008. Modeling carbon dynamics in two adjacent spruce forests with different soil conditions in Russia. Biogeosciences, 5(4): 969-980.

McDonald A, Davies W J. 1996. Keeping in touch: responses of the whole plant to deficits in water and nitrogen supply. Advances in Botanical Research, 22: 228-300.

Mokany K, Ash J, Roxburgh S. 2008. Functional identity is more important than diversity in influencing ecosystem processes in a temperate native grassland. Journal of Ecology, 96(5): 884-893.

Qiu J J, Wang Li G, Li H, et al. 2009. Modeling the impacts of soil organic carbon content of croplands on crop yields in China. Agricultural Sciences in China, 8(4): 464-471.

Wang W, Feng J, Oikawa T. 2009. Contribution of root and microbial respiration to soil CO_2 efflux and their environmental controls in a humid temperate grassland of Japan. Pedosphere, 19(1): 31-39.

第五章　放牧对草甸草原生态系统的影响

　　牲畜放牧是草原生态系统植被利用的最古老形式，也是草原畜牧业或放牧畜牧业牲畜饲养的主要方式。一般正常合理的放牧对草原可能是有益的，可以刺激植物生长，防止枯草充塞，有利于牧草繁殖更新。同时可传播植物种子，其粪便起施肥作用。但高强度放牧会带来有害影响，直接或间接地从个体、群落乃至整个草原生态系统的水平上影响植被及其环境。大量研究表明，人类活动已成为当今影响草原畜牧业发展的主要因素之一。在诸多的人类活动中，放牧对草原及其生态系统干扰最大。过度放牧是导致草原退化和生产力下降最主要的原因。研究和认识不同放牧强度对草甸草原生态系统植被、土壤及其微生物、小型哺乳动物及植物发病率等多方面的影响，深层次探讨和揭示草甸草原生态系统的放牧演替规律及其对放牧的响应机制，避免和减少由过度放牧所产生的不良影响，为草原资源的合理利用和科学的放牧管理提供数据参考和理论支持。

第一节　放牧对草原生态系统影响的研究进展

一、放牧对草原植物特征影响的研究进展

　　放牧对植被的影响是放牧生态学研究的重要领域，主要指放牧家畜对草地牧草的采食、践踏、排泄物的输入等主要形式，影响植物个体、种群的生长发育、繁殖，以及整个草地植物种类的组成和生物量等，进而影响草地植物群落的结构和功能。有关放牧强度对草地群落植被特征的影响，国内外学者进行了诸多研究（宝音陶格涛等，2002；董全民等，2002；王玉辉等，2002；周华坤等，2004；Cooper et al.，2005；周丽艳等，2005；刘忠宽等，2006；Güsewell et al.，2007；张荣华等，2008；盛海彦等，2009）。放牧改变了物种组分、物种丰富度、垂直剖面特征、植物特征等（Bisigato and Bertiller，1997；Rodríguez et al.，2003）。与轻度放牧区相比，重度放牧区有较低的物种丰富度、植物盖度，易改变植物板块结构（Mcintyre and Lavorel，2001；Bertiller et al.，2002）。而连续的重度放牧和动物践踏效应会导致植被盖度、高度、现存量和地下生物量的大量下降（Zhao et al.，2004）。姚爱兴等（1998）研究表明，随着放牧强度的增加，地上总生物量呈增加趋势，根系生物量呈下降趋势。张伟华等（2000）研究表明，随着牧压强度的增加，植物群落高度降低，地表盖度下降，地上生物量较大幅度减少，特别是优质牧草生物量减少迅速。王德利（2001）研究表明，不同放牧强度下黑麦草-三叶草人工草地的禾草生物量季节动态基本上呈明显的"双峰型"变化，且随放牧强度的增大，峰值逐渐降低。王玉辉等（2002）报道，随着放牧强度的增加，羊草草原的植被盖度和生物量降低。万里强等（2002）研究表明，重牧区灌丛草地地上生物量均显著小于对照区和轻牧区。盛海彦等（2009）研究表明，随着放牧强度的增加，金露梅株高、密度、盖度、地

上生物量和丛间草地的地上生物量均有不同程度的降低。锡林图雅等（2009）研究表明，0～30cm 地下生物量随着放牧率的增加而降低，不同放牧率对地下生物量的影响主要发生在 0～10cm 土层。徐志伟（2003）对不同放牧强度下高寒草甸草本植物不同种群优势度变化的研究表明，放牧强度不同，优势度大的植物种类也不同，随着放牧强度的降低，禾本科等优良牧草在优势度较大的植物种类中所占比例逐渐增加；同种植物的优势度也随着放牧强度的增加或减小而发生改变。

关于家畜放牧与草地植物物种多样性之间的关系国内外已有大量研究和探讨。放牧对多样性的影响比较复杂，汪诗平等（2001）指出，不同放牧率对物种丰富度的影响不大，但植物多样性和均匀度随放牧率的增大而下降，群落优势度却随放牧率的增大而增大。蒙旭辉等（2009）研究表明，群落在中度放牧强度条件下能够维持较高的多样性。袁建立等（2004）在青海海北高寒草地的研究表明，物种丰富度和均匀度在夏季牧场和冬季牧场出现不同的变化。在夏季牧场，随着放牧强度的增强，物种丰富度增加，均匀度下降；在冬季牧场，物种丰富度和放牧之间呈驼峰反应模式，物种丰富度在中度放牧强度时达到最大。徐广平等（2005）报道，物种丰富度随放牧强度的增大呈下降趋势，中度放牧阶段略有增加，到重度和过度放牧阶段显著减少；均匀度和多样性在中度或重度放牧阶段达到最大值。朱绍宏等（2006）研究表明，白牦牛放牧强度对高寒草原群落物种多样性的影响显著，随着放牧强度的增强，夏季牧场的物种多样性指数、丰富度指数、均匀度指数都呈下降趋势；在冬季牧场，物种多样性指数、丰富度指数略有下降，而均匀度指数有所上升。郑淑华等（2007）研究发现，随着放牧强度的增加，多样性指数有先增后减的趋势。此外，放牧对植物多样性的影响在时间尺度上也比较重要，短时间采食作用能够引起生物多样性的增加，但随着时间的延续，动物采食所诱导的植物向着防御性或耐牧性的演替将最终使这种增加消失，韩国栋等（2007）研究表明，不同载畜率植物多样性指数随年度的增加有降低的趋势。总之，研究不同放牧强度下草地群落物种多样性的变化，对确定草地的退化阶段、揭示退化机理并进一步采用合理的放牧措施、促进草地恢复具有重要的意义。

二、放牧对草原土壤水热环境影响的研究进展

土壤是草原生态系统中重要的组成部分，土壤状况的好坏将影响植物群落物种组成和草原生态系统的演替过程。放牧是草原利用最普遍的方式，放牧家畜通过践踏作用对土壤的紧实度、渗透能力产生一系列影响，也会通过采食转化、排泄物的输入等对草原土壤化学成分造成影响。与此同时，草原土壤物理性质的变化和化学变化之间也存在相互联系、相互作用。植物-土壤-家畜构成草原放牧系统的主体，三者之间相互影响、相互制约。因此，研究放牧对草原土壤的影响，对了解放牧导致的草原生态系统退化过程和退化机制具有重要意义。

土壤温度和湿度是影响几乎所有生态系统过程和功能的关键变量（Chapin et al.，2002）。尽管土壤温度和湿度受区域气候的限制，但植被、凋落物和土壤是控制土壤温度和水分动态的基础。冠层盖度、覆盖的凋落物厚度是调节土壤温度和水分最重要的媒

介，因为它们直接拦截传入/传出的辐射（如净辐射），并且间接调节其他能量通量（如地表感热通量、潜热通量、土壤热通量）（Chen et al.，1999；Han et al.，2014；Shao et al.，2014，2017）。土壤热通量直接控制土壤温度的变化，而潜热通量（即蒸散）是决定土壤湿度的主要通量。由此，通过植被和枯枝落叶层的减少，会使土壤温度的年际变化放大，而土壤水分的变化可能会减少或保持不变。

　　放牧家畜通过采食、践踏、排泄粪便影响草地土壤的理化特性，主要表现在土壤容重、紧实度及土壤的渗透能力上，进而影响土壤其他因子。土壤容重与土壤紧实度有着密切的关系，土壤容重是判断土壤紧实程度的指标。国内外许多学者在放牧强度对土壤压实效应方面做了大量工作。研究表明，放牧强度增加，使土壤总孔隙度减少，导致土壤紧实度增加，并且这种影响是随土层深度的增加而减小。同时，随着放牧强度的增加，土壤透水性、透气性和导水率下降，土壤含水量下降，土壤趋向干旱化和贫瘠化。戎郁萍等（2001）的研究表明，土壤表层容重仅在放牧后期重牧和封育草地间差异极显著，其他放牧梯度间差异不显著。王玉辉等（2002）研究认为，土壤容重随放牧强度的增大而逐渐增加。侯扶江等（2004）指出，轻度放牧草地的容重较小，而重度放牧草地表层的容重相当于开垦 20 年耕地的犁底层的容重，说明家畜的践踏使土壤紧实度变大。Donkor 等（2006）报道，放牧明显降低了土壤水分，且短周期高强度放牧区的土壤水分显著低于中度自由放牧区的土壤水分。Altesor 等（2006）研究得出相反的结论，认为放牧降低土壤容重，增加土壤含水量。石永红等（2007）研究了奶牛不同放牧强度及放牧制度对人工草地土壤理化特性的影响，认为放牧强度对人工草地土壤的物理结构影响较大，与轻度轮牧相比，中度连续放牧使土壤（0～20cm）紧实度增加 19.8%、容重上升 2.8%、孔隙度减少 2.1%、通气性变差、含水量下降 5.8%，放牧强度对土壤物理特性的影响随土层深度增加而显著减小。

　　为了解放牧对草地结构和功能及相关生态系统过程的影响，国内外学者已经进行了大量的科学研究。研究表明，放牧使土壤湿度下降、土壤容重增加，土壤容重的增加会造成土壤非毛管孔隙减少，通气性、渗透性和蓄水能力受到影响。但关于放牧对地表微气候潜在影响的研究较少，如土壤温度和湿度的动态变化及其引起草原功能变化和其反馈的潜在机制。放牧对土壤微环境影响研究的不足，影响了生态系统研究中合理的生态系统模型的构建及在维持生态系统可持续性而不会退化的前提下的家畜管理能力。

　　放牧通过降低植被和凋落物层进而削弱对地面净辐射和土壤热通量的隔热作用，这是放牧影响对土壤温度的主要机制（Chen et al.，1999；Cheng et al.，2008；Gornall et al.，2009；Aalto et al.，2013；Hirsch et al.，2014）。放牧条件下，草食动物的践踏和采食，使得植被盖度下降、凋落物减少，可能由于反射或反照率增加而降低了地面净辐射（Zhao et al.，2014；Tian et al.，2017），其结果提高了土壤表面温度。同时，盖度的降低会增加土壤表面辐射的传入或传出，从而导致更高的土壤热通量，进而会增加或降低土壤温度，但这取决于热通量的方向。Aalto 等（2013）研究表明，植被在调节高寒地区的土壤温度变化中起着重要作用，Porada 等（2016）报道了苔藓植物和地衣覆盖使高海拔地区的土壤平均温度降低了 2.7℃。有研究证明，去除木本植被后，即使在 40cm 的土层，土壤的平均日温度也会增加。而对内蒙古草原的研究表明，放牧会导致地面净辐射变化

10%, 土壤热通量变化 45% (Shao et al., 2017)。

水分是干旱、半干旱区的草地生态系统的主要限制因子, 往往影响植物群落组成结构和生态系统功能 (梁茂伟, 2019)。放牧对土壤水分的影响更为复杂, 但主要是通过植被盖度减小、凋落物层和表层土壤压实进而改变一系列水文过程, 如蒸腾、蒸发、入渗和地表径流 (Vandandorj et al., 2017)。茂密的植被可以通过减少冠层下的蒸发损失及减少土壤中的水平和垂直水流来增加土壤水分 (Asbjornsen et al., 2011; Donkor et al., 2006)。相反, 植物还可以通过增加蒸腾作用和降水的截留来促进土壤干燥。长期重度放牧还会改变土壤的物理性质, 从而影响土壤的水文过程 (如渗透和持水能力)。土壤渗透性强弱反映土壤水分和养分保蓄能力的大小, 影响土壤的通气状况和水分利用, 也是土壤肥力状况的指标之一。大量研究表明, 中等强度放牧提高了土壤渗透率, 但重度放牧减少了土壤孔隙度和水稳性团聚体, 引起透水性、通气性和导水率下降, 降低土壤持水力。张蕴薇等 (2002) 对华北农牧交错带不同放牧强度对新麦草人工草地的研究发现, 随着放牧强度的增加, 土壤孔隙度和水分渗透率降低。增加土壤的紧实度会降低土壤的水分传导率, 促进地表径流并增加土壤的持水能力 (Vandandorj et al., 2017)。尽管放牧会通过多种途径影响土壤水分, 但仍缺乏长期持续的土壤水分观测, 尤其是在不同放牧强度下, 这限制了我们对放牧如何改变土壤水分及其动态的认识, 也阻碍了我们管理放牧及寻求合理的水资源利用的能力。同时, 放牧对草甸草原土壤温湿度的影响研究较少, 本研究从水热条件方面阐述放牧如何影响草甸草原土壤温湿度的情况。

草原土壤系统本身具有较高的复杂性, 所以放牧对土壤性质的影响也不尽相同。通常来讲, 土壤对放牧的响应于植被而言较为迟滞, 但有时土壤对放牧的敏感性也会高于植被。放牧对土壤的影响因草原类型、气候环境、放牧强度等因素的差异而呈现不同的结果, 说明了放牧与草原土壤性质的复杂关系, 通过它可以阐明放牧引起的生态学结果, 也有助于揭示不合理放牧导致草原土壤退化的机理。

三、放牧对草原土壤微生物影响的研究进展

过度放牧是草原退化的主要驱动因素之一, 对地上植被和土壤生物性状有深远影响。近年来, 由于长期过度放牧和刈割等人类活动的强烈干扰, 草原生态环境恶化, 草原退化现象日趋严重。土壤微生物是土壤有机质与土壤养分转化和循环的动力, 它所含的养分是植物生长所需养分的一个重要来源。微生物既可固定养分, 作为养分暂时的"库", 又可释放养分, 作为养分的"源", 土壤微生物是草原生态系统的重要组成部分, 草地利用方式或其他人为干扰对草地植被与土壤产生影响, 进而对土壤微生物产生不同的影响。放牧是草地利用的最主要方式, 放牧强度不仅对微生物各类群数量产生影响, 而且也影响各类群的种类组成。草原过度放牧, 因动物的踩踏和取食、动物排泄物造成土壤外来微生物的增加和土壤养分的改变, 进而对土壤微生物造成影响。与不放牧草地相比, 适度放牧能增加土壤微生物各类群数量, 如在羊草草原, 在放牧率 1.33 只羊/hm^2 条件下增加土壤中细菌和放线菌的数量, 而在荒漠草原, 0.67~0.83 只羊/hm^2 样地中存在较高的微生物数量; 过度放牧对土壤微生物产生不利影响, 减少细菌、放线菌和真菌

的数量。重牧减少土壤微生物数量。赵吉等（1999）研究表明，适度放牧有助于放线菌数量的增加；在放牧条件下真菌数量有所减少，特别是重牧区均有所减少，总数下降约30%，但放牧率之间的变化不明显。高雪峰等（2007）研究认为，放牧对内蒙古荒漠草原土壤微生物的影响是：轻度放牧（0.67~0.83 只羊/hm^2）使土壤微生物总数量和三大类群微生物数量均增加，自生固氮菌数量极显著增加；与围栏区相比，重牧区（2~2.5 只羊/hm^2）土壤中的土壤微生物总数量及真菌、细菌和放线菌数量均有不同程度的减少，而自生固氮菌数量增加。另有研究表明，不同强度放牧对土壤微生物数量均产生不同程度影响，即在非牧段土壤微生物数量最多；其余各放牧段，随着放牧强度增加，微生物数量增加，但在各放牧段间均未达到差异显著水平。也有研究表明，轻度放牧和中度放牧有利于微生物各类群的生长繁殖，过度放牧会抑制微生物的活动，一直自由放牧则会严重破坏沙质草场表层土壤，使其微生物数量减少。

大量研究表明，草地土壤微生物数量、生物量的分布在空间上具有明显的垂直分布规律，土壤微生物数量随着土层的加深其数量逐渐减少，多分布在0~10cm，且均以表层（0~10cm 或 0~20cm）最多。土壤微生物变化与枯枝落叶有密切关系，在地表聚积大量枯枝落叶，有充分的营养源，水热和通气状况较好，利于微生物的生长和繁殖。赵吉等（1999）和高雪峰等（2007）研究认为，内蒙古中东部草原表层土壤有机质丰富，土壤微生物主要栖息在有机质颗粒上，植物根系也多分布在土壤表层，因此表层的土壤生物活性最高，数量也最多。同时，土壤微生物数量及其垂直分布的研究反映了各类草原的土层营养状况及其生产水平。

四、放牧对草原小型哺乳动物影响的研究进展

经典的多维生态位理论一般会将生态位分为三个重要的维度：空间、营养和时间生态位，物种要想共存必须在至少一个重要的维度上有所区分。生境（也包括微生境）长期以来一直是最常被提及的生态位维度，生境分割对于物种共存的重要性也首屈一指。在 Schoener（1971）综述的 81 篇涉及生态位分割的研究论文中，90%均与生境生态位直接相关，且其中超过 60%的案例又以生境生态位分割的意义最为重要。这点不难理解，在自然界中，最直观也最容易测度的异质性首先表现在生境上，各种环境因子的空间变异给不同物种的维持创造了条件。同时，不同生境往往具有不同的食物资源分布和被捕食风险，这意味着营养生态位也与生境密不可分。显然，对物种共存机制的探讨离不开对生境利用的分析。

一般来说，放牧活动最明显、最直接的效应是会改变植物地上生物量，减少植被盖度和高度；牛群的选择性采食和践踏会改变植物的相对丰度、植物群落的物种组成结构、物种的多样性和植物群落的演替过程。同时牛的啃食和践踏也会改变土壤基质的重要生态学特性，如土壤硬度、氮氧化物流通等。放牧也会直接或间接地通过所有这些由放牧引起的生境的变化来影响同域生活的小型哺乳动物群落。小型哺乳动物体型虽小但在草地生态系统物质循环和能量流通中占据着重要的一环，放牧对小型哺乳动物的影响更多地通过营养级联关系来体现。

国外大量实验利用放牛围栏设置对照实验研究牛群放牧对小型哺乳动物物种丰富度和多样性等群落特性的影响，但是大多数研究的实验设计相对简单，只考察放牧与否的定性影响，没有对放牧强度进行量化。设置不同放牧强度寻找最适宜的草原载畜量不仅能对生产实践进行指导，帮助实现畜牧经济最优化，更能找到最适当的干扰强度促进生态群落的良性演替，实现经济和环境的双赢发展。

多维生态位理论中最基本、最核心的维度是营养生态位，重要程度仅次于生境生态位。从营养生态位的角度研究动物对食物资源的选择是探究小型哺乳动物共存机制的先决条件，是从空间和时间生态位维度研究种间关系和群落组装原理的前提。测定营养生态位即动物的食性常用到以下方法：野外直接观察法；室内饲喂实验；对胃内容物、颊囊内含物进行目测鉴定；胃内容物显微组织分析（Flake，1973；Ellis et al.，1998）；粪便显微组分分析（Mellado et al.，2005）；对摄取食物资源的 DNA 鉴定（Soininen et al.，2009）；动物体内器官的稳定同位素分析（Soininen et al.，2014）等。除了饲喂实验，其他几种方法更多被用于分析动物在野外环境下实际采食的食谱。为了解物种共存机制，需要比较动物在单独饲喂的理想条件（温度恒定、无竞争和天敌）下和野外实际环境中营养生态位宽度的差异和对食物选择的偏好，分析物种之间营养生态位的重叠度，从资源的角度了解物种对资源的共享程度和潜在的竞争程度，为动物的栖息地选择和活动节律及格局提供研究基础。综上所述，本研究采用室内饲喂实验和胃内容物显微组织分析两种方法测定呼伦贝尔草原上常见的三种小型哺乳动物（达乌尔黄鼠、达乌尔鼠兔和狭颅田鼠）在理想和现实条件下的营养生态位，以期从食物资源的角度解释这三个物种共存的原理，为后续研究提供基础背景。

五、放牧对草原植物病害影响的研究进展

草原植物侵染性病害的发生、流行过程是指在一定的环境条件中，病原菌与寄主植物间不断的相互作用过程。在这个过程中若病原菌战胜了寄主植物，则发生病害，反之则不会发生病害。寄主植物发生病害最基本的要素是病原和适宜的环境条件，二者缺一不可。草原病害的发生和流行是在环境条件影响下，寄主植物与病原微生物相互作用所表现出的结果，通常用"植物病害的三角关系"来描述。环境条件既影响草原群落中病原物的生活力、定殖、侵染和传播，也对寄主植物的正常生长和抗病能力产生影响。放牧是天然草原的主要管理方式之一，家畜通过采食、践踏、粪尿返还等行为影响草原微环境、群落结构、土壤养分及寄主植物携带的真菌等，进而影响植物病害的发生。

在草原生态系统中，多数草原植物病害直接以其病症的特点来命名，如锈病、白粉病、黑粉病、霜霉病等，而叶斑类病害则以其斑点状的病状来命名的，如褐斑、黑斑、条斑、大斑、小斑和轮纹斑等（宗兆锋，2002；薛福祥，1998）。目前，内蒙古呼伦贝尔地区共计发现 124 种植物病害，包括 46 种白粉病、30 种锈病、22 种叶斑类病害、8 种黑痣病、8 种黑穗病、6 种纹枯病和 4 种麦角病。其中，陈中宽团队（布仁巴雅尔等，1993；陈申宽，1995a，1995b）对呼伦贝尔市小范围地区豆科牧草白粉病、核盘菌引起的病害、苜蓿褐斑病及人工草原病害进行了调查研究。在牧草、花卉、瓜果和中草药等植物上共计发现

46种白粉病,主要由白粉菌属、单囊壳属和粉孢属真菌引起。在23科64属82种寄主植物上发现了82种由核盘菌引起的病害。在其相邻的松嫩平原,Li等(2008)首次报道了引起羊草褐锈病的病原菌为披碱草柄锈菌。目前,已报道的引起羊草锈病的病原菌有披碱草柄锈菌(Li et al.,2008)、隐匿柄锈菌、冠柄锈菌原变种、鹿角柄锈菌和条柄锈菌原变种(南志标和李春杰,2003),羊草上的其他病害还包括羊草黑痣病(卢翔,2015)。

　　放牧作为天然草原管理和利用的主要措施,对草原生态系统中的植被、土壤和微生物产生重要影响。草原植物病害的流行除受到家畜放牧行为的直接影响外,还受草原群落中物种多样性、植物丰富度和微环境的间接影响,而以上因素又会受到降雨、温度、光照和风速等的影响。家畜放牧行为对草原病害的影响具有两面性:一方面,家畜的采食行为直接有效地清除了患病植株及在其表面附着的病原真菌,减少了侵染源,从而控制草原病害的发生(Skipp and Lambert,1984;Anders and Lars,1991;Gray and Koch,2004);另一方面,家畜采食和践踏造成的机械伤口增加了病原真菌侵染寄主植物的可能性,可能会加剧病害的发生和流行(Daleo et al.,2009)。

　　在草原生态系统中,植物病害的发生受植被密度,盖度及群落中物种多样性的影响。病害流行学的基本规律是单一物种植株密度的增加会加重病害的发生。而随着寄主植物物种多样性的增加,病害严重度会降低,但病原真菌的多样性会增加,即植物多样性对病害具有稀释效应。物种多样性的增加实际上是草原生态系统遗传背景多样性的增加,物种间存在的天然隔离屏障可极大地阻隔病原菌的传播。因此,保护生态系统物种多样性可降低病害的流行和传播。相反,寄主植物多样性的丧失影响病害的发病率和严重程度。一方面,植物多样性的减少会增加特定病原体的数量,从而导致更加严重的病害暴发;另一方面,植物丰富度的降低使草原生态系统容易受到外来种的入侵,可能会加剧植物真菌病害的传播(Knops et al.,1999)。放牧家畜引致植物最明显的变化是冠层高度和密度的改变(Bardgett and Wardle,2003)。植物株高和密度的变化会引起草原群落微环境中的温度、湿度和风速的改变,这些条件又与病害的发生和病原菌的传播息息相关。可见,放牧可从不同角度影响草原病害的发生。

　　截至目前,放牧对草原影响的研究大多集中在放牧改变草原植被、草原产出和牧草质量等方面。而草类植物病害作为限制草原生产的主要因素之一,对其的研究仍仅局限在单个植株的尺度,对放牧如何通过影响草原植被和微环境进而影响草原植物病害的发生仍缺乏认识。本研究以内蒙古呼伦贝尔草甸草原为研究背景,探究了放牧如何通过直接和间接作用影响草原病害的发生,并试图解析各因素对病害发生的解释量,以期明确放牧控制草原病害的作用机制,为利用合理的放牧强度防治草原病害提供理论依据。

第二节　研究区域概况与研究方法

一、研究区自然地理特征

　　内蒙古呼伦贝尔草原位于内蒙古东北部、大兴安岭西侧,属于内蒙古高原东北一隅,处于北纬 47°05′~53°20′、东经 115°21′~126°04′。总面积 25.3×10^{4}km^2，草原面积大约为 8.87×10^{4}km^2。呼伦贝尔南部和西部与蒙古国毗邻，西北边界以额尔古纳河和俄罗斯为界。草原的中心城市是海拉尔，满洲里位于其西部边界，北边和东边与大兴安岭林区相接。

2014~2016 年平均日气温为–1.6℃，最高气温为 29.4℃，最低气温为–41.8℃。平均日空气湿度为 66.4%，最高为 96.7%，最低为 19.7%。平均日入射太阳辐射为 201.5 W/m^2，最大为 402.4 W/m^2，最小为 12.5 W/m^2。2014 年、2015 年和 2016 年的降水量分别为 382.8mm、210.5mm 和 298.3mm。生长季中期（MGS）和非生长季（NGS）分别具有最高和最低气温、太阳辐射和累积降水。

二、研究样地

（一）放牧试验平台

试验主要在内蒙古呼伦贝尔草原生态系统国家野外科学观测研究站的控制放牧试验平台进行。该试验平台于 2009 年在谢尔塔拉镇毗邻草原建立，自此开始长期的呼伦贝尔草甸草原放牧强度实验。试验平台设 6 个水平的放牧强度（载畜率分别为 G0.00：0.00Au/hm^2、G0.23：0.23Au/hm^2、G0.34：0.34Au/hm^2、G0.46：0.46Au/hm^2、G0.69：0.69Au/hm^2、G0.92：0.92Au/hm^2，其中以 500kg 肉牛为一个标准家畜肉牛单位，用 Au 表示），3 个重复，试验区围成面积相等的 15 个放牧区和 3 个对照封育区，每个小区面积 5hm^2，试验区总面积 90hm^2。放牧试验开始于 2009 年，每年 6 月中旬开始放牧，10 月中旬终止放牧，为期 120 天。整个放牧期放牧牛日夜均在放牧场内，肉牛饮水通过拉水供应。试验设计如图 5-1 所示。本研究借助这一规划选取了 4 个放牧强度 G0.00、G0.23、G0.46、G0.92（每个围栏分别有 0 头、2 头、4 头、8 头牛，对应放牧强度为 0.00Au/hm^2、0.23Au/hm^2、0.46Au/hm^2 和 0.92Au/hm^2；G0.00 为不放牧、G0.23 属于轻度放牧、G0.46 属于中度放牧、G0.92 属于重度放牧）3 个重复共计 12 个放牧围栏进行实验研究调查。

（二）围栏试验平台

草原哺乳动物试验主要在内蒙古呼伦贝尔草原生态系统国家野外科学观测研究站建立的羊草+中生性杂类草（Leymus chinensis+mesophilic forbs）草甸草原样地进行（中心点坐标：北纬 49°19′9.78″，东经 120°5′52.32″），位于谢尔塔拉 12 队，面积 34hm^2。建群种以羊草和裂叶蒿（Artemisia tanacetifolia）为主，伴生种主要有寸草薹（Carex duriuscula）、贝加尔针茅（Stipa baicalensis）、细叶白头翁（Pulsatilla turczaninovii）、狭叶青蒿（Artemisia dracunculus）、羽茅（Achnatherum sibiricum）和囊花鸢尾（Iris ventricosa）等。

2011 年经过考察，在 12 队样地大围栏东侧的草地建立了 8 个 50m×50m 围栏样地（总面积 70 亩），围栏地下部分埋入 70cm，地上部分高 1m，每个围栏间隔 50m，方便后续 4 年半自然围栏实验。围栏上方没有架设防鸟网，无法防止来自天空的捕食者如猛禽等，但是任春磊（2010）的研究显示，猛禽对物种的影响不是很大。

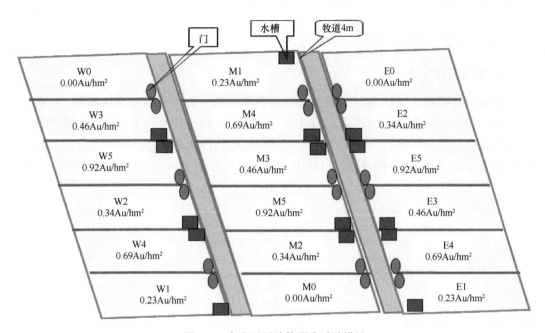

图 5-1　肉牛不同放牧强度试验设计

上行字母为"小区编号"，其中 W 为重复 1、M 为重复 2、E 为重复 3

三、研究方法

植被群落特征及土壤因子取样及测定时间为每年的植物生长季（6～10 月），分别在上述研究样地。

（一）草原群落生物和土壤环境因子的取样与测定

植物群落特征：在每个小区具有代表性的区域的中部，每隔 40m 设置一个 1m×1m 的样方，重复 5 次，共计 60 个样方。记录每个样方内出现的物种数，统计每个物种的盖度、高度、多度，其中盖度采用目测估计法，高度用直尺测量，多度采用分种记名计算法记录。

地上生物量和凋落物量：每月月初对不同放牧强度草地植被进行调查，在每个试验区随机取 5 个 1m×1m 的样方，将样方内的植物分为地上生物量和枯落物两部分采用齐地面剪割法剪下，编号后带回实验室称取鲜重，并装入纸袋中在 85℃恒温下烘干 12h，称其干重，计算群落地上生物量与枯落物量。

群落地下生物量：每年 8 月测定植物群落地上生物量的同时利用挖坑法，在 30cm×30cm 的地面取 60cm（分为 6 层，每层 10cm）的根系样品，在每个试验小区重复 3 次根系样品。将样品带回实验室后用土壤筛（1mm）冲洗根系，在恒温（105℃）下烘干 24h，称其干重，计算群落地下生物量。

土壤环境因子：试验期间在每月月初利用便携式温度计测定 0～10cm 深度的土壤温度；土壤水分采用烘干法测定、土壤容重采用环刀法测定，均为 3 次重复，土壤样品称鲜重后再在 105℃温度下烘干至恒重。

（二）草原小型哺乳动物的取样方法

1. 生境调查方法

本研究共获得了 5 轮围栏水平的动物捕获数据即生境中植物群落特征和土壤硬度的数据，将所有数据分轮分围栏汇总并平均。用每轮每个围栏每个动物物种的个体数表示围栏内每个物种每月的相对丰度，小型哺乳动物的物种丰富度用矫正后的 Chao 2 指数来表示，动物的物种多样性（D）用 Hill 的 N2 指数和 Shannon 多样性指数（H'）计算。

Hill 的 N2 指数公式为：

$$\frac{1}{D} = \frac{1}{\sum P_i^2}$$

Shannon 多样性指数公式为：

$$H' = -\sum P_i \ln P_i$$

式中，P_i 为物种的种数。

为了检测不同放牧强度对小型哺乳动物群落的影响，我们利用重复测量的方差分析比较了不同放牧水平下动物多度的差异（捕获的所有物种各自的相对多度求和后的值用 log 转换以满足方差分析的前提假设再进行方差分析）。Chao 2 指数和 Shannon 多样性指数及放牧水平都是主体间因子，月份是主体内因子；选取 Tukey HSD 检验作为多重比较的方法。环境中的 7 个植物和土壤变量也用同样的方差分析方法检验不同放牧水平的差别（地上生物量和土壤硬度预先进行平方根转换再方差分析）。结果中显著水平均采用0.05。

本研究采用 EstimateS 9.1.0 计算 Chao 2 指数，其余所有分析在包含 VEGAN 软件包的 R 统计软件（3.1.3 版本）中完成。

2. 小型哺乳动物营养生态位研究方法

（1）饲喂设计

2014 年的 6 月和 8 月在 12 队样地大围栏和小围封样地内各布设 10 条样线，每条样线布设 50 个捕鼠笼，笼子间隔 10m，捕捉研究所需的达乌尔黄鼠、达乌尔鼠兔和狭颅田鼠。从捕获的个体中筛选出外观活泼健康、体重适中的成年个体带回用于室内饲喂实验。先让动物在室内适应一周，饲喂仓鼠和兔商品用粮及胡萝卜丁，并提供充足的水和垫料。

室内放置 8 个白色塑料大圆桶，桶高 95cm，底部直径 45cm，上部直径 55cm，每个桶的间隔在 1m 以上。每轮实验开始前随机采集样地内 8 种植物，按种分装在保鲜袋内并放置在冰箱内冷藏保鲜，并将动物提前放入桶内适应并断食 12h，但可以自由饮水。每个桶每轮实验悬挂七八种植物：用尼龙线两头各拴一个铁夹子，一头垂在桶外夹植物名称的标签，一头垂在桶内，夹一株或一丛植株，并用透明胶带固定尼龙线的位置；植物悬挂间距相等，尽量保证试验动物对每种植物的遇见概率均等。试验期间桶内每个个体不受外界干扰，可以自由采食 1h，同时用摄像头监控试验动物的采食情况。饲喂前后分别对植株称重，同时称取等量的一份放置在桶外做植物失水率的对照。

（2）胃内容物显微组织分析

进行室内饲喂的同时我们对三种哺乳动物进行了解剖取胃，通过胃内容物显微组织分析法（Sparks and Malechek，1968；Holechek，1982）确认它们在野外条件下的营养生态位。参照 Sparks 和 Malechek（1968）的方法我们用到的器材有：解剖针、玻片（载玻片、盖玻片各一套）、培养皿、手术用镊子、眼科剪、解剖镜、大烧杯、200 目和 16 目尼龙网筛、滤纸、漏斗、玻璃棒、烘箱、水浴锅、手套。药品包括：无水乙醇、1%铁明矾溶液、1%苏木精染液、阿拉伯树胶、加拿大树脂、麝香草酚、5%福尔马林溶液。

首先采集样地内可以采到的所有植物样本（与饲喂实验采集的物种相同），分类鉴定后从每株植物的叶片、茎和根上用尖嘴镊子撕取或用解剖针刮取表皮单层的细胞组织，立即泡在无水乙醇里固定 10min，之后用 1%铁明矾溶液媒染 5～20min，用蒸馏水冲洗后放入 1%苏木精染液中染色至满意色度，用蒸馏水再次冲洗后平铺在载玻片上，用提前配好的 Apathy 氏液封藏后盖上盖玻片并用加拿大树脂封存为永久玻片。Apathy 氏液的配制方法是将 50g 阿拉伯树胶加入 500ml 蒸馏水中，加热溶化后过滤，最后加入少量麝香草酚来防腐。制好的植物参考玻片放在 100×显微镜下观察，选取清晰且有代表性的视野拍照存为电子照片用于日后比对鉴别。

其次将样地内采集的鼠种解剖取胃置于 5%福尔马林溶液中带回，剪开胃取内容物加入蒸馏水搅拌并用尼龙网冲滤，留取滤网上的碎屑，室内通风处自然阴干后在 60℃鼓风烘箱中干燥 24h，取出后再用 16 目的钢丝筛网充分过筛，保证筛下的碎屑大小接近，搅拌后用上述植物玻片制取方法染色制片，每个个体至少有 5 张玻片，每张玻片随机选择 20 个视野显微镜下观察比对鉴定植物到种；统计每种植物在 100 个视野中出现的频次（n）。

将黄鼠的胃内容物在过 200 目网筛后将筛上物带回鉴别到科或目。同时我们也在捕捉鼠类的样地内随机选取 20 个 $1m^2$ 的样方调查植被资源的可利用程度。我们在每个样方内分别记录了植物的种类和盖度，用于后续胃内容物分析的资源的可利用性。

（3）数据计算

将月份和性别的数据合并后（通过分析发现月份之间和物种性别之间的差异不显著），计算两种方法下各物种的营养生态位宽度和每两个物种之间的生态位重叠度。营养生态位宽度的计算采用标准化后的 Levins 指数（B）（Mulungu et al.，2011）：

$$B = \frac{\left(1 - \sum p_j^2\right)}{\sum p_j^2 (n-1)}$$

式中，p_j 表示食物 j 在鼠类食谱中所占的百分比，所有食物百分比总和为 1（$\sum p_j = 1$）；n 表示食物的种类。该指数取值范围在 0～1。

物种之间的营养生态位重叠度反映了动物之间潜在的资源利用冲突程度，本研究利用 Pianka（1973）的生态位重叠指数来衡量，公式如下：

$$O_{jk} = \frac{\sum_i^n p_{ij} p_{ik}}{\sqrt{\sum_i^n p_{ij}^2 \sum_i^n p_{ik}^2}}$$

式中，p_{ij} 和 p_{ik} 分别为第 i 项食物在物种 j 和 k 食谱中的比例，重叠度指数的取值范围也在 0（完全不重叠）到 1（完全重叠）之间。

关于啮齿类对某种植物的喜食程度和食性偏好的测度，以往研究通常选用重量和频度作为指标。由于我们选取的研究方法的特性，在饲喂实验中我们采用重量指标，通过饲喂前后相应食物的重量减轻量估算被采食程度；而在胃内容物分析中我们只能采用频度指标：通过某类食物在动物胃内的出现频次来反映其相应的偏好程度。为了避免含水量差异较大的食物进行评测时带来的误差，我们同时设置了对照组，计算各种植物在实验环境中的失水率。失水率的计算公式为：对照组前后的重量差占实验开始前的重量的百分比。每种食物的采食重量都扣除了相应的失水率。对某种植物 i 的选择指数为该食物在动物食谱中的百分比除以其在环境中的可利用比例（Plum and Dodd, 1993; Mellado et al., 2005）。

本研究用单变量协方差分析比较饲喂和胃内容物分析两种方法下生态位宽度的差异，其中物种作为协方差以消除物种对生态位宽度的影响。我们同时还测量了物种的体重、体长、头长和颅宽，并用单因素方差分析比较了物种之间的差异。所有事后比较都用 Tukey 检验，减少犯 I 型错误的可能性。所有分析都在 SPSS 22.0 中执行。

3. 狭颅田鼠和达乌尔黄鼠时间生态位研究方法

本研究在半自然围栏内设计了经典的添加实验，比较在干扰竞争中处于劣势的物种——狭颅田鼠在优势种达乌尔黄鼠存在与否的条件下的活动时间和空间分布的差异。本研究沿袭任春磊（2010）之前采用的笼捕法加机械触发式电子计时器对围栏内的狭颅田鼠和达乌尔黄鼠进行标志重捕。

8 个围栏内的原生物种被剔除干净后，被随机均分成两组，一组只放入 20 只田鼠，一组加入 20 只田鼠和 4 只黄鼠，两种鼠的性别比例均为 1∶1，这样的密度设置是基于之前的捕获记录推测的它们在生境中的自然密度，所有个体在实验开始前都提前适应至少 2 周。我们在每个围栏内布设 7×7 共计 49 个捕鼠笼，笼子的规格为 7cm×8cm×12cm，每个笼子上配备一个触发式电子计时器。在实验开始前和松弛期笼子都保持关闭状态，这样也是让动物适应笼子的存在。

从 2012 年 8 月到 10 月进行了 4 轮实验，每轮实验期持续 4 天，实验松弛期至少 10 天。实验避免在新月和满月时期进行，为了防止动物节律和行为受月相的影响。实验开始我们打开笼子，设好电子计时器状态，用油炸花生作为诱饵，每天早上 7:00 到 8:00，中午 11:00 到 13:00，傍晚 17:00 到 19:00 固定巡查笼子，记录动物入笼坐标和时间（当时时刻减去触发电子计时器显示时刻），释放被捕个体并补充诱饵。同时我们在每个围栏中心点安装 HOBO U12-012 环境参数自动监测记录器（Onset Corporation，美国），对地面以上 15cm 处的温度、湿度、光照强度实施 1min 间隔记录，每轮实验期结束关闭笼子，取回 HOBO 下载保存环境数据，并与动物个体的捕获时间进行匹配。

每轮实验期，首先利用科尔莫戈罗夫-斯米尔诺夫检验（Kolmogorov-Smirnov test，K-S 检验）比较不同时期的捕获频次来评估性别和同一处理组内的围栏（重复）对日活动格局的影响，发现统计上差异不显著，因此将所有数据合并用于后续分析。

采用 Halle（1995）提出的日行性（ID）指数来衡量动物每轮中的活动在昼夜的相对分布，如果 ID 指数为正，代表动物以日行性为主（若完全日行则最大值加 1），若 ID 指数为负则为夜行性（若纯夜行则最小值减 1）。为了确定黄鼠是否影响田鼠活动格局，用 K-S 检验比较了每轮不同处理间田鼠捕获频次的时间分布格局。采用单因素方差分析的克鲁斯卡尔-沃利斯检验（Kruskal-Wallis test，K-W 检验）比较季节对活动格局的影响，其中实验期为组间变量，之后用 K-S 双样本检验对每轮之间进行两两比较。狭颅田鼠的活动水平和生境温度之间的关系用线性回归的方法，其中每小时内的捕获频次为依赖变量，每小时空气温度测量值的平均值（4 个围栏内每个 HOBO 每小时记录 6 个测量值，共计 24 个数值）为独立变量。同时我们将前三轮田鼠和黄鼠的空间捕获记录合并，用卡方检验比较两个物种空间分布的差异。

4. 小型哺乳动物小尺度互作方法的研究方案

本研究在 2014 年对实验方法进行了探索与创新，主要包括：无线电项圈和遥感定位、荧光粉追踪尝试、人工食盘的设计和红外相机结合硬盘录像机（DVR）拍摄、双食筐实验。通过试验探索，最终确定采用人工食盘的设计与视频监控及双食筐实验方法。

（1）无线电设备的使用

无线电设备一般包括无线电接收装置 Advanced Telemetry Systems R410、信号接收天线和内含无线电波发射器的无线电项圈。不同物种的体型大小不一，因此所用项圈的尺寸也各异。首先在野外进行了多次测试，掌握了每个物种所用项圈收发信号的最大阈值范围（最远距离）和定位的精确度；其次选取狭颅田鼠、达乌尔鼠兔和达乌尔黄鼠每个物种内体重接近的成年个体并染色标记，为其佩戴无线电项圈，在实验室内适应 1~2 天，观察其对项圈的适应情况。

（2）人工食盘的设计

本研究设计了一套适用于草原的食盘装置，再结合视频拍摄观测食盘上取食情况的方法，我们可以用比传统研究更精确的方法研究鼠类的活动节律，取食策略及种间互作等。草原环境复杂，在荒漠上特别适用的食盘在草原根本不适用，因此我进行了很多尝试。

1）食盘材质：食筐、浴筐和洗菜的塑料镂空盆在草原上倒扣，内部地面上放食物的方法，为方便田鼠出入，在筐四周剪出四个缺口；同时在浴筐上方剪出空口用于相机拍摄。在野外放置后，田鼠自由进出采食。用 120mm 的培养皿作为食盘，放食物。红外相机拍摄和定期检查食盘上的食物观察田鼠是否会经常出现（浴筐+培养皿）。

2）食物的选择：试验以油炸花生、生葵花籽、苜蓿和胡萝卜丁四种备选食物来测试三种哺乳动物的喜好，对比发现不同鼠种之间的取食偏好各有差异（表 5-1），综合权衡之后最终选择适口性良好热量相对适中的胡萝卜丁作为食盘上的诱饵。

表 5-1　狭颅田鼠、达乌尔鼠兔和达乌尔黄鼠对用于食盘的四种备选食物的选择偏好

物种	最喜好	次喜好	不喜食	不食
田鼠	油炸花生	胡萝卜丁、苜蓿、生葵花籽	—	—
黄鼠	油炸花生	胡萝卜丁、苜蓿	—	生葵花籽
鼠兔	苜蓿	胡萝卜丁	油炸花生	生葵花籽

（3）红外触发相机的应用

将浴筐和鼠笼改造并设计出一套放置相机的装置，这样的装置避免了田鼠在相机和浴筐之间出入拍不到的情况，有效避免了相机拍摄的盲角，相机为红外触发相机（Ltl 6210MM，深圳市天海蓝科技有限公司）。

（4）人工食盘结合视频监控

用食盘结合拍摄的方法，是我们今年实验技术改进的突破性进展。但是按照实验的设计，10 个红外相机全部用于拍摄也不够。于是我们决定将室内用监控设备移至野外进行监测。供电方面采用 4 块 195mAh 的蓄电瓶作为电源；将报废车改装房车，车厢内放置硬盘录像机、显示屏和电瓶等设备。相比红外相机，监控摄像的优点在于成本低，能够 24h 连续监测，拍摄视角广，清晰度高，而且可以在车内即时观察，便于调整食盘的位置，实时观察鼠类的活动。但是数据信息量大，后期提取和处理时间长。

图 5-2 为监控设计示意图：房车在两个围栏中间，从房车内的 16 路硬盘录像机接口引出 14 条视频综合线，分别连接两个围栏内的 14 个摄像头。每个摄像头拍摄一个食盘点。从经济和最小干扰角度考量，每个围栏内的 16 个食盘选取 7 个作为视频监控点，1 个用红外相机拍摄，其余食盘没有监控。

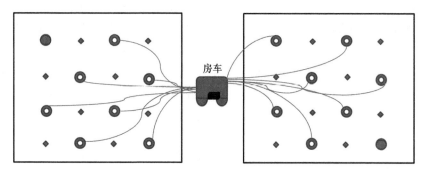

图 5-2　野外监控装置示意图

每个围栏 16 个食筐点，其中 7 个空心圆为监测点，1 个实心圆为红外拍摄点

（5）双食筐实验

每个监测点内放置两个食筐，间隔 1m，如图 5-3 所示。两个食筐内各有一个食盘，仅供田鼠使用，其中一个食筐的上方粘一个食盘仅供黄鼠使用，这样的设置可以观察到黄鼠采食时田鼠是否会去采食、去哪采食。黄鼠食盘内 20 个胡萝卜丁，田鼠食盘内各 5 个胡萝卜丁，这是根据黄鼠和田鼠的采食量设置的。根据黄鼠和田鼠的采食时间，每半小时清点一次食盘内取食情况并补食。实验进行一轮，持续 3 天。

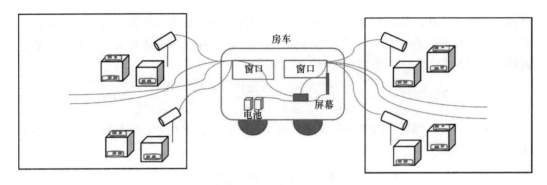

图 5-3　双食筐设计示意图

两个围栏 4 个监测点，每个监测点的两个食筐内各一个给田鼠用的食盘，其中一个食筐上方粘着一个黄鼠用的食盘

汇总三个食盘每半小时胡萝卜丁被取食的个数，并提取了 4 个监测点的视频信息，数据包括每个个体去食盘的次数和停留的时间长度。通过视频资料中动物行为的观察发现田鼠在两个食盘之间的采食不独立，同时利用 t 检验发现两个食盘数据之间统计上差异不显著，因此将两个食盘数据合并。将两个围栏三天内不同物种去食盘采食的频次、时长按照三个不同的时间尺度划分：以 1h 为采样单位的 24h 昼夜节律、以 15min 为采样单位从 7:00～17:00 的 10h 日活动节律和以 5min 为采样单位从13:20～15:20 的 2h 鼠类活动高峰期节律，平均后作图比较两个物种之间的活动节律的差别；同时用每小时消耗的胡萝卜丁数作图比较两个物种的取食时间差别，与活动节律图作对比。

用配对 t 检验比较两个物种取食胡萝卜丁个数的差异，用 Mann-Whitney U 检验比较两个物种各自在食盘内采食的平均频次和时长。所有统计分析都在 SPSS 22.0 中执行。

（三）草甸草原植物病害的取样方法

1. 病害调查

每个放牧分区选取 5 个样方，首先在标记的轮牧分区中心选取一个样方（1m×1m），采用"X"形取样方法，在 4 个方向上距离中心样方至少 100m 处选取 4 个样方，共计18×5=90 个样方，整个过程中避开饮水处和小区边缘。对于表现出粉状物、霉状物、斑点、萎蔫、变色和畸形等的异常植株标记为发病植株，记录每个样方中所有发病植物的所有病害，包括每一种病害的发病特征、发病部位、发病类型、发病率和严重度分级（南志标，1998；Madden and Hughes，1999），并拍摄发病植株的症状照片，齐地面刈割发病植株，作为标本带回实验室进行进一步的鉴定和分析，每一种病害采集 5～10 份标本放入纸质信封袋，带回试验站后放入标本夹中阴干，最后带回至实验室保存。病害诊断成功率的高低，很大程度上取决于标本的质量及采集记录的详尽程度。牧草病害标本采集记录包括时间、地点、采集地自然条件、草原相关信息、寄主信息、发病症状及采集人信息等。

发病率=每个样方内发病的植株数/该样方内总株数。严重度又称严重率，指感病植株器官（如茎、叶、花、果实等）受病害侵染的面积占植株器官总面积的比例。病情指数又称感染指数，指根据一定数目的植株（器官），按各病级核计发病株（器官）数所得的表示平均发病程度的数值，计算公式如下：

$$病情指数 = \frac{\sum 病害级数 \times 该级株（器官）数}{株（器官）数总和 \times 发病最重级的代表数值} \times 100$$

叶斑类病害、锈病、白粉病的分级标准均采用南志标（1998）的分级方法，具体分级标准见表 5-2。

表 5-2　病害的分级标准

	叶斑类病害	锈病	白粉病
0 级	无症状	无症状	叶片表面无症状
1 级	病斑面积占叶片面积<5%	孢子堆覆盖叶片面积<5%	菌层覆盖叶片的面积<25%
2 级	病斑面积占叶片面积 6%～20%	孢子堆覆盖叶片面积 5%～15%	菌层覆盖叶片的面积 25%～75%
3 级	病斑面积占叶片面积 21%～40%	孢子堆覆盖叶片面积 16%～25%	菌层覆盖叶片的面积>75%
4 级	病斑面积占叶片面积 41%～70%	孢子堆覆盖叶片面积 26%～50%	—
5 级	病斑面积占叶片面积>71%	—	—

2. 病害鉴定

大多数病原菌在田间无法直接识别，需要在实验室进行进一步检测，包括病原真菌形态学鉴定（镜检）、病原真菌的分子生物学鉴定和致病性测定。

（1）病原真菌形态学鉴定

大多数锈病、白粉病、霜霉病和黑穗病病原菌可通过光学显微镜进行形态学鉴定，用体式显微镜量取病斑大小，用显微成像系统量取至少 30～50 个孢子大小并对病原真菌拍照。可参考《吉林省栽培植物真菌病害志》《中国牧草真菌病害名录》《中国真菌志》《植物病原真菌学》《中国草类作物病理学研究》《草类植物病害诊断手册》《牧草病害诊断调查与损失评定方法》《中国呼伦贝尔草原有害生物防治》等书籍及相关参考文献。具体鉴定步骤如下。

1）通过体视显微镜观察并记录病斑特征，同时测量并记录病斑大小，对常见的病症及病原菌进行初判断。

2）在体视镜下直接挑取或者用透明胶带粘取菌物，制成水装片，在光学显微镜（Olympus CX31，日本）下观察病原菌产孢结构及孢子形态、颜色、大小（测量 30～50 个孢子的长轴、短轴及柄长等）并拍照保存。然后查阅书籍和文献确定病原菌的分类学地位。

3）对于无法通过镜检方式或者没有明显病征的病害，一般为叶斑类病害，需要进行病原真菌的分离鉴定。若带回的病害标本沾有大量泥土或者为根部病害则要先用无菌水冲洗干净。然后进行表面消毒，首先用 70%乙醇消毒 20s，再用 1%次氯酸钠消毒 2～5min，用无菌水冲洗 3 次，最后用灭菌滤纸反复挤压吸干水分，在超净工作台中晾干，避免培养时长出细菌。不同标本的表面消毒时间和次氯酸钠消毒时的浓度可根据不同的材料有所调整。通常根系、老叶和种子等要比幼嫩的组织（花和幼叶等）消毒时间稍长，次氯酸钠的浓度可逐步调高，如用 5%次氯酸钠。将消毒过的干燥标本用灭菌的解剖刀或者剪刀在病健相接处切（剪）成 2~5mm 的小块，用灭菌镊子夹取组织块均匀放置在含有抗生素的马铃薯葡萄糖琼脂（PDA）培养基平板上，每皿 5~10 块，同一种病害一般 3~5 皿重复。或者直接用解剖针挑取菌物放置在 ABPDA（加有抗生素的 PDA）平板上。封口膜封口后放置于 MCO-5AC 培养箱（SANYO，日本）22℃恒温黑暗培养。2~4 天后开始在 SZX7 解剖镜（Olympus，日本）下统计病原真菌的分离率并且进行病原菌的纯化。对于不容易产孢的真菌可使用水琼脂（WA：琼脂粉 15g+蒸馏水 1000ml）培养基、马铃薯蔗糖琼脂（PSA：马铃薯 200g+蔗糖 20g+琼脂粉 15g+蒸馏水 1000ml）培养基、燕麦（OMA：燕麦片 20g+琼脂粉 15g+蒸馏水 1000ml）培养基、小麦（*Triticum aestivum*）秆琼脂（WHDA：小麦秸秆 20g+琼脂粉 15g+蒸馏水 1000ml）培养基、马铃薯胡萝卜（PCA：马铃薯 20g+胡萝卜 20g+琼脂粉 15g+蒸馏水 1000ml）培养基等进行病原菌的分离纯化。若仍旧不产生孢子，则根据菌落的形态特征进行分类。

4）培养基的制作：称取 200g 去皮马铃薯、20g 葡萄糖和 15~17g 琼脂粉，马铃薯切块加入 1000ml 蒸馏水放置在加热器上加热 20~30min，然后将其过滤，将称好的葡萄糖和马铃薯加入滤液中并搅拌均匀，最后加蒸馏水定容至 1000ml，高压灭菌锅 120℃灭菌 20min 后取出。此时制作的培养基为 PDA，为防止细菌滋生，带培养基冷却至 60℃时，加入 200mg/L 的青霉素和链霉素制成 ABPDA 培养基，只加入水和琼脂粉灭菌后制成的是 WA 培养基。

（2）病原真菌分子生物学鉴定

对于难以用形态学特征进行分类的可培养病原真菌和不可培养的病原真菌采用不同的分子生物学方法进行进一步的鉴定。

真菌基因组 DNA 的提取：

DNA 提取前材料的准备：对于可分离培养的真菌，将分离纯化的真菌置于 ABPDA 平板上 22℃黑暗培养 7 天左右，用酒精灯灼烧消毒过的解剖刀将培养物轻轻刮下，置于侧面刺有小孔的离心管中，加入液氮快速冷却。将装有培养物的离心管放入冷冻干燥机 FreeZone Plus6（Labconco，美国）冷冻干燥 48h 后取出，每管加入 2 颗钢珠，置于球磨仪 Retsch 400MM（弗尔德（上海）仪器设备有限公司，中国）中充分研磨。使用真菌基因组 DNA 提取试剂盒（Omega Bio-Tek 公司，美国）提取培养物基因 DNA。对于不可分离培养的病原真菌，则直接从病斑处挑取菌物或者直接从带有病斑的叶片中提取总 DNA（Liu and Szabo，2013）。具体方法如下，首先用无尘纸蘸取 75%的酒精擦拭叶片进行表面消毒，而后取约 35mg 菌物或者叶片放入带有小孔的离心管中，加入液氮快速冷却，最后研磨和冷冻干燥，具体步骤同上。

真菌基因组 DNA 提取的具体过程如下：首先将研磨的样品转移至新的没有小孔的 2mL 离心管中，加入 600μl Buffer CPL 和 10μl 巯基乙醇。然后将样品放入水浴锅中 65℃水浴 30min（每 15min 轻轻混匀一次）。将样品从水浴锅中取出放入通风橱内，向样品中加入 600μl 氯仿和异戊醇（24∶1）的混合物，摇匀后 12 000r/min 离心 5min。吸取 300μl 上清液至 2ml 离心管中，然后加入 150ml CXD 和 300μl 无水乙醇。将上述混合液加入套上收集管的吸附柱，12 000r/min 离心 1min。取出离心管后倒掉废液，加入 650μl SPW，12 000r/min 离心 1min。倒掉废液，再次加入 650μl SPW，12 000r/min 离心 1min，倒掉废液，12 000r/min 离心 1min。两次洗涤后，将吸附柱放置数分钟晾干。晾干后将吸附柱套在一个干净的离心管中，向滤膜中悬空滴加 50μl 洗脱液，室温放置 2min 后 12 000r/min 离心 2min，收集回收液。可再次加入洗脱液进行洗脱，以获得更多的 DNA 模板。

本研究中羊草叶斑病病原菌（*Septoria nodorum*）、灰斑病病原菌（*Phaeosphaeria avenaria*）及其他植物壳针孢属（*Septoria*）病原菌的鉴定选用真菌鉴定中常用的真菌核糖体基因内转录间隔区（internal transcribed spacer，ITS）和部分核糖体小亚基（ribosomal small subunit，SSU）2 个基因片段（ITS 和 SSU）进行扩增。使用真菌通用引物 ITS-1 和 ITS-4 扩增 ITS rDNA 片段，使用引物 NS1 和 NS4 扩增 SSU，其中 ITS 的反应体系和程序同上。

经 PCR 扩增后，对于可分离纯化的菌物，其扩增产物经琼脂糖凝胶电泳检测成功后（ITS 序列长度约 600bp、SSU 约 900bp），送公司测序。对于锈病病原菌扩增后的产物则需要进行产物纯化，具体过程如下：取 25μl 扩增产物与 2%琼脂糖凝胶电泳。用解剖刀将凝胶上的目的条带切下进行胶回收。胶回收使用的是快速琼脂糖凝胶 DNA 回收试剂盒（康为世纪，中国），具体回收步骤详见说明书。

序列对比和系统发育树的构建：将测得的真菌 ITS 序列和 SSU 序列在 NCBI 网站进行 BLAST 对比分析。下载 GenBank 中已在发表文章中使用的相关真菌菌株的 ITS 序列和 SSU 序列，使用 ClustalX（1.83）软件与目的序列进行对比和同源性分析，使用系统发育分析软件 MEGA6.0 中的邻接（neighbor-joining，NJ）法构建系统发育树，进行 1000 次 Bootstrap 检验系统发育树中节点的置信度。

（3）病原真菌致病性测定

1）供试幼苗与菌株的来源。

幼苗培养：将种子用 75%乙醇洗涤 1min 进行表面消毒后，用 4%次氯酸钠消毒 5min，最后蒸馏水冲洗 5 次置于铺有湿润灭菌滤纸的培养皿中，在培养箱（22℃）中预发芽。种子露白后将其种植在花盆中，蛭石和营养土 1：1 混合后高压灭菌。温室温度控制在 26℃±2℃，采用正常光照。

菌株来源：锈病病原菌采集自野外发生锈病的植株，采集严重度为 4 级、5 级的发生锈病的新鲜叶片 30 片/小区放入装有硅胶干燥剂的 50ml 离心管，叶片和干燥剂之间用无菌脱脂棉隔开，标记编号后放入冰盒，带回实验室并置于 4℃冰箱保存，尽快进行菌种的纯化扩繁，用于锈病的致病性测定。

叶斑类病害致病性测定的菌株来源于发病植株的病斑，病原菌分离纯化时同一菌株至少保留 4 份，分别用于形态学鉴定，真菌 DNA 的提取，致病性测定和菌种保存。

2）接种试验。

锈病病原菌接种：在 500ml 无菌水中加入采自田间的锈菌夏孢子 1.0～1.5g，同时加入 0.05～0.10ml 吐温–20 作为展布剂，摇匀后获得孢子悬浮液。轻轻破坏羊草叶片表面的角质层用喷壶向幼叶表面喷洒无菌水冲洗叶片，将配好的孢子悬浮液喷洒在叶片上直至有水滴产生停止，将接种植株放置于有机玻璃筒内，然后套上黑色塑料袋并封口，用昆虫针扎 10～15 个小孔，使其温度保持在 20～25℃，相对湿度控制在 85%～100%，一周后开始统计发病率（高鹏，2017）。对照组接种未加入锈菌夏孢子的吐温–20 稀释液，后续操作同上。

叶斑类病害病原菌接种：使用浓度为 $5×10^6$ 个孢子每毫升的孢子悬浮液对健康植株的叶片进行接种，对照组则喷洒无菌水。将植株放置在有机玻璃筒内，保鲜膜封口并用昆虫针扎孔，温度控制在 20～25℃，相对湿度控制在 90%～100%（Zhang and Nan，2018），接种一周后开始统计发病率。

第三节　放牧对草甸草原植物特征的影响

一、放牧强度对群落结构和多样性的影响

（一）植物物种优势度变化

通过对不同放牧强度样地植物物种的调查统计，记录了 72 种植物，主要包括禾本科、菊科、莎草科、蔷薇科、毛茛科、桔梗科等（表 5-3）。总体上，羊草、薹草、裂叶蒿出现的频率较高，是不同群落的主要优势种。随着放牧强度的增加，羊草、裂叶蒿综合优势比分别下降63.74%、34.01%。伴生种及常见种中，沙参、展枝唐松草、麻花头、细叶白头翁与柄状薹草等物种均呈下降趋势。寸草薹、薹草、蒲公英、落草等

表 5-3　不同放牧强度下群落主要物种组成及其优势度

序号	科	种类组成	优势度（SDR_3）			
			G0.00	G0.23	G0.46	G0.92
1		羊草 *Leymus chinensis*	67.56	42.89	12.61	3.82
2		糙隐子草 *Cleistogenes squarrosa*	12.94	42.69	27.01	22.95
3	禾本科 Poaceae	落草 *Koeleria cristata*	2.17	9.85	11.28	10.84
4		柄状薹草 *Carex pediformis*	14.19	10.35	9.39	0.59
5		贝加尔针茅 *Stipa baicalensis*	9.59	16.44	10.09	11.69
6		冷蒿 *Artemisia frigida*	3.33	12.96	17.08	10.19
7	菊科 Compositae	裂叶蒿 *Artemisia tanacetifolia*	48.47	35.26	11.8	14.46
8		蒲公英 *Taraxacum mongolicum*	0.61	3.37	6.28	17.17
9		麻花头 *Serratula centauroides*	13.49	13.77	8.22	9.89
10	莎草科 Cyperaceae	薹草 *Carex tristachya*	29.1	40.56	46.2	59.72
11		寸草薹 *Carex duriuscula*	2.01	13.6	17.58	26.54
12	蔷薇科 Rosaceae	星毛委陵菜 *Potentilla acaulis*	0.93	3.55	17.66	14.86
13	毛茛科 Ranunculaceae	细叶白头翁 *Pulsatilla turczaninovii*	27.48	24.97	8.28	9.68
14		展枝唐松草 *Thalictrum squarrosum*	18.76	9.56	2.46	2.19
15	桔梗科 Campanulaceae	沙参 *Adenophora stricta*	11.56	9.58	1.64	1.38

退化标志种则呈上升趋势。糙隐子草、贝加尔针茅在轻度及中度放牧强度下优势度最高。表明连续 5 年的放牧干扰使得地上植被出现一定程度的退化，植物群落物种组成发生了改变。

（二）植物群落特征变化

群落的高度、盖度、多度是草原生态系统结构的重要基本参数，经过四年的野外调查、取样，结果显示在不同放牧强度干扰下，群落的高度、盖度及多度都发生了不同的变化。

1. 不同放牧强度下植物群落高度的变化

四年的结果显示，草甸草原植物群落平均高度随着放牧强度的增加呈逐渐减少的趋势，且各年间重度放牧强度与禁牧相比，植物群落的平均高度呈显著下降的趋势。但不同年份间减少的幅度有所不同。

由图 5-4 可知，禁牧（CK）下草甸草原植物群落的平均高度最高，2013～2016 年 4 年中植物群落平均高度依次为 447.27cm、218.79cm、305.10cm、229.00cm。

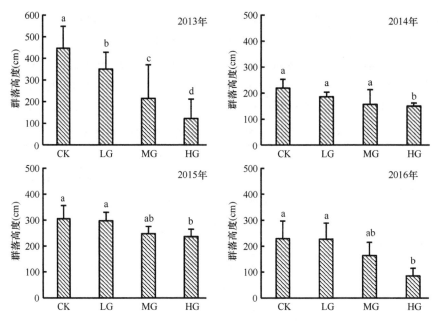

图 5-4　不同放牧强度下植物群落高度的变化
不同字母代表不同处理间差异显著（$P<0.05$）

轻度放牧强度（LG）下，2013～2016 年 4 年中植物群落平均高度依次为 350.27cm、186.03cm、297.13cm、163.57cm，与禁牧下的变化趋势一致，植物群落平均高度的最大值同样出现于 2013 年，最小值为 2016 年的 163.57cm，且各年间轻度放牧强度与禁牧相比，均呈现不同程度的减少趋势，减少的比率依次为 21.69%（2013 年）、14.97%（2014 年）、2.61%（2015 年）、0.86%（2016 年）。

中度放牧强度（MG）下，2013～2016 年 4 年中的植物群落平均高度依次为 215.00cm、156.36cm、247.63cm、163.57cm，但与禁牧、轻度放牧强度下的结果略有不同，植物群落平均高度的最大值出现在 2015 年，最小值为 2014 年，且各年间中度放牧强度下与禁牧相比，减少的比率依次为 51.93%（2013 年）、28.54%（2014 年）、18.84%（2015 年）、28.57%（2016 年）。

重度放牧强度（HG）下，2013～2016 年 4 年的植物群落平均高度依次为 122.40cm、149.94cm、237.16cm、84.57cm，与中牧强度下的变化趋势相似，植物群落平均高度的最大值同样出现在 2015 年，而最小值不同，最小值出现在 2016 年，且各年间重度放牧强度与禁牧相比，减少的比率依次为 72.63%（2013 年）、31.47%（2014 年）、22.27%（2015 年）、63.07%（2016 年）。

2. 不同放牧强度下植物群落盖度的变化

由图 5-5 可知，在 2013～2016 年 4 年中，植物群落盖度在不同放牧强度下的变化趋势不尽相同。4 年的试验结果呈现相同规律变化，即植物群落盖度随着放牧强度的增加均呈逐渐减少的趋势，群落盖度的大小顺序依次为：CK＞LG＞MG＞HG。结果显示，各放牧处理与禁牧相比，均有不同程度的减少，随着放牧强度的增加，减少的幅度也逐渐增加，减少的幅度最低为 1.12%，降幅最高超过 50%。

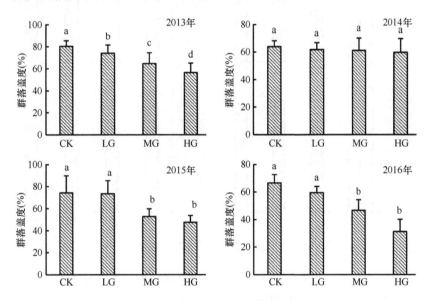

图 5-5 不同放牧强度下植物群落盖度的变化
不同字母代表不同处理间差异显著（$P<0.05$）

2013 年放牧强度的增加使植物群落盖度显著减少（$P<0.05$），与禁牧相比各放牧处理下的植物群落盖度减少的幅度依次为：7.87%（LG）、19.64%（MG）、29.76%（HG）；2014 年各放牧处理间植物群落盖度无显著差异，与禁牧相比各放牧处理下的植物群落盖度减少的幅度依次为 3.49%（LG）、4.53%（MG）、6.71%（HG）；2015 年间，禁牧和轻牧之间及中牧和重牧之间均无显著差异，而禁牧、轻牧和中牧、重牧均具有显著差异（$P<0.05$），且与禁牧相比，各放牧处理下的植物群落盖度减少的幅度为 1.12%（LG）、28.99%（MG）、36.04%（HG）；2016 年植物群落盖度随放牧强度增加的变化趋势与

2015 年相同，各放牧处理下的植物群落盖度与禁牧相比，减少的幅度依次为 10.58%（LG）、29.91%（MG）、52.98%（HG）。

3. 不同放牧强度下植物群落密度的变化

草甸草原植物群落平均密度对不同放牧强度的响应见图 5-6。依据 4 年的数据来看，植物群落密度随着放牧强度的增加主要呈现两种不同规律的变化，一种是随着放牧强度的增加，呈现增加后减少的规律（2013 年、2015 年、2016 年），即植物群落平均密度大小依次为：MG＞HG＞LG＞CK；另一种是随着放牧强度的增加呈先减少后增加最后又减少的规律（2014 年），即植物群落平均密度大小依次为：MG＞HG＞CK＞LG，且各年份中植物群落平均密度始终在中牧强度下最大，4 年的植物平均密度依次为：1325.07 株/m^2（2013 年）、638.13 株/m^2（2014 年）、714.53 株/m^2（2015 年）、607 株/m^2（2016 年）。

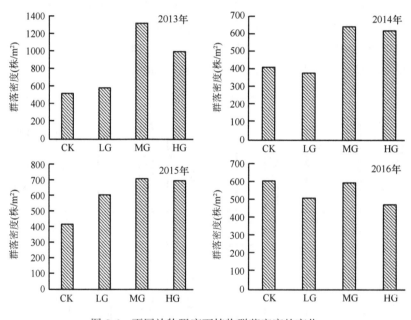

图 5-6 不同放牧强度下植物群落密度的变化

在 2013 年、2015 年、2016 年 3 年间，植物群落平均密度在轻牧、中牧、重度放牧强度与禁牧相比均有不同程度的增加，如 2013 年的轻牧、中牧、重牧比禁牧分别增加了 12.34%、153.17%、91.27%，2015 年，轻牧、中牧、重牧比禁牧分别增加了 44.91%、69.78%、66.86%，2016 年，轻牧、中牧、重牧比禁牧分别增加了 6.87%、23.53%、12.36%。而 2014 年的植物群落平均密度在轻度放牧时产生最低值（377.13 株/m^2），较同年禁牧下降低了 7.90%。

（三）群落 α 多样性变化

群落 α 多样性是描述植物物种多样性的定量数值，可反映出群落内物种组成的变化、发展阶段及植物群落的稳定性等。本研究通过计算植物群落物种重要值及 Margalef 丰富度指数、Shannon-Wiener 多样性指数、Simpson 优势度指数、Pielou 均匀度指数来分析不同放牧强度对草甸草原植物群落重要值及其多样性的影响。依据群落 α 多样性的计算公式得出不同放牧强度下植物群落物种丰富度、均匀度及多样性的变化，结果如图 5-7 所示。数据显示群落多样性指数在 4 年中的变化规律不一致。

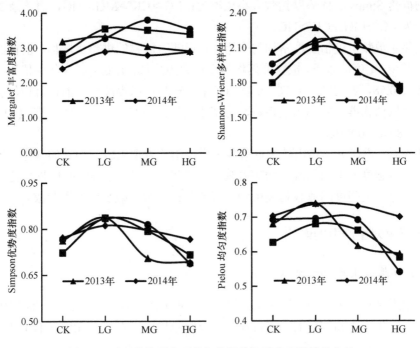

图 5-7　不同放牧强度下草甸草原植物群落多样性的变化

植物群落物种 Margalef 丰富度指数总体上随着放牧强度的增加呈先增加后减少的趋势，说明放牧的干扰在一定程度上可以增加物种的多样性，但各年间的变化规律不同，2013 年，植物群落 Margalef 丰富度指数具体表现为：LG＞CK＞MG＞HG，2014 年表现为：LG＞HG＞MG＞CK，2015 年为 MG＞HG＞LG＞CK，2016 年为 LG＞MG＞HG＞CK。4 年中，植物群落丰富度指数在 2015 年的中牧强度下表现为最高（3.82），为其余年份均在轻牧下较高，最高值依次分别：3.35、2.91、3.57；植物群落丰富度指数最低值普遍出现在禁牧对照区，最低值依次分别：2.42、2.69、2.85，但 2013 年是在重度放牧强度下最低（2.92）。

植物群落 Shannon-Wiener 多样性指数总体上在随着放牧强度增大同样表现为先增加后减少的趋势，但在不同的年际中，变化规律有所不同。由图可知，2013 年、2014 年、2016 年的植物群落 Shannon-Wiener 多样性指数均在轻度放牧强度下达到最大值，3 年中植物群落 Shannon-Wiener 多样性指数依次为：2.27、2.17、2.11，而 2015 年则在中牧下达到最大，最大值为 2.16，与同年轻度放牧下的 Shannon-Wiener 多样性指数（2.14）非常接近；2013 年、2015 年、2016 年植物群落 Shannon-Wiener 多样性指数均在重度放牧下产生最低值，3 年的植物群落 Shannon-Wiener 多样性指数依次为：1.78、1.73、1.77，而在 2014 年植物群落 Shannon-Wiener 多样性指数在禁牧时最低，最低值为 1.89。

在不同放牧强度下植物群落 Simpson 优势度指数与植物群落 Shannon-Wiener 多样性

指数的变化趋势基本相同，即随着放牧强度的增加也表现出先增加后减少的趋势。4 年中植物群落 Simpson 优势度指数均在轻度放牧下达到最大值，且依次为：0.84、0.81、0.83、0.84，同时最小值均出现于重牧，且依次为：0.69、0.77、0.69、0.72。此外，2013 年的植物群落 Simpson 优势度指数大小依次为：LG＞CK＞MG＞HG，而其余 3 年的变化趋势均为 LG＞MG＞CK＞HG。

结果显示放牧可使植物群落均匀度增加，但随着放牧的进一步增加，植物群落均匀度又逐渐减少，重度放牧下，植物群落均匀度指数为最低，最低值在 4 年中依次为：0.59、0.70、0.54、0.58，表明轻度放牧，动物通过采食行为可以提高植物的群落均匀度，重度放牧区可降低植物群落的均匀度指数，与禁牧区相比，在 4 年中分别下降了 12.75%、0.35%、21.83%，6.89%。

总体来看，本研究 4 年内植物群落各多样性指数表现出较为一致的规律，各多样性指数均随放牧强度的增加呈现先增加后减少的趋势，说明一定强度的放牧会使植物多样性增加，超过一定强度的放牧将使植物群落的多样性水平减少或低于禁牧。

二、放牧强度对生产力的影响

（一）群落地上生物量变化

植物地上生物量（干物质积累量）作为一项重要的生物学定量指标广泛应用于研究草原生态系统生产力和群落的动态特征，是反映草原生态系统功能效应的重要指标。

1. 不同放牧强度下植物群落地上总生物量的变化

如图 5-8 所示，在不同放牧强度下，草甸草原植物地上生物量在各年间变化明显，均呈现出随放牧强度的增加而逐渐减少的趋势，且在不同放牧处理间均表现出显著差异。

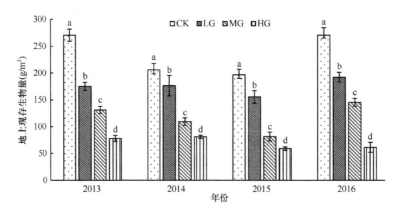

图 5-8　不同放牧强度下草甸草原植物地上总生物量的变化

同一年份不同字母代表差异显著（$P<0.05$）

4 年中，不同放牧强度下植物地上总生物量由大到小依次为：不放牧、轻度放牧、中度放牧、重度放牧，且三个放牧强度与禁牧相比均差异显著（$P<0.05$）。2013 年的结果显示，植物地上生物量的最大值为禁牧下的 270.54g/m²，其次为轻度放牧的 175.12g/m²，然后为中

度放牧的 131.18g/m²，最小为重度放牧的 77.91g/m²，且相互之间差异显著；同样 2014 年草甸草原植物地上生物量的大小排序依次为：CK（205.73g/m²）＞LG（176.39g/m²）＞MG（109.46g/m²）＞HG（81.29g/m²），2015 年为 CK（196.59g/m²）＞LG（155.35g/m²）＞MG（81.62g/m²）＞HG（58.93g/m²），2016 年为 CK（270.59g/m²）＞LG（192.09g/m²）＞ MG（145.16g/m²）＞HG（61.14g/m²），且各放牧处理间差异均显著（$P<0.05$）。

结果显示，草甸草原植物地上生物量在四年中的最大值出现在 2016 年的禁牧处理（270.59g/m²），最小值在 2015 年重度放牧处理（58.93g/m²），此外，与禁牧相比，轻牧、中牧、重牧放牧强度下的草甸草原地上生物量均呈现不同程度的减少，且减少的幅度随放牧强度的增加而增加，2013 年轻牧、中牧、重牧与禁牧相比，分别减少 35.27%、51.51%、71.20%；2014 年为 14.26、46.80、60.48%；2015 年为 20.98%、58.48%、70.26%；2016 年为 29.01%、46.36%、77.41%。

2. 不同放牧强度下羊草地上生物量的变化

4 年不同放牧强度处理的植物地上生物量变化如图 5-9 所示，羊草群落地上生物量在各年份中变化较大，且随着放牧强度的增加均表现为迅速下降的趋势。2013 年，在禁牧、轻牧、中牧、重牧下对应的羊草植物群落的地上生物量分别为：173.32g/m²、30.95g/m²、13.18g/m²、1.83g/m²，且轻牧、中牧、重牧与禁牧相比差异显著（$P<0.05$），而中牧与重牧二者之间并无显著差异；2014 年禁牧强度下的羊草地上生物量相对于 2013 年有所减少（103.74g/m²），同样随着放牧强度的增加，羊草的地上生物量逐渐减少，在轻牧、中牧、重牧强度下对应的地上生物量分别为 31.15g/m²、11.18g/m²、2.94g/m²，且 4 个放牧强度之间差异性均显著（$P<0.05$）；2015 年禁牧强度下的羊草地上现存生物量是 4 年相同处理下最低的，仅为 64.39g/m²，轻牧、中牧、重牧分别为 48.18g/m²、6.91g/m²、1.04g/m²，3 个放牧强度与禁牧相比呈显著差异（$P<0.05$），而中牧与重牧之间无显著差异，与 2013 年的变化趋势较为相似；2016 年羊草地上现存生物量同样随着放牧强度的增加而逐渐减少，与禁牧相比，轻牧、中牧、重牧减少的幅度也在依次增大，且三者与禁牧差异显著（$P<0.05$），而中度放牧、重度放牧之间无显著差异。

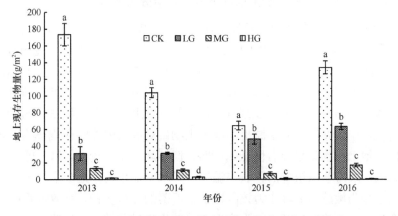

图 5-9　不同放牧强度下草甸草地羊草地上总生物量的变化
同一年份不同字母代表差异显著（$P<0.05$＝

3. 不同放牧强度下杂类草地上总生物量的变化

图 5-10 是 2013～2016 年试验地杂类草地上生物量在不同放牧强度处理下的变化情况，由图可知，在不同的年份，杂类草地上现存生物量对不同放牧强度的响应有着不同的变化规律。

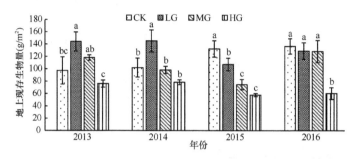

图 5-10　不同放牧强度下草甸草原杂类草地上总生物量的变化

同一年份不同字母代表差异显著（$P<0.05$）

2013 年中，杂类草地上生物量随着放牧强度的增加呈先增加后减少的趋势，其生物量在轻度放牧下最大（144.16g/m²），即生物量大小排序依次为：LG>MG>CK>HG，且轻牧与禁牧、重牧均呈显著差异（$P<0.05$），而轻牧与中牧之间无显著差异；2014 年杂类草地上生物量随放牧强度的变化与 2013 年相类似，均随放牧强度的增加而增加，而生物量的大小排序为：LG>CK>MG>HG，且各放牧处理与轻牧相比，均呈现显著差异（$P<0.05$），但禁牧、中牧和重牧三者之间无显著差异（$P>0.05$）；2015 年杂类草地上生物量的变化趋势与 2013 年、2014 年均不一样，其生物量随放牧强度的增加反而减少，即生物量大小排序依次为：CK>LG>MG>HG，各放牧强度与禁牧相比，均呈显著差异（$P<0.05$），而中牧与重牧之间并无显著差异；2016 年杂类草地上生物量随着放牧强度的增加而减少，变化趋势类似于 2015 年，但不同的是禁牧、轻牧、中牧与重牧均呈显著差异（$P<0.05$），但禁牧、轻牧和中牧二者之间无显著差异。

4. 不同放牧强度下羊草、杂类草地上总生物量分布的变化

图 5-11 为不同放牧强度下草甸草原植物（羊草、杂类草）地上生物量分布的变化，总体来看，羊草地上生物量占群落地上总生物量的百分比随着放牧强度呈逐渐减少的趋势，杂类草地上生物量占群落地上总生物量的百分比则随放牧强度的增加呈逐渐增加的趋势。不放牧情况下，羊草地上现存生物量的百分比最高可达 64.07%，重度放牧强度下的最低百分比仅为 2.34%；4 年中杂类草地上现存生物量的百分比变化范围为 35.93%～98.75%。

综上所述，呼伦贝尔草甸草原植物地上生物量对放牧强度响应规律为：随着放牧强度的增加群落地上生物量呈显著降低的趋势，但年际间变化较大，这可能与 4 年里降水量的变化有关，因为草原植物的生长与温度、降水密切相关，处于生长季的植物对降水和温度的因素极为敏感。羊草作为该区域植物群落的优势物种，对放牧强度的响应产生了同样的变化规律，并且重度放牧强度下羊草的生物量非常低，长期高强度放牧可能引起草原植物群落结构的改变。本研究显示，适当的放牧强度可增加杂类草的地上生物量，

且杂类草生物量占群落地上总生物量的比率随着放牧强度的增加而增加。

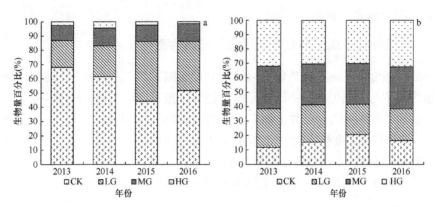

图 5-11　不同放牧强度下地上生物量分布变化

a. 羊草；b. 杂类草

（二）群落地下生物量变化

不同放牧强度下 2013～2016 年地下生物量变化见图 5-12，在不同的年份，草原植物地下生物量对放牧强度的响应不尽相同。

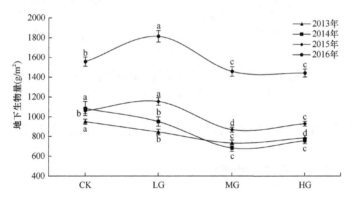

图 5-12　不同放牧强度下草甸草原植物地下生物量年际动态变化

不同字母代表差异显著（$P<0.05$）

在 2013 年试验中，植物群落地下生物量随放牧强度的增加呈显著降低的趋势（$P<$ 0.05），2014 年试验中，群落地下生物量随着放牧强度的增加呈先降低后增加的趋势，植物群落地下生物量与 2013 年的变化趋势相同，均在中度放牧强度下出现最小值（682.99g/m²），具体大小排序依次为 CK＞LG＞HG＞MG，且轻牧、中牧、重牧与禁牧相比差异显著（$P<0.05$），而中牧与重牧之间无显著差异（$P>0.05$）；2015 年植物群落地下生物量在轻度放牧下出现最大值（1153.94g/m²），在中度放牧下出现最低值（870.17g/m²），具体的变化趋势为 LG＞CK＞HG＞MG，且各放牧处理之间均表现出显著差异（$P<0.05$）；2016 年草原植物群落地下生物量总体上要高于 2015 年和 2014 年，其变化规律是随着放牧强度的增加呈先增加后减少的趋势，群落地下生物量的最大值为 1813.01g/m²，最小值为 1440.914g/m²，具体变化趋势为 LG＞CK＞MG＞HG，且三

个放牧处理（轻牧、中牧、重牧）与禁牧相比均呈现显著差异（$P<0.05$），但中牧、重牧二者之间无显著差异。

（三）不同放牧强度下草甸草原植物根冠比的变化

不同放牧强度下草甸草原植物根冠比的变化见图5-13。本试验中，随着放牧强度的增加，植物地下与地上生物量的比值呈递增趋势，根冠比由大到小顺序为重牧、中牧、轻牧、不放牧，且根冠比在总体上随着年份的增加而增加，这可能是根系生物量逐年累积的效果。结果说明，随着放牧强度的增加，植物总生物量在地下分布的比例逐渐增加，与其他放牧强度相比，重度放牧下根冠比最大，过度放牧改变了植物生物量的分布格局，使地下生物量分配比例增加，地上生物量分配比例减少。

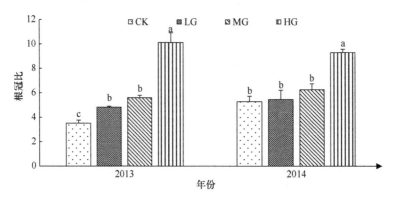

图 5-13　不同放牧强度下草甸草原植物根冠比变化

同一年份不同字母代表差异显著（$P<0.05$）

第四节　放牧对草甸草原土壤理化特性的影响

一、放牧强度对土壤物理特性的影响

（一）不同放牧强度下年际和土壤深度对土壤容重的影响

土壤容重可反映土壤质地、结构性等土壤特征。通常认为，在一定条件下，容重小的土壤疏松，土壤通透性较好，而容重大的土壤孔隙度较少且土体坚实。根据土壤容重的分级标准，将容重小于$1.00g/cm^3$定为过松，$1.00\sim1.25g/cm^3$定为适宜，$1.25\sim1.35g/cm^3$为偏紧，此外，大于$1.35g/cm^3$为紧实，大于$1.45g/cm^3$为过度紧实，大于$1.55g/cm^3$为坚实。

图5-14显示，该区域的土壤容重均随深度的增加呈递增的趋势，且重度放牧下$0\sim$ $10cm$的土壤容重大于禁牧，产生这样结果的主要原因应该是放牧家畜的踩踏造成的。此外，随放牧强度的增加，不同深度的土壤容重表现出不同的变化规律，$0\sim10cm$的土壤容重在2013年的变化趋势为先增加后减少，即在轻度放牧下产生最大值（$1.14g/cm^3$），而$2014\sim2016$年$0\sim10cm$的土壤容重均随放牧强度的增加而增加，$10\sim20cm$、$20\sim30cm$土壤容重随放牧强度的增加呈无规律的增加或减少。

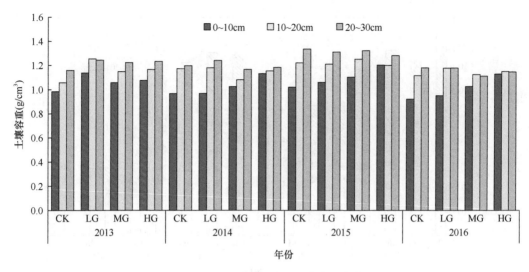

图 5-14　不同放牧强度下土壤容重变化

（二）不同放牧强度下年际和土壤深度对土壤含水量的影响

土壤中的含水量与植物生长发育有着密切的关系，其不仅是土壤性能的重要指标，也是衡量土壤坚实度和土壤渗透率的重要指标。

不同放牧强度下草甸草原土壤含水量的变化如图 5-15 所示，在禁牧、轻牧、中牧强度下，土壤含水量均随土壤深度的增加而减少，在重度放牧强度下表现为无规律的增加或减少。其中 2013 年土层深度为 0～10cm 的土壤含水量年在不同放牧强度下的大小排序依次为 CK＞MG＞LG＞HG，而在 2014～2016 年 3 年中，土壤含水量随放牧强度的增加而降低，且禁牧与重牧二者之间呈显著差异（$P<0.05$），此外，2016 年总体上土壤水分明显低于其他年份，主要原因是 2016 年 7 月无有效降水，且 8 月的降水晚于其他年份。结果显示，深度在 10～20cm 的土壤水分随放牧强度的增加呈现规律的增加或减少，且年际间波动较大，同样，20～30cm 范围内的土壤水分也表现出无明显规律的增加或减少，且禁牧、轻牧和重牧三者之间无显著差异，说明放牧干扰对浅层土壤的影响较大。

（三）不同放牧强度下年际和土壤深度对土壤温度的影响

在研究期间土壤温度变化很大（图 5-16）。表层土壤的平均温度（0～10cm）在 7 月（18.6℃）最高，1 月最低（−11.2℃）。其在夏季随深度减少，而在冬季随深度增加。土壤温度范围的年际变化也随着深度的增加而减小。此外，深层土壤的结冻和融化过程更晚。在暖季，所有土层的平均温度随着放牧强度增加而增加，但在冷季表现相反的趋势。在研究期间，放牧和未放牧处理之间土壤温度（小时均温）的最大差异为 2016 年 7 月 19 日 17:00 时的 8.79℃，和 2016 年 1 月 31 日的 7.41℃。更重要的是，不同处理间土壤温度的差异在深层土壤包括 100cm 深度土壤中仍然很明显。但是，这种差异随着深度增加而缩小。

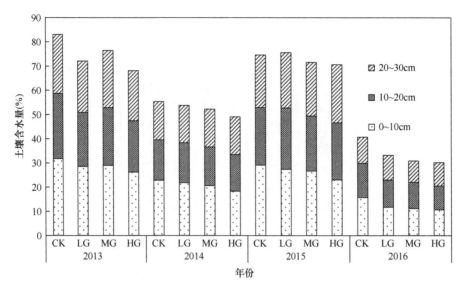

图 5-15 不同放牧强度下土壤含水量的变化

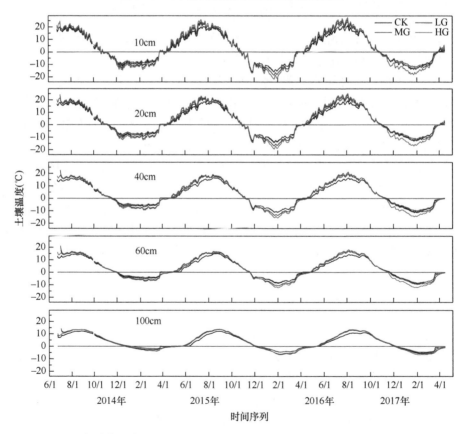

图 5-16 各放牧强度下不同土层的土壤温度年际变化(彩图请扫封底二维码)

暖季为月平均土壤温度高于 0℃,冷季为月平均土壤温度低于 0℃。由于土壤温度随土层深度显著变化,对于 10cm、20cm 和 40cm 的土层,暖季为 4~10 月,对于 60cm 和 100cm 的土层,暖季为 5~11 月。对于 10cm 和 20cm 的土层,冷季是从 11 月到次年 3 月,对于 60cm 和 100cm 的土层,冷季为从 12 月到次年 4 月

二、放牧强度对土壤化学特性的影响

不同放牧强度下土壤主要养分含量如表 5-4 所示，重度放牧 G0.92 处理下，碱解氮显著高于其他处理（$P<0.05$）；其余养分指标在 4 种放牧强度下均无差异。有机质、全氮、全磷、碱解氮、速效钾这几个养分指标均在重度放牧 G0.92 为最大值，pH 最接近中性。计算 0～30cm 土层的土壤碳氮储量及密度，得到结果如图 5-17 所示，发现随着放牧强度的增强，土壤碳氮贮量及密度均明显降低，其中，土壤氮贮量降低明显，且在重度放牧 G0.92 草地土壤碳氮贮量显著低于其他放牧水平（$P<0.05$）。

表 5-4　不同放牧强度下土壤主要养分

放牧强度	G0.00	G0.23	G0.46	G0.92
有机质（g/kg）	71.86±3.47a	71.02±2.49a	70.47±2.97a	72.34±2.17a
全氮（g/kg）	3.05±0.23a	2.98±0.18a	3.10±0.24a	3.21±0.16a
全磷（g/kg）	0.59±0.02a	0.55±0.02a	0.58±0.02a	0.59±0.02a
碱解氮（mg/kg）	26.45±1.32b	28.27±1.89b	25.29±1.28b	34.49±3.28a
速效磷（mg/kg）	8.29±14.22a	7.99±11.10a	7.88±15.45a	8.11±13.76a
速效钾（mg/kg）	343.33±42.56a	332.22±36.63a	306.11±36.00a	382.78±57.70a
pH	7.56±0.06a	7.54±0.09a	7.47±0.09a	7.39±0.10a

注：同行不同小写字母表示差异显著（$P<0.05$）

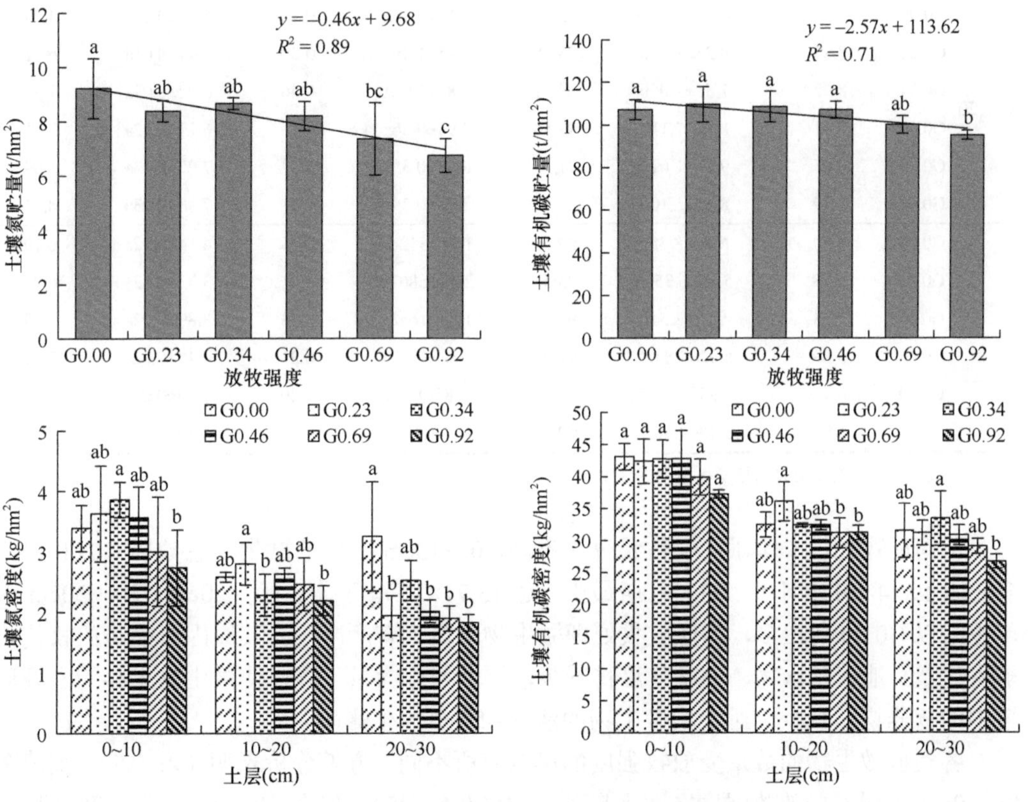

图 5-17　不同放牧强度下土壤碳氮贮量及密度

不同字母代表差异显著（$P<0.05$）

第五节　放牧对草甸草原土壤微生物的影响

一、放牧强度对土壤微生物数量的影响

不同放牧强度对土壤微生物数量的影响如表 5-5 所示。从土壤微生物类群组成来看，不同处理土壤中微生物数量以细菌为主，放线菌次之，真菌居第三，细菌数量在土壤微生物组成中占绝对优势。各类群微生物数量占微生物总数的比例排序为细菌＞放线菌＞真菌。

表 5-5　不同放牧强度下土壤微生物数量变化

土层 (cm)	放牧强度	总数量 (×10⁶/g 干土)	细菌		真菌		放线菌	
			数量(×10^6/g 干土)	比例(%)	数量(×10^4/g 干土)	比例(%)	数量(×10^5/g 干土)	比例(%)
0～10	G0.00	19.44	18.61±4.93a	95.74	4.99±0.41a	0.26	7.79±0.02a	4.01
	G0.23	15.71	14.77±6.04a	93.99	6.54±2.88a	0.42	8.79±0.04a	5.59
	G0.34	14.08	13.25±5.63a	94.10	5.49±1.28a	0.39	7.76±0.03a	5.51
	G0.46	13.71	12.87±3.49a	93.84	5.42±2.80a	0.40	7.90±0.02a	5.76
	G0.69	15.19	14.16±5.34a	93.19	5.60±1.09a	0.37	9.79±0.04a	6.44
	G0.92	14.88	13.77±3.60a	92.52	5.93±1.09a	0.40	10.53±0.05a	7.08
10～20	G0.00	13.08	12.43±2.94a	95.02	3.15±0.93a	0.24	6.20±0.01a	4.74
	G0.23	8.83	8.25±1.69b	93.38	4.45±1.49a	0.50	5.41±0.01a	6.12
	G0.34	8.22	7.58±1.06b	92.21	3.81±1.02a	0.46	6.02±0.03a	7.33
	G0.46	8.81	8.15±1.11b	92.54	3.95±0.36a	0.45	6.17±0.02a	7.01
	G0.69	9.85	9.01±1.62b	91.54	3.63±0.35a	0.37	7.97±0.03a	8.09
	G0.92	9.19	8.42±1.10b	91.59	3.73±0.79a	0.41	7.36±0.03a	8.01
20～30	G0.00	6.80	6.36±8.38a	93.65	1.71±3128a	0.25	4.14±0.02a	6.10
	G0.23	5.83	5.45±6.95ab	93.54	2.38±6867a	0.41	3.53±0.02a	6.05
	G0.34	5.53	5.12±3.54b	92.62	1.83±1658a	0.33	3.89±0.02a	7.05
	G0.46	5.89	5.42±4.84ab	92.08	1.82±1571a	0.31	4.48±0.02a	7.61
	G0.69	6.42	5.95±3.24ab	92.56	1.85±819a	0.29	4.59±0.02a	7.15
	G0.92	5.95	5.48±7.68ab	92.17	1.98±3039a	0.33	4.46±0.02a	7.49

注：同列不同小写字母表示差异显著（$P<0.05$）

不同放牧处理土壤微生物数量分布不同，0～10cm 土层的微生物总数以 G0.00 居最多，达 19.44×10^6/g 干土，G0.46 居最少，达 13.71×10^6/g 干土；10～20cm、20～30cm 土层也为以 G0.00 居最多，其他放牧处理微生物总数均有所减少，其原因可能是放牧使植被生物量、地表枯落物、根系分泌物减少，土壤养分含量下降，使微生物生存的土壤环境中的营养物质减少，对土壤微生物的活动和数量产生影响。

各类群微生物的数量受放牧强度的影响有所不同，方差分析表明（表 5-5），细菌在 0～10cm 土层不同放牧强度之间无显著差异（$P>0.05$），但在 10～20cm 不放牧区显著高于放牧区（$P<0.05$），20～30cm G0.00 显著高于 G0.34（$P<0.05$），其他放牧处理之间

均无显著差异（$P>0.05$）。不同土层的真菌和放线菌在不同处理之间均无显著差异（$P>0.05$），本节研究了土壤微生物对放牧强度的短期响应，可能细菌对放牧强度的反应较真菌和放线菌相对敏感，表现出一定的差异性，真菌和放线菌对放牧强度的响应有待于进一步研究探索。

各类群土壤微生物数量随着土壤深度的增加呈下降趋势，表层中各类群土壤微生物数量最高，可能由于表层土壤中含有丰富的有机质和大量植物根系，且水热、通气状况良好，有利于微生物生长和繁殖。

二、放牧强度对土壤微生物生物量的影响

放牧对土壤微生物生物量氮、碳含量的影响见表5-6，不同放牧强度土壤微生物生物量氮含量变动在 19.20～44.53mg/kg，土壤微生物生物量碳含量变动在 252.1～782.11mg/kg；土壤微生物生物量氮含量在 0～10cm 土层以 G0.92 居最高，为 44.53mg/kg，在 10～20cm 和 20～30cm 土层以 G0.69 居最高，分别为 38.52mg/kg 和 33.49mg/kg；土壤微生物生物量碳含量在 0～10cm 以 G0.34 居最高，为 782.11mg/kg，在 10～20cm 以 G0.00 居最高，为 539.47mg/kg，在 20～30cm 以 G0.23 居最高，为 447.89mg/kg；土壤微生物生物量氮含量在重牧区较高，土壤微生物生物量碳含量在轻牧区较高；同一土层土壤微生物生物量氮、碳含量在 2009 年 8 月不同放牧强度均无显著差异（$P>0.05$），说明土壤微生物生物量受放牧强度短期影响比较小。

表 5-6 不同放牧强度下土壤微生物生物量变化（mg/kg）

土壤微生物生物量	处理	0～10cm	10～20cm	20～30cm
土壤微生物碳	G0.00	641.05±133.68a	539.47±187.24a	252.11±133.02a
	G0.23	661.05±150.47a	432.11±113.16a	447.89±247.18a
	G0.34	782.11±252.74a	363.68±114.13a	347.89±250.76a
	G0.46	508.95±264.61a	384.74±117.75a	263.68±91.89a
	G0.69	635.79±346.71a	340.00±198.60a	351.58±201.32a
	G0.92	625.26±38.29a	319.47±55.52a	177.89±78.86a
土壤微生物氮	G0.00	43.90±32.49a	27.94±5.29a	20.19±9.03a
	G0.23	39.19±27.65a	36.31±12.65a	25.01±10.35a
	G0.34	43.64±24.16a	19.20±6.39a	20.98±1.93a
	G0.46	23.59±2.63a	27.10±6.15a	24.33±8.41a
	G0.69	32.33±7.87a	38.52±19.13a	33.49±25.85a
	G0.92	44.53±24.43a	25.16±7.40a	20.14±2.83a

注：同列不同小写字母表示差异显著（$P<0.05$）

土壤微生物生物量垂直分布呈现一定的规律性，土壤微生物生物量氮含量除了 G0.46 和 G0.69 处理，其他处理均以表层 0～10cm 最高，随土层加深，呈下降趋势；土壤微生物生物量碳含量均以表层 0～10cm 最高，随着土壤深度的增加而减少；G0.00 和 G0.92 处理土壤微生物生物量在不同层次间差异显著（$P<0.05$），土壤表层微生物活动强烈。

第六节　放牧对草甸草原小型哺乳动物的影响

一、放牧对小型哺乳动物生境的影响

在 2013 年的放牧实验期共计 15 000 捕获日（一个捕鼠笼放置一昼夜的捕鼠单位），共计 5 种小型哺乳动物物种 326 只个体被捕获，其中达乌尔黄鼠 189 只、达乌尔鼠兔 55 只、狭颅田鼠共计 43 只、黑线仓鼠 33 只，还有 6 只五趾跳鼠个体。同一个体不会出现在相邻两个围栏内，说明围栏之间具备一定的独立性。有 34 只黄鼠和 7 只田鼠在不同实验期内被捕获到两次以上。

放牧强度的差异极大地影响了同域小型哺乳动物群落的物种组成（表 5-7）。本研究只在 G0.92 围栏内捕捉到五趾跳鼠，而达乌尔黄鼠更多地在 G0.46 和 G0.92 两个放牧水平高的围栏内被捕获，而在 G0.00 和 G0.23 围栏内达乌尔鼠兔、狭颅田鼠和黑线仓鼠的捕获率更高。

表 5-7　四个放牧水平下小型哺乳动物群落构成

群落参数	放牧水平			
	G0.00	G0.23	G0.46	G0.92
多度	5.07±0.76	6.13±0.92	5.33±1.03	9.00±2.09
Chao 2 丰富度指数	2.86±0.30a	3.05±0.18a	1.82±0.34b	1.52±0.19b
Shannon 多样性指数（H'）	0.68±0.13a	0.79±0.08a	0.12±0.07b	0.11±0.04b
Hill 的 N2 指数	2.09±0.23a	2.13±0.14a	1.13±0.08b	1.07±0.03b
黄鼠相对多度	1.00±0.35b	1.53±0.47b	4.87±0.96a	8.53±1.98a
鼠兔相对多度	1.60±0.24a	1.73±0.25a	0.27±0.15b	0.07±0.07b
田鼠相对多度	1.33±0.43a	1.87±0.58a	0.13±0.13b	0.06±0.00b
仓鼠相对多度	1.13±0.39a	1.00±0.43a	0.07±0.07b	0.00±0.00b

注：相对多度是围栏内捕获个体的数目。同行不同小写字母表示差异显著（$P<0.05$）

物种的丰富度（Chao 2 指数：$F_{3,6}=39.07$，$P<0.01$）和多样性（Shannon 指数：$F_{3,6}=23.27$，$P<0.01$；Hill 的 N2：$F_{3,6}=24.58$，$P<0.01$）在不同放牧强度之间的变异显著，所有的指数都是低放牧强度（G0.00 和 G0.23）显著大于高放牧强度（G0.46 和 G0.92）（表 5-7）。但是小型哺乳动物的总多度与放牧水平没有显著相关（$F_{3,6}=2.58$，$P=0.15$）（表 5-7）。

小型哺乳动物的多度（$F_{4,32}=10.64$，$P<0.001$）、物种丰富度（Chao 2 指数：$F_{4,32}=17.10$，$P<0.001$）和多样性（Shannon 指数：$F_{4,32}=5.03$，$P<0.01$，Hill 的 N2 值：$F_{4,32}=6.66$，$P<0.01$）在月份之间存在显著差异。一般地，小型哺乳动物的物种多样性和丰富度在 9 月达到最大值（Shannon 指数：0.65±0.15；Hill 的 N2 值：2.04±0.27；Chao 2 指数：3.01±0.44），而在 6 月是最小值（Shannon 指数：0.16±0.08；Hill 的 N2 值：1.19±0.10；Chao 2 指数：1.40±0.22）。

二、小型哺乳动物营养生态位

(一)小型哺乳动物生态位宽度比较

我们用饲喂实验和胃内容物显微组织学分析方法测量了呼伦贝尔草原三种常见的共存的鼠类在理想和现实条件下的食性,共计有 15 只狭颅田鼠、9 只达乌尔鼠兔和 8 只达乌尔黄鼠用于饲喂实验;34 只田鼠、11 只鼠兔和 8 只黄鼠被解剖取胃分析。三种哺乳动物之间的形态学特征差异显著:体重、体长、头长和颅宽的 F 值分别为 129.50、131.03、92.54 和 145.49,P 值均小于 0.0001。黄鼠是体型最大的,田鼠是体型最小的。但黄鼠和鼠兔的头长之间差异不显著,颅宽值边缘显著($P=0.06$,结果见表 5-8)。

表5-8 呼伦贝尔草原狭颅田鼠、达乌尔鼠兔和达乌尔黄鼠的体型

物种	个体数	体重(g)	体长(cm)	头长(cm)	颅宽(cm)
狭颅田鼠	49	22.27±1.44c	7.82±0.22c	2.75±0.06b	1.26±0.02b
达乌尔鼠兔	20	100.17±8.64b	14.17±0.53b	4.46±0.17a	2.41±0.07a
达乌尔黄鼠	16	153.06±7.28a	16.91±0.56a	4.65±0.10a	2.64±0.11a

注:同列不同小写字母表示差异显著($P<0.05$)

每个物种在室内和野外环境中的生态位宽度在统计上差异显著($F_{1,73}=5.660$,$P=0.020$),从表 5-9 我们可以看出动物在野外的营养生态位宽度比在室内饲喂的缩减了一半以上。同时物种之间的生态位宽度也各异:在饲喂实验中,鼠兔的生态位最宽,黄鼠的最窄;而在野外黄鼠的食性还是最窄,但田鼠的生态位却变成最宽的,具体见表 5-9。

表5-9 呼伦贝尔草原狭颅田鼠、达乌尔鼠兔和达乌尔黄鼠在饲喂和胃内容物分析下生态位宽度的比较

物种	室内饲喂	野外剖胃
狭颅田鼠	0.60	0.30
达乌尔鼠兔	0.74	0.28
达乌尔黄鼠	0.49	0.18*

* 不包括昆虫比例

(二)小型哺乳动物生态位重叠比较

每对物种在饲喂实验条件下的生态位重叠度都比野外条件高,而且鼠兔和黄鼠的重叠度在两种条件下均大于 0.5(表 5-10)。狭颅田鼠作为最小的采食者,与其他两个物种出现了明显的生态位分化。

表5-10 呼伦贝尔草原狭颅田鼠、达乌尔鼠兔和达乌尔黄鼠在饲喂和胃内容物生态位重叠度

物种对	室内饲喂	野外剖胃
狭颅田鼠-达乌尔鼠兔	0.456	0.365
狭颅田鼠-达乌尔黄鼠	0.425	0.344
达乌尔鼠兔-达乌尔黄鼠	0.797	0.556

（三）小型哺乳动物食谱中不同类别及偏好

虽然杂类草在这三类鼠的食谱中占有相当大的比重（77%~88%）（表5-11），但是在饲喂实验中杂类草的采食比例和我们提供的杂类草的比例之间并不相关，利用相关分析得出的 Pearson 指数的 r 值为 0.093，P 值为 0.617；在胃内容物分析中三种哺乳动物的食物比例均显著不同于植物样方中的比例（$F_{3, 72}$=13.367，$P<0.001$），其中事后检验的两两比较中黄鼠和田鼠胃内的杂类草比例显著差别于植物样方中的比例（$P<0.001$），鼠兔胃内杂类草的比例边缘显著于植物样方中的比例（$P=0.069$），而三种哺乳动物之间对杂类草的采食比例差异均不显著。这说明动物的采食是有选择偏好的，不受提供的杂类草和环境中杂类草比例的多少影响。通过胃内容物我们发现田鼠和鼠兔是完全草食者，而黄鼠具有杂食性，以植食为主，也会吃一些昆虫，如蚂蚁、蝗虫、甲虫等。

表 5-11　呼伦贝尔草原狭颅田鼠、达乌尔鼠兔和达乌尔黄鼠饲喂和胃内容物分析

	物种	个体数	禾本科比例（%）	杂类草比例（%）	昆虫比例（%）
室内饲喂	狭颅田鼠	15	21.2±1.9	78.8±1.9	0
	达乌尔鼠兔	9	19.8±1.7	80.2±1.2	0
	达乌尔黄鼠	8	15.2±3.0	84.8±3.0	0
野外剖胃	狭颅田鼠	34	14.8±2.8	85.2±2.8	0
	达乌尔鼠兔	11	23.2±5.1	76.8±5.1	0
	达乌尔黄鼠	8	5.7±2.2	87.7±2.7	6.6±1.7

三、小型哺乳动物时间生态位及生活节律

生态位理论的另外一个重要维度是时间生态位，有机体选择在什么时间活动，在什么地点活动，不但影响自身的存活和种群的动态，也与群落中其他物种相互影响和作用。任春磊（2010）通过活捕法结合机械触发式计时装置获得了呼伦贝尔草原小型哺乳动物群落的日活动节律格局，发现狭颅田鼠在达乌尔黄鼠入蛰后的日活动节律高峰占据了黄鼠的之前活动高峰，看上去这两个物种出现了"节律分化"。

为了研究这一现象的发生是源于这两个物种之间的干扰竞争还是由田鼠对环境温度随季节变化波动造成的，我们利用野外半自然围栏进行控制实验，希望通过对物种的密度操控和动态监测进一步了解种间互作关系和狭颅田鼠的节律偏移。

本研究共进行了4轮围栏实验，每轮实验的日期分别为：8月23~26日、9月6~9日、9月20~23日和10月6~9日。共计有1242次捕获记录，其中田鼠和黄鼠分别为1189次和53次。田鼠和黄鼠每轮的捕获铗日分别为：第一轮273次和123次、第二轮266次和104次、第三轮455次和171次、第四轮379次和0次。第一轮到第四轮的环境日均温依次递减，分别为：16.82℃±1.13℃、10.86℃±1.17℃、10.11℃±1.11℃和5.84℃±1.50℃。我们可以看出第四轮日均温显著下降，且变异度增大。通过环境温度和田鼠捕获记录的线性回归分析，每轮的环境温度与田鼠的活动格局显著相关，田鼠的活动水平在第一轮对外温最不敏感（表5-12）。

表 5-12 环境温度对狭颅田鼠活动水平（捕获率）影响的线性回归

实验期	系数	SE	t 值	P	矫正后 R^2
第一轮捕获率	0.77	0.39	1.96	0.05	
温度	0.11	0.03	3.86	<0.001**	0.16
第二轮捕获率	0.41	0.37	1.12	0.27	
温度	0.14	0.03	5.41	<0.001**	0.28
第三轮捕获率	1.53	1.05	1.48	0.14	
温度	0.34	0.08	4.50	<0.001**	0.21
第四轮捕获率	4.44	0.65	6.87	<0.001**	
温度	0.41	0.05	8.96	<0.001**	0.52

** $P<0.01$

四、小型哺乳动物小尺度互作——狭颅田鼠和达乌尔黄鼠采食及频次

之前的研究并没有证实时间生态位维度对狭颅田鼠和达乌尔黄鼠共存的促进，我们猜测可能是由于我们考察的时间分辨度不够恰当。此外，通过研究在各种环境条件下物种成员的采食行为可以对群落有个快速简单大体的了解，人工食盘的放弃密度法（GUD）是一个操作简便、能够有效滴定动物行为的研究方法，而结合视频捕获能更直接观察动物的采食行为细节。本章利用人工食盘结合视频监控的方法研究狭颅田鼠和达乌尔黄鼠在更小时空尺度下的活动格局、采食行为及互作，从而探究这两种鼠在野外的种间干扰作用方式和精细尺度下的共存。

狭颅田鼠和达乌尔黄鼠对食盘非常适应，采食胡萝卜的比例很高，黄鼠的平均采食比例 25%，田鼠的平均采食比例高达 38%。虽然两个物种采食胡萝卜数的 t 检验比较差异不显著，P 值为 0.427，但是采食时间上却有明显的分化（图 5-18）。黄鼠有两个采食高峰分布在 12:00 和 14:00 时段，而田鼠只有一个 15:00 时段的采食高峰。

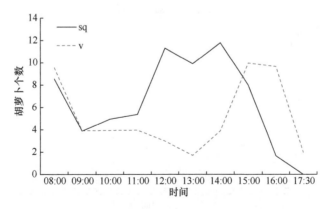

图 5-18 狭颅田鼠和达乌尔黄鼠每小时平均采食或带走的胡萝卜丁数比较
v 表示田鼠；sq 表示黄鼠

随着 1h、15min 到 5min 采样时间的细分，可以看出田鼠和黄鼠的采食活动高峰错峰的现象越发明显（图 5-19～图 5-21）。从大趋势上看，田鼠的活动高峰也出现在黄鼠的高峰之后，田鼠高峰的滞后与胡萝卜收获曲线一致。随着尺度的下延，两个物种的活

动节律也出现更多波动，但它们的高峰始终是错开的。

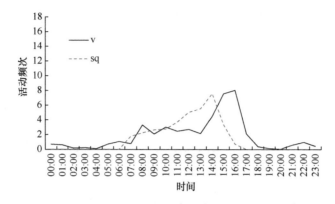

图 5-19　狭颅田鼠和达乌尔黄鼠平均每小时访问食盘频次比较

v 表示田鼠；sq 表示黄鼠

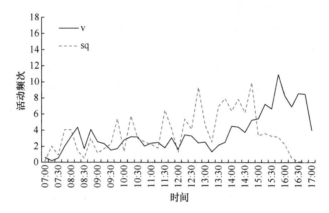

图 5-20　狭颅田鼠和达乌尔黄鼠平均每 15min 访问食盘的频次比较

v 表示田鼠；sq 表示黄鼠

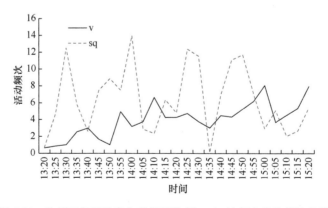

图 5-21　狭颅田鼠和达乌尔黄鼠平均每 5min 访问食盘的频次比较

v 表示田鼠；sq 表示黄鼠

　　视频录像画面和采食的时间、空间数据均显示，狭颅田鼠和达乌尔黄鼠不会同时出现在同一摄像头拍摄视野内，即两个物种对同一双食筐区域的造访总是发生在不同时刻。在视频读取中,试验发现狭颅田鼠和达乌尔黄鼠的采食行为有明显区别:狭颅田鼠大多采取短时间多回合的采食策略,在某个食盘内的逗留时间一般不超过 1min,但会来回多次;达乌尔黄鼠则就地采食,吃饱了或吃完食盘内的食物才会离开,平均采食时间在 5min 以上。

第七节　放牧对草甸草原植物病害的影响

一、草甸草原植物病害种类

(一)植物病害种类

本试验从 2014 年 5 月开始至 2016 年 9 月结束,对研究区进行了 3 年病害发生情况的动态监测。在 17 科 42 属 55 种植物上共计发现了 129 种病害(表 5-13)。其中,43 种锈病、25 种白粉病、53 种叶斑类病害及 8 种其他病害(表 5-14)。

表 5-13　研究区牧草病害名录

序号	植物名称	病原菌	病害
1	羽茅 *Achnatherum sibiricum*	*Puccinia coronata*	冠锈病
2	羽茅 *Achnatherum sibiricum*	*Urocystis agropyri*	黑粉病
3	羽茅 *Achnatherum sibiricum*	*Epichloe* sp.	香柱病
4	羽茅 *Achnatherum sibiricum*	*Septoria* sp.	斑枯病
5	羽茅 *Achnatherum sibiricum*	*Phaeosphaeria avenaria*	灰斑病
6	羽茅 *Achnatherum sibiricum*	未分类	红斑病
7	沙参 *Adenophora stricta*	*Coleosporium ampanulas*	锈病
8	冰草 *Agropyron cristatum*	*Septoria* sp.	叶斑病
9	冰草 *Agropyron cristatum*	未分类	黑痣病
10	冰草 *Agropyron cristatum*	*Pleosphaerulia* sp.	黑点病
11	冰草 *Agropyron cristatum*	*Puccinia elymi*	叶锈病
12	双齿葱 *Allium bidentatum*	*Mycosphaerella* sp.	叶斑病
13	双齿葱 *Allium bidentatum*	*Uromyces* sp.	锈病
14	细叶葱 *Allium tenuissimum*	*Puccinia allii*	锈病
15	榆叶梅 *Amygdalus triloba*	未分类	叶斑病
16	野棉花 *Anemone vitifolia*	*Coleosporium* sp.	锈病
17	野棉花 *Anemone vitifolia*	未分类	叶斑病
18	艾蒿 *Artemisia argyi*	*Erysiphe artemisiae*	白粉病
19	狭叶青蒿 *Artemisia dracunculus*	未分类	锈病
20	狭叶青蒿 *Artemisia dracunculus*	*Erysiphe cichoracearum*	白粉病
21	狭叶青蒿 *Artemisia dracunculus*	未分类	叶斑病
22	裂叶蒿 *Artemisia tanacetifolia*	*Puccinia dendranthemae*	锈病
23	裂叶蒿 *Artemisia tanacetifolia*	*Oidiopsis* sp.	白粉病
24	裂叶蒿 *Artemisia tanacetifolia*	未分类	叶斑病

序号	植物名称	病原菌	病害
25	白莲蒿 *Artemisia stechmanniana*	*Puccinia tanaceti*	锈病
26	斜茎黄芪 *Astragalus adsurgens*	*Erysiphe pisi*	白粉病
27	草木樨状黄芪 *Astragalus melilotoides*	*Peronophthora* sp.	霜霉病
28	草木樨状黄芪 *Astragalus melilotoides*	*Erysiphe pisi*	白粉病
29	无芒雀麦 *Bromus inermis*	*Puccinia striiformis*	条锈病
30	无芒雀麦 *Bromus inermis*	*Septoria* sp.	斑枯病
31	无芒雀麦 *Bromus inermis*	未分类	叶斑病
32	兴安柴胡 *Bupleurum sibiricum*	*Puccinia bupleuri*	锈病
33	兴安柴胡 *Bupleurum sibiricum*	*Ascochyta bupleuri*	叶斑病
34	兴安柴胡 *Bupleurum sibiricum*	*Septoria bupleuri*	斑枯病
35	兴安柴胡 *Bupleurum sibiricum*	未分类	黑粉病
36	打碗花 *Calystegia hederacea*	*Septoria convolvuli*	斑枯病
37	寸草薹 *Carex duriuscula*	未分类	叶斑病
38	柄状薹草 *Carex pediformis*	*Puccinia* sp.	锈病
39	柄状薹草 *Carex pediformis*	*Septoria* sp.	叶斑病
40	蓟 *Cirsium japonicum*	*Puccinia calcitrapae*	锈病
41	蓟 *Cirsium japonicum*	未分类	白粉病
42	糙隐子草 *Cleistogenes squarrosa*	*Puccinia duthiae*	锈病
43	糙隐子草 *Cleistogenes squarrosa*	未分类	叶斑病
44	棉团铁线莲 *Clematis hexapetala*	*Coleosporium clematidis*	锈病
45	棉团铁线莲 *Clematis hexapetala*	*Cercospora* sp.	叶斑病
46	棉团铁线莲 *Clematis hexapetala*	未分类	白粉病
47	石竹 *Dianthus chinensis*	*Phoma* sp.	枯枝病
48	石竹 *Dianthus chinensis*	未分类	叶斑病
49	羊茅 *Festuca ovina*	*Puccinia elmy*	叶锈病
50	羊茅 *Festuca ovina*	*Puccinia* sp.	锈病
51	羊茅 *Festuca ovina*	*Septora* sp.	斑枯病
52	蓬子菜 *Galium verum*	*Puccinia punctata*	锈病
53	蓬子菜 *Galium verum*	未分类	叶斑病
54	少花米口袋 *Gueldenstaedtia verna*	*Erysiphe* sp.	白粉病
55	异燕麦 *Helictotrichon schellianum*	*Fusarium* sp.	腐烂病
56	异燕麦 *Helictotrichon schellianum*	未分类	霜霉病
57	阿尔泰狗娃花 *Heteropappus altaicus*	*Sphaerotheca fusca*	白粉病
58	阿尔泰狗娃花 *Heteropappus altaicus*	*Puccinia cnici-oleracei*	锈病
59	阿尔泰狗娃花 *Heteropappus altaicus*	未分类	黑斑病
60	囊花鸢尾 *Iris ventricosa*	*Heterosporium gracile*	眼斑病
61	粗根鸢尾 *Iris tigridia*	*Heterosporium gracile*	眼斑病
62	苦荬菜 *Ixeris polycephala*	*Puccinia lactucae-denticulatae*	锈病

续表

序号	植物名称	病原菌	病害
63	苦荬菜 *Ixeris polycephala*	*Erysiphe cichoracearum*	白粉病
64	苦荬菜 *Ixeris polycephala*	未分类	叶斑病
65	鹤虱 *Lappula myosotis*	*Erysiphe* sp.	白粉病
66	羊草 *Leymus chinensis*	*Puccinia recondita*	锈病
67	羊草 *Leymus chinensis*	*Puccinia striiformis*	条锈病
68	羊草 *Leymus chinensis*	*Puccinia elymi*	褐锈病
69	羊草 *Leymus chinensis*	*Puccinia triticina*	叶锈病
70	羊草 *Leymus chinensis*	*Septoria nodorum*	叶斑病
71	羊草 *Leymus chinensis*	未分类	斑点病
72	羊草 *Leymus chinensis*	*Bipolaris sorokiniana*	叶枯病
73	羊草 *Leymus chinensis*	*Phaeosphaeria avenaria*	灰斑病
74	羊草 *Leymus chinensis*	*Blumeria graminis*	白粉病
75	羊草 *Leymus chinensis*	未分类	黑痣病
76	羊草 *Leymus chinensis*	*Urocystis agropyri*	黑粉病
77	花苜蓿 *Medicago ruthenica*	*Erysiphe polygoni*	白粉病
78	车前 *Plantago asiatica*	*Erysiphe cichoracearum*	白粉病
79	车前 *Plantago asiatica*	*Peronospora alta*	霜霉病
80	早熟禾 *Poa annua*	*Puccinia coronata*	冠锈病
81	早熟禾 *Poa annua*	*Phoma* sp.	枯枝病
82	星毛委陵菜 *Potentilla acaulis*	*Phragmidium potentillae*	锈病
83	鹅绒委陵菜 *Potentilla anserina*	*Phragmidium potentillae*	锈病
84	二裂委陵菜 *Potentilla bifurca*	未分类	锈病
85	二裂委陵菜 *Potentilla bifurca*	*Sphaerotheca aphanis*	白粉病
86	二裂委陵菜 *Potentilla bifurca*	未分类	叶斑病
87	二裂委陵菜 *Potentilla bifurca*	未分类	红斑病
88	菊叶委陵菜 *Potentilla tanacetifolia*	*Phaeoramularia* sp.	灰斑病
89	菊叶委陵菜 *Potentilla tanacetifolia*	*Sphaerotheca aphanis*	白粉病
90	菊叶委陵菜 *Potentilla tanacetifolia*	*Phragmidium potentillae*	锈病
91	轮叶委陵菜 *Potentilla verticillaris*	*Phragmidium papillatum*	锈病
92	轮叶委陵菜 *Potentilla verticillaris*	未分类	红斑病
93	细叶白头翁 *Pulsatilla turczaninovii*	*Erysiphe aquilegiae*	白粉病
94	细叶白头翁 *Pulsatilla turczaninovii*	*Tranzschelia fusca*	褐锈病
95	细叶白头翁 *Pulsatilla turczaninovii*	未分类	锈病
96	细叶白头翁 *Pulsatilla turczaninovii*	*Septora* sp.	斑枯病
97	细叶白头翁 *Pulsatilla turczaninovii*	未分类	叶斑病
98	地榆 *Sanguisorba officinalis*	*Sphaerotheca ferruginea*	白粉病
99	地榆 *Sanguisorba officinalis*	*Septora* sp.	斑枯病
100	地榆 *Sanguisorba officinalis*	未分类	叶斑病

续表

序号	植物名称	病原菌	病害
101	多裂叶荆芥 Schizonepeta multifida	Puccinia schizonepetae	锈病
102	叉枝鸦葱 Scorzonera divaricata	Puccinia sinoborealis	锈病
103	叉枝鸦葱 Scorzonera divaricata	Erysiphe cichoracearum	白粉病
104	麻花头 Serratula centauroides	Puccinia calcitrapae	锈病
105	麻花头 Serratula centauroides	未分类	锈病
106	麻花头 Serratula centauroides	未分类	叶斑病
107	贝加尔针茅 Stipa baicalensis	Ustilago sp.	黑粉病
108	贝加尔针茅 Stipa baicalensis	Septora sp.	斑枯病
109	蒲公英 Taraxacum mongolicum	Puccinia sp.	锈病
110	蒲公英 Taraxacum mongolicum	Sphaerotheca fusca	白粉病
111	狗舌草 Tephroseris kirilowii	Erysiphe sp.	白粉病
112	狗舌草 Tephroseris kirilowii	Gymnosporangium sp.	锈病
113	狗舌草 Tephroseris kirilowii	Septora sp.	斑枯病
114	瓣蕊唐松草 Thalictrum petaloideum	未分类	锈病
115	瓣蕊唐松草 Thalictrum petaloideum	未分类	叶斑病
116	瓣蕊唐松草 Thalictrum petaloideum	Erysiphe aquilegiae	白粉病
117	瓣蕊唐松草 Thalictrum petaloideum	Bipolaris sp.	叶斑病
118	展枝唐松草 Thalictrum squarrosum	Puccinia sp.	锈病
119	展枝唐松草 Thalictrum squarrosum	Erysiphe aquilegiae	白粉病
120	展枝唐松草 Thalictrum squarrosum	未分类	叶斑病
121	披针叶黄华 Thermopsis lanceolata	Erysiphe thermopsidis	白粉病
122	披针叶黄华 Thermopsis lanceolata	Uromyces thermopsidis	锈病
123	披针叶黄华 Thermopsis lanceolata	Cercospora sp.	叶斑病
124	长叶百蕊草 Thesium longifolium	Erysiphe sp.	白粉病
125	藜芦 Veratrum nigrum	Uromyces veratri	锈病
126	狭叶山野豌豆 Vicia amoena var. oblongifolia	未分类	锈病
127	狭叶山野豌豆 Vicia amoena var. oblongifolia	Ascochyta viciae	叶斑病
128	山野豌豆 Vicia amoena	Ascochyta viciae	叶斑病
129	山野豌豆 Vicia amoena	Leptosphaeria sp.	斑点病

表 5-14　2014～2016 年调查期间发现的病害种类

病害类型	病害数
锈病	11 科 29 属 36 种植物 43 种病害
白粉病	8 科 20 属 25 种植物 25 种病害
叶斑类病害	12 科 29 属 35 种植物 53 种病害
其他病害	3 科 4 属 4 种植物 3 种霜霉病和 4 种黑粉病及 1 种香柱病
合计	17 科 42 属 55 种植物 129 种病害

通过野外样地标本采集，病状、病症特点确认，致病菌显微观察、鉴定，辅以分子测序手段，在试验地的 17 科 42 属 55 种植物上发现了 129 种真菌病害，包括 43 种锈病、25 种白粉病和 53 种叶斑类病害，分别占病害总数的 33.3%、19.4%和 41.1%。在此之前，呼伦贝尔地区天然牧场栽培草原植物上共计发现 174 种病害，包括 46 种白粉病、30 种锈病、22 种叶斑类病害、8 种黑痣病、8 种黑穗病、6 种纹枯病和 4 种麦角病。其中，陈申宽（1995a）对呼伦贝尔市小范围地区进行了豆科牧草白粉病，核盘菌（*Sclerotinia sclerotiorum*）引起的病害，苜蓿褐斑病（*Pseudopeziza medicaginis*）及人工草原病害的研究。而本研究中试验地设置的地区与陈申宽（1995b）的调查区域相距较远，植被类型有很大差别，因此相同的病害并不多。但在相邻的松嫩平原，引起羊草褐锈病的病原菌为披碱草柄锈菌（*Puccinia elymi*）。本研究中羊草褐锈病病原菌与此相一致，且为该地区最主要的羊草锈病病原菌。

（二）主要植物病害

羊草上共计鉴定出 8 种病害即羊草条锈病、羊草褐锈病、羊草叶锈病、羊草灰斑病、羊草叶斑病、羊草叶枯病、羊草白粉病和羊草黑粉病，其中在生长季后期羊草条锈病和羊草褐锈病会同时发生在同一植株上。这 8 种病害中有 4 种在羊草为首次报道，分别是羊草灰斑病、羊草叶斑病、羊草叶枯病和羊草叶锈病。羊草作为饲用价值极高同时又是该地的建群种，所以将详细介绍羊草上主要发生的病害。同时，斜茎黄芪和蓬子菜作为主要伴生种，将重点介绍斜茎黄芪白粉病和蓬子菜锈病。糙隐子草作为家畜喜食的优良牧草，一旦被锈菌侵染便很快蔓延至全株；毒杂草羽茅和菊叶委陵菜一旦被病原菌侵染，其严重度很快达到最高级，因此对其病害将详细介绍。

1. 世界新病害

羊草叶锈病（病原菌 *Puccinia triticina*）：7 月初羊草上部叶片开始出现夏孢子堆，并逐渐蔓延至下部叶片（图 5-22a）。夏孢子堆生于叶片两面，以叶上面为主，橙色至浅棕色，粉状，直径大于 1.5mm；夏孢子球形，倒卵球形或者椭圆形，浅棕色，18.5～34.8μm×13～24μm，壁厚 1.5～2μm（图 5-22b）。冬孢子堆 8 月中旬开始出现，位于叶片下表面，直至植株凋亡。冬孢子堆椭圆形，散生，被表皮覆盖，黑色，分成若干条状小室；冬孢子圆棒形，栗褐色，多分为两室，顶端截平或者圆形，12.5～23.1μm×50.4～80.5μm；冬孢子壁棕色，平滑，侧壁厚 1～1.5μm；顶端厚 3～5μm；柄很短且易断（图 5-22c）；不容易与 *Puccinia recondite* 进行区分。GenBank 接收序列号为 KY328447（ITS1/ITS4）和 MF072317（ITS5/Rust2inv）。

羊草灰斑病（病原菌 *Phaeosphaeria avenaria*）：羊草灰斑病的发生较锈病迟半个月至一个月，病斑呈椭圆形或者细长形，黄褐色至黑褐色，常伴有灰白色原点，直径 2.1～8.5（±1.6）mm×6.5～13.3（±1.8）mm（图 5-23a）。病原菌可在培养基上进行培养（图 5-23b），子囊壳球形或者椭球型，直径 135～170（±9.4）μm，子囊壳黑褐色，在叶片表面形成黑色小点。子囊圆柱形或者圆棍棒状，双囊壁，无柄，55.5～90（±8.1）μm×9.5～15.5（±1.8）μm；子囊孢子一般以 8 个为一列，线性排列；20.5～25（±1.3）μm×4.0～6.5（±0.62）μm（图 5-23c）。GenBank 接收序列号为 MF991941（ITS）和 MF784260（SSU）。

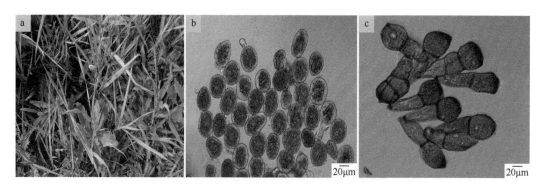

图 5-22　羊草叶锈病（彩图请扫封底二维码）
a. 田间症状；b. 夏孢子；c. 冬孢子

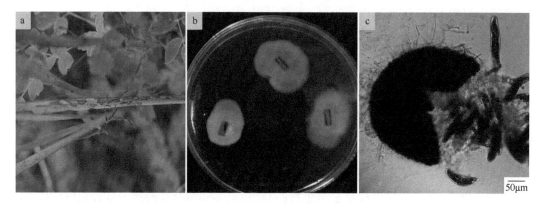

图 5-23　羊草灰斑病（彩图请扫封底二维码）
a. 田间症状；b. 病原菌分离培养；c. 子囊壳、子囊和子囊孢子

羊草叶斑病（病原菌 *Septoria nodorum*）：病斑呈椭圆形或者不规则；灰褐色，褐色边缘宽 1～2mm；病斑直径 9.3～15.9mm×3.5～8.2mm（图 5-24a）。分生孢子器散生在叶片两面，早期埋藏在表皮下，形成黑褐色小点；球形或者扁球形，直径 57.5～168μm，壁厚 8.5～13μm。分生孢子无色，直或者弯曲的长圆柱形或针形，2～3 个隔膜，两端渐圆；21.5μm～45×2.5～4μm。GenBank 接收序列号为 MH277354（ITS）和 MF784261（SSU）。

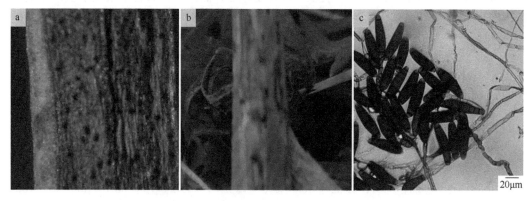

图 5-24　羊草叶斑病（a）和羊草叶枯病（b、c）（彩图请扫封底二维码）
a. 壳针孢分生孢子器；b. 叶枯病田间症状；c. 分生孢子

羊草叶枯病（病原菌 *Bipolaris sorokiniana*）：病斑梭形至长椭圆形，黑褐色，上有灰白色霉层，麦根腐离蠕孢主要危害羊草的叶片部位（图 5-24b）。分生孢子棕褐色，长椭圆形，两端逐渐变窄至钝圆，35～120μm×12～24μm，5～7 个隔膜（图 5-24c）。

柄状薹草锈病（病原菌 *Puccinia* sp.）：柄状薹草锈病一般在生长季末发病，且发病率较低，一般不容易被发现，本研究中未观察到夏孢子堆。冬孢子堆长椭圆形至圆矩形，生于叶片表面，后期突破表皮，棕褐色，0.1～0.3mm×0.8～1.2mm（图 5-25a、b）。冬孢子棕色，表面有突起，13.2～24μm×16.8～25.5μm，壁厚 1.68～2.15μm（图 5-25c）；有柄，柄长大于 88.2μm（图 5-25d）。

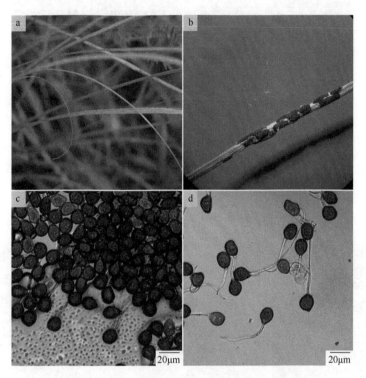

图 5-25　柄状薹草锈病（彩图请扫封底二维码）
a. 田间症状；b. 冬孢子堆；c. 冬孢子；d. 冬孢子柄部

冰草锈病（病原菌 *Puccinia elymi*）：夏孢子堆生于叶片上面，淡肉桂褐色，粉状（图 5-26a）；夏孢子大部分球形，部分椭球形至倒卵球形，黄褐色，26～31μm×15～24μm，壁棕色至无色，厚 1～3μm（图 5-26b）。冬孢子堆生于叶下面，覆盖在表皮下，椭圆形或线性排列；冬孢子圆柱形，56～93.5μm×8.4～15.5μm，壁厚 1.15～1.5μm，顶端壁厚 3～6μm，2～4 室，顶端圆形或平截；柄很短（图 5-26d）。

2. 常见病害

羊草锈病（病原菌 *Puccinia elymi*、*P. striiformis*）：羊草褐锈病病原菌 *P. elymi* 和羊草条锈病病原菌 *P. striiformis* 在生长季后期混合寄生于羊草叶片上面。褐锈病夏孢子堆浅褐色，散生，粉状；条锈病夏孢子堆橘色，条形排列；两者根据夏孢子堆易于区分（图 5-27）。

图 5-26 冰草锈病（彩图请扫封底二维码）

a. 夏孢子堆；b. 夏孢子；c. 夏孢子器；d. 冬孢子

图 5-27 羊草锈病（混合寄生）（彩图请扫封底二维码）

a. 披碱草柄锈菌（褐色）和条锈菌夏孢子堆（橘色）；b. 条形柄锈菌冬孢子；c. 披碱草柄锈菌冬孢子

羽茅冠锈病（病原菌 *Puccinia coronata*）：夏孢子堆生于叶两面，以叶片上面为主，椭圆形，散生，橘色，粉状（图 5-28a）；夏孢子橘黄色，球形或者椭球形，15.4～23.2μm×16.1～25.3μm，壁淡黄色至无色，厚 0.6～1.3μm（图 5-28c）。冬孢子堆生于叶片两面，有时和夏孢子堆可同期观察到，初期覆盖在表皮下，后期突破表皮，黑色（图 5-28b）；冬孢子棒形，28.5～59.6μm×10～22.3μm，顶部有指状突起，栗褐色，下部渐窄，颜色变淡，侧壁厚 1～1.5μm，易于区别（图 5-28c）；柄很短，易脱落（图 5-28b）。

糙隐子草锈病（病原菌 *Puccinia duthiae*）：夏孢子堆生于叶片下面，少数生于上面，圆形至椭圆形，直径 0.4～1mm，粉状；冬孢子堆在植株整株均可观察到（图 5-29a），

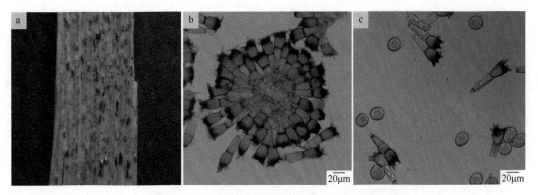

图 5-28 羽茅冠锈病（彩图请扫封底二维码）

a. 田间症状；b. 冬孢子；c. 夏孢子（球形）和冬孢子（棒形）

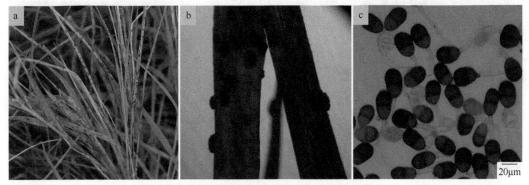

图 5-29 糙隐子草锈病（彩图请扫封底二维码）

a. 田间症状；b. 冬孢子堆；c. 冬孢子

黑色，坚实，椭圆形（图 5-29b）；未成熟冬孢子无色至淡黄色，一般一室；成熟冬孢子褐色，32.8～43.5μm×17.7～31.7μm，两端圆，隔膜处缢缩，成熟冬孢子一般为 2 室；侧壁颜色较深，厚 2.5～3.4μm；顶端圆滑，厚 4.5～7.3μm；柄淡黄色至褐色，不易脱落，柄长大于 80μm（图 5-29c）。

菊叶委陵菜锈病（病原菌 *Phragmidium potentillae*）：夏孢子堆生于叶片下面，散生，圆形，直径 0.3～1.2mm，裸露在表皮外，粉状，鲜橙色（图 5-30a）；夏孢子近球形或者椭圆形，橘色，16.7～23.4μm×11.2～20.5μm，壁无色，厚 1.3～2.2μm（图 5-30b）。冬孢子堆生于叶片下面，圆形，黑色，散生，布满整个叶片，粉状；冬孢子圆柱形，成熟冬孢子栗褐色至暗褐色，52.5～103.5μm×16.7～29.4μm，一般 3～5 个细胞，顶端圆或稍尖或有不明显乳突，隔膜处有时缢缩；柄长且不易脱落，柄长 33.5～120.9（～221.5）μm，浅褐色（图 5-30c）。

斜茎黄芪白粉病（病原菌 *Erysiphe pisi*）：菌丝体布满叶片（图 5-31a），子囊果聚生至近散生，初期橘色，后期暗褐色至黑色，球形至扁球形，直径 61.9～96.8μm，壁细胞不规则（图 5-31b）；附属丝不分枝，长 207.7～687.8μm，有隔，近无色；每个囊果 8 个子囊，子囊卵圆形，49.8～79.2μm×33.2～49.5μm；每个子囊 2～4 个子囊孢子，卵形，16～20.6μm×20.9～32.1μm。分生孢子柱状，26.3～42.1μm×11.8～18.3μm（图 5-31c）。

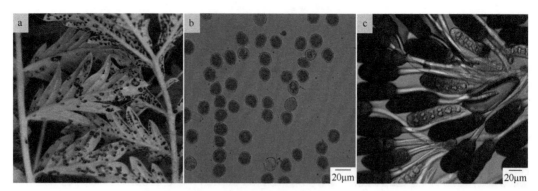

图 5-30　菊叶委陵菜锈病（彩图请扫封底二维码）

a. 田间症状；b. 夏孢子；c. 冬孢子

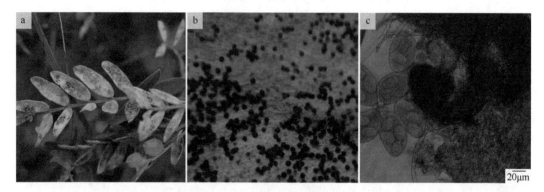

图 5-31　斜茎黄芪白粉病（彩图请扫封底二维码）

a. 田间症状；b. 子囊果；c. 子囊和子囊孢子

蓬子菜锈病（病原菌 *Puccinia punctata*）：夏孢子堆生于叶片和茎秆，发病末期冬孢子堆布满整株植物。夏孢子堆圆形，发病初期埋生，后期突破表皮，粉状，肉桂褐色；夏孢子球形或倒卵形，23.5～27.6μm×18.2～24.2μm。冬孢子堆大部分为矩形，少数圆形，黑色，直径 0.3～0.6mm，突破表皮，坚实（图 5-32a）；冬孢子棍棒形或椭圆形，栗褐色，一般为两室，31.3～49.2μm×17.3～25.5μm，顶端圆或钝，基部渐狭，隔膜处缢缩，侧壁厚 0.9～1.5μm，顶壁厚 7.1～14.7μm，柄无色（图 5-32b）。

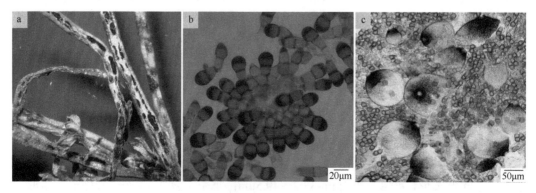

图 5-32　蓬子菜锈病（彩图请扫封底二维码）

a. 冬孢子堆；b. 冬孢子；c. 锈寄生菌

二、不同放牧强度下草甸草原植物病害的发生情况

（一）不同放牧强度草原植物病害发病率

研究区最早发生的病害是细叶白头翁锈病，发病率极低，但是病情严重度一般为最高级 5 级，即发病植株偶尔出现，然而一旦出现，冬孢子堆会快速布满整个叶片。一般 6 月中旬羊草叶锈病开始出现，随着时间的推移依次发生的有叶斑类病害、白粉病和霜霉病等。一般 7 月病害开始大面积发生，直至 8 月达到最高峰。

对于羊草和贝加尔针茅等家畜喜食禾草，放牧对其发病率（包括锈病、叶斑病和灰斑病）的影响比较明显，而且在这三类病害中，灰斑病的发病率最高，其次是锈病，由颖枯壳针孢引起的叶斑病发病率最低。2015 年和 2016 年中，G0.23、G0.34 放牧处理与 G0.69、G0.92 放牧处理差异显著（$P<0.05$）。且每年随着生长季的推移，叶斑类病害发病率逐渐降低而锈病发病率略有增加。灰斑病发病率在 2015 年随时间推移发病率显著增加，而在 2016 年变化则不明显（图 5-33）。

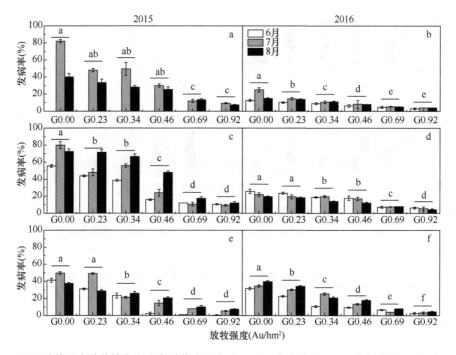

图 5-33　不同放牧强度羊草等家畜喜食禾草叶斑病（a、b）、灰斑病（c、d）和锈病（e、f）在 2015 年（a、c、e）和 2016 年（b、d、f）6 月、7 月和 8 月的发病率

不同小写字母表示不同放牧处理下植物病害发病率差异显著（$P<0.05$）

（二）不同放牧强度草甸草原植物病情指数

发病初期，随着放牧强度的增加，羊草等家畜喜食禾草叶斑病病情指数逐渐降低，而灰斑病和锈病的病情指数呈现出先增加后降低的趋势，在 G0.23 放牧处理下病情严重度最高。在整个发病周期内，G0.34 和 G0.46 放牧处理下病情严重度与 G0.69 和 G0.92

放牧处理下差异显著（$P<0.05$）。2016 年和 2015 年表现出相似的规律，但是 2016 年总体病情严重度显著（$P<0.05$）低于 2015 年（图 5-34）。

随着时间的推移，在整个发病周期内放牧强度对羊草等家畜喜食禾草的总发病率和病情指数均有显著影响（$P<0.05$）。放牧强度和月份显著（$P<0.05$）影响羊草等家畜喜食禾草叶斑病病害的发病率和病情指数，并且二者存在交互作用。放牧强度对羊草等家畜喜食禾草灰斑病病情指数没有显著影响（$P<0.05$），并且放牧强度和时间对羊草等家畜喜食禾草锈病病情指数的交互作用不显著（$P<0.05$）（表 5-15）。

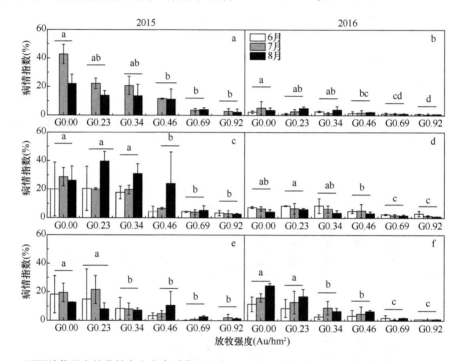

图 5-34　不同放牧强度羊草等家畜喜食禾草叶斑病（a、b）、灰斑病（c、d）和锈病（e、f）在 2015 年（a、c、e）和 2016 年（b、d、f）6 月、7 月和 8 月的病情指数

不同小写字母表示不同放牧处理下植物病害病情指数差异显著（$P<0.05$）

表 5-15　放牧强度和月份对病害发病率和病情指数的双因素方差分析

变异来源		自由度	发病率		病情指数	
			F	P	F	P
叶斑病	放牧强度	5	340.5	<0.001	27.1	0.000
	月份	5	1163.8	<0.001	360.8	0.000
	放牧强度×月份	25	45.5	<0.001	2.5	0.001
灰斑病	放牧强度	5	942.7	<0.001	2.1	0.076
	月份	5	700.0	<0.001	29.0	0.000
	放牧强度×月份	25	55.4	<0.001	0.8	0.738
锈病	放牧强度	5	1415.7	<0.001	6.6	0.000
	月份	5	129.9	<0.001	14.6	0.000
	放牧强度×月份	25	28.7	<0.001	1.2	0.301

羊草是一种多年生草本植物，由于其较高的蛋白质含量、产量及较高的适口性而被用作畜牧业的重要饲料作物。其次，羊草因其发达的根茎和较强的耐盐碱能力在保护自然环境和退耕还草等方面发挥了重要作用。因此，羊草病害的鉴定和防治对该地区畜牧业的发展具有重要意义。本研究在内蒙古呼伦贝尔天然草原主要建群种羊草上共发现了10种病害，已鉴定出病原菌的有8种病害即羊草条锈病、羊草褐锈病、羊草叶锈病、羊草灰斑病、羊草叶斑病、羊草叶枯病、羊草白粉病和羊草黑粉病。其中羊草褐锈病和羊草叶斑类病害是该地区对羊草影响最大的两类病害。

锈病是内蒙古呼伦贝尔草原发生最早也是最普遍的病害，其次是叶斑类病害和白粉病，霜霉病和黑粉病仅在某些植物上偶有发生。不放牧处理 G0.00 和 G0.23 放牧处理下锈病和叶斑类病害则普遍发生，在 G0.34 放牧处理下主要病害为锈病，叶斑病和白粉病，G0.92 放牧处理下主要为发生在低矮草本植物上的白粉病和锈病。这可能与家畜的选择性采食有关，锈病主要发生在禾本科植物上，而豆科牧草主要发生白粉病。在该研究区，随着放牧强度的增加家畜喜食的禾本科牧草逐渐减少，因此锈病的侵染比例逐渐降低。豆科植物虽然也是家畜喜食的牧草，但是在本研究区除山野豌豆植株较高外，斜茎黄芪和少花米口袋等豆科牧草植株较矮，家畜不易采食，因此使植株得到生长空间，进而增加了白粉病的发病比例。

三、草甸草原病害对放牧干扰的响应

（一）病害侵染比例对放牧强度和时间的响应

在不同放牧强度下，锈病和叶斑类病害的侵染率最高，白粉病次之，而霜霉病和黑粉病病原菌的侵染率最低。在 2015 年，随着时间的推移，锈病病原菌的侵染率逐渐降低而叶斑类病害病原菌的侵染率逐渐增加，且在生长季末超过了锈病病原菌的侵染率（图 5-35）。白粉病病原菌的侵染率在生长季中期侵染率最高，而霜霉病黑粉病则在 8 月短暂出现，2016 年与 2015 年病原菌侵染率表现出相似规律（图 5-36）。

（二）病原菌多样性对放牧强度的响应

随着放牧强度的增加，2015 年发病初期（6 月）和 2016 年发病高峰期（7 月）病原菌多样性逐渐降低。而在大部分时间内，随着放牧强度的增加病原菌多样性呈现出先增加后降低的趋势，在 G0.46 放牧处理下病原菌多样性最高（图 5-37）。

（三）植物病害总发病率对放牧强度的响应

总发病率：样方中所有发病植株的数量占植株总数量的百分比（Rottstock et al.，2014）。2015 年与 2016 年相比，在各处理下，2015 年病原菌总发病率高于 2016 年，2015 年 6 月的 G0.69 和 G0.92 放牧处理除外。以所有发病植株占总数的百分比来计算一个小区总的发病率，对放牧强度和发病率做相关分析。由图可以看出，随着放牧强度的增加总发病率与放牧强度呈负相关。即随着放牧强度的逐渐增加，病原菌总发病率逐渐下降（图 5-38）。

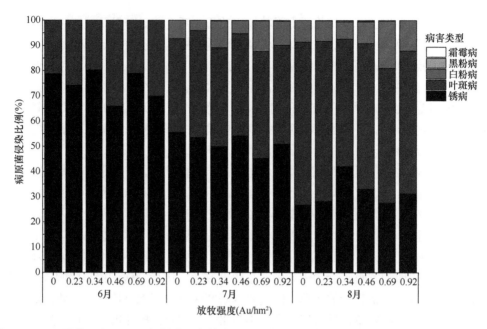

图 5-35 不同放牧强度下 2015 年锈病、白粉病、叶斑病、霜霉病和黑粉病病原菌侵染比例季节动态

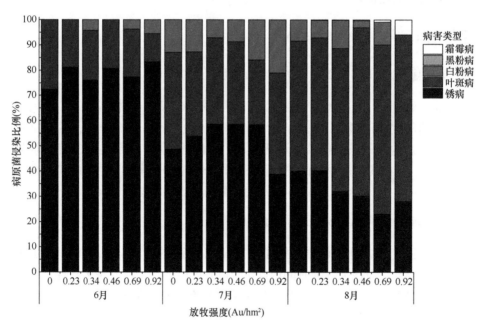

图 5-36 不同放牧强度下 2016 年锈病、白粉病、叶斑病、霜霉病和黑粉病病原菌侵染比例季节动态

（四）植物病害与放牧强度及微环境的关系

冗余分析（RDA）表明，对于羊草等家畜喜食禾草，放牧强度与植物密度盖度及病害发病率呈显著负相关（图 5-39）。植物病害的发病率与植被密度和盖度及微环境中的湿度呈显著正相关。即放牧降低了羊草等家畜喜食禾草叶斑类病害和锈病的发病率。

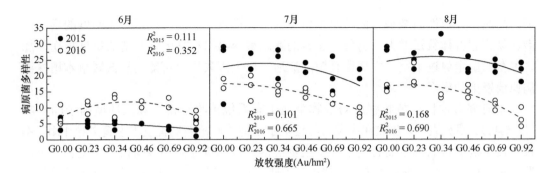

图5-37　不同放牧强度下草原植物病害病原菌多样性

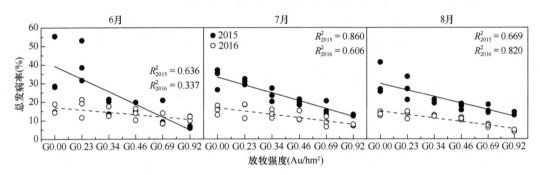

图5-38　放牧强度和病原菌总发病率的相关关系

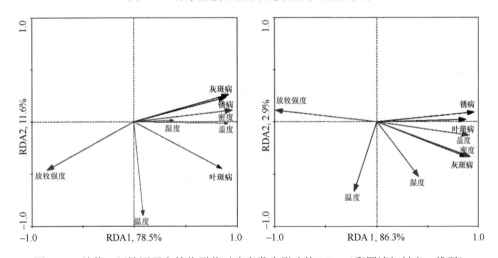

图5-39　放牧、环境因子和植物群落对病害发生影响的RDA（彩图请扫封底二维码）

在重度放牧条件下，大部分草原植物发病率降低，少数低矮草本的发病率升高。放牧对草原病害最直接的作用是采食与践踏。本研究表明，放牧家畜会有选择地采食营养丰富并且适口性好的植物，随着放牧强度的增加，适口性较高植株的发病率逐渐降低，这可能是因为家畜这种选择性采食直接去除了适口性较好植株的发病叶片，减少了高适口性植株叶片表面的病原真菌附着，从而降低了植株被病原菌侵染的概率和潜力。放牧对草原病害的负向影响在多种植物群落中均有体现，同时，随着放牧强度的增加，低矮草本植物白粉病和锈病发病率逐渐上升，这同样与家畜的选择性采食有关，高适口性植株的减少为低矮草本植株的生长提供了空间，低矮草本密度的增加，潜在易感病群体数量增大。另外，家畜的践踏很容易对植株的茎叶造成机械损伤，加之家畜的游走促进了空气中病原真菌的流通，以上因素均有可能增加低矮草本植株被病原菌侵染的概率。

本研究首次探讨放牧强度对放牧草地生态系统植物丰富度和微环境因子的影响（图 5-40）。研究表明，放牧在内蒙古呼伦贝尔草甸草原植被病害发生中起主导作用，不仅直接影响病害的发生而且通过改变植物群落结构和草地微环境间接影响植物病害的发生和流行，且直接影响大于间接影响。本研究扩展了我们对放牧与草地病害关系的认识，定量阐明了放牧对呼伦贝尔草甸草原草地病害的作用途径。

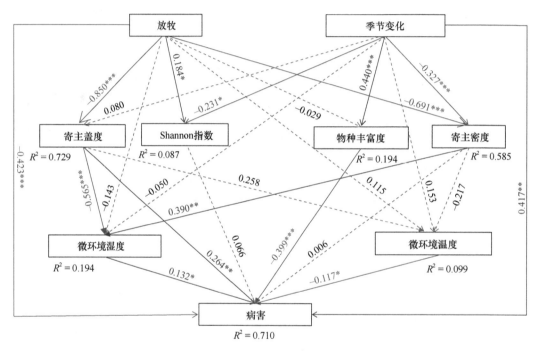

图 5-40　病害发生与放牧强度、季节变化、植被特征和微环境因子结构方程模型（SEM）
（彩图请扫封底二维码）

图为 SEM 分析的最终模型结果。方框表示模型中包含的变量，箭头附近的数字是标准化的路径系数，它反映了关系的影响大小。模型中每个响应变量旁边的数值为方差解释的比例（R^2），最终模型充分拟合数据：$\chi^2 = 166.404$，$df = 12$，$P = 0.259$，$GFI = 0.805$。df，自由度；GFI，拟合优度指数

在全球气候变化的大背景下，了解全球变暖如何影响植物-微生物的相互作用，特别是病原真菌对草原生态系统的影响尤为重要。一般认为，全球变暖使病原真菌的繁殖能力、适应能力和传播速率等增强。长期增温（+2℃）处理使草本植物叶际有益细菌降低，致病细菌增加。2015 年，羊草灰斑病发病率月动态变化是随着时间的推移，发病率逐渐增加；而随着放牧强度的增加，灰叶斑病呈减少的趋势，这种发病规律是可预测的。由颖枯壳针孢病原菌引起的羊草斑枯病发病率也随着放牧的增加而降低。但在 2016 年，尽管这两种疾病的发病率都较低，但随着放牧强度的增加，发病率仍然有所下降。这两年发病率差异较大的一个可能解释是，2016 年生长季出现了连续干旱的情况，并且在牧

草急需降水的时期，出现了连续的高温天气。在旱生系统中，与土壤相关的变量和植被盖度对放牧的响应变得更为敏感，放牧对草原群落结构的影响也更为显著。不利的气候条件虽然降低了大多数病害的发生率与严重度，但并未显著影响牧草锈病的发生，这也反映了不同病害的发生和流行有显著差异。

第八节　结　语

放牧直接或间接地对草原生态系统的生物和非生物环境产生重要的影响。植被的群落结构、功能及植物病害，土壤理化性质、微生物结构及菌群特征，以及小型哺乳动物生活节律等随着不同的放牧强度而发生变化。研究揭示草甸草原生态系统对不同放牧强度的响应机制，为精准放牧管理提供理论依据。

1）表层土壤的平均温度（0～10cm）在 7 月（18.6℃）最高，1 月最低（−11.2℃）。其在夏季随深度减少，而在冬季随深度增加。土壤温度年际变化也随着深度的增加而减小，深层土壤的结冻和融化过程更晚。在暖季，所有土层的平均温度随着放牧强度增加而增加，但在冷季表现相反的趋势。放牧处理之间土壤水分随季节的变化相似，然而在解冻，融雪和降水期间有明显的波动。冷季土壤水分最低，土壤水分值的第一个高峰发生在土壤解冻，积雪开始融化的 3 月底；之后土壤水分逐渐减少，直到第一次较大降雨。土壤含水量随着放牧强度的变化而变化，特别是在生长季初期（$P<0.05$），在生长季中期和后期不同放牧处理下土壤湿度差异较小，不放牧处理土壤湿度略高于各放牧处理。

2）随着放牧强度的增加，植物群落的数量和质量特征均呈下降趋势，而退化标志种则呈上升趋势。禁牧围封和轻度放牧区羊草优势作用明显，强度放牧会使植物多样性增加，当超过一定强度时，多样性水平减少或低于禁牧。地上生物量在各年间变化明显，均呈现出随放牧强度增加而逐渐减少趋势，且不同放牧强度均呈显著差异。不同年份植物地下生物量对放牧强度的响应不尽相同。放牧强度主要影响 0～20cm 地下生物量。地下生物量随放牧强度增加呈显著降低（$P<0.05$），均在中度放牧强度下出现最小值，总体上地下生物量为禁牧＞轻牧＞重牧＞中牧，或轻牧＞禁牧＞重牧＞中牧或轻牧＞禁牧＞中牧＞重牧。随土壤深度增加，地下生物量分布逐渐减小，大部分地下生物量集于 0～30cm 范围内，且随着放牧强度增加，各土层生物量表现为无规律的增加或减少。随着放牧强度的增加，植物地下与地上生物量的比值呈递增趋势，根冠比由大到小顺序为重牧、中牧、轻牧、不放牧。随着放牧强度增加，地上活体植物与地上枯落物生物量的分布均逐渐减少，而地上立枯植物生物量呈先增加而后减少的趋势，植物地下生物量的分布随放牧强度的增加而增加。

3）土壤容重以 G0.23 放牧处理下最高，对照区最小；随着土层深度的增加，各放牧强度下土壤容重均呈现增加趋势。不同放牧强度对土壤容重的影响是随着土层深度的增加而增加。重度放牧下 0～10cm 的土壤容重大于禁牧。在禁牧、轻牧、中牧强度下，土壤含水量均随土壤深度增加而减少，在重度放牧强度下呈有增有减。重度放牧下碱解氮显著高于其他处理；其余养分指标在四种放牧强度下均无差异。

4）不同土层土壤微生物总数 G0.00 居最多，其他放牧处理微生物总数均有所减少。各处理细菌在微生物总数中占绝对优势，放线菌次之，真菌数量最少；各类群微生物占微生物总数的比例排序为细菌＞放线菌＞真菌。土壤微生物数量对放牧强度的短期响应比较小。土壤微生物生物量碳、氮含量随着放牧强度的增大而逐渐减小，呈现出轻度放牧＞中度放牧＞重度放牧的趋势。土壤微生物垂直分布随着土壤深度的增加，各类群土壤微生物数量、土壤微生物生物量呈下降趋势。

5）不同物种对放牧强度导致的生境斑块具有各种适应能力，这种干扰导致异质的环境下，小型哺乳动物群落构成发生变化。轻度放牧（0.23Au/hm²）下，小型哺乳动物群落生物多样性最高，同时地上禾本科生物量和禾本科比例也最大。放牧强度增加至 0.46Au/hm²，植物和动物群落的多样性都显著下降。推测对植物和动物群落来说，在 0.23～0.46Au/hm² 存在一个关键的临界转折点。同时放牧引起的禾本科比例的变化可能是导致小型哺乳动物功能团内部结构分化的一个关键变量。达乌尔黄鼠和五趾跳鼠对重度放牧的生境更为适应，而狭颅田鼠、达乌尔鼠兔和黑线仓鼠更多生活在放牧干扰低的生境中，这些物种通过对生境分化达成了共存。黄鼠存在对田鼠的日活动格局季节迁移影响不大，田鼠的活动更多地受到环境温度的影响。同时空间回避是田鼠躲避黄鼠干扰的一种可能机制。下一步应该设计更小尺度更精确的实验证明种间互作的作用机制。

6）研究发现该地有 6 种世界新病害，即羊草灰斑病、羊草叶斑病、羊草叶枯病、羊草叶锈病、冰草叶锈病和柄状薹草锈病。锈病和叶斑类病害为该地区主要病害，危害等级较高。8 月是白粉病和霜霉病的高发期，也是病害危害最严重的时期。放牧对羊草和贝加尔针茅发病率（包括锈病、叶斑病和灰斑病）的影响比较明显，其中灰斑病发病率最高，其次是锈病。随放牧强度增加，叶斑病指数逐渐降低，而灰斑病和锈病指数呈现先增加后降低的趋势。在不同放牧强度下，锈病和叶斑类病害的侵染率最高，白粉病次之，而霜霉病和黑粉病病原菌的侵染率最低。随放牧强度增加病原菌多样性呈现出先增加后降低的趋势，而病原菌总发病率逐渐下降。放牧在植物病害发生过程中起主导作用，不仅直接影响草地病害发生，而且通过改变草地群落结构和草地微环境影响草地病害。放牧对天然草地植物病害的影响可以将整个草地生态系统的生态化学计量学特征进行统一分析，即将地上、地下部分元素含量和土壤理化性质相结合，探明放牧和病害对草地群落中资源分配的影响。

参 考 文 献

宝音陶格涛, 李艳梅, 杨持. 2002. 不同牧压梯度下植物群落特性的比较. 草业科学, 19(2): 13-15.
布仁巴雅尔, 陈申宽, 闫任沛, 等. 1993. 呼盟农区核盘菌寄主范围的研究. 植物病理学报, 23(4): 314.
陈海军, 王明玖, 韩国栋, 等. 2008. 不同强度放牧对贝加尔针茅草原土壤微生物和土壤呼吸的影响. 干旱区资源与环境, 22(4): 165-169.
陈申宽. 1995a. 呼伦贝尔盟草场豆科牧草白粉病的调查. 中国草地, 2: 65-66, 70.
陈申宽. 1995b. 内蒙古呼伦贝尔盟植物白粉病调查. 草业科学, 12 (4): 53.
董全民, 李青云, 马玉寿, 等. 2002. 放牧强度对夏季高寒草甸生物量和植被结构的影响. 青海草业, 11(2): 8-10, 49.

高鹏. 2017. 阿勒泰地区罗布麻锈病及其防治. 兰州大学博士学位论文.

高雪峰, 韩国栋, 张功, 等. 2007. 放牧对荒漠草原土壤微生物的影响及其季节动态研究. 土壤通报, 38(1): 145-148.

韩国栋, 焦树英, 毕力格图, 等. 2007. 短花针茅草原不同载畜率对植物多样性和草地生产力的影响. 生态学报, 27(1): 182-188.

侯扶江, 常生华, 于应文, 等. 2004. 放牧家畜的践踏作用研究评述. 生态学报, 24(4): 784-789.

李永宏. 1993. 放牧影响下羊草草原和大针茅草原植物多样性的变化. 植物学报, 35(11): 877-884.

梁茂伟. 2019. 放牧对草原群落构建和生态系统功能影响的研究. 内蒙古大学硕士学位论文.

刘振国, 李镇清. 2006. 退化草原冷蒿群落 13 年不同放牧强度后的植物多样性. 生态学报, 26(2): 475-482.

刘忠宽, 汪诗平, 陈佐忠, 等. 2006. 不同放牧强度草原休牧后土壤养分和植物群落变化特征. 生态学报, 26(6): 2048-2056.

卢翔. 2015. 放牧与焚烧对松嫩羊草草原病害的影响. 兰州大学硕士学位论文.

蒙旭辉, 李向林, 辛晓平, 等. 2009. 不同放牧强度下羊草草甸草原群落特征及多样性分析. 草地学报, 17(2): 239-244.

南志标. 1998. 牧草病害的调查与评定//任继周. 草业科学研究方法. 北京: 中国农业出版社, 214-232.

南志标, 李春杰. 2003. 中国草类作物病理学研究. 北京: 海洋出版社.

任春磊. 2010. 呼伦贝尔草原小哺乳动物群落昼夜时间生态位分化格局研究. 中国科学院研究生院博士学位论文.

戎郁萍, 韩建国, 王培, 等. 2001. 放牧强度对草地土壤理化性质的影响. 中国草地, 23(4): 42-48.

盛海彦, 曹广民, 李国荣, 等. 2009. 放牧干扰对祁连山高寒金露梅灌丛草甸群落的影响. 生态环境学报, 18(1): 235-241.

石永红, 韩建国, 邵新庆, 等. 2007. 奶牛放牧对人工草地土壤理化特性的影响. 中国草地学报, 29(1): 24-30.

万里强, 李向林, 苏加楷, 等. 2002. 不同放牧强度对三峡地区灌丛草地植物产量的影响. 草业学报, 11(2): 51-58.

汪诗平, 李永宏, 王艳芬, 等. 2001. 不同放牧率对内蒙古冷蒿草原植物多样性的影响. 植物学报, 43(1): 89-96.

王德利. 2001. 草地植被结构对奶牛放牧强度的反应特征. 东北师大学报(自然科学版), 33(3): 73-79.

王少昆, 赵学勇, 赵哈林, 等. 2008. 不同强度放牧后沙质草场土壤微生物的分布特征. 干旱区资源与环境, 22(12): 164-167.

王玉辉, 何兴元, 周广胜. 2002. 放牧强度对羊草草原的影响. 草地学报, 10(1): 45-49.

锡林图雅, 徐柱, 郑阳. 2009. 不同放牧率对内蒙古克氏针茅草原地下生物量及地上净初级生产量的影响. 中国草地学报, 31(3): 26-29.

徐广平, 张德罡, 徐长林, 等. 2005. 放牧干扰对东祁连山高寒草地植物群落物种多样性的影响. 甘肃农业大学学报, (6): 789-796.

徐志伟. 2003. 不同放牧强度高寒草甸种群优势度的动态变化. 青海大学学报(自然科学版), 21(6): 4-6.

薛福祥. 1998. 草地保护学. 北京: 中国农业出版社.

杨利民, 李建东, 杨允菲. 1999. 草地群落放牧干扰梯度 β 多样性研究. 应用生态学报, 10(4): 442-446.

姚爱兴, 王培, 樊奋成, 等. 1998. 不同放牧处理下多年生黑麦草/白三叶草地第一性生产力研究. 中国草地, (2): 12-16, 24.

袁建立, 江小蕾, 黄文冰, 等. 2004. 放牧季节及放牧强度对高寒草地植物多样性的影响. 草业学报, 13(3): 16-21.

张荣华, 安沙舟, 杨海宽, 等. 2008. 不同放牧强度对针茅草地春季群落的影响. 新疆农业科学, 45(3): 570-574.

张伟华, 关世英, 李跃进. 2000. 不同牧压强度对草原土壤水分、养分及其地上生物量的影响. 干旱区资源与环境, 14(4): 61-64.

张蕴薇, 韩建国, 李志强. 2002. 放牧强度对土壤物理性质的影响. 草地学报, 10(1): 74-78.

赵吉, 廖仰南, 张桂枝, 等. 1999. 草原生态系统的土壤微生物生态. 中国草地, (3): 58-68.

郑淑华, 郭慧清, 赵萌莉, 等. 2007. 草甸草原草地基况与生物多样性关系的研究. 中国草地学报, 29(4): 9-14.

周华坤, 赵新全, 唐艳鸿, 等. 2004. 长期放牧对青藏高原高寒灌丛植被的影响. 中国草地, 26(6): 2-12.

周丽艳, 王明玖, 韩国栋. 2005. 不同强度放牧对贝加尔针茅草原群落和土壤理化性质的影响. 干旱区资源与环境, 19(7): 182-187.

朱绍宏, 徐长林, 方强恩, 等. 2006. 白牦牛放牧强度对高寒草原植物群落物种多样性的影响. 甘肃农业大学学报, (4): 71-75.

宗兆锋. 2002. 植物病理学原理. 北京: 中国农业出版社.

Aalto J, Roux P C L, Luoto M. 2013. Vegetation mediates soil temperature and moisture in arctic-alpine environments. Arctic Antarctic and Alpine Research, 45: 429-439.

Altesor A, Pinieiro G, Lezama F, et al. 2006. Ecosystem changes associated with grazing in subhumid South American grasslands. Journal of Vegetation Science, 17: 323-332.

Anders W, Lars E. 1991. Variation in disease incidence in grazed and ungrazed sites for the system *Pulsatilla pratensis-Puccinia pulsatillae*. Oikos, 60(1): 35-39.

Asbjornsen H, Goldsmith G R, Alvarado-Barrientos M S. 2011. Ecohydrological advances and applications in plant water relations research: a review. Journal of Plant Ecology, 4: 3-22.

Ausden M, Hall M, Pearson P, et al. 2004. The effects of cattle grazing on tall-herb fen vegetation and molluscs. Biological Conservation, 122(2): 317-326.

Bardgett R D, Wardle D A. 2003. Herbivore-mediated linkages between aboveground and belowground communities. Ecology, 84(9): 2258-2268.

Bertiller M B, Sain C L, Bisigato A J, et al. 2002. Spatial sex segregation in the dioecious grass *Poa ligularis* in Northern Patagonia: the role of environmental patchiness. Biodiversity and Conservation, 11(1): 69-84.

Bisigato A J, Bertiller M B. 1997. Grazing effects on patchy dryland vegetation in Northern Patagonia. Journal of Arid Environments, 36(4): 639-653.

Chapin F S, Matson P A, Mooney H A. 2002. Principles of Terrestrial Ecosystem Ecology. New York: Springer.

Chen J, Saunders S, Crow T, et al. 1999. Microclimate in forest ecosystem and landscape ecology. BioScience, 49: 288-297.

Cheng H, Wang G, Hu H, et al. 2008. The variation of soil temperature and water content of seasonal frozen soil with different vegetation coverage in the headwater region of the Yellow River, China. Environmental Geology, 54: 1755-1762.

Cooper A, Mccann T, Ballard E. 2005. The effects of livestock grazing and recreation on Irish machair grassland vegetation. Plant Ecology, 181(2): 255-267.

Daleo P, Silliman B, Alberti J. 2009. Grazer facilitation of fungal infection and the control of plant growth in south-western atlantic salt marshes. Journal of Ecology, 97(4): 781-787.

Donkor N T, Hudson R J, Bork E W, et al. 2006. Quantification and simulation of grazing impacts on soil water in boreal grasslands. Journal of Agronomy and Crop Science, 192(3): 192-200.

Ellis B A, Mills J N, Glass G E, et al. 1998. Dietary habits of the common rodents in an agroecosystem in Argentina. American Society of Mammalogists, 79: 1203-1220.

Flake L D. 1973. Food habits of four species of rodents on a short-grass prairie in Colorado. American Society of Mammalogists, 54: 636-647.

Gleichman J. 2000. Effects of grazing by free-ranging cattle on vegetation dynamics in a continental north-west European heathland. Journal of Applied Ecology, 37(3): 415-431.

Gornall J L, Woodin S J, Jonsdottir I S, et al. 2009. Herbivore impacts to the moss layer determine tundra ecosystem response to grazing and warming. Oecologia, 161: 747-758.

Gray F A, Koch D W. 2004. Influence of late season harvesting, fall grazing, and fungicide treatment on verticillium wilt incidence, plant density, and forage yield of alfalfa. Plant Disease, 88(8): 811-816.

Güsewell S, Pohl M, Gander A, et al. 2007. Temporal changes in grazing intensity and herbage quality within a Swiss fen meadow. Botanica Helvetica, 117(1): 57-73.

Halle S. 1995. Effect of extrinsic factors on activity of root voles, Microtus oeconomus. Journal of Mammalogy, 76: 88-99.

Han J, Chen J, Han G. 2014. Legacy effects from historical grazing enhanced carbon sequestration in a desert steppe. Arid Environ, 107: 1-9.

Hirsch A L, Pitman A J, Kala J. 2014. The role of land cover change in modulating the soil moisture-temperature land-atmosphere coupling strength over Australia. Geophysical Research Letters, 41: 5883-5890.

Holechek J L. 1982. Sample preparation techniques for microhistological analysis. Journal of Range Management Archives, 35: 267-268.

Horton J L, Hart S C. 1998. Hydraulic lift: a potentially important ecosystem process. Trends in Ecology & Evolution, 13: 232-235.

Knops J, Tilman D, Haddad N, et al. 1999. Effects of plant species richness on invasion dynamics, disease outbreaks, insect abundances and diversity. Ecology Letters, 2(5): 286-293.

Li Z, Wang X, Wang D L. 2008. First report of rust disease caused by Puccinia elymi on Leymus Chinensis in China. Plant Pathology, 57(2): 376.

Liu M, Szabo L J. 2013. Molecular phylogenetic relationships of the brown leaf rust fungi on wheat, rye, and other grasses. Plant Disease, 97(11): 1408-1417.

Madden L V, Hughes G. 1999. Sampling for plant disease incidence. Phytopathology, 89: 1088-1103.

Mcintyre S, Lavorel S. 2001. Livestock grazing in subtropical pastures: steps in the analysis of attribute response and plant functional types. Journal of Ecology, 89(2): 209-226.

Mellado M, Olvera A, Quero A, et al. 2005. Dietary overlap between prairie dog (Cynomys mexicanus) and beef cattle in a desert rangeland of northern Mexico. Journal of Arid Environments, 62(3): 449-458.

Mulungu L S, Massawe A W, Kennis J, et al. 2001. Differences in diet between two rodent species, Mastomys natalensis and Gerbilliscus vicinus, in fallow land habitats in central Tanzania. African Zoology, 46: 387-392.

Ostfeld R S, Keesing F. 2012. Effects of host diversity on infectious disease. Annual Review of Ecology, Evolution, and Systematics, 43(1): 157-182.

Özkan U, Gökbulak F. 2017. Effect of vegetation change from forest to herbaceous vegetation cover on soil moisture and temperature regimes and soil water chemistry. Catena, 149: 158-166.

Plum G, Dodd J. 1993. Foraging ecology of bison and cattle on a mixed prairie. Ecology Applications, 3: 631-643.

Porada P, Ekici A, Beer C. 2016. Effects of bryophyte and lichen cover on permafrost soil temperature at large scale. The Cryosphere, 10: 2291-2315.

Rodríguez C, Leoni E, Lezama F, et al. 2003. Temporal trends in species composition and plant traits in natural grasslands of Uruguay. Journal of Vegetation Science, 14(3): 433-440.

Rottstock T, Joshi J, Kummer V, et al. 2014. Higher plant diversity promotes higher diversity of fungal pathogens, while it decreases pathogen infection per plant. Ecology, 95 (7): 1907-1917.

Schoener T W. 1971. Theory of feeding strategies. Annual Review of Ecology and Systematics, 2: 369-404.

Shao C J, Chen H, Chu R. 2017. Grassland productivity and carbon sequestration in Mongolian grasslands: the underlying mechanisms and nomadic implications. Environmental Research, 159: 124-134.

Shao C, Chen J, Li L, et al. 2016. Grazing effects on surface energy fluxes in a desert steppe on the mongolian plateau. Ecological Applications, 27: 485-502.

Shao C, Li L, Dong G, et al. 2014. Spatial variation of net radiation and its contribution to energy balance closures in grassland ecosystems. Springer Berlin Heidelberg, 3: 1-11.

Shiels A B, Flores C A, Khamsing A, et al. 2012. Dietary niche differentiation among three species of invasive rodents (*Rattus rattus*, *R. exulans*, *Mus musculus*). Biological Invasions, 15(5): 1037-1048.

Skipp R A, Lambert M G. 1984. Damage to white clover foliage in grazed pastures caused by fungi and other organisms. New Zealand Journal of Agricultural Research, 27 (3): 313-320.

Soininen E M, Ehrich D, Lecomte N, et al. 2014. Sources of variation in small rodent trophic niche: new insights from DNA metabarcoding and stable isotope analysis. Isotopes in Environmental and Health Studies, 50: 361-381.

Soininen E M, Valentini A, Coissac E, et al. 2009. Analysing diet of small herbivores: the efficiency of DNA barcoding coupled with high-throughput pyrosequencing for deciphering the composition of complex plant mixtures. Frontiers in Zoology, 6: 16.

Sparks D R, Malechek J C. 1986. Estimating percentage dry weight in diets using a microscopic technique. Journal of Range Management Archives, 21: 264-265.

Tian L, Chen J, Zhang Y. 2017. Growing season carries stronger contributions to albedo dynamics on the Tibetan plateau. Public Library of Science, 12(9): 559.

Vandandorj S, Eldridge D J, Travers S K, et al. 2017. Microsite and grazing intensity drive infiltration in a semiarid woodland. Ecohydrology, 10: 1002-1831.

Zhang Y W, Nan Z B. 2018. First report of leaf blotch caused by *Parastagonospora nodorum* on *Leymus chinensis* (Chinese Rye Grass) in China. Plant Disease, 12(102): 2661.

Zhao H, Zhao X, Zhou R, et al. 2004. Desertification processes due to heavy grazing in sandy rangeland, Inner Mongolia. Journal of Arid Environments, 62(2): 309-319.

Zhao L, Lee X, Smith R B, et al. 2014. Strong contributions of local background climate to urban heat islands. Nature, 511: 216-219.

第六章　刈割对草甸草原生态系统的影响

　　割草是人类对草地资源管理和利用的主要方式,草原生态系统的植物群落和土壤都会产生相应的变化(李金花等,2002)。不适当的刈割不仅会导致草原退化,还会降低草地的生产力和恢复力,常年刈割则会导致土壤营养元素的输出量大于输入量,进而造成土壤营养匮乏(胡静等,2015)。近些年来,国内外学者关于刈割对草地生态系统的影响做过大量研究,一方面研究关注生物量和植物群落结构对刈割的响应,另一方面研究关注植物和土壤养分特征变化对刈割的响应,关于刈割对草原生态系统植物-土壤-微生物系统的研究少有报道,对于更好地揭示和理解刈割对生态系统养分循环影响的机制具有局限性。

　　内蒙古呼伦贝尔草原位于大兴安岭东西两侧低山丘陵地带和呼伦贝尔草原东部,草地总面积为 997.3 万 hm^2,是我国目前保存最为完整、产草量最高、草质最优的草原之一,近年来由于受气候变化、草原开垦、过度放牧等影响,呼伦贝尔草原出现了大面积沙化、退化现象。本研究从生态化学计量角度出发,研究刈割频率和刈割技术对呼伦贝尔草原植物、土壤和微生物及生态化学计量特征的影响,探讨草地生态系统对刈割的响应过程及适应策略,旨在为草地生态系统的恢复和管理提供基础依据。

第一节　刈割对草原生态系统影响的研究进展

一、刈割对草原生态系统植物的影响

　　放牧和刈割是两种主要的草地利用方式,两种干扰方式都是通过移除部分或者全部地上生物量对草地生态系统产生影响,但割草与放牧对生态系统的影响也存在差异,刈割在处理上相对均匀,而放牧是通过牲畜的选择性采食、粪便归还等来影响生态系统(李鑫,2012;陈万杰等,2016;陈万杰,2017)。刈割对植被的影响,主要体现在群落生产力、群落结构和生物多样性等方面。研究表明,刈割移除地上部分后,导致光合叶面积降低,但植物生长并未受到影响,由于顶端优势被打破,刺激了侧枝分生组织的生长,增大了光合叶面积,提高了光合效率,有利于生产力的提高,表明刈割后存在补偿性生长现象。关于补偿性生长国内外也进行了大量研究,刈割后植物也存在等补偿性生长、超补偿性生长和欠补偿性生长,植物的补偿性生长取决于促进与抑制之间的净效应,且受到草地群落类型、刈割频率、刈割强度及环境条件等的影响(王丽华,2015)。研究表明,适度刈割有利于超补偿的发生,草地净初级生产力增加,而重度刈割则不利于种群的生长(代红军等,2009;王丽华,2015;王丽华等,2015)。仲延凯和包青海(1999a)的研究表明,随刈割强度减弱,群落和羊草地上生物量下降减慢。包青海等(2005)认为,合理的刈割能够促进植被群落的恢复,生物量增加,而不合理的刈割会导致群落地上生物量的下降。刘美玲等(2007)对锡林郭勒典型草原区对割草场产量的研究表明,

高频次刈割对羊草和大针茅的影响较严重，产量明显减少，重要值下降。

刈割会改变群落组成和结构，刈割后草地群落高度、盖度显著降低。国内外很多研究表明，适当的刈割频率能增加植物物种的丰富度和多样性（Hansson and Fogelfors，2000；Collins et al.，2000；Antonsen and Olsson，2005；黄振艳等，2013；薛文杰，2016；陈万杰，2017）。刈割导致群落植被特征发生改变，群落优势种去除后，改善了冠层辐射，为群落中层和下层低矮的菊科、藜科等杂类草生长创造了条件，使各科植物组成发生变化，杂草类比例增高。仲延凯和包青海（1999b）对锡林河流域合理割草制度研究，结果表明，16 年连续刈割已使羊草占优势的草原演替为落草占优势的草原。张靖乾等（2008）对典型高寒草甸的研究表明，在生长季内刈割 2~3 次提高物种多样性，而仅于生长季后期（9 月中旬）刈割 1 次或刈割次数超过 4 次，则可对物种多样性产生明显的负面影响。王泽环等（2007）对典型草原区刈割的长期定位研究表明，羊草群落多样性指数和均匀度指数均呈现明显高峰值的单峰曲线。徐满厚等（2015）对高寒草甸植被物种多样性的研究表明，多样性在生长季中期（6 月、7 月、8 月）显著高于生长初期（5 月）和生长末期（9 月）；刈割处理与对照相比，植物多样性没有显著差异。而有些研究则认为长期刈割对物种丰富度没有显著影响（Huhta et al.，2009）。

二、刈割对草原生态系统土壤的影响

刈割去除植物部分后，降低了光合产物和枯落物的积累，进一步影响了土壤理化性质，而刈割后草原群落结构的物种组成和多样性也对土壤产生一定的影响。国内外学者对刈割处理下的土壤进行的大量研究表明，刈割对不同地区草地土壤性质的影响不同（顿沙沙等，2017）。Ross 等（1999）的研究表明刈割会改变土壤养分（碳、氮、磷）循环。对刈割处理下北美高禾草草原土壤的研究表明，土壤的 pH、容重、总氮含量、电导率及有机质含量并没有发生显著变化（Schlesinger and Andrews，2000）。研究认为，刈割干扰没有改变土壤属性，也未引起草原植被生长过程中土壤养分供给及土壤分解活性的变化（Ilmarinen and Mikola，2009；Ilmarinen et al.，2009；顿沙沙等，2017；时光，2019）。有研究结果显示，刈割对土壤全氮和无机氮的含量无显著影响（郑扬，2019）。曾希柏和刘更另（2000）的研究表明，随刈割间隔期延长，植物地上和地下恢复生长越好，同时返回到土壤中的凋落物也越多，土壤有机质、全氮的含量均上升。仲延凯等（2000）研究结果显示，在割草区和对照区，土壤中的含量变化较小，土壤 9 种营养元素含量多数低于对照区，尤以土壤氮和磷流失较大。章家恩等（2005）的研究表明，不同刈割强度对土壤有机质、全磷和全钾含量无明显影响；土壤全氮、碱解氮、速效磷、速效钾含量均随刈割强度的增加而显著下降。Sorensen 等（2008）研究认为，刈割降低了亚寒带草原氮的矿化率。一般而言，刈割后植物带走了较多的氮、磷、钾元素，而返回到土壤中的减少，会对土壤营养特性产生影响，长期刈割会使土壤养分得不到及时补充，进而影响土壤肥力。李景信等（1990）的研究显示，羊草割草地营养元素的输出大于输入量。因此，适当的刈割能够保证凋落物的形成并归还土壤，有利于土壤肥力的保持，进而对草地生态系统的物质和能量循环起到积极作用。

国内外对于放牧对草地土壤微生物影响的研究较多，而对刈割干扰对微生物影响的研究相对较少。刈割对植物地上部分的移除会对草地土壤微生物产生间接影响。有研究发现，刈割能显著增加丛枝菌根真菌（AMF）总磷脂脂肪酸（PLFA）的含量，对细菌无显著影响（Antonsen and Olsson，2005；谭红妍等，2015）。章家恩等（2005）的研究发现，土壤微生物总数重刈割干扰下显著低于不刈割干扰，而轻刈割显著高于不刈割。邵玉琴等（2011）对割草频率对土壤微生物数量研究后发现，不同刈割频率下可培养微生物总数量仍存在一定差异，并提出割1年休1年较为合理。邹雨坤（2011）研究了不同利用方式对羊草草原土壤微生物的影响，刈割干扰下，PLFA 总量和表征细菌的 PLFA 含量最高，并且刈割对羊草草原固氮微生物区系的影响程度最低。张微微等（2016）对驼绒藜根际土壤特性的研究表明，刈割并没有显著影响驼绒藜根际土壤微生物的总量，但显著影响细菌、真菌和放线菌的组成，连年刈割使真菌数量显著增加，隔年刈割使放线菌数量显著增加。顿沙沙等（2017）对典型草原放牧和刈割干扰对土壤微生物的研究表明，1年刈割使微生物生物量碳、氮增加。刈割通过地上植物的移除，对光合作用产生影响进而影响有机质的积累，而同时物种耐刈割性的不同造成群落组成发生变化，这些将对土壤环境产生一定的影响，最终引起土壤微生物数量及其组成的变化。土壤微生物参与生态系统的物质和能量循环，因此应加强对刈割干扰下土壤微生物的研究将为草原刈割管理提供依据。

三、刈割对植物生态系统化学计量的影响

目前，国内外对于刈割干扰下植物生态化学计量的研究相对较少。刈割作为全世界最主要的草地利用方式，会对草原植物和土壤产生影响，进而对营养元素的循环产生积极或者消极的影响。董敬超和孙继军（2017）对刈割干扰下植物的生态化学计量特征的研究表明，刈割后 C∶N 和 C∶P 与对照相比显著下降，刈割频次间差异不显著；刈割后 N∶P 与对照相比也有下降的趋势。土壤碳、氮、磷含量间存在紧密关系，其比值可反映土壤内部的碳、氮、磷循环和平衡特征（王绍强和于贵瑞，2008；Achat et al.，2013；曹娟等，2016）。由于土壤化学计量特征受多种因子，如成土因子、植被种类和人类生产活动等的影响，刈割作为对草地比较重要的影响因素，对刈割干扰下土壤化学计量特征的研究具有重要的意义。国内外目前关于刈割对土壤微生物生物量 C∶N∶P 的研究相对较少。土壤微生物是土壤养分特别是氮和磷等的"源"和"库"，土壤微生物通过固持和矿化而影响土壤生态系统碳氮磷的流量（贾国梅等，2016），因此，土壤微生物生物量 C∶N∶P 的研究对于理解养分元素限制性营养也具有重要意义。

第二节　研究样地与研究方法

一、刈割频率试验概况

（一）试验设计

刈割频率试验地位于内蒙古呼伦贝尔草原生态系统国家野外科学观测研究站的羊草

草甸草原长期观测样地(北纬49°19′32.8″～49°19′51.8″、东经120°02′47.6″～120°03′51.8″),研究点位于内蒙古呼伦贝尔市谢尔塔拉牧场场部东 10km。刈割试验设置 6 个刈割强度(对照区 CK、1 年 1 割 M1、2 年 1 割 M2、3 年 1 割 M3、6 年 1 割 M6、12 年 1 割 M12),从 2005 年开始设置样地,每年生长季末期进行刈割处理(图 6-1)。

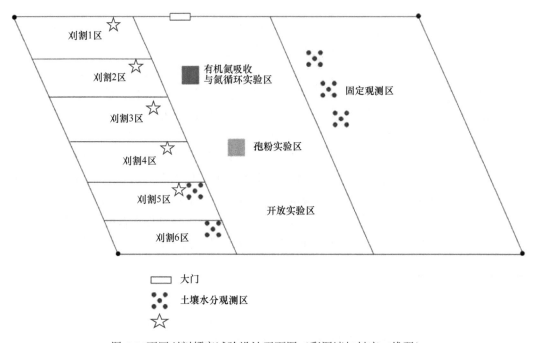

图 6-1 不同刈割频率试验设计平面图(彩图请扫封底二维码)

(二)研究方法

1. 植被群落特征取样方法

植被群落特征选取了 5 个刈割频率:CK、M1、M2、M3、M6,野外采样时间为 2013 年 8 月 20～21 日。每个刈割处理中随机选取 5 个点。

植物群落物种优势度及群落多样性指数的计算

1)三因素综合优势度比(SDR_3)计算公式如下:

$$SDR_3 = \left.(C^* + D^* + B^*)\middle/3\right.$$

式中,C^*、D^*、B^*分别为盖度比、密度比和地上生物量比。计算方法分别为:

$$C^* = \frac{Ci}{\max Fi} \times 100\%$$

$$D^* = \frac{Di}{\max Fi} \times 100\%$$

$$B^* = \frac{Bi}{\max Fi} \times 100\%$$

式中,C_i、D_i、B_i分别表示样方中物种 i 的盖度、密度和地上生物量。

2）物种丰富度直接采用样地内物种数 S 表示，Shannon-Wiener 多样性指数（H'）、Simpson 优势度指数（D）、Pielou 均匀度指数（E）计算公式如下：

$$H' = -\sum_{i=1}^{S} P_i \ln P_i$$

$$D = 1 - \sum_{i=1}^{S} P_i^2$$

$$E = H' \Big/ \ln S$$

式中，S 表示群落中物种总数；P_i 表示物种 i 的个体在全部个体中的比率。

2. 土壤理化性质的测定

土壤有机质用重铬酸钾容量法—外加热法进行测定；全磷采用 NaOH 熔融—钼锑抗比色法；全氮采用半微量凯氏定氮法；土壤 pH 采用电位法；速效磷采用 0.5mol/L NaHCO₃ 浸提—钼锑抗比色法；速效钾采用 NH₄OAc 浸提—火焰光度法；碱解氮采用 1.0mol/L NaOH 碱解扩散法（鲍士旦，2000）。

3. 土壤磷脂脂肪酸提取与分析

将置于超低温冰箱中的土样放入超低温冷冻干燥机中处理后，取 3.00 g 左右的冻干土，利用 Blight/Dyer 法通过氯仿-甲醇-柠檬酸缓冲液震荡提取总脂，经固相萃取（SPE）柱层析分离得到磷脂脂肪酸；将得到的磷脂脂肪酸甲酯化。PLFA 的定性与定量分析用 HP6890 气相色谱和 Sherlock 软件，以正十九烷脂肪酸甲酯为内标物。各类群微生物标记如表 6-1 所示。命名法采用 X:YωZ，其中 X 是指主链碳原子个数，Y 为双键个数，Z 为甲基链离双键的位置。i、a、Me 分别表示异构、反异构、甲基支链，cy 表示环丙基。

表 6-1 估算微生物生物量的脂肪酸

微生物类型	磷脂脂肪酸标记	文献
细菌	14:0、i14:0、i15:0、a15:0、i16:0、a16:0、16:0、i17:0、a17:0、cy17:0、17:0、16:1ω7、17:1ω8、18:0、18:1ω5、18:1ω7、cy19:0	Sundh et al.，1997；Zogg et al.，1997；Bardgett et al.，1999；Olsson，1999；Zelles，1999；Allison et al.，2005
革兰氏阳性菌	i14:0、i15:0、a15:0、i16:0、a16:0、i17:0、a17:0	Ingram et al.，2008；Rousk et al.，2011
革兰氏阴性菌	16:1ω7、17:1ω8、cy17:0、18:1ω5、18:1ω7、cy19:0	Ingram et al.，2008；胡雷等，2014
放线菌	10Me16:0、10Me17:0、10Me18:0	Bardgett et al.，1999；Clegg，2006
腐生真菌	18:2ω6，9、18:1ω9	Allison et al.，2005；Bach et al.，2010
AMF	16:1ω5	Olsson，1999

4. 土壤微生物生理功能群数量的测定

好气性纤维素分解菌、好气性固氮菌、氨化细菌采用平板梯度稀释法测定，使用的培养基分别为：赫奇逊培养基、阿须贝培养基、蛋白胨琼脂培养基。其余类群的微生物采用液体稀释培养计数法：嫌气性自生固氮菌采用玉米面碳酸钙培养基；硝化细菌采用改良的斯蒂芬逊培养基;反硝化细菌采用改良的阿须贝无氮培养基;嫌气性纤维素分解菌采用奥曼梁斯基培养基。土壤微生物计数单位为 104cfu/g(尚占环等,2007)。

二、刈割试验地概况

(一)试验设计

固定割草地样地设在内蒙古呼伦贝尔草原生态系统国家野外科学观测研究站围栏保护的样区内,割草地类型为贝加尔针茅+羊草+杂类草草甸草原割草地,设 3 个试验地,每个样地内 6 个处理,取样面积 1 m×1 m,5 次重复(图 6-2)。

样地一

2	21	14	8	16	19
1	24	23	22	12	17
20	26	10	6	15	27
9	3	25	18	13	28
7	4	29	5	11	30

样地二

58	32	54	43	36	60
48	42	47	46	31	39
34	52	56	37	33	38
57	40	45	50	49	59
41	44	51	55	35	53

样地三

89	83	71	74	81	82
65	66	61	90	86	84
76	63	64	62	69	75
85	78	72	73	87	77
88	67	70	68	79	80

图 6-2　割草地试验地示意图

图例说明如下。

样地一

1~5 表示:8 月 1 日测产的 5 个重复(留茬 5cm)

6~10 表示:8 月 15 日测产的 5 个重复(留茬 3cm)

11~15 表示:8 月 15 日测产的 5 个重复(留茬 5cm)

16~20 表示:8 月 15 日测产的 5 个重复(留茬 7cm)

21~25 表示:9 月 1 日测产的 5 个重复(留茬 5cm)

26~30 表示:9 月 15 日测产的 5 个重复(留茬 5cm)

样地二

31~35 表示:8 月 1 日测产的 5 个重复(留茬 5cm)

36~40 表示:8 月 15 日测产的 5 个重复(留茬 3cm)

41~45 表示:8 月 15 日测产的 5 个重复(留茬 5cm)

46~50 表示:8 月 15 日测产的 5 个重复(留茬 7cm)

51~55 表示:9 月 1 日测产的 5 个重复(留茬 5cm)

56~60 表示:9 月 15 日测产的 5 个重复(留茬 5cm)

样地三

61~65 表示:8 月 1 日测产的 5 个重复(留茬 5cm)

66~70 表示:8 月 15 日测产的 5 个重复(留茬 3cm)

71~75 表示:8 月 15 日测产的 5 个重复(留茬 5cm)

76~80 表示:8 月 15 日测产的 5 个重复(留茬 7cm)

81~85 表示:9 月 1 日测产的 5 个重复(留茬 5cm)

86~90 表示:9 月 15 日测产的 5 个重复(留茬 5cm)

（二）研究方法

1. 牧草适宜刈割时间的确定

在围栏保护的样地内，分别在 3 个重复样地内，于每年 8 月 1 日、8 月 15 日、9 月 1 日、9 月 15 日测定地上生物量，分种测定，从而获得产草量动态规律数据，并定量分析不同时间，不同样地内的混合样品，进行室内营养成分分析，获得牧草营养价值动态规律数据。

2. 牧草适宜刈割高度的确定

在围栏保护的样地内的 3 个样地，于每年的 8 月 15 日，分别按 3cm、5cm、7cm 的留茬高度，对样地内的植物高度、盖度及密度进行描述，测定牧草产量，并分析牧草营养成分。

3. 群落特征的测定

各试验地在剪割前进行群落特征描述，分别测定高度（每种牧草高度）、盖度（每种牧草盖度百分率）和密度（牧草的株丛数），5 次重复。

4. 群落多样性分析

根据描述样方内测定的各植物物种的密度、高度、盖度数据，利用公式分别计算群落物种重要值和优势度。

$$IV = (RDE+RHI+RCO)/3$$

式中，IV 为重要值；RDE、RHI 和 RCO 分别为相对密度、相对高度和相对盖度。

$$RDE = 某一植物物种的个体数/全部植物物种的个体数×100\%$$
$$RHE = 某一植物物种的高度/各植物物种高度之和×100\%$$
$$RCO = 某一植物物种的盖度/各植物物种的分盖度之和×100\%$$
$$SDR_4 = (H'+C'+D')/3×100\%$$

式中，SDR_4 为优势度；H'、C'、D' 分别为高度比、盖度比和频度比

根据描述样方内植物物种数目、所有植物物种的个体数和重要值，利用 α 多样性公式计算群落 α 多样性：

$$Margalef 丰富度指数：Ma = (S-1)/\ln N$$
$$Shannon\text{-}Wiener 多样性指数：H' = -\Sigma P_i \ln(P_i)$$
$$Simpson 优势度指数：D = 1-\Sigma(P_i)^2$$
$$Pielou 均匀度指数：Jp = \Sigma P_i \ln(P_i)/\ln(S)$$

式中，S 为物种数目；N 为所有物种个体数；P_i 为 $IV/\Sigma IV$。

5. 土壤养分测定

在围栏保护的样地内分别随机取 4 个（0～10cm、10～20cm、20～30cm、30～40cm）深度的土样及割草地调查样地内随机取 5 个（0～5cm、5～15cm、15～25cm、25～35cm、35～45cm）深度的土壤样，重复 3 次，并将样品带回实验室分析其化学性质。

第三节 刈割频率对草甸草原植物和土壤特性的影响

一、刈割频率对植物群落结构和多样性的影响

（一）刈割频率对刈割草场主要物种组成及其优势度的影响

通过对不同刈割频率样地植物物种的调查统计，共记录了 61 种植物，主要包括禾本科、菊科、莎草科、景天科、毛茛科、葱科等（表 6-2）。总体上，羊草、薹草、裂叶蒿出现的频率较高，是不同群落的主要优势种。根据物种优势度的变化趋势可以将表 2 中的植物分为三类：第一类可以称为不耐刈割性植物，代表为糙隐子草、贝加尔针茅、裂叶蒿、双齿葱，它们随着刈割强度的增加，综合优势比分均呈现下降趋势。第二类为极不耐刈割性植物，代表为羊茅、羽茅、光稃茅香、线叶菊、蓬子菜、细叶白头翁、展枝唐松草，它们是对照区的主要伴生种及常见种，当刈割强度增加时，逐渐在群落中消失。第三类为耐刈割性植物，代表为羊草、薹草、瓦松，它们在高强度刈割处理下物种优势度都高于对照区。总之，连续 5 年的刈割干扰使得地上植物群落物种组成发生了改变。

表 6-2　不同刈割频率下群落主要物种组成及其优势度

序号	科	种类组成	优势度（SDR_3）				
			M1	M2	M3	M6	CK
1	禾本科 Poaceae	羊草 Leymus chinensis	95.08	85.84	75.51	63.82	39.89
2		糙隐子草 Cleistogenes squarrosa	0.14	0.73	3.55	6.81	10.67
3		羊茅 Festuca ovina	0	0	4.03	7.78	17.61
4		羽茅 Achnatherum sibiricum	0	0.43	0.87	0.48	13.27
5		贝加尔针茅 Stipa baicalensis	0.52	3.15	5.17	6.01	12.67
6		光稃茅香 Hierochloe glabra	0	0	0	0.05	16.05
7	菊科 Compositae	线叶菊 Filifolium sibiricum	0	0	0	0	20.11
8		裂叶蒿 Artemisia tanacetifolia	5.49	17.47	24.35	28.56	73.87
9	莎草科 Cyperaceae	薹草 Carex tristachya	51.20	35.66	35.31	35.67	48.50
10	葱科 Alliaceae	双齿葱 Allium bidentaum	2.88	10.30	9.46	6.45	23.85
11	茜草科 Rubiaceae	蓬子菜 Galium verum	0	0.43	1.14	0.22	11.57
12	毛茛科 Ranunculaceae	细叶白头翁 Pulsatilla turczaninovii	0	0	1.92	12.62	48.04
13		展枝唐松草 Thalictrum squarrosum	0	0.37	0.45	7.32	18.86
14	景天科 Crassulaceae	瓦松 Orostachys fimbriata	14.80	3.46	0.27	0.49	3.94

（二）刈割频率对植物群落数量特征

由表 6-3 可知，随着刈割频率的增加，群落地下生物量呈下降趋势，地上生物量无显著变化。物种丰富度、植被盖度和多样性指数均随刈割强度的增加呈现递减趋势；从指标变化幅度来说，物种丰富度的变化幅度最为明显，其次为 Shannon-Wiener 多样性指

数。M1、M2 与 M3 刈割频率下各指标数值较为接近，数值均显著低于 M6、CK 刈割处理。刈割会造成植物多样性与群落生物量的明显下降。

表 6-3　不同刈割频率下植物群落的数量特征（平均值±标准误）

指标	刈割频度				
	M1	M2	M3	M6	CK
物种丰富度	7.30±0.63d	10.50±0.78c	12.60±1.09bc	14.00±0.88b	23.3±0.90a
植被盖度（%）	68.50±1.8d	70.00±1.1cd	75.00±2.6bc	78.50±1.1ab	82.00±2.0a
Shannon-Wiener 多样性指数	1.55±0.10c	1.59±0.10c	1.55±0.18c	2.01±0.11b	2.98±0.12a
Simpson 优势度指数	0.57±0.03bc	0.58±0.03bc	0.52±0.06c	0.65±0.02b	0.78±0.03a
Pielou 均匀度指数	0.55±0.03b	0.47±0.02bc	0.43±0.04c	0.53±0.03b	0.66±0.03a
地上生物量（g/m^2）	200.24±16.58a	195.33±13.00a	266.15±47.48a	242.88±8.09a	195.14±8.68a
地下生物量（g/m^2）	465.89±6.30b	562.11±3.05b	448.67±4.93b	592.22±6.73a	609.89±4.47a

注：同行不同小写字母表示差异显著（$P<0.05$）

二、刈割频率对土壤理化特征的影响

（一）刈割频率对刈割草场土壤物理特征的影响

由表 6-4 可以看出，随着土层的加深，土壤容重呈增加的趋势，不同的刈割频率间土壤容重无显著差异。从变化趋势来讲，M1、M2 数值比较接近，M3、M6 及 CK 处理数值较接近，表明刈割干扰对土壤容重的扰动是很缓慢的。

表 6-4　不同刈割频率下的土壤容重和土壤含水量

物理指标	处理	0～5cm	5～10cm	10～20cm	20～30cm
土壤容重（g/cm^3）	M1	0.92a	1.19a	1.37a	1.30a
	M2	0.95a	1.21a	1.46a	1.47a
	M3	0.85a	1.08a	1.25a	1.25a
	M6	0.88a	1.10a	1.23a	1.26a
	CK	0.94a	1.09a	1.31a	1.33a
土壤含水量（%）	M1	36.40a	31.54a	19.11a	18.68a
	M2	36.96a	27.15ab	22.25a	18.72a
	M3	28.18b	24.02b	20.06a	19.16a
	M6	28.57b	22.73b	20.79a	20.35a
	CK	24.94b	22.35b	17.96a	17.64a

注：同列不同小写字母表示差异显著（$P<0.05$）

（二）刈割频率对刈割草场土壤化学特征的影响

在不同刈割处理下，速效磷、速效钾、pH 存在显著差异（$P<0.05$），三者的变化趋势不相同。M1 处理下速效钾与速效磷含量偏低，pH 略偏碱性。刈割频率较低和对照区的养分含量较高。其余养分指标在五种刈割处理下均无差异（表 6-5）。

表 6-5　不同刈割频率下土壤主要养分

刈割频率	M1	M2	M3	M6	CK
有机质（g/kg）	46.44±1.67a	52.88±4.84a	54.89±7.60a	51.55±8.15a	53.97±1.86a
全氮（g/kg）	2.41±0.08a	2.66±0.22a	2.63±0.04a	2.14±0.06a	2.45±0.01a
全磷（g/kg）	0.49±0.02a	0.51±0.01a	0.47±0.04a	0.44±0.06a	0.46±0.01a
碱解氮（mg/kg）	23.73±1.70a	24.90±1.40a	26.45±0.39a	25.28±1.70a	24.90±3.39a
速效磷（mg/kg）	7.89±1.07b	6.49±0.51b	12.49±0.40a	11.07±2.07a	9.22±0.47ab
速效钾（mg/kg）	195.00±8.66c	235.00±31.76b	346.67±36.00a	280.00±69.46b	345.00±31.22a
pH	7.61±0.80a	6.38±0.14b	6.90±0.10b	6.96±0.20b	6.76±0.14b

注：同行不同小写字母表示差异显著（$P<0.05$）

第四节　刈割频率对草原生态系统养分及化学计量特征的影响

一、刈割频率对草甸草原生态系统养分的影响

从表 6-6 可以看出，植物地上 C、N 和 P 含量显著高于植物地下根系（$P<0.05$）。与 CK 对照相比，刈割频次并没有显著改变植物地上和地下全碳含量（$P>0.05$）。3 年刈割（M3）下，植物地上全氮和全磷含量显著高于对照和 12 年刈割（M12）（$P<0.05$）；刈割频次并没有显著改变植物地下氮含量（$P>0.05$）。植物地下磷含量在 3 年刈割（M3）处显著高于 1 年刈割（M1）（$P<0.05$）。在刈割处理下，3 年和 6 年刈割（M3、M6）下，根际土壤碳含量显著高于对照（$P<0.05$）；3 年刈割（M3）下，根际土壤氮含量显著高于对照（$P<0.05$），根际土壤磷含量在各刈割处理间无显著差异（$P>0.05$）。与对照相比，土壤根际微生物生物量碳、氮、磷各刈割频次间均无显著差异（$P>0.05$）。

表 6-6　不同刈割频次下植物-土壤-微生物养分含量

指标		CK	M1	M2	M3	M6	M12
植物碳（g/kg）	地上	370.64Aa	364.99Aa	375.87Aa	393.71Aa	380.21Aa	372.41Aa
	地下	330.96Bb	328.14Bb	338.54Bb	351.36Bb	345.88Bb	335.03Bb
植物氮（g/kg）	地上	14.93Aa	15.32Aab	16.95Abc	17.28Ac	16.60Abc	15.60Aab
	地下	11.76Ba	11.70Ba	12.48Ba	13.15Ba	12.04Ba	12.00Ba
植物磷（g/kg）	地上	1.09Aa	1.06Aa	1.20Aab	1.30Ab	1.23Aab	1.17Aab
	地下	0.89Bab	0.82Ba	0.91Bab	0.99Bb	0.93Bab	0.90Bab
土壤碳（g/kg）	根际土壤	24.88a	26.27ab	27.07ab	28.71b	27.63b	26.36ab
土壤氮（g/kg）	根际土壤	2.63a	2.71ab	2.78ab	2.80b	2.78ab	2.73ab
土壤磷（g/kg）	根际土壤	0.45a	0.46a	0.47a	0.50a	0.48a	0.49a
微生物碳（mg/kg）	根际土壤微生物	464.80a	438.29a	475.39a	501.69a	480.26a	454.51a
微生物氮（mg/kg）	根际土壤微生物	24.36a	22.07a	23.41a	25.67a	26.21a	25.23a
微生物磷（mg/kg）	根际土壤微生物	16.50a	15.67a	15.92a	16.33a	17.08a	15.75a

注：不同大写字母表示不同位置（地上与地下）之间差异显著（$P<0.05$），不同小写字母表示不同刈割频次之间差异显著（$P<0.05$）

二、刈割频率对草甸草原生态系统化学计量特征的影响

刈割频次并没有显著增加植物地上和地下的 C∶N 和 N∶P（$P>0.05$），但植物地下 C∶N 显著高于植物地上（$P<0.05$），而植物地上 N∶P 与植物地下无显著差异（$P>0.05$）。植物地上 C∶P 在 1 年刈割处（M1）显著高于 3 年刈割（M3）（$P<0.05$）；植物地下 C∶P 在各刈割处理间无显著差异（$P>0.05$）；植物地下 C∶P 显著高于植物地上 C∶P（$P<0.05$）。植物地下 C∶N、C∶P 和 N∶P 在各刈割处理下呈现先降低后增加的趋势，而 C∶N 在 2 年刈割处（M2）、C∶P 在 3 年刈割处（M3）及 N∶P 在 6 年刈割处（M6）最低（表6-7）。

表6-7　不同个刈割频次下植物-土壤-微生物化学计量特征

指标		CK	M1	M2	M3	M6	M12
植物	地上 C∶N	24.89Aa	23.95Aa	22.19Aa	22.84Aa	22.92Aa	23.88Aa
	地下 C∶N	28.22Ba	28.03Ba	27.26Ba	26.72Ba	28.77Ba	28.09Ba
	地上 C∶P	341.24Aa	345.13Aa	316.65Aa	303.21Aa	310.12Aa	317.49Aa
	地下 C∶P	371.35Bab	401.50Bb	375.36Bab	355.79Ba	375.44Bab	371.97Bab
	地上 N∶P	13.72Aa	14.52Aa	14.32Aa	13.31Aa	13.51Aa	13.32Aa
	地下 N∶P	13.24Aa	14.33Aa	13.84Aa	13.34Aa	13.05Aa	13.32Aa
土壤	根际土壤 C∶N	9.45a	9.71ab	9.74ab	10.25b	9.96ab	9.67ab
	根际土壤 C∶P	55.65a	58.01a	58.70a	58.64a	57.70a	54.82a
	根际土壤 N∶P	5.89a	5.97a	6.00a	5.70a	5.79a	5.66a
微生物	根际土壤微生物 C∶N	19.11a	20.51a	20.93a	19.58a	18.31a	18.02a
	根际土壤微生物 C∶P	28.69a	28.27a	30.03a	30.86a	28.11a	28.84a
	根际土壤微生物 N∶P	1.51a	1.40a	1.48a	1.59a	1.54a	1.60a

注：不同大写字母表示不同位置（地上与地下）之间差异显著（$P<0.05$），不同小写字母表示不同刈割频次之间差异显著（$P<0.05$）

与对照处理相比，根际土壤 C∶N 在 3 年刈割处（M3）显著较高（$P<0.05$），根际土壤 C∶P 和 N∶P 在各处理条件下也均无显著差异（$P>0.05$）。土壤 C∶P 在各刈割处理下呈现先增加后降低的趋势，根际 C∶P 变异较小，在 2 年刈割和 3 年刈割处最高；根际土壤 N∶P 在各处理间波动性变化。

土壤根际微生物生物量 C∶N、C∶P 和 N∶P 在对照与各刈割处理间无显著差异（$P>0.05$）。整体上，根际土壤微生物生物量 C∶N 在各刈割处理下呈现先增加后降低的趋势，在 2 年刈割处（M2）最高；根际土壤微生物生物量 C∶P 和 N∶P 在各刈割处理下呈现先增加后降低再增加的趋势，土壤微生物生物量 C∶P 和 N∶P 均在 3 年刈割处（M3）最高。

第五节　刈割频率对草甸草原微生物群落结构特征的影响

一、刈割频率对土壤微生物群落磷脂脂肪酸（PLFA）的影响

（一）刈割频率对土壤磷脂脂肪酸（PLFA）特征的影响

表6-8 所示，本实验共检测出 39 种磷脂脂肪酸生物标记，其中 M2 处理中 PLFA 种

类最多，对照区种类最少。不同刈割强度下土壤的 PLFA 种类存在明显差异，比如 18:3ω6c(6,9,12) 与 19:0 iso 为 M2 刈割处理所特有，20:0 iso 为 M6 处理所特有，20:1ω9c 为对照区所特有。但 5 个刈割处理下优势类群并未发生改变，均为 16:0、16:0 10-methyl、18:1ω7c、18:1ω9c、19:0 cyclo ω8c，它们含量之和所占比例 45.63%、40.35%、46.46%、44.96%、41.24%。表明不同强度的刈割干扰改变了土壤微生物的磷脂脂肪酸组成，但并不影响优势菌的种类。

表 6-8　不同刈割频率下土壤微生物主要磷脂脂肪酸构成特征（平均值±标准误）（nmol/g）

PLFA 种类	PLFA 含量				
	M1	M2	M3	M6	CK
15:0 iso	1.68±0.48	3.23±0.63	2.43±0.25	2.10±0.31	1.78±0.29
15:0 anteiso	1.36±0.42	2.35±0.54	2.13±0.23	1.68±0.44	1.42±0.13
16:0 iso	1.26±0.31	2.19±0.40	1.59±0.22	1.27±0.22	1.07±0.15
16:1ω7c	1.34±0.41	2.44±0.65	2.59±0.21	2.15±0.40	1.53±0.36
16:1ω5c	0.95±0.19	1.58±0.27	1.39±0.09	1.15±0.11	0.88±0.12
16:0	2.97±0.74	5.34±1.02	4.63±0.86	3.65±0.51	4.41±0.56
16:0 10-methyl	2.28±0.45	3.79±0.86	3.78±0.31	2.86±0.47	2.29±0.46
17:0 iso	0.68±0.13	1.18±0.20	0.94±0.14	0.72±0.47	0.59±0.13
17:0 anteiso	0.90±0.22	1.72±0.25	1.27±0.15	0.98±0.34	0.91±0.26
17:0 cyclo	0.82±0.15	1.42±0.28	1.20±0.08	0.91±0.14	0.74±0.07
18:2ω6, 9c	0.62±0.15	1.09±0.20	0.93±0.15	0.72±0.05	0.76±0.08
18:1ω9c	2.44±0.41	3.71±0.61	3.39±0.26	2.64±0.35	2.35±0.45
18:1ω7c	2.83±0.62	4.20±0.85	4.57±0.31	3.68±0.46	2.80±0.36
18:0	0.80±0.15	1.45±0.25	1.08±0.22	0.84±0.13	1.46±0.13
18:0 10-methyl	0.90±0.23	1.77±0.31	1.33±0.15	1.08±0.19	0.90±0.19
19:0 cyclo ω8c	2.16±0.56	3.59±0.75	3.92±0.65	2.91±0.52	2.38±0.33

（二）刈割频率对土壤微生物各菌群生物量的影响

微生物区系组成中，细菌比例最高，其次为放线菌、真菌、AMF。不同刈割强度下，各大类微生物的特征标记 PLFA 含量都存在显著差异。土壤总微生物生物量、细菌、革兰氏阳性菌、革兰氏阴性菌、腐生真菌、AMF 及放线菌的生物量呈现一致的变化趋势：M2 处理含量最高，其次为 M3、M1、M6、CK 含量较低且三者之间基本无差异（表 6-9）。

表 6-9　不同刈割频率下土壤各微生物类群生物量（平均值±标准误）（nmol/g）

微生物类型	PLFA 含量				
	M1	M2	M3	M6	CK
细菌	19.23±0.56c	33.81±0.49a	30.01±0.41a	24.03±0.31b	21.75±0.28bc
革兰氏阳性菌	6.10±0.45c	11.19±1.73a	8.66±0.73b	7.03±0.27c	7.03±1.78c
革兰氏阴性菌	8.83±0.45b	14.45±1.73a	14.91±0.73a	11.79±0.27b	8.86±1.78b
放线菌	3.55±0.28c	6.41±0.68a	5.57±0.12ab	4.29±0.15c	8.79±0.69a
腐生真菌	3.06±0.25c	4.81±0.10a	4.32±0.21ab	3.37±0.07bc	3.42±0.71c

续表

微生物类型	PLFA 含量				
	M1	M2	M3	M6	CK
丛枝菌根真菌	0.95±0.08c	1.58±0.13a	1.39±0.13ab	1.15±0.05bc	0.88±0.16c
PLFA 总量	27.98±2.30d	51.00±1.79a	43.67±2.41b	35.02±1.07c	31.43±1.09cd

注：同行不同小写字母表示差异显著（$P<0.05$）

二、刈割频率对土壤微生物生理群数量的影响

在该羊草草原中氮素生理群以氨化细菌为主，自生固氮菌次之，纤维素分解菌最少。不同微生物生理群对生长环境要求不同，在刈割干扰下变化也不尽相同。相对而言，M1 刈割处理（好气性纤维素分解菌、嫌气性纤维素分解菌）和 M3 刈割处理（硝化细菌、氨化细菌、嫌气性固氮菌）的微生物数量较多，对照区各微生物生理群数量都偏低。表明适度地刈割干扰在一定程度上能够刺激微生物的生长，高频率地刈割通过减少营养源抑制了部分微生物生长（表 6-10）。

表 6-10　不同刈割频率下土壤微生物生理类群的数量特征（×10⁴cfu/g 干土）

刈割频率	硝化细菌	反硝化细菌	氨化细菌	好气性自生固氮菌	嫌气性自生固氮菌	好气性纤维素分解菌	嫌气性纤维素分解菌
M1	1.43	3.45	25.11	3.37	5.81	13.21	0.82
M2	6.80	6.72	42.74	8.68	9.24	0.64	0.35
M3	8.26	5.83	52.78	3.27	12.33	1.42	0.46
M6	5.22	17.34	35.11	3.66	3.85	0.66	0.38
CK	3.53	8.27	40.04	3.33	6.70	5.99	0.37

三、不同刈割频率下土壤生物指标的相关性分析

（一）不同刈割频率下土壤生物指标与地上植被指数相关性分析

通过对土壤微生物生理群数量、酶活性同地上植被指数的相关性分析表明（表 6-11），好气性自生固氮菌、纤维素分解菌与地上植被的物种丰富度、群落多样性、生物量均呈负相关，反硝化细菌与地上植被指数呈正相关。相对于微生物生理群，土壤酶活性与地上植被指标的相关性更高，过氧化氢酶和碱性磷酸酶更为突出（与植被盖度、多样性指数、物种丰富度均极显著正相关），因此更能够指示刈割干扰下土壤生态系统所处的状态。

（二）微生物各菌群 PLFA 含量与土壤基本养分相关性分析

通过对各菌群 PLFA 含量与土壤养分相关性分析表明（表 6-12），土壤总 PLFA 含量和细菌、真菌、革兰氏阴性菌、革兰氏阳性菌、丛枝菌根真菌的 PLFA 含量均同有机

表 6-11　土壤生物性状与地上植被特征之间的相关性分析

生物指标	Margalef 丰富度指数	植被盖度	Shannon-Wiener 多样性指数	Simpson 优势度指数	Pielou 均匀度指数	地上生物量	地下生物量
过氧化氢酶	0.48	0.53*	0.65**	0.681**	0.556*	0.48	0.15
脲酶	−0.58*	−0.540*	−0.50*	−0.40	−0.12	−0.53*	0.30
蔗糖酶	−0.38	−0.49	−0.34	−0.23	−0.20	−0.48	0.33
碱性磷酸酶	0.68**	0.54*	0.66**	0.69**	0.353**	0.38	0.29
硝化细菌	0.26	0.27	0.33	0.38	0.20	0.42	0.16
反硝化细菌	0.26	0.52*	0.33	0.38	0.21	0.79*	−0.37
好气性自生固氮菌	−0.37	−0.25	−0.45*	−0.50	−0.44	−0.05	−0.34
嫌气性自生固氮菌	−0.07	0.22	0.05	0.00	0.06	0.37	−0.43
氨化细菌	−0.13	0.04	0.01	0.00	0.19	0.05	−0.22
好气性纤维素分解菌	−0.10	−0.16	−0.07	−0.04	0.19	−0.54*	0.33
嫌气性纤维素分解菌	−0.48	−0.51	−0.36	−0.28	0.06	−0.33	0.25

* $P<0.05$；** $P<0.01$

质、全磷、速效磷、速效钾、全氮、全磷、碱解氮呈不同程度的正相关，尤其是 PLFA 含量、细菌的 PLFA 与速效磷相关水平达到了极显著程度（$P<0.01$），同速效钾、pH 显著相关（$P<0.05$）。由此说明同时速效磷、速效钾、pH 是影响微生物数量和种类的重要养分因素。

表 6-12　PLFA 与土壤养分相关性分析

项目	有机质	全氮	全磷	碱解氮	速效磷	速效钾	pH
PLFA 总量	0.599*	0.225	0.464*	0.024	0.861**	0.405*	−0.660*
细菌	0.193	0.351	0.241	0.090	0.607**	0.526*	−0.433*
革兰氏阳性菌	0.097	0.307	0.312	0.055	0.500*	0.460*	−0.438*
革兰氏阴性菌	0.115	0.206	0.080	0.055	0.416*	0.589*	−0.595*
放线菌	0.041	0.189	0.211	0.069	0.304	0.210	−0.355
腐生真菌	0.085	0.286	0.136	0.621	0.496*	0.166	0.310
丛枝菌根真菌	0.137	0.326	0.103	0.040	0.316	0.289	0.395*

* $P<0.05$；** $P<0.01$

第六节　刈割时期和留茬高度对植物和土壤的影响

一、刈割时期和留茬高度对植物群落特征和多样性的影响

（一）刈割时期和留茬高度对植物群落植物特征的影响

2009～2011 年群落盖度的变化见表 6-13。8 月 1 日，2011 年群落盖度显著低于

2009 年、2010 年（$P<0.05$）。8 月 15 日、9 月 1 日，2011 年群落总盖度显著低于 2010 年（$P<0.05$）。9 月 15 日，2010 年、2011 年群落盖度显著低于 2009 年（$P<0.05$），说明随刈割年限的增加群落的盖度不断下降，且越晚刈割对群落盖度的影响越大。留茬 7cm，2011 年群落盖度显著低于 2009 年（$P<0.05$）。留茬 5cm，2011 年群落盖度显著低于 2010 年（$P<0.05$）。留茬 3cm 三年度间不存在显著差异（$P>0.05$），且随刈割年限的增加而降低。

表 6-13 同一处理不同年份群落盖度的变化（%）

年份	刈割时期				留茬高度		
	8 月 1 日	8 月 15 日	9 月 1 日	9 月 15 日	3cm	5cm	7cm
2009	70.417a	60.667ab	60.000ab	67.000a	60.385a	60.667ab	64.667a
2010	71.000a	63.333a	61.333a	48.000b	58.333a	63.333a	57.333ab
2011	64.000b	55.000b	52.778b	40.667b	54.333a	55.000b	51.333b

注：同列不同小写字母表示差异显著（$P<0.05$）

由表 6-14 可知，8 月 1 日，2011 年群落密度显著低于 2009 年，2010 年、2009 年间不存在显著差异（$P>0.05$），但 2010 年群落密度小于 2009 年。8 月 15 日，2010 年、2011 年群落密度显著小于 2009 年（$P<0.05$）。9 月 1 日、9 月 15 日，2011 年群落密度显著低于 2009 年、2010 年（$P<0.05$）。留茬 3cm、7cm，2011 年群落密度显著低于 2009 年、2010 年（$P<0.05$）。

表 6-14 同一处理不同年份群落密度的变化（株/m^2）

年份	刈割时期				留茬高度		
	8 月 1 日	8 月 15 日	9 月 1 日	9 月 15 日	3cm	5cm	7cm
2009	319.93a	321.13a	259.93a	259.73a	355.73a	321.13a	275.80a
2010	281.27ab	261.93b	231.80a	278.00a	332.67a	261.93b	227.80a
2011	238.07b	211.93b	163.93b	105.67b	231.20b	211.93b	156.73b

注：同列不同小写字母表示差异显著（$P<0.05$）

（二）群落的 α 多样性变化

2009～2011 年群落的 α 多样性见表 6-15。刈割时期为 8 月 1 日时，2010 年、2011 年群落的 Shannon-Wiener 多样性指数、Simpson 优势度指数、Pielou 均匀度指数均显著低于 2009 年（$P<0.05$）。三个年度之间 Margalef 丰富度指数无显著性差异（$P>0.05$），但有减少的趋势。当刈割时期定在 8 月 15 日时，三个年度之间 Margalef 丰富度指数无显著性差异（$P>0.05$），但有减少的趋势。2011 年 Shannon-Wiener 多样性指数显著低于 2009 年（$P<0.05$），2010 年与 2009 年、2011 年均无显著性差异（$P>0.05$），2011 年群落的 Simpson 优势度指数显著低于 2009 年、2010 年（$P<0.05$）。2010 年、2011 年群落的 Pielou 均匀度指数显著低于 2009 年（$P<0.05$）；刈割时期为 9 月 1 日时，2011 年 Margalef 丰富度

指数、Shannon-Wiener 多样性指数著低于 2009 年、2010 年（$P<0.05$），2011 年群落的 Simpson 优势度指数显著低于 2009 年（$P<0.05$），2010 年与 2009 年、2011 年不存在显著性差异（$P>0.05$）。2010 年、2011 年 Pielou 均匀度指数显著低于 2009 年（$P<0.05$），刈割时期为 9 月 15 日时，2011 年 Margalef 丰富度指数显著低于 2009 年、2010 年（$P<0.05$），2009 年 Margalef 丰富度指数显著低于 2010 年（$P<0.05$）。三年度的 Shannon-Wiener 多样性指数、Simpson 优势度指数均无显著性差异（$P>0.05$）。2010 年群落的 Pielou 均匀度指数显著低于 2011 年（$P<0.05$），2009 年与 2010 年、2011 年不存在显著差异（$P>0.05$）。

表 6-15 2009～2011 年割草地同一刈割时期群落的 α 多样性

刈割时期（月.日）	年份	Margalef 丰富度指数	Shannon-Wiener 多样性指数	Simpson 优势度指数	Pielou 均匀度指数
8.1	2009	6.49a	3.45a	0.96a	0.95a
	2010	6.21a	3.24b	0.95b	0.91b
	2011	6.11a	3.25b	0.95b	0.92b
8.15	2009	6.12a	3.41a	0.96a	0.95a
	2010	6.46a	3.34ab	0.95a	0.92b
	2011	6.04a	3.20b	0.95b	0.91b
9.1	2009	6.41a	3.42a	0.96a	1.78a
	2010	6.31a	3.31b	0.95ab	0.93b
	2011	5.49b	3.10b	0.94b	0.92b
9.15	2009	5.83b	3.27a	0.95a	0.93ab
	2010	6.60a	3.25a	0.94a	0.89b
	2011	4.73c	3.08a	0.94a	0.98a

注：同列不同小写字母表示差异显著（$P<0.05$）

由表 6-16 可知，留茬 3cm 三年份间的 Margalef 丰富度指数、Shannon-Wiener 多样性指数、Simpson 优势度指数均无显著差异（$P>0.05$），并有降低趋势，2009 年 Pielou 均匀度指数显著高于 2010 年、2011 年（$P<0.05$）。留茬 5cm 三年份间的 Margalef 丰富度、Simpson 优势度指数无显著差异（$P>0.05$），2011 年的 Shannon-Wiener 多样性指数显著低于 2009 年（$P<0.05$），2010 年与 2009 年、2011 年不存在显著差异（$P>0.05$），2009 年 Pielou 均匀度指数显著大于 2010 年、2011 年（$P<0.05$）。留茬 7cm 的 Margalef 丰富度指数、Shannon-Wiener 多样性指数、Simpson 优势度指数、Pielou 均匀度指数均无显著差异（$P>0.05$）。随着刈割年限的增加同一留茬高度处理群落的 Shannon-Wiener 多样性指数、Simpson 优势度指数和 Pielou 均匀度指数均有降低的趋势。

表 6-16 2009～2011 年同一留茬高度群落的 α 多样性

留茬高度（cm）	年份	Margalef 丰富度指数	Shannon-Wiener 多样性指数	Simpson 优势度指数	Pielou 均匀度指数
3	2009	6.25a	3.31a	0.95a	0.93a
	2010	6.43a	3.34a	0.95a	0.90b
	2011	5.72a	3.20a	0.95a	0.90b

续表

留茬高度（cm）	年份	Margalef 丰富度指数	Shannon-Wiener 多样性指数	Simpson 优势度指数	Pielou 均匀度指数
	2009	6.12a	3.41a	0.96a	0.95a
5	2010	6.46a	3.34ab	0.95a	0.92b
	2011	6.04a	3.20b	0.95b	0.91b
	2009	6.22a	3.33a	0.95a	0.93a
7	2010	6.57a	3.33a	0.95a	0.93a
	2011	6.16a	3.18a	0.95a	0.92a

注：同列不同小写字母表示差异显著（$P<0.05$）。

二、刈割时期和留茬高度对产量和营养品质的影响

（一）刈割时期对群落地上总生物量的影响

由图 6-3 可看出，群落的地上总生物量具有明显的季节性，且呈"单峰型"变化，随着刈割年限的增加和刈割时期的推移不断下降。2009 年、2010 年、2011 年 8 月 1 日地上生物量分别为 1282.84kg/hm²、945.35kg/hm²、747.03kg/hm²，2010 年、2011 年比 2009 年分别下降了 337.49kg/hm²、535.81kg/hm²。2009 年、2010 年、2011 年 8 月 15 日地上生物量分别为 1345.75kg/hm²、960.50kg/hm²、848.84kg/hm²，2010 年、2011 年比 2009 年分别下降了 385.25kg/hm²、496.91kg/hm²，2011 年比 2010 年下降了 111.66kg/hm²。2009 年、2010 年、2011 年 9 月 1 日的地上生物量分别为 1080.80kg/hm²、943.28kg/hm²、860.11kg/hm²，2010 年、2011 年比 2009 年分别下降了 137.52kg/hm²、220.69kg/hm²，2011 年比 2010 年下降了 83.17kg/hm²。2009 年、2010 年、2011 年 9 月 15 日地上生物量分别为 1030.35kg/hm²、877.05kg/hm²、334.79kg/hm²，2010 年、2011 年比 2009 年分别下降了 153.30kg/hm²、695.56kg/hm²，2011 年比 2010 年下降了 542.26kg/hm²。

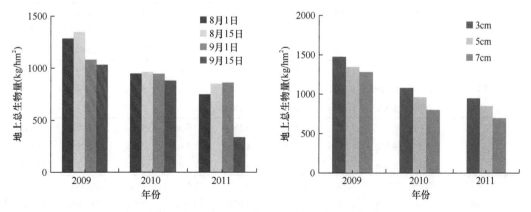

图 6-3　2009～2011 年不同处理地上总生物量

2009 年、2010 年 8 月 15 日刈割所获得的地上生物量最高，比同年份的 8 月 1 日、9 月 1 日、9 月 15 日高 62.91kg/hm^2、264.95kg/hm^2、315.40kg/hm^2 和 15.15kg/hm^2、17.83kg/hm^2、514.05kg/hm^2，只有 2011 年 9 月 1 日最高，比 8 月 15 日高 11.27kg/hm^2。

随着留茬高度的增高，草地的收获量逐渐降低，留茬 3cm 获得最大地上生物量，且随着刈割年限的增大，同一留茬高度的牧草收获量逐年降低，以 2009 年第一次刈割所获牧草产量为最高。2009 年、2010 年、2011 年留茬 3cm 的产量分别为 1473.11kg/hm^2、1079.07kg/hm^2、945.23kg/hm^2，2010 年、2011 年比 2009 年分别下降了 394.04kg/hm^2、527.88kg/hm^2。2009 年、2010 年、2011 年留茬 5cm、7cm 的产量分别为 1345.75kg/hm^2、960.50kg/hm^2、848.84kg/hm^2 和 1279.38kg/hm^2、800.22kg/hm^2、693.91kg/hm^2，2010 年、2011 年比 2009 年分别下降了 385.25kg/hm^2、496.91kg/hm^2 和 479.16kg/hm^2、585.47kg/hm^2（图 6-3）。

留茬高度处理会影响牧草的产量，连续三年的刈割使得草地地上生物量逐渐降低，2010 年留茬 3cm、5cm、7cm 比 2009 年产量下降了 0.27%、0.28%、0.37%，2011 年比 2010 年产量分别下降了 0.124%、0.116%、0.133%。综上所述，以留茬 7cm 草地地上生物量下降最快，其次为留茬 3cm，留茬 5cm 最慢。

（二）同一刈割时期及留茬高度不同年份间植物营养物质含量的变化

由表 6-17 可知，刈割时期为 8 月 1 日时，三年份间粗蛋白、灰分、酸性洗涤纤维（ADF）、中性洗涤纤维（NDF）的含量均无显著差异（$P>0.05$），但粗蛋白、ADF 的含量随刈割年限的增加而增加，NDF 的含量随刈割年限的增加而降低。2011 年粗脂肪的含量显著高于 2009 年、2010 年（$P<0.05$），2010 年粗脂肪的含量显著高于 2009 年（$P<0.05$）。2009 年钙的含量显著高于 2010 年、2011 年（$P<0.05$）。刈割时期为 8 月 15 日时，粗蛋白的含量仍以 2011 年为最高，与其他两年份间无显著差异（$P>0.05$）。2011 年粗脂肪、灰分的含量显著高于 2009 年、2010 年（$P<0.05$）。2009 年 ADF、钙的含量显著高于

表 6-17　2009～2011 年同一刈割时期各营养物质含量的变化（%）

刈割时期（月.日）	年份	灰分	钙	磷	粗脂肪	吸附水	粗蛋白	ADF	NDF
8.1	2009	7.16a	1.76a	0.15a	3.77c	8.44a	9.47a	26.42a	46.10a
	2010	6.08a	1.20b	0.01b	4.61b	7.70a	8.90a	29.38a	44.31a
	2011	7.10a	1.20b	0.01b	5.10a	6.98b	10.58a	28.64a	41.50a
8.15	2009	6.87b	2.03a	0.01a	4.77b	7.93a	10.60a	33.04a	43.69a
	2010	6.52b	1.44b	0.01a	5.10b	7.50a	9.23a	31.04a	43.47a
	2011	8.33a	1.36b	0.01a	6.15a	6.98b	11.11a	29.10b	40.87a
9.1	2009	6.86b	1.95a	0.14a	4.25b	7.91a	9.59a	33.40a	43.14a
	2010	6.80c	1.51a	0.01b	4.65b	7.89a	9.23a	31.38a	41.68a
	2011	8.58a	1.91a	0.01b	5.39a	7.08b	10.57a	28.87a	39.67b
9.15	2009	7.81ab	1.50a	0.01a	4.45b	7.68a	7.02a	35.38a	48.44a
	2010	6.29b	1.34a	0.01b	4.87b	7.90a	7.97a	34.11ab	49.49a
	2011	8.29a	1.14b	0.01b	5.80a	6.90b	6.39a	31.31b	49.68a

注：同列不同小写字母表示差异显著（$P<0.05$）

2010 年、2011 年（$P<0.05$）。三年份间磷、NDF 的含量均无显著差异（$P>0.05$），NDF 的含量随刈割年限的增加而降低。刈割时期为 9 月 1 日时，三年份间粗蛋白、ADF 的含量不存在显著差异（$P>0.05$）。2011 粗脂肪、灰分的含量显著高于 2009 年、2010 年（$P<0.05$）。刈割时期为 9 月 15 日时，粗蛋白含量以 2010 年为最高，但并不存在显著差异（$P>0.05$）。2009 年 ADF 的含量显著高于 2011 年（$P<0.05$）。2011 年钙的含量显著低于 2009 年、2010 年（$P<0.05$）。

连年刈割对植物灰分、钙、磷、粗脂肪、ADF 的含量均产生不同程度的影响，四个刈割时期处理粗脂肪的含量都随刈割年限的增加而增加，钙、磷反之，随刈割时期的推移刈割处理对植物灰分的影响越发明显，其含量亦随刈割年限的增加而增加。在刈割早期，粗蛋白的含量随刈割年限的增加而增加，刈割后期反之。刈割处理有利于植物粗脂肪、粗蛋白的积累。

2009~2011 年同一留茬高度各营养含量的变化见表 6-18。留茬 3cm 三年份间灰分含量不存在显著差异，留茬 5cm、7cm，2011 年灰分的含量显著高于 2009 年、2010 年（$P<0.05$）。三个处理钙、磷的含量 2009 年显著高于 2010 年、2011 年（$P<0.05$）。2011 年留茬 3cm 粗脂肪的含量显著高于 2009 年（$P<0.05$），2011 年留茬 5cm、7cm 粗脂肪的含量显著高于 2009 年、2010 年（$P<0.05$）。2011 年留茬 5cm ADF 的含量显著低于 2009 年、2010 年（$P<0.05$），2010 年显著低于 2009 年（$P<0.05$）。2011 年留茬 7cm NDF 的含量显著低于 2009 年（$P<0.05$）。同一留茬高度处理三年度间粗蛋白含量均无显著差异（$P>0.05$）。

表 6-18　2009~2011 年同一留茬高度各营养物质含量的变化（%）

留茬高度（cm）	年份	灰分	钙	磷	粗脂肪	吸附水	粗蛋白	ADF	NDF
3	2009	6.65a	1.96a	0.13a	4.45b	8.46a	10.36a	35.66a	49.38a
	2010	7.20a	1.32b	0.01b	5.00ab	7.77a	10.36a	35.54a	46.98a
	2011	7.75a	1.19b	0.01b	5.67b	5.59b	10.36a	29.84a	46.22a
5	2009	6.87b	2.03a	0.01a	4.77b	7.93a	10.60a	33.04a	43.69a
	2010	6.52b	1.44b	0.01b	4.50b	8.47a	10.60a	31.04b	45.47a
	2011	8.33a	1.36b	0.01b	6.45b	5.54b	10.60a	28.10c	40.87a
7	2009	6.38b	2.02a	0.13a	4.78b	7.81a	10.09a	29.27a	42.64ab
	2010	6.28b	1.34b	0.01b	4.86b	9.07a	10.09a	32.27a	46.33a
	2011	7.84a	1.63b	0.01b	6.95b	5.34b	10.09a	30.74a	37.09b

注：同列不同小写字母表示差异显著（$P<0.05$）

三、刈割时期和留茬高度对土壤化学性质的影响

由表 6-19、表 6-20 可知，刈割对土壤的理化性质的影响不明显，只有 9 月 1 日、9 月 15 日土壤的速效磷含量显著低于其对照组，9 月 15 日、各留茬高度处理土壤水分含量显著低于其对照组。各刈割时期处理土壤有机质、全氮的含量均高于其相应的对照组，速效氮的含量低于对照组，但不存在显著差异（$P>0.05$）。刈割可使 pH 升高。对

照组土壤含水量显著高于留茬 3cm、5cm 和 7cm，刈割使地上植物数量减少，增大了土壤蒸发的速度，使土壤含水量下降。

表 6-19　刈割时期处理土壤 0～40cm 土层理化性质变化

指标	8 月 1 日	CK	8 月 15 日	CK	9 月 1 日	CK	9 月 15 日	CK
全磷（g/kg）	0.4a	0.4a	0.3a	0.3a	0.5a	0.4a	0.4a	0.4a
全钾（g/kg）	15.5a	16.1a	11.0a	10.8a	18.4a	16.4a	16.7a	15.3a
速效磷（mg/kg）	4.22a	4.61a	3.98a	2.66b	3.86b	8.68a	4.46b	10.31a
速效钾（mg/kg）	200.0a	200.0a	200.0a	100.0a	200.0a	100.0a	200.0a	200.0a
速效氮（mg/kg）	200.0a	100.0a	200.0a	200.0a	200.0a	200.0a	200.0a	200.0a
有机质（g/kg）	48.5a	47.4a	48.0a	43.6a	47.0a	45.0a	49.3a	45.8a
全氮（g/kg）	1.4a	1.4a	1.4a	1.4a	1.4a	1.3a	1.4a	1.3a
碳氮比	13.6a	12.7a	12.2a	11.7a	12.4a	13.2a	13.0a	12.7a
pH	6.8a	6.7a	6.8a	6.7a	6.9a	6.7a	6.9a	6.8a
水分（%）	21.6a	20.0a	10.5a	10.9a	10.5a	10.6a	9.4b	9.9a

注：同行不同小写字母表示差异显著（$P<0.05$）

表 6-20　留茬高度处理土壤 0～40cm 土层理化性质变化

指标	3cm	5cm	7cm	CK
全磷（g/kg）	0.4a	0.3a	0.4a	0.3a
全钾（g/kg）	12.6a	11.0a	14.5a	10.8a
速效磷（mg/kg）	3.97a	3.98a	3.66a	2.66b
速效钾（mg/kg）	200.0a	200.0a	200.0a	200.0a
速效氮（mg/kg）	200.0a	200.0a	200.0a	200.0a
有机质（g/kg）	47.3a	48.0a	45.6a	43.6a
全氮（g/kg）	3.9a	1.4a	2.1a	1.4a
碳氮比	8.7a	12.2a	10.0a	11.7a
pH	6.7a	6.8a	6.8a	6.7a
水分（%）	10.5b	10.5b	10.7b	11.9a

注：同行不同小写字母表示差异显著（$P<0.05$）

第七节　结　　语

刈割对牧草的干扰机制主要表现为定期从草原生态系统中取走一部分能量，连年刈割或者高强度的刈割频率影响并改变草原植被群落的功能与结构，也影响着草原土壤的理化与微生物特性。

1）不耐刈割性的植物，随着刈割强度增加，综合优势比分均呈现下降趋势；极不耐刈割性的植物，当刈割程度增加时，逐渐在群落中消失；耐刈割性植物在高强度刈割处理下物种优势度都高于对照区。连续 5 年的刈割干扰使得地上植物群落物种组成发生了改变。随着刈割频率的增加，群落地下生物量呈下降趋势，地上生物量无显著变化。物种丰富度、植被盖度和多样性指数均随刈割强度的增加呈现递减趋势。

2）不同刈割频率样地植物物种共记录了 61 种植物，总体上，羊草、薹草、裂叶蒿出现的频率较高，是不同群落的主要优势种。不耐刈割的植物，代表为糙隐子草、贝加尔针茅、裂叶蒿、双齿葱，它们随着刈割强度的增加，综合优势比分均呈现下降趋势。极不耐刈割性植物，代表为羊茅、羽茅、光稃茅香、线叶菊、蓬子菜、细叶白头翁、展枝唐松草，它们是对照区的主要伴生种及常见种，当刈割强度增加时，逐渐在群落中消失。耐刈割性植物，代表为羊草、薹草、瓦松，它们在高强度刈割处理下物种优势度都高于对照区。总之，连续 5 年的刈割干扰使得地上植物群落物种组成发生了改变。随着刈割频率的增加，群落地下生物量呈下降趋势，地上生物量无显著变化。物种丰富度、植被盖度和多样性指数均随刈割强度的增加呈现递减趋势；刈割会造成植物多样性与群落生物量的明显下降。随着土层的加深，土壤容重呈增加的趋势，不同的刈割频率间土壤容重无显著差异。表明刈割干扰对土壤容重的扰动是很缓慢的。在不同刈割处理下，速效磷、速效钾、pH 存在显著差异（$P<0.05$），三者的变化趋势不相同。刈割频率较低和对照区的养分含量较高。其余养分指标在五种刈割处理下均无差异。

3）刈割并没有显著影响植物地上和地下碳含量，但刈割处理有增加植物地上氮、磷含量的趋势，但仅在 3 年刈割时显著增加。尽管刈割后群落结构发生了变化，但刈割与放牧不同，刈割并未像重度放牧使得植物群落稀疏、矮化，并向具有较高的植物氮、磷含量的幼嫩、未分化的一年生植物发展，因此植物地上氮、磷含量在刈割条件下并未显著增加。刈割对植物地上 C：N、N：P 没有显著影响，植物地上 C：P 在 1 年刈割处（M1）显著高于 3 年刈割（M3），从总体趋势来看，植物地上 C：N、C：P 和 N：P 在各刈割处理下呈现先降低后增加的趋势。植物根部 C：N、C：P 大于植物地上 C：N、C：P。依据叶片 N：P 比率<10 和>20 分别对应氮和磷限制，本研究中刈割干扰下植物群落受氮、磷共同限制。

根际土壤氮、磷含量均呈现先增加后降低的趋势，但仅在 3 年刈割（M3）下，根际土壤全氮含量显著高于对照（$P<0.05$）。根际土壤 C：N、C：P 在各刈割处理下呈现先增加后降低的趋势，根际土壤 C：N 在 3 年刈割处（M3）显著较高（$P<0.05$）。根际土壤 N：P 高于非根际土壤，表明由于磷元素的特性导致非根际向根际 P 迁移较少，根际土壤磷供应较低。

刈割没有显著影响土壤微生物生物量碳、氮和磷，整体来看，土壤微生物生物量碳、氮随刈割间隔延长呈现先升高后下降的趋势，根际土壤微生物生物量磷随刈割间隔延长呈现先下降后上升的趋势。刈割并没有显著影响根际土壤微生物生物量 C：N、C：P 和 N：P，表明系统具有相对的稳定性。但整体上根际土壤微生物生物量 C：N、C：P 和 N：P 在各刈割处理下呈现先增加后降低的趋势。依据土壤 C：N≥30∶1 和 C：N≤20∶1 时，土壤微生物生长分别受到氮源和磷源的限制，本研究土壤微生物生长受磷限制。

4）不同刈割强度下土壤的 PLFA 种类存在明显差异，不同强度的刈割干扰改变了土壤微生物的磷脂脂肪酸组成，但并不影响优势菌的种类。不同刈割强度下，各大类微生物的特征标记 PLFA 含量都存在显著差异。土壤总微生物生物量、细菌、革兰氏阳性菌、革兰氏阴性菌、腐生真菌、AMF 及放线菌的生物量呈现一致的变化趋势。表征细菌的脂肪酸（20:0、14:0、20:1ω9）和表征放线菌的脂肪酸（10Me 17:0），在不同的刈割频率下含量存在显著变化，进而使得微生物的群落结构发生改变。而表征腐生真菌的脂肪酸（18:2ω6,9、18:1ω9）和表征 AMF 的脂肪酸（16:1ω5）在两排序轴载荷值都较低，说明刈割干扰对其无显著影响。适度地刈割干扰在一定程度上能够刺激微生物的生长，高频率地刈割通过减少营养源抑制了部分微生物生长。随着刈割强度的增加，碱性磷酸酶呈现降低趋势；过氧化氢酶在各刈割频率下差异无明显变化；蔗糖酶、脲酶在高强度刈割频率下活性较高，低强度下酶活性降低。

参 考 文 献

包青海, 宝音陶格涛, 仲延凯, 等. 2005. 不同轮割制度对典型草原主要种群的影响. 应用生态学报, (12): 2333-2338.

鲍士旦. 2000. 土壤农化分析. 北京: 中国农业出版社: 56-58.

曹娟, 闫文德, 项文化, 等. 2016. 不同年龄杉木人工林土壤有机磷的形态特征. 土壤通报, 47(3): 681-687.

陈万杰. 2017. 刈割对大针茅草地群落特征及牧草产量和品质的影响. 内蒙古农业大学硕士学位论文.

陈万杰, 薛文杰, 古琛, 等. 2016. 草地利用方式对典型草原大针茅种群空间异质性的影响. 生态学杂志, 35(10): 2569-2574.

代红军, 谢应忠, 胡艳莉. 2009. 不同刈割程度对紫花苜蓿生长、净光合速率和可溶性糖含量的影响. 植物生理学通讯, 45(11): 1061-1064.

董敬超, 孙继军. 2017. 不同频次刈割对羊草碳、氮、磷化学计量特征的影响. 北方园艺, (18): 126-130.

顿沙沙, 曹继容, 贾秀, 等. 2017. 放牧和刈割对内蒙古典型草原土壤可提取碳和氮的影响. 应用生态学报, 28(10): 3235-3242.

胡静, 侯向阳, 王珍, 等. 2015. 割草和放牧对大针茅根际与非根际土壤养分和微生物数量的影响. 应用生态学报, 26(11): 3482-3488.

黄振艳, 王立柱, 乌仁其其格, 等. 2013. 放牧和刈割对呼伦贝尔草甸草原物种多样性的影响. 草业科学, 30(4): 602-605.

贾国梅, 何立, 程虎, 等. 2016. 三峡库区不同植被土壤微生物量碳氮磷生态化学计量特征. 水土保持研究, 23(4): 23-27.

李金花, 李镇清, 任继周. 2002. 放牧对草原植物的影响. 草业学报, 11(1): 4-11.

李景信, 马义, 杨树安. 1990. 羊草及羊草割草地营养元素的动态研究. 植物研究, (4): 107-112.

李鑫. 2012. 刈割对克氏针茅草原植被群落的影响及其控制因子. 内蒙古农业大学硕士学位论文.

刘美玲, 宝音陶格涛, 杨持, 等. 2007. 不同轮割制度对内蒙古大针茅草原群落组成的影响. 北京师范大学学报(自然科学版), 43(1): 83-87.

尚占环, 丁玲玲, 龙瑞军, 等. 2007. 江河源区退化高寒草地土壤微生物与地上植被及土壤环境的关系. 草业学报, (01): 34-40.

邵玉琴, 杨桂霞, 崔宇新, 等. 2011. 锡林郭勒典型草原不同放牧强度下土壤微生物数量的分布特征. 中国草地学报, 33(02): 63-68.

时光. 2019. 不同割草制度对大针茅草原群落动态及土壤理化特征的影响研究. 内蒙古大学硕士学位论文.

谭红妍, 闫瑞瑞, 闫玉春, 等. 2015. 不同放牧强度下温性草甸草原土壤微生物群落结构 PLFAs 分析. 草业学报, 24(03): 115-121.

王丽华. 2015. 南方草地刈割后补偿性生长及其对草地固碳的影响. 四川农业大学博士学位论文.

王丽华, 刘尉, 王金牛, 等. 2015. 不同刈割强度下草地群落、层片及物种的补偿性生长. 草业学报,

24(6): 35-42.

王绍强, 于贵瑞. 2008. 生态系统碳氮磷元素的生态化学计量学特征. 生态学报, 28(8): 3939-3947.

王泽环, 宝音陶格涛, 包青海, 等. 2007. 割一年休一年割草制度下羊草群落植物多样性动态变化. 生态学杂志, 26(12): 2008-2012.

徐满厚, 刘敏, 薛娴, 等. 2015. 增温、刈割对高寒草甸植被物种多样性和地下生物量的影响. 生态学杂志, 34(9): 2432-2439.

薛文杰. 2016. 刈割方式对大针茅草原植被特征影响的研究. 内蒙古农业大学硕士学位论文.

曾希柏, 刘更另. 2000. 刈割对植被组成及土壤有关性质的影响. 应用生态学报, 11(1): 57-60.

张靖乾, 张卫国, 江小雷. 2008. 刈割频次对高寒草甸群落特征和初级生产力的影响. 草地学报, 16(5): 491-496.

张微微, 杨劼, 宋炳煜, 等. 2016. 刈割对草原化荒漠区驼绒藜(Krascheninnikovia ceratoides)根际土壤特性的影响. 生态学报, 36(21): 6842-6849.

章家恩, 刘文高, 陈景青, 等. 2005. 刈割对牧草地下部根区土壤养分及土壤酶活性的影响. 生态环境, 14(3): 387-391.

郑扬. 2019. 刈割频度对黄土高原两种草地类型植物生产力和化学计量的影响. 兰州大学硕士学位论文.

仲延凯, 包青海. 1999a. 不同刈草强度对天然割草地的影响. 中国草地学报, (5): 16-19.

仲延凯, 包青海. 1999b. 锡林河流域合理割草制度的研究. 中国草地, (3): 29-42.

仲延凯, 孙维, 孙卫国, 等. 2000. 割草对典型草原植物营养元素贮量及分配的影响Ⅳ. 土壤-植物营养元素含量. 干旱区资源与环境, 14(1): 55-63.

邹雨坤. 2011. 羊草草原利用方式对土壤微生物多样性及群落结构的影响. 甘肃农业大学硕士学位论文.

Achat D L, Bakker M R, Augusto L, et al. 2013. Phosphorus status of soils from contrasting forested ecosystems in southwestern Siberia: effects of microbiological and physicochemical properties. Biogeosciences, 10: 733-752.

Antonsen H, Olsson P A. 2005. Relative importance of burning, mowing and species translocation in the restoration of a former boreal hayfield: responses of plant diversity and the microbial community. Journal of Applied Ecology, 3(42): 337-347.

Collins S L, Knapp A K, Briggs J M, et al. 2000. Grassland management and conservation into grassland: effects on soil carbon. Ecological Applications, 11: 343-355.

Hansson M, Fogelfors H. 2000. Management of a semi-natural grassland, results from a 15-year-old experiment in southern Sweden. Journal of Vegetation Science, 11(1): 31-38.

Huhta A, Rautio P, Tuomi J, et al. 2009. Restorative mowing on an abandoned semi-natural meadow: short-term and predicted long-term effects. Journal of Vegetation Science, 12(5): 677-686.

Ilmarinen K, Mikola J. 2009. Soil feedback does not explain mowing effects on vegetation structure in a semi-natural grassland. Acta Oecologica, 35(6): 838-848.

Ilmarinen K, Mikola J, Nissinen K, et al. 2009. Role of soil organisms in the maintenance of species—Rich seminatural grasslands through mowing. Restoration Ecology, 17(1): 78-88.

Ross D J, Tate K R, Scott N A, et al. 1999. Land-use change: effects on soil carbon, nitrogen and phosphorus pools and fluxes in three adjacent ecosystems. Soil Biology & Biochemistry, 31(6): 803-813.

Schlesinger W H, Andrews J A. 2000. Soil respiration and the global carbon cycle. Biogeochemistry, 48(1): 7-20.

Sorensen L I, Kytoviita M M, Olofsson J, et al. 2008. Soil feedback on plant growth in a sub-arctic grassland as a result of repeated defoliation. Soil Biology and Biochemistry, 40: 2891-2897.

第七章 草甸草原生态系统的退化特征

退化生态系统是"受害或受损的生态系统",它是指在一定的时空背景下,在自然因素、人为因素或二者共同干扰下,导致生态要素和生态系统整体发生不利于生物和人类生存的量变和质变,生态系统的结构和功能发生与其原有平衡状态或进化方向相反的位移,具体表现为系统的基本结构和固有功能的破坏与丧失,生物多样性下降,稳定性和抗逆能力减弱,系统生产力下降。草原退化是指草原生态系统逆行演替的一种过程,在这一过程中,该系统的组成、结构与功能发生明显变化,打破了原有的稳态和有序性,系统向低能量级转化,亦即维持生态过程所必需的生态功能下降甚至丧失,或在低能量级水平上形成偏途顶极,建立新的亚稳态(李博,1997)。陈佐忠(1994)认为草原退化是草原生态系统演化过程中,其结构特征与物质循环等过程的恶化,即生物群落(植物、动物、微生物群落)及其赖以生存环境的恶化。草原普遍退化已成为目前世界各国遇到的共同问题。据农业部 2002 年调查,我国严重退化草原面积占天然草原面积的44.7%,其中重度退化草原占天然草原的 15.8%。我国草原生产力与 20 世纪 50 年代相比普遍下降了30%~50%。草甸草原生态系统是温带草原生态系统中具有代表性,是温带半湿润、半干旱地区宝贵的可更新自然资源。认识不同退化梯度草甸草原植物群落和土壤特征演替规律及其相互作用的机制,以及土壤线虫变化、土壤微生物对草甸草原退化的响应,揭示草甸草原植被和土壤退化机制,为草甸草原生态系统的保护和退化草原的恢复和重建提供理论依据。

第一节 草原退化特征的研究进展

一、草原退化特征含义辨析

闫玉春等(2007)对草原退化概念及含义做了很好的总结和辨析。长期以来对草原开垦、放牧及割草利用已经具有了扎实的实践基础,并对草原生态系统产生了巨大的影响。早在 20 世纪 50 年代,Curtis(1956)已经开始讨论人类在草原生态系统演变中的角色,焦点主要在开垦与放牧对草原的影响及相应的草原经营管理对策等方面。开垦完全毁坏了原来的自然植被覆盖,并在很大程度上改变了草原生态系统的分解者与微生物组分。开垦不仅使土壤有机质的生产速率迅速衰退,而且使几个世纪以来天然草原土壤中形成的有机质迅速分解。研究表明在草原开垦的头几十年里土壤有机质衰减速率每年达到 1%~2%(王辉等,2006),这是开垦引起草原退化的具体体现。放牧是人类对草原利用的主要方式之一,过度放牧会导致草原群落组成及土壤理化性质发生变化。Dyksterhuis(1949)根据草原植物对放牧的响应,将草原群落内植物分为"减少者"、"增加者"和"侵入者"3 个组分,并且根据草原物种组成与未放牧草原下的顶极群落偏离程度将草原划分为"优"、"良"、"中"和"差"4个等级，形成了草原群落过度放牧下退化演替特征的定性描述。

我国在长期的草原退化研究中，学者们根据自己对草原退化的理解分别给出了不同的定义。例如，草原退化是指放牧、开垦和搂柴等人为活动下，草原生态系统远离顶极的状态（李博，1990）；草原退化是指草原承载牲畜的能力下降，进而引起畜产品生产力下降的过程（黄文秀，1991）；土壤沙化，有机质含量下降，养分减少，土壤结构性变差，土壤紧实度增加，通透性变坏，有的向盐碱化方向发展，是草原地区土壤退化的指示（陈佐忠等，2000）；草原退化既指草的退化，又指地的退化，其结果是整个草原生态系统的退化，破坏了草原生态系统物质的相对平衡，使生态系统逆向演替（李绍良等，1997a）；草原退化是荒漠化的主要表现形式之一，是由于人为活动或不利自然因素所引起的草原（包括植物及土壤）质量衰退，生产力、经济潜力及服务功能降低，环境变劣及生物多样性或复杂程度降低，恢复功能减弱或丧失（李博，1997；张金屯，2001）。

草原退化直接表现为植被退化与土壤退化，从导致草原退化的主要原因——人为因素中的放牧来考虑，放牧对草原植被、土壤的作用是同时的，即通过采食直接影响草原植被，通过践踏、压实等作用于土壤。同时植被、土壤之间也存在相互作用，但是由于土壤与植被具有各自完全不同的属性，外在表现为植被退化先于土壤退化，所以可以将草原退化划分为以植被退化为主和以土壤退化为主的2个阶段。已有的草原退化相关研究表明，草原的退化阶段多处在以植被退化为主的阶段，在这一阶段，尽管植被变化很明显，甚至植被群落发生了完全的逆行演替，但其对土壤的保护作用仍然维持在一定水平。因此，此时土壤还不能体现出明显的变化，这也是人们在草原退化的研究中会忽略土壤因素的原因。从土壤形成过程来看，土壤的自然演替将是一个极其漫长的过程。草原土壤中有机质的半衰期为500～1000年，因此现实中所注意的土壤退化并非一个自然退化演替过程，土壤退化主要是由于植被退化到一定阈值后，植被对土壤的保护伞作用失去而导致的土壤侵蚀所致（Martel and Paul，1974；李绍良等，1997b，2002；李永宏，1999；高英志等，2004；陈全功，2007）。

尽管土壤退化滞后于植被退化，却是比植被退化更严重的退化，土壤严重退化后整个草原生态系统的功能会消失殆尽。在自然状况下，在一定的气候条件下，特定的土壤类型对应着相应的植被类型，形成土壤-植被稳定的自然系统。而当这种系统在人为驱动力（如过度放牧）作用下，系统中的土壤和植被2个要素会分别做出响应。但由于土壤和植被各自不同的属性，即植被相对易变，而土壤相对稳定的特点，导致二者原有的对应关系在人为驱动力作用下发生"错位"。

在相关研究中已经注意到土壤退化滞后于植被退化的问题，并将土壤的这一特征称之为土壤稳定性。实际上，现有的退化草原恢复重建措施都是建立在土壤稳定性的基础之上的，即草原退化处在植被退化为主的阶段时，土壤未发生根本性的改变，只要给予充足的时间使其得以休养生息，便可达到恢复的目的。因此土壤稳定性使人们可以利用围栏封育、划区轮牧等措施对退化草原进行恢复（Gibson，1998；Alder and Lauenroth，2000；Reeder and Schuman，2002；高英志等，2004）。植被退化与土壤退化是草原退化的 2 个层面,辨析二者之间的关系和差异可以更深刻地认识草原退化的内涵,同时对草原经营管理及退化草原恢复重建工作具有指导意义。在草原处于以植被退化为主的阶段时,应及时采取措施(降低放牧压力、实施围栏封育等)进行休养恢复,以避免造成更严重的土壤退化(闫玉春等,2007)。

从生态学角度讲,生态系统结构主要是指系统中具有完整功能的自然组成部分。生态系统功能主要是指与能量流动和物质迁移相关的整个生态系统的动力学。草原生态系统退化直接反映在系统结构和功能的变化上,生态系统结构和功能又是紧密联系、相辅相成的。草原生态系统退化直接导致群落组成及其结构发生变化,而生态系统结构是生态系统状态的直接反映。因此,生态系统结构指标是草原退化指标体系中最直接和最关键的一部分。生态系统结构指标一般比较直观且较易获得,主要表现在植被与土壤 2 个方面,植被指标包括群落种类组成、各类种群所占比例,尤其是建群种及优势种、可食性植物物种、退化演替指示性植物种群等的密度、盖度、高度及频度等指标;土壤指标包括物理性质和化学性质 2 个部分。草原生态系统退化的另一个直接后果就是生态系统生产力、经济潜力及服务功能降低,也就是生态系统功能下降。生态系统功能主要体现在生产功能(经济功能)、生态功能和其他功能。生产功能主要包括净第一性生产力及牧草品质等方面,结合社会经济因素,生产功能则直接体现在具体指标(如载畜量等)上。生态功能概括起来主要包括水土保持、气候环境调节和生物多样性维持。另外生态系统功能还体现在诸如休闲、文化娱乐等服务性功能及生态系统存在的一些潜在功能和价值上,在这里归为其他功能。尽管草原生态系统结构退化与功能退化紧密联系,但二者存在差异,一般情况下,系统功能变化滞后于系统结构变化,如短时间内的过度放牧会引起草原生态系统短期内发生结构变化,而此时生态系统功能仍能在一段时间内维持原有的状态。

二、植物学特征的研究进展

植物群落组成结构是其周围环境中各种物理的、化学的和生物的因素综合作用的结果,植物群落是环境因子共同作用的表现。环境压力往往导致植物生长所需资源的有效性发生改变,从而影响植物的生长和繁殖。不同种类植物的生存适合度决定了植物群落的组成和数量结构,其中包括组成群落植物的种类及不同种类成分的数量和在群落中所占的比例。一个地区的植被类型就是该地区所有环境因子的综合体现。环境因子的干扰作用依其强度的不同对草原植被产生的影响也不同(程积民和杜峰,1999;王仁忠,1998;李永宏,1999;汪诗平等,2001)。

放牧家畜通过选择性采食、践踏干扰和粪便归还而直接影响草原植物群落结构。放牧演替是草原植被研究中重要的一个方面。草原植物群落的大多数植物都具有一定的耐牧性,合理放牧能促使牧草的良好生长和发育,增强其再生性,提高营养价值。但放牧强度增大,畜牧业生产的过度发展,牲畜头数的不合理增加,加之草原利用时间、频度不合理,必然会使草场发生不同程度的退化现象。在放牧条件下,草原植物群落特征是与牧压强度紧密相关的。在大气条件一致的区域内,牧压对群落施加的影响可以超越不同地段其他环境因子的影响，成为控制植物群落特征的主导因子（汪诗平等，2001；李永宏，1999）。我国许多研究者对高寒草甸、典型草原和荒漠草原等在放牧条件下的植被演替规律进行了研究，发现随着放牧压力的增大，植物群落中主要植物物种的优势地位发生了明显的替代变化，这与植物的生物学和生态学特性及食草动物的采食行为密切相关。还研究了不同放牧强度对内蒙古呼伦贝尔天然草原植被的影响，发现放牧强度的差异导致植被组成中的减少种、增加种与侵入种比例呈有规律的改变，特别是随着放牧强度的增大，侵入种比例急剧升高，同时，草原植被中优势种比例显著下降，植被生产力降低；随着放牧强度的增大，群落地上、地下生物量显著下降，群落结构趋于简单化；随着放牧强度的增加，杂类草在草原植物群落中所占比例显著升高。有人认为，不管在何种放牧制度下，载畜量的增大都将使丛生禾草向小禾草演替，并使牧草的再生能力降低，植被盖度减小，而且牧草叶量、分蘖数、株高和总生物量均显著下降。由于不同植物物种对放牧的反应不同，因而放牧影响下的植物群落常常表现为分异和趋同。许多研究表明，内蒙古高原典型草原地带的羊草草原及克氏针茅草原在连续多年的高强度放牧压力下，均可退化演替为冷蒿群落，这是典型草原的主要演替模式，并认为冷蒿是草原退化的"阻击者"。

关于放牧与草原群落植物多样性的关系，国外研究较多证明了群落高生物多样性的前提是中等程度的环境干扰或逆境（包括放牧强度），植物种群对有限资源的竞争是决定植物群落种类组成多样性及演替动态的主要因子。近年来，随着生态环境保护意识的增强，我国对草原植物多样性的研究也逐渐增多，对羊草草原和大针茅草原牧压梯度上植物群落的物种多样性、群落结构和生物量变化的研究表明：随着牧压增大，草原植物群落高度大幅下降，但盖度的下降幅度较低；群落的植物物种丰富度有所降低，但其均匀度和多样性在中度放牧的群落中最高。草原植物群落多样性在牧压梯度上的变化决定于群落中种间的竞争排斥和放牧对不同植物的抑制和促进，而群落的层片结构标志着群落内生态位分化程度的高低，决定了物种的多样性。相关研究表明，植物群落总复杂性分为基于无序的复杂性和结构复杂性，中国东北样带的变化趋势是干扰相对较小的割草原群落具有较高的结构多样性，而一些过度放牧的极端退化草原的结构多样性都较低。适度放牧下草原生产力具有补偿性或超补偿性生产的现象，且草原植物多样性最高。李俊生和郭玉荣（2005）等对祁连山北坡山地荒漠草原植物群落放牧干扰下的物种组成、丰富度及丰盛度进行了初步测定，结果表明：在不同放牧强度下，物种丰富度呈单峰状曲线，植物高度、盖度和地面凋落物随放牧强度的增加而显著减少，植被组成也相应发生变化，杂草随放牧强度的增大而增多。据科尔沁沙地生物多样性研究表明：①不同放牧强度下群落演替方向和速度有很大的差异，其中过牧使植物种类组成趋于简单，植物多样性指数下降，草原中以一年生劣质牧草占绝对优势，轻牧和禁牧则相反；②由于群落的物种组成和植物种群数量的变化，使群落占据的物种生态位也明显分异。有学者认为青藏高原东缘高寒草甸在土壤湿度和日照时间适中时环境异质性大，物种代替速率比较快，β多样性较高，高寒草甸植物群落多样性更多地受均匀度的影响。常学礼和邬建国（1997）、常学礼等（2003）认为在科尔沁沙地不同沙漠化阶段，植物物种多样性和沙地草场地上生物量的关系与多样性指数计算的基本单位有关，一年生、二年生和多年生等生活型为划分功能多样性的标准，在固定沙丘、半流动沙丘和流动沙丘阶段与沙地草场地上生物量的关系密切，在不同的沙漠化阶段，生活型多样性与地上生物量的关系呈负相关。说明在不同沙漠化程度的草场中，植物生活型组成不均匀，有利于提高沙地草场地上生物量，一年生植物在沙地植被组成中占主导地位，C4 类植物在科尔沁沙地植被中的适应性最强。

一般情况下，轻牧或中牧会增加物种多样性，反映出放牧对草原群落影响的公认结论：适当的放牧使群落资源丰富度和复杂程度增加，维持了草原植物群落的稳定，有利于提高群落的生产力，且使植物生长迟缓或大体上呈现几个种的优势。但过度放牧会使种群生境恶化，致使群落的物种多样性降低，结构简单化，生产力下降。

土壤表层的植物残体和枯枝落叶统称为地表的枯落物层，枯落物层是土壤腐殖质的主要来源之一，也是土壤养分的主要贡献者，对维持生态系统正常有序和健康状态具有重要意义。枯落物层可以改善植物生长的环境，它在调节水、热状况，改善土壤理化性质，水土保持等方面都有重要作用。枯落物层通过物理、化学、生物学作用，对植物繁殖体的萌发、群落结构、物种组成及演替动态等都有一定的制约和影响（陈昌笃，1984；郭继勋，1989）。草原在放牧过度利用下，必然引起枯落物层积累的减少，甚至消失。

三、土壤理化特征的研究进展

土壤沙化，有机质含量下降，养分减少，土壤结构性变差，土壤紧实度增加，通透性变坏，有时向盐碱化发展。羊草草原放牧家畜的过度践踏和采食可引起草原的旱化、土壤理化性质的劣化和肥力的降低。随着放牧强度的增大，草原土壤硬度和容重显著增加，而土壤毛管持水量则明显下降。在放牧生态系统中，土壤是地境-牧草-牲畜相互作用的界面，展示了放牧生态系统的历史，又是植物营养的重要供给源，一定程度上预示着放牧生态系统的未来。土壤养分是植物生长发育所必需的物质条件。土壤中所含的全部养分包括速效性养分和迟效性养分，储存在土壤中但不能直接被植物吸收利用的养分为迟效性养分，能够被植物直接吸收利用的为速效性养分。在过牧条件下，牲畜长期践踏，土壤表土层粗粒化，其结果是细粒含量降低，砂粒增加，而这正是退化草原土壤沙化和土壤侵蚀发生的原因。随放牧强度的增大，动物干扰作用的增强，土壤孔隙分布的空间格局也发生变化，土壤的总孔隙减少，土壤容重增加。王仁忠（1997）研究表明，重度和过度放牧阶段土壤容重比轻度放牧阶段分别增加了 47.4%和 64.9%。据相关研究表明放牧压力对土壤容重的影响仅限于 0～10cm 的土壤，且其随放牧强度的增加而增加，其中对 0～5cm 土壤的影响最明显。土壤 pH 是土壤重要的基本性质，是土壤酸碱性的评价指标，也是影响土壤肥力的因素之一。土壤的酸碱性直接影响着土壤养分的存在状态和转化过程，酸碱性的不同对土壤腐殖质的分解过程产生不同的抑制或促进效应。土壤中营养元素的有效性也随土壤酸碱度的不同而变化，土壤酸碱性对土壤中氮素的硝化作用和有机质的矿化作用等都有很大的影响，土壤的酸碱反应对植物的生长和发育过程影响显著，酸性或碱性过强或者过弱，都会使植物的生长受到抑制。土壤微生物的活动与土壤酸碱性密切相关。

土壤中易被植物根系直接吸收利用的氮、磷、钾分别叫作"速效氮、速效磷、速效钾",统称为"速效养分"。土壤速效养分一般能溶解于水中,有些则被吸附在土壤颗粒表面,但能释放出来供植物利用。土壤速效养分的测定是诊断土壤营养状况的依据,土壤速效养分含量可以作为表征地上植物生长过程营养状况的参考指标。刘颖(2002)研究放牧强度对羊草草原土壤特性等的影响,结果表明有机质和氮、磷、钾、钙、镁等营养元素含量随着放牧强度的增加逐渐降低,春季过度放牧对土壤表层的水分、有机质和钙、镁等元素造成的损失最为严重。戎郁萍等(2001)在河北省承德鱼儿山牧场研究不同放牧强度对草原土壤化学性质的影响,研究表明:随放牧强度增加,土壤全磷和速效磷含量降低。放牧对 0～20cm 土壤有机质含量的影响比较显著,随着放牧强度的增加,有机质含量显著降低,重牧条件下土壤有机质含量仅为不放牧条件下的 48%,土壤全氮、全磷和速效性养分也表现相似的变化趋势。王仁忠和李建东(1995)对松嫩平原碱化草原放牧演替规律的研究表明,随放牧强度的增大,土壤有机质和含水量显著降低,而土壤含盐量和碱化度明显增加,土壤趋向于干旱化和贫瘠化,放牧压力越高,羊茅草原土壤中的 NH_4^+-N 和 NO_3^--N 含量越高,轻牧导致土壤 pH 从5.7 升至 6.2,有机质和总磷含量降低、侵蚀加重。对于长期放牧的草原,大面积的采食和小面积的归还最终导致土壤养分的空间异质性,并不可避免地影响养分的生物有效性,其影响程度取决于放牧率的大小、放牧时间的长短、放牧牲畜的类别及粪尿的空间分布,短时间高强度放牧或轮牧有利于粪尿等排泄物的均匀分布,并提高了土壤养分含量,但高强度的践踏使得土壤紧实,增加了表面土壤的硬度和容量,降低了土壤的通透性,在绵羊放牧系统中,微生物群落的多样性随放牧强度的增加而下降。在干旱半干旱地区,这些特性的变化促进了土壤养分的异质性,同时又直接影响植物的分布和根系的生长发育及分布,其结果是在根系周围由于有机质和养分的累积而形成"养分岛屿"进一步加剧了土壤养分的空间分异。

水分是生态系统最重要的组分之一,水分的多寡直接影响着植物的生长,在草原生态系统中,水分是地上植被生长必不可少的部分。水分缺乏不仅影响植物根系对水分的吸收利用,也会影响植物对其营养物质的吸收,因为许多营养物质只有溶解于水,才会被植物的根系吸收。水分还直接和间接地影响着环境组成状况,这是因为水分在生态系统养分转化的许多过程中起着重要的中间媒介作用。土壤含水量是土壤的重要理化性质之一。土壤含水量因土壤类型、季节和不同的扰动类型而变化,不同土层的土壤含水率也存在较大的差异。

土壤有机质的绝大部分是土壤腐殖质,是动、植物残体等一般有机物质经过微生物的作用而形成的高分子有机胶体物质。土壤有机质含有氮和其他营养元素,是植物生长所需营养物质的重要来源之一。土壤有机质对土壤的物理化学性质有很大影响,它可以保肥保水、调节土壤肥力、增加土壤透气性、改良土壤结构等。土壤有机质含量是评价地上植被和土壤退化很重要的指标之一,它在土壤质量的构成因素中占首要位置,而且一般认为土壤有机质含量与土壤质量存在正相关关系,土壤有机质含量的减少将直接导致土壤质量降低(郭继勋和祝廷成,1994;张伟华等,2000;张铜会等,2003),它能促进土壤微生物的活动、改善土壤物理性质、提高土壤肥力和缓冲性。土壤中的氮绝大多数以有机形态存在，有机氮是速效氮的主要来源，土壤速效氮和土壤全氮含量及有机质之间有较好的相关性，一般是速效氮随全氮含量及有机质含量的增加而增加。土壤的全氮含量在一定程度上可以反映土壤中速效氮含量的多寡。氮的含量是土壤营养状况的主要指标，也是植物生长所需营养物质的主要来源，不同土层土壤氮的含量分布对植物生长影响巨大。土壤速效钾，也称土壤代换性钾，是土壤中存在的能够供给植物生长直接吸收利用的钾，主要包括代换性钾和水溶性钾两部分，以代换性钾为主，速效钾是植物生长所必需的养分之一。

天然草原由于过度利用而导致植被发生退化以后，土壤的存在状态和营养物质循环过程也会受到影响，这种影响来自多种途径的作用。首先，植被减少，降低了对土壤表面的覆盖，太阳光直射地面使土壤表层温度过高，土壤水分蒸发增大；其次，植被减少引起枯落物的减少，腐殖质的形成受阻，影响了草原生态系统中有机质、碳、氮等营养物质的回归循环，导致土壤中营养物质的输入降低，输出远远大于输入；再次，土壤理化性质的改变，如氧化还原电位及 pH 等因素对于多种土壤过程都有调节作用，如有机质分解、氮矿化、硝化与反硝化作用及磷的有效性等，土壤水分、养分状况的下降，加重了植被和土壤的退化程度，即植被的退化往往引起土壤的退化，植被与土壤间形成彼此影响的恶性循环过程。

草原生态系统退化后，围栏封育是一种极为有效而又十分经济的恢复改良措施，对退化草原实施围栏封育后，植被所受的人为干扰和家畜放牧干扰被消除，使植被状况有较好的改善。退化草原实施围栏封育，人为干扰被消除后，植被生长状况在当年就有较好的改善（王炜等，1996；傅华等，2003），封育 2～5 年后，群落植物的生产力、盖度、高度、物种多样性好转。植被状况，特别是群落植被生产量和枯落物层积累量的增加，使地表的光、热、水条件发生改变，趋向于有益草原生态系统健康的方向发展，改变了地表环境，因此土壤的理化性质也会随之而向良性转变。封育 3 年可使土壤有机质含量显著增加，全氮和速效钾增加不显著，而速效氮和速效磷的含量略有减少。

四、土壤线虫特征的研究进展

在陆地生态系统中，土壤生物是土壤有机质分解和养分矿化等生态过程的主要调节者。线虫是土壤动物中十分重要的类群，在土壤食物网中占有多个营养级，且种类丰富，在土壤腐食食物网中占据中心位置，具有重要的功能（王瑞，2020），与其他土壤生物共同形成复杂的食物网，在维持生态系统的稳定、促进物质循环和能量流动方面起着重要的作用，并直接或间接地影响植物的生长。线虫的生态功能对土壤生态系统生态效应的正常发挥具有重要的意义。线虫通过调控土壤细菌、真菌等土壤生物种群，参与土壤中营养物质的循环和能量流动，能促进有机碳的矿化，是有机质和养分循环的重要调节者。

在众多土壤动物类群中，土壤线虫是数量最多、种类最丰富的一类。据报道，目前已鉴定的自由生活线虫有 1380 属 11 050 种。在某些地区，土壤线虫的种类可达每平方米近 120 种，在密度上可达每平方米三千万条。地球上所存在的线虫种类有 8 万～100 万种，主要包括寄生性线虫及自由生活线虫（宋敏，2016）。线虫作为土壤中数量最丰富的后生动物，其群落组成可反映气候条件、土壤质地、土壤有机质的输入及自然和人为的扰动情况。土壤线虫是植物根际土壤生物区系中非常活跃的一类生物体，而且直接参与生态系统物质循环和能量流动。以前对线虫生态学和群落结构的研究主要集中在自然生态系统中，而对受干扰的草原生态系统中土壤线虫关注很少。随着对土壤线虫多样性及其生态重要性的关注，线虫被用作一个地区生物多样性及可持续性的重要指示生物。

线虫标本主要依据《中国土壤动物检索图鉴》（尹文英，1998）鉴定，一般鉴定到属，并依据土壤湿度，将土壤线虫个体数量折算成每一个 100g 干土含有线虫的条数。根据线虫头部形态学特征和取食生境将土壤线虫分为以下 4 个功能（营养）类群：食细菌类群（bacterivores）、食真菌类群（fungivores）、植物寄生类群（plant parasites）、捕食类/杂食类群（predators/omnivores）（梁文举和闻大中，2001）：①食细菌类线虫：是指以细菌为食的一类线虫，取食有益的、腐生的细菌及有害的植物病原细菌；②食真菌类线虫：是指以多种真菌为食的一类线虫，取食包括在根际生长的真菌、腐生真菌、病原真菌和菌根真菌等；③植物寄生类线虫：它们以植物落叶、根系或根系分泌物为食，属初级消费者；④捕食类/杂食类线虫：主要以原生动物、线虫、线虫卵等为食。

食细菌类线虫和食真菌类线虫可对细菌和真菌的活性起指示作用。食细菌类线虫对土壤氮素矿化的贡献率为 8%。食细菌类和食真菌类线虫均属食微生物线虫，是土壤腐食食物网初级分解过程最为丰富的消费者，可通过取食细菌、真菌等微小生物，影响微生物的生长和新陈代谢活动，改变微生物群落，从而调节有机物的分解速度与养分的周转速率。

植物寄生类线虫：可直接或间接地影响根瘤、菌根的形成和固氮等作用，与植物及其根形成寄生关系的线虫对农业造成损害，可以导致植物减产，干扰植物营养和水分吸收，降低果实和块茎质量。植物寄生类线虫种群动态是农田系统管理过程中必须考虑的因素。

捕食类/杂食类线虫：对调控土壤中小动物的数量和植物寄生类线虫的危害均有一定的积极作用。捕食性线虫属次级消费者，通过取食微生物线虫来控制氮素矿化，对氮素矿化的贡献率为 19%，是资源从低营养级向高营养级传递的桥梁。杂食捕食类线虫通过食物和空间的竞争来影响其他营养类群的线虫，在受扰动的环境中杂食线虫的密度和多样性比较低，杂食捕食类线虫在土壤耕作过程中具有积极的作用。已有研究表明，植物寄生类线虫种群数量的增加会对牧草造成严重的伤害。线虫是草原初级生产力的重要限制因素，研究表明用杀虫剂处理后草原初级生产力增加了 25%～59%，植物寄生类线虫等土壤生物和地下草食动物被认为是植物群落演替的重要驱动力，它直接关系到生态系统的恢复和生物多样性的保护等目标的成败。有学者在内蒙古西乌珠穆沁旗开展了典型草原土壤线虫多样性的研究，对揭示土壤线虫在草原生态系统中的地位和作用，为草原生物多样性的保护及草原的持续利用提供科学依据。他们认为，线虫在土壤中的垂直分布主要呈现表聚型，0～10cm 土层处线虫多度最大。短体属、垫刃属、滑刃属在 0～10cm 土层占优势，数量随着土壤深度增加而明显降低。

植食性线虫在 0～10cm、10～20cm 和 20～30cm 土层都有分布。有研究表明，许多植食性线虫多度和种群结构在一年内有周期变化，与温度的季节性变化相关。有人指出在罗马尼亚草原的调查结果表明植食性线虫的比例为 46%～69%，植物寄生类线虫的异常增加，以及线虫侵染造成的伤口而引起病原真菌的复合侵染将对植物的生产力具有负反馈效应，对植被恢复产生负面影响，造成草原优势植物薹草和紫羊茅之间的波动。研究表明，草原中线虫所消耗的植物生物量是牛消耗的 3 倍多。当植食性线虫密度低于阈值时，显著增加微生物的总生物量，根际细菌、真菌和放线菌数量等显著增加；但当密度高于阈值时，线虫对微生物的总生物量没有影响或者产生负面影响；说明在温带草原，线虫根分泌物在一定程度上能够调节土壤微生物群落和活性，推测根区微生物群落的变化将影响根际养分的有效性和植物对养分的吸收。

食细菌类线虫的比例增加，意味着土壤分解系统中有很高的细菌群落，当细菌分解方式占主要地位，有机物质会以较快的方式降解，因为以细菌为基础的食物网比以真菌为基础的食物网有较快的分解速率（阮维斌等，2007）。室内实验研究表明，线虫多度的增加，促进了细菌对底物的利用；高密度的线虫可能会明显降低真菌的活性；这表明在草原土壤中，线虫群落能够促进细菌的代谢，从而改变土壤微生物结构。

线虫群落的多样性在一定程度上反映了生物群落的结构类型、组织水平、发育阶段、稳定性程度和生境条件。国外学者发现，线虫密度与土壤湿度、温度密切相关，且随土壤温度增加而降低。土壤线虫常被用来作为生态系统变化的敏感性指示生物。在土壤食物网中，相互作用的线虫营养类群的空间异质性已经成为标志土壤养分动态的一个重要决定因素，对生态系统的养分循环和能量流动的影响较大。植被覆盖对土壤微生物的生长发育也有较大影响。植物寄生类线虫种群结构受控于植物类型，土壤线虫多度与根系分布密切相关。国内外以往的研究多集中在耕地土壤线虫空间分布上，有关草原土壤线虫空间分布方面的研究尚未见报道。

植物与土壤线虫的关系非常密切，植物为土壤线虫提供食物和生活环境，而土壤线虫也对植物的生长产生直接或间接的影响（梁文举和闻大中，2001）。近年来国外关于不同环境条件及管理措施下土壤线虫群落变化方面的研究受到重视，我国也有相关工作的报道。吴东辉等（2007）研究了刈割活动对松嫩平原碱化羊草草原土壤线虫群落的影响。

五、土壤微生物特征的研究进展

土壤微生物是地球生物圈中一个重要的组成部分，土壤微生物是土壤中最活跃的部分，是土壤分解系统的主要成分，在推动土壤物质转换、能量流动和生物地化循环中起着重要作用。草原土壤微生物是草原生态系统的重要组成部分，是土壤有机无机复合体的重要组成部分，在有机物质分解转化过程中起主导作用，具有巨大的生物化学活力，从而更加主动地影响草原生态系统中能量流动和物质转化过程。土壤微生物作为稳定的生态系统，是监测土壤质量变化的敏感指标，其多样性研究在评价生态系统、维护生态平衡中发挥了巨大作用，因此，越来越多的学者将目光投向土壤微生物多样性的研究和保护中，目前的研究主要集中于多样性特征分析和环境因素对多样性的影响两个方面，此外还包括新的研究方法的不断探索。

土壤微生物包括原核微生物如细菌、蓝细菌、放线菌及超显微结构微生物，真核微生物如真菌、藻类、地衣和原生动物等。根据资料记载 1g 农田土壤中就含有几百万细菌、数十万真菌孢子和数万个原生动物和藻类。研究证实，土壤中原核生物的数量最多，约为 $2.6×10^{26}$ 个细胞，所含有的氮、磷与陆生植物相当。真菌、藻类和原生动物的数量较原核生物要少得多。陈秀蓉（2003）对甘肃环县草原可培养细菌分离后发现，平均每克土壤有 65 个不同的细菌种群，细菌总量为 $4.51×10^{9}$～$1.74×10^{10}$cfu/g 土壤。美国威斯康星州农田土壤的微生物多样性分析表明：约 98% 的物种属于细菌，其中 16.1% 的物种属于变形菌（Proteobacteria），21.8% 的物种属于噬纤维菌类群，另有 21.8% 属于低 G+C 含量的革兰氏阳性菌。但遗憾的是，由于研究方法和人们认知能力的局限，目前土壤中仍有 80%～99% 的微生物还未被认识和鉴别。研究推算，细菌、真菌及病毒的已知种占估计种的比例分别为 5%、10% 和 4%。刘世贵等（1994）发现不同程度的退化草原在土壤微生物种类与组成、优势菌群与数量等方面有较大差异，种类与数量有随退化程度增高而减少的趋势；三种退化草原土壤微生物数量以细菌占绝对优势，真菌和放线菌较少，并有明显的垂直分布和季节变动规律。

在分子生物学技术出现之前，人们对微生物的认识大多数是靠纯培养，或者靠直接形态观察来获得部分信息。由于微生物形态过于简单，并不能提供太多的信息，而且自然界中有 85%～99.9% 的微生物至今还不可纯培养，这给客观认识环境中的微生物存在状况造成了严重障碍。1986 年 Pace 等首先用核酸测序技术研究微生物生态和进化，将分子生物学技术应用于微生物生态学的研究，开辟了认识环境中微生物的新途径（Pace and Catlin，1986）。分子生物学技术克服了传统方法的限制，使得微生物学者可以从基因水平上估计种的丰富度、均匀度，查明种的变异情况等，从而可以更客观地认识环境中微生物天然的生态状况。目前用于微生物生态研究的分子技术有 rRNA、rDNA 序列分析、限制性片段长度多态性（RFLP）、随机扩增多态性 DNA （RAPD）、核酸探针检测技术、变性梯度凝胶电泳（DGGE）等。其中 DGGE 是近几年在国外应用比较广泛的分子生物学技术之一。

DGGE 最早是由 Fischer 和 Lerman（1979）发明的用于检测 DNA 突变的技术。DGGE 技术的一个显著特性就是可以同时对多个样品进行分析，因此适合于监测环境中微生物在时间或空间上的动态变化。国外学者应用 DGGE 研究了菌藻席和细菌生物膜中微生物的遗传多样性，在得到 DGGE 带谱后，将其印迹转移到尼龙膜上与硫还原细菌特异性探针进行杂交，与其中一样品的带谱出现了强烈的杂交信号，表明该环境中存在硫还原细菌；通过 DGGE 对美国黄石公园温泉中不同温度菌藻席中的细菌多样性进行比较，发现从相同温度采集的样品的 DGGE 带谱相同，而从不同温度得到的样品带谱差异很大，表明其中的细菌多样性不同。通过对得到的 DGGE 带谱进行测序并与纯培养及克隆得到的序列进行比较,探测到以往已得到的序列,同时还探测到一些尚不能确定其系统发育地位的细菌类群。据资料分析,菊花生长过程中根际细菌类群的 DGGE 带谱通过非加权组平均法(unweighted pair-group method with arithmetic means,UPGMA)聚类分析,带谱之间的相似性为82%,没有发生显著变化,与同时通过纯培养方法进行研究的结果一致,因此认为根的生长过程对根际优势细菌类群的影响不大。首先,DGGE 最多能分离 lkb 的 DNA 片段,但通常选用的片段只有几百个碱基,因此这些序列只能提供有限的系统发育信息;第二,如果选用的条件不是特别适宜,不能保证可以将有一定序列差异的 DNA 片段完全分开,从而会出现序列不同的 DNA 迁移到胶的同一位置。

当前对土壤微生物多样性的研究仍然较集中于其物种和生态特征,而对土壤微生物功能多样性,对土壤微生物不同种群之间的关系,以及土壤微生物如何影响生态进程、维持和稳定生态系统的研究还不够深入。

六、植被与土壤关系的研究进展

植物—土壤生态系统是一个复杂开放的系统。已有相关研究表明,土壤理化特性会影响植被的生长和发育,如土壤的 pH、含水量、各养分含量等都将影响植物对各营养成分的吸收,同时植物也会对土壤的发育、理化特性产生影响。众多学者从各自的角度如退化草原的植被特征、牧草营养成分、土壤理化性质、退化草原的牧草营养与土壤特性的相关分析等诸多方面都进行了相关研究。安渊等(1999)通过对锡林郭勒大针茅草原不同退化阶段植物和土壤化学性状的研究表明,随着草原退化程度的加剧,植物群落特征、植物碳水化合物含量和土壤化学性状存在明显的差异,表现在:①植物群落组成发生明显的变化,优势种和亚优势种植物出现替代;②地上和地下总生物量递减,禾本科牧草地上生物量在群落中所占比例下降,而菊科牧草所占比例上升,0~10cm 地下生物量占总地下生物量的比例增加,根系有向土壤表层集聚的趋势;③植物体内碳水化合物的含量逐渐递减,未退化样地大针茅茎叶中碳水化合物含量是重度退化样地的 5.5 倍;④土壤有机质、氮和磷的含量下降,土壤有机质含量与土壤全氮、全磷和速效氮的含量呈明显的正相关,与植物根系也呈较强的正相关。龙章富等(1994)通过对四川若尔盖草原的 3 种不同退化程度的退化草原土壤生化活性进行测定和统计学分析,得出退化草原土壤生物活性的大小具有随着退化程度增高而减小的趋势。对川西北退化草原土壤微生物(龙章富和刘世贵,1996)生化活性的研究表明:①三种退化草原的土壤农化性状与土壤微生物数量的垂直分布都有较大相关性。重度退化草原土壤微生物数量与土壤氮、有机质含量呈显著或极显著相关,而轻度退化草原的这种相关性不显著。②草原退化引起土壤肥力水平下降,土壤微生物数量减少。③退化草原存在不同程度的"少氮、缺磷、高有机质"问题,这种营养元素比例失调的状况是退化草原的一大特征。④草原退化后,引起土壤微生物区系发生较大变化,且与退化程度有一定相关性。退化程度高的草原,土壤微生物不仅数量少,而且种类也少;而退化程度低的草原土壤微生物种类和数量均多。不同退化程度草原土壤微生物的优势菌属和同一优势菌属的不同类群也有明显差异，尤其是各属或类群数量所占微生物数量比例上，但退化程度接近的草原表现出部分类似的土壤微生物区系特征。

第二节　草甸草原生态系统植被退化特征

草原植被的变化是草原退化生态系统最敏感的指标之一。草原植物群落组成结构是其周围环境中各种物理的、化学的和生物的因素综合作用的结果，植物群落是环境因子共同作用的表现。环境压力往往导致植物生长所需资源的有效性发生改变，从而影响植物的生长和繁殖。不同种类植物的生存适合度决定了植物群落的组成和数量结构。其中包括组成群落植物的种类，以及不同种类成分的数量和在群落中所占的比例。不同退化梯度草甸草原群落物种组成、群落多样性、植物种群组织力、草群高度、植被盖度、地上生物量和枯落物量、牧草饲用价值均发生显著变化。

一、退化草原的植物种类组成与群落结构及功能

（一）退化梯度物种组成

放牧过程通过家畜的啃食、践踏干扰草原环境，使草原的物种组成发生变化，植物种群的优势地位发生更替。植物群落中优势种、伴生种、常见种及偶见种等综合优势比的变化，可以在一定程度上反映不同放牧强度对植物群落偏离顶极程度的影响。随着放牧强度的增加，草原退化程度加重，羊草草甸草原羊草、贝加尔针茅综合优势比分别下降 28.30 个百分点和 28.95 个百分点，糙隐子草与寸草薹等退化标志种呈上升趋势，分别上升 31.85 个百分点和 18.22 个百分点。伴生种及常见种中，如细叶柴胡、草地早熟禾、披针叶黄华、花苜蓿、展枝唐松草、狭叶青蒿及防风等物种均呈下降趋势（表 7-1）。贝加尔针茅草甸草原柄状薹草、贝加尔针茅的综合优势比分别下降 49.60 个百分点和 28.60 个百分点，羊草综合优势比上升 11.51 个百分点，寸草薹、糙隐子草及冷蒿等呈上升趋势，分别上升 45.38 个百分点、36.90 个百分点和 22.16 个百分点。伴生种及常见种中，如多裂叶荆芥、细叶白头翁、囊花鸢尾、花苜蓿、狭叶沙参、细叶葱、双齿葱及展枝唐松草等均呈下降趋势（表 7-2）。

表 7-1　羊草草甸草原羊草各退化梯度群落物种的综合优势比（%）

学名	中文名	轻度退化	中度退化	重度退化
Leymus chinensis	羊草	84.12	51.24	55.82
Carex duriuscula	寸草薹	56.72	73.26	74.94
Cleistogenes squarrosa	糙隐子草	47.25	69.57	79.10
Stipa baicalensis	贝加尔针茅	36.82	37.71	7.87
Potentilla bifurca	二裂委陵菜	34.24	16.44	22.48
Bupleurum scorzonerifolium	细叶柴胡	31.06	14.08	4.12
Poa pratensis	草地早熟禾	26.04	1.05	
Thermopsis lanceolata	披针叶黄华	25.55	26.52	5.97

学名	中文名	轻度退化	中度退化	重度退化
Medicago ruthenica	花苜蓿	24.84	8.64	6.02
Thalictrum squarrosum	展枝唐松草	22.11	4.19	1.43
Artemisia dracunculus	狭叶青蒿	21.71	0.24	0.52
Saposhnikovia divaricata	防风	19.09	10.20	
Astragalus adsurgens	斜茎黄芪	18.71	17.27	8.35
Artemisia tanacetifolia	裂叶蒿	18.56	15.42	7.07
Dianthus chinensis	石竹	14.89	2.73	
Potentilla acaulis	星毛委陵菜	14.20	31.44	8.48
Adenophora gmelinii	狭叶沙参	13.37	4.87	1.05
Youngia tenuifolia	细叶黄鹌菜	12.39		
Heteropappus altaicus	阿尔泰狗娃花	10.98	0.39	
Potentilla anserina	鹅绒委陵菜	10.90		
Potentilla filipendula	沙地委陵菜	10.24		
Artemisia scoparia	猪毛蒿	10.19	2.20	0.59
Galium verum	蓬子菜	9.10	1.90	2.71
Adenophora stenanthina	长柱沙参	7.42		
Achnatherum sibiricum	羽茅	5.57	1.75	
Saussurea amara	草地风毛菊	4.50		1.80
Pulsatilla turczaninovii	细叶白头翁	4.09	21.41	20.84
Inula salicina	柳叶旋覆花	3.39		
Scorzonera austriaca	鸦葱	3.21		
Vicia amoena	山野豌豆	2.92		
Vicia amoena var. *oblongifolia*	狭叶山野豌豆	2.72		
Sanguisorba officinalis	地榆	2.53		
Chenopodium album	藜	2.27	1.14	10.61
Taraxacum mongolicum	蒲公英	2.23	17.16	4.88
Artemisia mongolica	蒙古蒿	2.13	0.67	1.20
Potentilla tanacetifolia	菊叶委陵菜	1.99	14.54	7.22
Artemisia sieversiana	大籽蒿	1.85		
Hylotelephium telephium	紫八宝	1.58		
Thalictrum simplex	箭头唐松草	1.49		
Linaria vulgaris subsp. *chinensis*	柳穿鱼	1.26		
Lespedeza davurica	达乌里胡枝子	0.96		
Iris ventricosa	囊花鸢尾	0.91		
Allium ramosum	野韭	0.85		
Koeleria cristata	落草	0.83		
Leontopodium leontopodioides	火绒草	0.82	1.32	
Erigeron acer	飞蓬	0.78		

续表

学名	中文名	轻度退化	中度退化	重度退化
Schizonepeta multifida	多裂叶荆芥	0.76		
Plantago asiatica	车前	0.62		
Chenopodium glaucum	灰绿藜	0.62		1.09
Carex pediformis	柄状薹草	0.59		
Vicia cracca var. *canescens*	灰野豌豆	0.57		
Iris dichotoma	射干	0.50		
Potentilla betonicifolia	三出叶委陵菜	0.45		
Thalictrum petaloideum	瓣蕊唐松草	0.44	4.62	0.96
Orostachys fimbriata	瓦松	0.43		
Oxytropis hailarensis	山棘豆	0.42		
Plantago depressa	平车前	0.35		1.54
Saussurea salicifolia	柳叶风毛菊	0.31	1.24	
Gueldenstaedtia verna	少花米口袋	0.30		
Oxytropis myriophylla	多叶棘豆	0.29	1.07	0.75
Orobanche coerulescens	列当	0.22		
Ixeris chinensis	山苦荬	0.15	14.43	
Asparagus dauricus	山天冬	0.07		
Polygonum aviculare	萹蓄			3.91
Klasea centauroides	麻花头		0.31	0.76
Sonchus brachyotus	苣荬菜		1.27	
Artemisia frigida	冷蒿		3.88	
Potentilla verticillaris	轮叶委陵菜		2.21	0.48
Rubia cordifolia	茜草		0.60	
Lepidium apetalum	独行菜		2.68	2.49
Iris ruthenica	紫苞鸢尾		0.89	
Viola philippica	紫花地丁			0.38

表 7-2　贝加尔针茅草甸草原各退化梯度群落物种的综合优势比（%）

学名	中文名	轻度退化	中度退化	重度退化
Carex pediformis	柄状薹草	83.89	76.97	34.29
Stipa baicalensis	贝加尔针茅	56.89	54.27	28.29
Leymus chinensis	羊草	50.99	58.19	62.50
Pulsatilla turczaninovii	细叶白头翁	47.40	40.25	22.02
Artemisia tanacetifolia	裂叶蒿	43.20	47.59	51.01
Schizonepeta multifida	多裂叶荆芥	38.27	15.58	3.26
Cleistogenes squarrosa	糙隐子草	36.53	33.46	73.43
Medicago ruthenica	花苜蓿	31.81	34.28	12.75
Galium verum	蓬子菜	30.45	12.37	4.24

学名	中文名	轻度退化	中度退化	重度退化
Klasea centauroides	麻花头	35.80	38.33	36.24
Iris ventricosa	囊花鸢尾	25.94	15.57	7.06
Adenophora gmelinii	狭叶沙参	24.20	17.43	6.95
Allium tenuissimum	细叶葱	24.07	4.60	
Allium bidentatum	双齿葱	22.34	9.41	2.77
Thalictrum squarrosum	展枝唐松草	20.12	7.72	2.26
Potentilla acaulis	星毛委陵菜	13.82	10.67	9.21
Artemisia frigida	冷蒿	13.02	8.01	35.18
Carex duriuscula	寸草薹	12.87	55.88	58.25
Potentilla nudicaulis	大委陵菜	11.60	3.03	1.22
Vicia amoena var. *oblongifolia*	狭叶山野豌豆	11.51	6.81	0.64
Astragalus adsurgens	斜茎黄芪	10.59	5.21	7.30
Potentilla bifurca	二裂委陵菜	10.85	5.74	33.34
Bupleurum scorzonerifolium	细叶柴胡	8.82	6.63	26.44
Iris ruthenica	紫苞鸢尾	6.41	10.60	0.48
Heteropappus altaicus	阿尔泰狗娃花	5.53	1.90	0.68
Potentilla verticillaris	轮叶委陵菜	5.48	6.03	3.28
Scorzonera austriaca	鸦葱	5.37	2.47	2.98
Leontopodium leontopodioides	火绒草	4.87	0.98	
Poa pratensis	草地早熟禾	3.65		
Artemisia dracunculus	狭叶青蒿	3.29	2.33	1.56
Adenophora stenanthina	长柱沙参	2.60		
Oxytropis myriophylla	多叶棘豆	2.30	5.50	1.14
Thalictrum petaloideum	瓣蕊唐松草	2.19		
Clematis hexapetala	棉团铁线莲	1.99		
Orostachys fimbriata	瓦松	1.70		
Cymbaria davurica	达乌里芯芭	1.52		
Thermopsis lanceolata	披针叶黄华	1.26	5.55	5.33
Filifolium sibiricum	线叶菊	1.02	20.50	0.44
Sedum aizoon	土三七	0.91		
Allium senescens	山葱	0.87		
Astragalus melilotoides	草木樨状黄芪	0.48	3.41	0.43
Vicia amoena	山野豌豆	0.45		
Thesium longifolium	长叶百蕊草	0.43		
Potentilla anserina	鹅绒委陵菜	0.40		
Linaria vulgaris subsp. *chinensis*	柳穿鱼	0.32		
Polygonatum odoratum	玉竹	0.22		
Polygala tenuifolia	远志	0.04		

续表

学名	中文名	轻度退化	中度退化	重度退化
Saussurea amara	草地风毛菊			1.58
Lepidium apetalum	独行菜			0.04
Saposhnikovia divaricata	防风		1.26	2.79
Potentilla tanacetifolia	菊叶委陵菜		0.66	
Artemisia mongolica	蒙古蒿		0.12	
Plantago depressa	平车前			0.80
Taraxacum mongolicum	蒲公英			1.95
Rubia cordifolia	茜草		1.82	2.64
Artemisia desertorum	沙蒿		0.41	
Ixeris chinensis	山苦荬			0.58
Poa sphondylodes	硬质早熟禾		8.88	5.72
Achnatherum sibiricum	羽茅		0.97	0.84
Artemisia scoparia	猪毛蒿			2.80
Viola philippica	紫花地丁			0.68

（二）退化梯度植物群落结构与功能

群落盖度随着退化梯度的加大，均呈现降低趋势。在羊草草甸草原（谢尔塔拉6队）的羊草+杂类草草甸草原样地中，降幅较大，而贝加尔针茅草甸草原（谢尔塔拉11队）的贝加尔针茅+柄状薹草+羊草草甸草原样地降幅较小，说明羊草+杂类草草甸草原比贝加尔针茅+柄状薹草+羊草草甸草原的耐牧性差，或者说贝加尔针茅+柄状薹草+羊草草甸草原比羊草+杂类草草甸草原的耐牧性强（图7-1）。两块样地的群落高度均呈现递减的趋势，轻度退化（LD）到中度退化（MD）的下降幅度明显，而从MD到重度退化（HD）的下降幅度较小，说明牲畜的践踏对群落高度影响较大，且羊草草甸草原样地比贝加尔针茅草甸草原样地的耐踏性低（图7-2）。

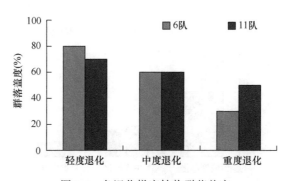

图7-1 各退化梯度植物群落盖度

随着退化梯度的加大，群落密度呈现递减趋势。而在不同的草原类型中，对于群落密度的维持能力是不同的。羊草+杂类草草甸草原与贝加尔针茅+柄状薹草+羊草草甸草

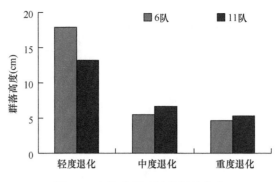

图 7-2　各退化梯度植物群落高度

原相比，群落密度降低相对明显，这是因为羊草的密度随着退化梯度的加大，在两块样地中呈现相反的现象，在羊草+杂类草草甸草原样地中，羊草不断减少，而在贝加尔针茅+柄状薹草+羊草草甸草原样地中，羊草比例相对增加，即印证了禾本科草群的分蘖密度随着利用程度加大而增加，同时也得出相反的结论（图 7-3）。两块样地的地上生物量均呈现不断减低的趋势。羊草草甸草原的羊草+杂类草草甸草原样地比贝加尔针茅草甸草原的贝加尔针茅+柄状薹草+羊草草甸草原样地降幅相对较大，说明前者与后者的群落组成中，适口性好的物种比例较大（图 7-4）。

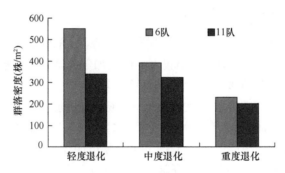

图 7-3　各退化梯度植物群落密度

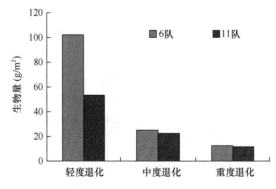

图 7-4　各退化梯度植物群落地上生物量

　　枯落物层是土壤腐殖质的主要来源之一。羊草草甸草原的羊草+杂类草草甸草原样地的枯落物层重量不断降低，而贝加尔针茅草甸草原的贝加尔针茅＋柄状薹草＋羊草草

甸草原样地却是在 MD 状态下最大，这似乎符合了"中度干扰假说"，而与本研究其他
分析中所得出的结论不符，这可能与所选的 LD 样地离刈割草场距离较近有关，受到了
刈割行为的影响（图 7-5）。

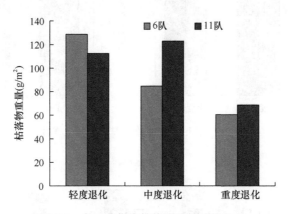

图 7-5　各退化梯度植物群落枯落物积累

二、退化植被的物种丰富度、多样性及均匀度

物种多样性是指群落中的物种种类和数量的丰富程度，是生态系统中生物群落的
重要特征，它包括物种丰富度、多样性和均匀度三个方面，研究物种多样性能很好地
反映草原植被的变化趋势。随着退化程度加重羊草草甸草原、贝加尔针茅草甸草原的
物种丰富度、多样性、均匀度，呈现降低趋势（图 7-6～图 7-8）。比较而言，贝加尔
针茅草甸草原比羊草草甸草原生物多样性维持能力强；物种均匀度指数（Pielou 指数）
降幅相对较小，表明草甸草原物种均匀度的维持能力较强。

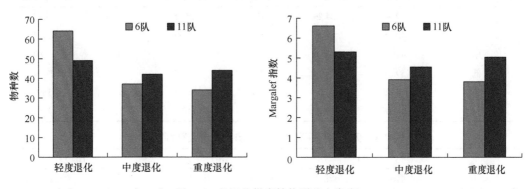

图 7-6　各退化梯度植物群落丰富度

三、退化植被的牧草饲用等级

随着退化程度加重，羊草草甸草原、贝加尔针茅草甸草原单位面积优类饲草量 LD＞
MD＞HD，羊草草甸草原中劣类饲草比重是 HD＞MD＞LD（表 7-3），贝加尔针茅草甸
草原中劣类饲草比重是 LD＞MD＞HD（表 7-4）。

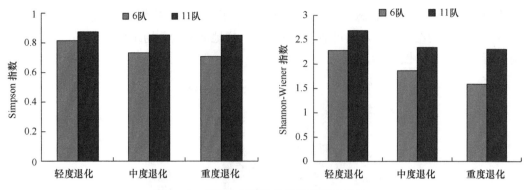

图 7-7 各退化梯度植物群落物种多样性

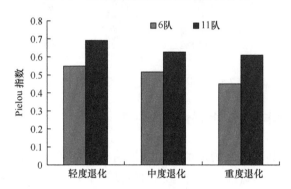

图 7-8 各退化梯度植物群落物种均匀度

表 7-3 羊草草甸草原各退化梯度牧草饲用等级

饲用等级	LD		MD		HD	
	干重（g/m²）	百分比（%）	干重（g/m²）	百分比（%）	干重（g/m²）	百分比（%）
优	50.06	24.29	10.46	24.88	8.72	34.47
良	40.45	19.63	9.17	21.81	3.23	12.77
中	44.72	21 70	11.38	27.06	4.78	18.89
低	59.98	29.10	8.74	20.78	7.07	27.94
劣	10.88	5.28	2.29	5.69	1.50	5.93
总计	206.09	100	42.05	100	25.30	100

表 7-4 贝加尔针茅草甸草原各退化梯度牧草饲用等级

饲用等级	LD		MD		HD	
	干重（g）	百分比（%）	干重（g）	百分比（%）	干重（g）	百分比（%）
优	11.72	15.70	6.87	21.18	6.66	30.05
良	22.78	30.52	11.26	34.72	4.11	18.55
中	11.49	15.40	5.11	15.76	3.71	14.31
低	17.35	23.24	6.56	20.23	6.51	29.38
劣	11.30	15.14	2.63	8.11	1.16	5.23
总计	74.65	—	32.43	—	22.15	—

第三节 草甸草原生态系统土壤退化特征

一、退化土壤的物理性质

（一）退化草甸草原土壤含水量

土壤含水量是土壤的重要理化性质之一。土壤含水量因土壤类型、季节和不同的扰动类型而变化，不同土层的土壤含水率也存在较大的差异。退化草甸草原土壤存在状态和营养物质循环受到不同程度影响。8 月 0～10cm 与 20～30cm 土层土壤含水量 LD 区与 MD 区和 HD 区均无显著差异（$P>0.05$），MD 区显著高于 HD 区（$P<0.05$）。10～20cm 土层不同退化区无显著差异（$P>0.05$）。10 月不同土层不同退化区差异不显著（$P>0.05$）。贝加尔针茅草甸草原同一退化梯度不同土层草场土壤含水量，0～10cm 土层均显著高于 10～20cm 和 20～30cm 土层（$P<0.05$）。10 月不同退化区不同土层差异均不显著（$P>0.05$）（表 7-5）。

表 7-5 贝加尔针茅草甸草原各退化梯度不同月份土壤含水量（%）

时间	退化梯度	同一土层深度不同退化梯度土壤含水量			同一退化梯度不同土层深度土壤含水量		
		0～10cm	10～20cm	20～30cm	0～10cm	10～20cm	20～30cm
2007 年 8 月	LD	22.59±0.81ba	9.96±0.49a	9.06±0.43ba	22.59±0.81a	9.96±0.49b	9.06±0.43b
	MD	26.41±0.92a	8.02±5.19a	9.72±0.51a	26.41±0.92a	8.02±5.19b	9.72±0.51b
	HD	21.35±3.85b	8.68±0.67a	8.34±0.32b	21.35±3.85a	8.68±0.67b	8.34±0.32b
2007 年 10 月	LD	10.05±1.45a	10.89±0.33a	10.06±0.54a	10.05±1.45a	10.89±0.33a	10.06±0.54a
	MD	9.43±1.80a	11.39±1.87a	11.69±1.53a	9.43±1.80a	11.39±1.87a	11.69±1.53a
	HD	9.14±1.60a	11.15±0.86a	9.80±0.35a	9.14±1.60a	11.15±0.86a	9.80±0.35a

注：不同小写字母表示差异显著（$P<0.05$）

（二）退化草甸草原土壤容重

土壤容重是土壤紧实度的指标之一，它与土壤的孔隙度和渗透率密切相关。羊草草甸草原 6 月、8 月和 10 月不同土壤土层三退化梯度区土壤容重均无显著差异（$P>0.05$）。从不同深度土壤容重的变化来看，6 月不同退化区不同土层之间均无显著差异（$P>0.05$），8 月 LD 区和 MD 区不同土层间无显著差异（$P>0.05$），HD 区 10～20cm 土层和 0～10cm 与 20～30cm 土层均无显著差异（$P>0.05$），而 20～30cm 土层土壤容重显著高于 0～10cm 土层（$P<0.05$）。10 月 LD 区和 HD 区不同土层间无显著差异（$P>0.05$），MD 区 20～30cm 土层土壤容重显著高于 0～10cm 和 10～20cm 土层（$P<0.05$）（表 7-6）。

贝加尔针茅草甸草原 6 月、8 月和 10 月不同土壤土层不同退化程度土壤容重均无显著差异（$P>0.05$）。从不同深度土壤容重的变化来看，6 月 LD 区 20～30cm 土层土

表 7-6　羊草草甸草原各退化梯度不同月份土壤土壤容重（g/cm³）

时间	退化梯度	同一土层深度不同退化梯度土壤容重			同一退化梯度不同土层深度土壤容重		
		0～10cm	10～20cm	20～30cm	0～10cm	10～20cm	20～30cm
2007年6月	LD	1.06±0.08a	0.95±0.30a	1.14±0.16a	1.06±0.08a	0.95±0.30a	1.14±0.16a
	MD	1.16±0.23a	1.29±0.14a	1.37±0.07a	1.16±0.23a	1.29±0.14a	1.37±0.07a
	HD	1.30±0.08a	1.22±0.02a	1.37±0.12a	1.30±0.08a	1.22±0.02a	1.37±0.12a
2007年8月	LD	1.24±0.08a	1.33±0.02a	1.34±0.07a	1.24±0.08a	1.33±0.02a	1.34±0.07a
	MD	1.24±0.03a	1.24±0.16a	1.38±0.09a	1.24±0.03a	1.24±0.16a	1.38±0.09a
	HD	1.19±0.02a	1.22±0.05a	1.27±0.04a	1.19±0.02b	1.22±0.05ba	1.27±0.04a
2007年10月	LD	1.20±0.00a	1.26±0.04a	1.27±0.08a	1.20±0.00a	1.26±0.04a	1.27±0.08a
	MD	1.22±0.06a	1.22±0.07a	1.36±0.03a	1.22±0.06b	1.22±0.07b	1.36±0.03a
	HD	1.28±0.07a	1.21±0.09a	1.30±0.12a	1.28±0.07a	1.21±0.09a	1.30±0.12a

注：不同小写字母表示差异显著（$P<0.05$）

容重显著高于 0～10cm 和 10～20cm 土层（$P<0.05$），MD 区 10～20cm 土层和 0～10cm 与 20～30cm 土层均无显著差异（$P>0.05$），而 20～30cm 土层土壤容重显著高于 0～10cm 土层（$P<0.05$）。HD 区不同土层之间均无显著差异（$P>0.05$）。8 月 LD 区和 MD 区 0～10cm 与 20～30cm 土层土壤容重显著高于 10～20cm 土层（$P<0.05$）；HD 区 10～20cm 土层和 0～10cm 与 20～30cm 土层均无显著差异（$P>0.05$），而 20～30cm 土层土壤容重显著高于 0～10cm 土层（$P<0.05$）。10 月 LD 区 10～20cm 土层和 0～10cm 与 20～30cm 土层均无显著差异（$P>0.05$），而 20～30cm 土层土壤容重显著高于 0～10cm 土层（$P<0.05$）；MD 区 0～10cm 与 20～30cm 土层土壤容重显著高于 10～20cm 土层（$P<0.05$）；HD 区不同土层之间均无显著差异（$P>0.05$）（表 7-7）。

表 7-7　贝加尔针茅草甸草原各退化梯度不同月份土壤容重（g/cm³）

时间	退化梯度	同一土层深度不同退化梯度土壤容重			同一退化梯度不同土层深度土壤容重		
		0～10cm	10～20cm	20～30cm	0～10cm	10～20cm	20～30cm
2007年6月	LD	1.05±0.02a	1.12±0.03a	1.27±0.06a	1.05±0.02b	1.12±0.03b	1.27±0.06a
	MD	1.17±0.09a	1.24±0.06a	1.32±0.02a	1.17±0.09b	1.24±0.06ba	1.32±0.02a
	HD	1.18±0.12a	1.30±0.19a	1.16±0.33a	1.18±0.12a	1.30±0.19a	1.16±0.33a
2007年8月	LD	1.09±0.02a	1.34±0.12a	1.39±0.13a	1.09±0.02a	1.34±0.12b	1.39±0.13a
	MD	1.02±0.07a	1.30±0.06a	1.37±0.03a	1.02±0.07a	1.30±0.06b	1.37±0.03a
	HD	1.09±0.09a	1.24±0.12a	1.31±0.05a	1.09±0.09b	1.24±0.12ba	1.31±0.05a
2007年10月	LD	1.12±0.08a	1.29±0.10a	1.35±0.09a	1.12±0.08b	1.29±0.10ba	1.35±0.09a
	MD	1.06±0.02a	1.22±0.09a	1.27±0.06a	1.06±0.02a	1.22±0.09b	1.27±0.06a
	HD	1.12±0.12a	1.20±0.18a	1.27±0.09a	1.12±0.12a	1.20±0.18a	1.27±0.09a

注：不同小写字母表示差异显著（$P<0.05$）

对两队分析结果表明，草场的不同退化程度对土壤容重影响不大，但同一退化草场不同土层为下层土壤容重高于 0～10cm 土壤容重。

（三）退化草甸草原土壤硬实度

羊草草甸草原除了 6 月 10cm 土层处 LD 硬实度显著高于 HD（$P<0.05$），其余 6 月、8 月、10 月不同土层不同退化区硬实度均无显著差异（$P>0.05$）。从不同深度土壤硬实度的变化来看，除了 6 月 HD 区 0cm 和 10cm 土层土壤硬实度无显著差异（$P>0.05$），其余 6 月、8 月、10 月不同退化区均为下面三层 10cm、20cm 和 30cm 土壤硬实度显著高于表层 0cm 土壤硬实度（$P<0.05$）（表 7-8）。总的研究表明，随着草场退化程度的加剧，土壤硬实度变化不明显，但土壤下层高于表层。

表 7-8　羊草草甸草原各退化梯度不同月份土壤硬实度（kg/cm^2）

时间	土层深度	同一土层深度各退化梯度土壤硬实度			同一退化梯度不同土层深度土壤硬实度		
		LD	MD	HD	LD	MD	HD
2007 年 6 月	0cm	7.439±4.19a	4.51±1.36a	6.98±5.39a	7.49±4.19b	4.51±1.36b	6.98±5.39b
	10cm	40.28±7.81a	30.13±7.46ba	16.20±12.59b	40.28±7.81a	30.13±7.46a	16.20±12.59ba
	20cm	45.73±27.69a	46.46±19.08a	26.51±10.68a	45.73±27.69a	46.46±19.08a	26.51±10.68a
	30cm	36.44±25.82a	29.90±12.52a	30.18±7.50a	36.44±25.82a	29.90±12.52a	30.18±7.50a
2007 年 8 月	0cm	12.58±6.96a	4.49±0.25a	5.08±1.49a	12.58±6.96b	4.49±0.25b	5.08±1.49c
	10cm	57.31±9.44a	37.72±23.42a	46.00±10.14a	57.31±9.44a	37.72±23.42a	46.00±10.14ba
	20cm	56.73±15.61a	30.67±12.98a	56.06±14.30a	56.73±15.61a	30.67±12.98a	56.06±14.30a
	30cm	32.23±15.16a	32.92±2.29a	32.23±5.78a	32.23±15.16a	32.92±2.29a	32.23±5.78b
2007 年 10 月	0cm	12.74±2.75a	10.00±1.62a	11.32±4.31a	12.74±2.75b	10.00±1.62b	11.32±4.31b
	10cm	43.15±5.71a	42.10±6.29a	54.53±23.58a	43.15±5.71a	42.10±6.29a	54.53±23.58a
	20cm	39.89±10.40a	40.52±1.62a	39.12±23.35a	39.89±10.40a	40.52±1.62a	39.12±23.35ba
	30cm	48.82±17.91a	32.67±15.99a	39.71±11.70a	48.82±17.91a	32.67±15.99a	39.71±11.70ba

注：不同小写字母表示差异显著（$P<0.05$）

贝加尔针茅草甸草原除了 6 月土壤表层 0cm MD 硬实度显著高于 HD（$P<0.05$），其余 6 月、8 月、10 月不同土层不同退化区硬实度均无显著差异（$P>0.05$）。从不同深度土壤硬实度的变化来看，6 月 LD 草场不同土层之间土壤硬实度无显著差异（$P>0.05$）；MD 区 10cm 土层土壤硬实度显著高于 0cm 与 30cm 土层（$P<0.05$），其他土层之间无显著差异（$P>0.05$）；HD 区 20cm 和 30cm 土层显著高于表层 0cm（$P<0.05$）。8 月不同退化区土壤硬实度 20cm 和 30cm 土层均显著高于表层 0cm（$P<0.05$）。10 月 LD 和 HD 不同土层之间土壤硬实度无显著差异（$P>0.05$），MD 区 10cm、20cm 和 30cm 土壤硬实度显著高于表层 0cm 土壤硬实度（$P<0.05$）（表 7-9）。与羊草草甸草原研究结果一致，随着草场退化程度的增加，土壤硬实度变化不明显，但土壤下层高于表层。

表 7-9　贝加尔针茅草甸草原各退化梯度不同月份土壤硬实度（kg/cm²）

时间	土层深度	同一土层深度各退化梯度土壤硬实度			同一退化梯度不同土层深度土壤硬实度		
		LD	MD	HD	LD	MD	HD
2007 年 6 月	0cm	4.36±1.02b	7.64±1.68a	5.43±0.52ba	4.36±1.02a	7.64±1.68b	5.43±0.52b
	10cm	15.92±11.42a	33.21±14.79a	17.71±9.75a	15.92±11.42a	33.21±14.79a	17.71±9.75ba
	20cm	17.53±6.67a	26.28±7.87a	26.12±13.05a	17.53±6.67a	26.28±7.87ba	26.12±13.05a
	30cm	14.04±2.09a	13.88±9.82a	16.57±9.23a	14.04±2.09a	13.88±9.82b	16.57±9.23ba
2007 年 8 月	0cm	6.55±3.48a	6.78±4.04a	5.69±5.26a	6.55±3.48b	6.78±4.04b	5.69±5.26b
	10cm	48.95±17.61a	57.80±32.18a	75.09±37.76a	48.95±17.61ba	57.80±32.18a	75.09±37.76a
	20cm	61.91±39.40a	66.50±33.48a	66.37±24.27a	61.91±39.40a	66.50±33.48a	66.37±24.27a
	30cm	47.95±22.94a	61.59±19.46a	47.62±11.25a	47.95±22.94ba	61.59±19.46a	47.62±11.25ba
2007 年 10 月	0cm	10.44±2.94a	13.32±3.49a	13.98±1.76a	10.44±2.94a	13.32±3.49b	13.98±1.76a
	10cm	34.21±26.68a	38.22±12.84a	48.43±30.74a	34.21±26.68a	38.22±12.84a	48.43±30.74a
	20cm	44.54±18.44a	48.47±15.35a	48.82±28.36a	44.54±18.44a	48.47±15.35a	48.82±28.36a
	30cm	32.11±13.88a	42.10±10.92a	48.64±2.76a	32.11±13.88a	42.10±10.92a	48.64±2.76a

注：不同小写字母表示差异显著（$P<0.05$）

结果表明，随着草场退化程度的增加，土壤硬实度变化不明显，但同一退化梯度的草场上，土壤下层的硬度高于表层。

二、退化土壤的化学性质

（一）退化草甸草原土壤速效氮

放牧对土壤中氮含量的影响，国内外学者做了许多工作，但由于研究对象、放牧管理方法、时间等方面的差异，使放牧家畜对草原土壤氮素的积累有不同程度的影响。

羊草草甸草原 6 月 0～10cm 和 20～30cm 土层的土壤速效氮在不同退化区之间无显著差异（$P>0.05$），10～20cm LD 区显著高于 MD 区与 HD 区（$P<0.05$），MD 区与 HD 区之间无显著差异（$P>0.05$）。8 月和 10 月三层土壤速效氮在不同退化区之间均无显著差异（$P>0.05$）（表 7-10）。6 月 LD 区 10～20cm 土层土壤速效氮和 0～10cm 与 20～30cm 土层均无显著差异（$P>0.05$），0～10cm 土层速效氮显著高于 20～30cm 土层（$P<0.05$）；MD 区和 HD 区 0～10cm 土层均显著高于 10～20cm 和 20～30cm 土层的土壤速效氮（$P<0.05$）。8 月 LD 区三层之间存在显著差异（$P<0.05$），且随着土层深度的加深，土壤速效氮下降。MD 区和 HD 区与 6 月呈现出相同的趋势。10 月 LD 区和 HD 区三层之间无显著差异（$P>0.05$），MD 区 0～10cm 土层均显著高于 10～20cm 和 20～30cm 土层的土壤速效氮（$P<0.05$）（表 7-11）。

贝加尔针茅草甸草原 6 月、8 月和 10 月三层土壤速效氮在不同退化区之间均无显著差异（$P>0.05$）（表 7-12）。6 月 LD 区 10～20cm 土层土壤速效氮和 0～10cm 与

表 7-10　羊草草甸草原同一土层各退化梯度土壤化学性质

月份	项目	0～10cm			10～20cm			20～30cm		
		LD	MD	HD	LD	MD	HD	LD	MD	HD
6月	速效氮（mg/kg）	367.74a	313.03a	331.86a	294.20a	212.57b	214.37b	231.41a	165.03a	182.08a
	速效磷（mg/kg）	16.29a	20.10a	11.25a	8.21a	8.33a	6.69a	7.92a	6.34a	9.50a
	速效钾（mg/kg）	458.67a	324.67a	310.67a	162.67a	151.33a	137.331a	148.33a	126.00a	120.67a
	有机质（%）	81.89a	65.81a	64.74a	53.31a	45.92a	53.32a	39.86a	33.46a	33.08a
	pH	6.34b	6.83ba	7.02a	6.53b	6.91ba	7.32a	6.73b	7.65a	7.80a
8月	速效氮（mg/kg）	291.52a	358.80a	353.87a	236.81a	232.77a	258.79a	163.70a	164.60a	177.16a
	速效磷（mg/kg）	4.30a	6.80a	7.93a	2.80a	2.50a	3.03a	1.17b	1.97a	2.40a
	速效钾（mg/kg）	232.58a	321.47a	465.42a	117.23b	138.20ba	182.77a	127.72a	119.85a	143.45a
	有机质（%）	72.09a	70.84a	75.21a	47.96a	43.15a	46.48a	35.78a	30.61a	35.81a
	pH	6.45a	6.67a	6.71a	6.82a	6.872a	6.82a	7.05a	7.61a	7.04a
10月	速效氮（mg/kg）	230.52a	382.11a	272.91a	214.38a	224.24a	230.67a	200.03a	164.15a	219.76a
	速效磷（mg/kg）	11.93a	13.40a	13.27a	8.60a	8.96a	10.11a	7.86a	6.83a	6.83a
	速效钾（mg/kg）	375.33a	362.00a	470.33a	426.00a	159.00a	520.67a	353.33a	145.33a	196.00a
	有机质（%）	64.60a	60.70a	73.19a	56.47a	48.28a	58.58a	50.23a	38.88a	47.08a
	pH	6.70a	6.66a	6.46a	6.63a	6.70a	6.61a	6.97a	7.20a	6.86a

注：同行不同小写字母表示差异显著（$P<0.05$）

表 7-11　羊草草甸草原同一退化梯度不同土层土壤化学性质

月份	项目	LD			MD			HD		
		0～10cm	10～20cm	20～30cm	0～10cm	10～20cm	20～30cm	0～10cm	10～20cm	20～30cm
6月	速效氮（mg/kg）	367.74a	294.20ba	231.41b	313.03a	212.57b	165.03b	331.86a	214.37b	182.08b
	速效磷（mg/kg）	16.29a	8.21b	7.92b	20.10a	8.33a	6.34a	11.25a	6.69a	9.50a
	速效钾（mg/kg）	458.67a	162.67b	148.33b	324.67a	151.33b	126.00b	310.67a	137.33b	120.67b
	有机质（%）	81.89a	53.31b	39.86b	65.81a	45.92b	33.46b	64.74a	53.32b	33.08b
	pH	6.34a	6.53a	6.73a	6.83a	6.91a	7.65a	7.02b	7.32ba	7.80a
8月	速效氮（mg/kg）	291.52a	236.81a	163.70c	358.80a	232.77b	164.60b	353.87a	258.79b	177.16b
	速效磷（mg/kg）	4.30a	2.80b	1.17c	6.80a	2.50b	1.97b	7.93a	3.03b	2.40b
	速效钾（mg/kg）	232.58a	117.23b	127.72b	321.47a	138.20b	119.85b	465.42a	182.77b	143.45b
	有机质（%）	72.09a	47.96ba	35.78b	70.84a	43.15b	30.614b	75.21a	46.48b	35.81c
	pH	6.45b	6.82a	7.05a	6.67b	6.87b	7.61a	6.71b	6.82a	7.04a
10月	速效氮（mg/kg）	230.52a	214.38a	200.03a	382.11a	224.24b	164.15b	272.91a	230.67a	219.76a
	速效磷（mg/kg）	11.93a	8.60a	7.86a	13.40a	8.96b	6.83b	13.27a	10.11ba	6.83b
	速效钾（mg/kg）	375.33a	426.00a	353.33a	362.00a	159.00b	145.33b	470.33a	520.67a	196.00a
	有机质（%）	64.60a	56.47a	50.23a	60.70a	48.28b	38.88b	73.19a	58.58b	47.08b
	pH	6.70a	6.63a	6.97a	6.66b	6.70b	7.20a	6.46b	6.61ba	6.86a

注：同行不同小写字母表示差异显著（$P<0.05$）

20～30cm 土层均无显著差异（$P>0.05$），0～10cm 土层速效氮显著高于 20～30cm 土层（$P<0.05$）；MD 区三层之间无显著差异（$P>0.05$），HD 区土壤速效氮 0～10cm 和 10～20cm 土层均显著高于 20～30cm 土层（$P<0.05$）。8 月不同退化区土壤速效氮 0～10cm 土层均显著高于 10～20cm 和 20～30cm 土层（$P<0.05$）。10 月 LD 区三层之间存在显著差异（$P<0.05$），且随着土壤深度的加深，土壤速效氮下降。MD 区 0～10cm 土层均显著高于 10～20cm 和 20～30cm 土层的土壤速效氮（$P<0.05$）。MD 区和 HD 区三层之间无显著差异（$P>0.05$）（表 7-13）。

表 7-12　贝加尔针茅草甸草原同一土层各退化梯度土壤化学性质

月份	项目	0～10cm			10～20cm			20～30cm		
		轻度	中度	重度	轻度	中度	重度	轻度	中度	重度
6 月	速效氮（mg/kg）	349.8a	300.47a	277.15a	268.18a	266.55a	267.28a	204.05a	190.15a	170.42a
	速效磷（mg/kg）	14.06a	11.67a	11.31a	7.86a	8.09a	6.04a	8.39a	4.52c	6.22b
	速效钾（mg/kg）	299.33a	274.33a	187.67a	123.33a	134.67a	118a	112.33a	115a	148.67a
	有机质（%）	79.22a	62.42a	61.31a	49.35a	50.51a	49.34a	42.26a	40.75a	38.05a
	pH	6.62a	7.33a	6.81a	6.76a	7.18a	6.95a	6.75a	7.19a	7.1a
8 月	速效氮（mg/kg）	396.8a	312.16a	367.32a	250.26a	196.89a	229.91a	170.43a	174.02a	179.4a
	速效磷（mg/kg）	11.3a	9.03a	10.37a	4.17a	6.07a	4.63a	3.23a	8.73a	2.7a
	速效钾（mg/kg）	303.12a	318.85a	324.1a	151.31a	161.8a	130.34a	132.96a	143.45a	109.36a
	有机质（%）	73.04ba	75.82a	65.05b	48.54a	36.47a	56.15a	37a	35.5a	36.38a
	pH	6.94a	6.98a	6.77a	6.82a	7.09a	6.76a	6.99a	7.31a	6.99a
10 月	速效氮（mg/kg）	369.56a	315.74a	306.77a	270.89a	223.35a	218.86a	166.84a	190.16a	176.7a
	速效磷（mg/kg）	13.27a	8.41b	10.6ba	8.84a	7.32a	7.56a	8.29a	7.14a	5.31a
	速效钾（mg/kg）	234a	269.67a	378.33a	145.33a	123.33a	178.67a	126a	106.67a	117.67a
	有机质（%）	77.27a	72.54a	66.79a	50.24a	46.16a	44.9a	43.59a	31.18b	31.67b
	pH	7.01b	7.76a	7.01b	7.15a	7.09a	6.95a	7.22a	7.54a	7.08a

注：同行不同小写字母表示差异显著（$P<0.05$）

表 7-13　贝加尔针茅草甸草原同一退化梯度不同土层土壤化学性质

月份	项目	轻度			中度			重度		
		0～10cm	10～20cm	20～30cm	0～10cm	10～20cm	20～30cm	0～10cm	10～20cm	20～30cm
6 月	速效氮（mg/kg）	349.8a	268.18ba	204.05b	300.47a	266.55a	190.15a	277.15a	267.28a	170.42b
	速效磷（mg/kg）	14.06a	7.86b	8.39b	11.67a	8.09ba	4.52b	11.31a	6.04b	6.22b
	速效钾（mg/kg）	299.33a	123.33b	112.33b	274.33a	134.67b	115c	187.67a	118a	148.67a
	有机质（%）	79.22a	49.35b	42.26b	62.42a	50.51b	40.75c	61.31a	49.34ba	38.05b
	pH	6.62a	6.76a	6.75a	7.33a	7.18a	7.19a	6.81b	6.95ba	7.1a
8 月	速效氮（mg/kg）	396.8a	250.26b	170.43b	312.16a	196.89b	174.02b	367.32a	229.91b	179.4b
	速效磷（mg/kg）	11.3a	4.17b	3.23b	9.03a	6.07a	8.73a	10.37a	4.63b	2.7b
	速效钾（mg/kg）	303.12a	151.31b	132.96b	318.85a	161.8b	143.45b	324.1a	130.34b	109.36b
	有机质（%）	73.04a	48.54b	37b	75.82a	36.47b	35.5b	65.05a	56.15a	36.38b
	pH	6.94a	6.82a	6.99a	6.98a	7.09a	7.31a	6.77b	6.76b	6.99a

续表

月份	项目	轻度			中度			重度		
		0～10cm	10～20cm	20～30cm	0～10cm	10～20cm	20～30cm	0～10cm	10～20cm	20～30cm
	速效氮 (mg/kg)	369.56a	270.89a	166.84c	315.74a	223.35b	190.16b	306.77a	218.86a	176.7a
	速效磷 (mg/kg)	13.27a	8.84a	8.29a	8.41a	7.32a	7.14a	10.6a	7.56b	5.31c
10 月	速效钾 (mg/kg)	234a	145.33ba	126b	269.67a	123.33b	106.67b	378.33a	178.67ba	117.67b
	有机质 (%)	77.27a	50.24b	43.59b	72.54a	46.16b	31.18c	66.79a	44.9b	31.67c
	pH	7.01a	7.15a	7.22a	7.76a	7.09a	7.54a	7.01a	6.95a	7.08a

注：同行不同小写字母表示差异显著（$P<0.05$）

（二）退化草甸草原土壤速效磷

羊草草甸草原 6 月和 10 月三层土壤速效磷在不同退化区之间均无显著差异（$P>$
0.05）。8 月 0～10cm 和 10～20cm 土层土壤速效磷在不同退化区之间无显著差异（$P>$
0.05）；20～30cm 土层 MD 区和 LD 区与 HD 区均无显著差异（$P>0.05$），HD 区显著高
于 LD 区（$P<0.05$）（表 7-10）。6 月 LD 区 0～10cm 土层土壤速效磷显著高于 10～20cm
和 20～30cm 土层（$P<0.05$），MD 区和 HD 区三层之间无显著差异（$P>0.05$）；8 月
LD 区三层之间存在显著差异（$P<0.05$），且随着土壤深度的加深，土壤速效磷下降。
MD 区和 HD 区 0～10cm 土层土壤速效磷均显著高于 10～20cm 和 20～30cm 土层（$P<$
0.05）。10 月 LD 区和三层之间无显著差异（$P>0.05$），MD 区 0～10cm 土层均显著高于
10～20cm 和 20～30cm 土层的土壤速效磷（$P<0.05$），HD 区 10～20cm 土层土壤速效
磷和 0～10cm 与 20～30cm 土层均无显著差异（$P>0.05$），0～10cm 土层速效磷显著高
于 20～30cm 土层（$P<0.05$）（表 7-11）。

贝加尔针茅草甸草原 6 月 0～10cm 和 10～20cm 土层的土壤速效磷在不同退化区之
间无显著差异（$P>0.05$），20～30cm 不同退化区之间存在显著差异（$P<0.05$），且 LD
区>HD 区>MD 区。8 月三层土壤速效磷在不同退化区之间均无显著差异（$P>0.05$）。
10 月 0～10cm 土层速效磷 HD 区和 LD 区与 MD 区均无显著差异（$P>0.05$），LD 区显
著高于 MD 区（$P<0.05$）；10～20cm 和 20～30cm 土层土壤速效磷在不同退化区之间无
显著差异（$P>0.05$）（表 7-12）。6 月、8 月 LD 区和 HD 区 0～10cm 土层土壤速效磷显
著高于 10～20cm 和 20～30cm 土层（$P<0.05$）；6 月 MD 区 10～20cm 土层土壤速效磷
和 0～10cm 与 20～30cm 土层均无显著差异（$P>0.05$），0～10cm 土层速效磷显著高于
20～30cm 土层（$P<0.05$）。8 月 MD 区三层之间无显著差异（$P>0.05$）。10 月 MD 区
和 MD 区三层之间无显著差异（$P>0.05$），HD 区三层之间存在显著差异（$P<0.05$），
且随着土壤深度的加深，土壤速效磷下降（表 7-13）。

（三）退化草甸草原土壤速效钾

速效钾是土壤中水溶性钾和代换性钾的总和，其中代换性钾占比较大，为 95%，水
溶性钾比例较小。其含量随土壤类型、胶体含量、耕作方式等不同而不同。

羊草草甸草原 8 月 10～20cm 土壤速效钾 MD 区和 LD 区与 HD 区均无显著差异

（$P>0.05$），HD 区显著高于 LD 区（$P<0.05$）；6 月、8 月和 10 月不同土层土壤速效钾在不同退化区之间无显著差异（$P>0.05$）（表 7-10）。6 月、8 月不同退化区 0～10cm 土层土壤速效钾均显著高于 10～20cm 和 20～30cm 土层（$P<0.05$）。10 月 LD 区和 HD 区三层之间无显著差异（$P>0.05$），MD 区 0～10cm 土层显著高于 10～20cm 和 20～30cm 土层（$P<0.05$）（表 7-11）。

贝加尔针茅草甸草原 6 月、8 月和 10 月不同土层土壤速效钾在不同退化区之间无显著差异（$P>0.05$）（表 7-12）。6 月 LD 区 0～10cm 土层土壤速效钾显著高于 10～20cm 和 20～30cm 土层（$P<0.05$）；MD 区三层之间存在显著差异（$P<0.05$），HD 区三层之间无显著差异（$P>0.05$）。8 月不同退化区 0～10cm 土层土壤速效钾均显著高于 10～20cm 和 20～30cm 土层（$P<0.05$）。10 月 LD 区和 HD 区 10～20cm 土层土壤速效钾和 0～10cm 与 20～30cm 土层均无显著差异（$P>0.05$），0～10cm 土层土壤速效钾显著高于 20～30cm 土层（$P<0.05$）。MD 区 0～10cm 土层显著高于 10～20cm 和 20～30cm 土层（$P<0.05$）（表 7-13）。

（四）退化草甸草原土壤有机质

土壤有机质含量是土壤肥力高低的一个重要指标，有机质含量的多少直接影响着上壤氮素的供应。对于草地生态系统来说，不同土壤层次土壤有机质含量对不同退化程度草场的响应不同。

羊草草甸草原 6 月、8 月和 10 月不同土层土壤有机质在不同退化区之间无显著差异（$P>0.05$）（表 7-10）。6 月 LD 区和 MD 区 0～10cm 土层土壤有机质显著高于 10～20cm 和 20～30cm 土层（$P<0.05$）；HD 区 0～10cm 和 10～20cm 土层土壤有机质显著高于 20～30cm 土层（$P<0.05$）；8 月 LD 区 0～10cm 和 10～20cm 土层土壤有机质显著高于 20～30cm 土层（$P<0.05$），MD 区 0～10cm 土层土壤有机质显著高于 10～20cm 和 20～30cm 土层（$P<0.05$）；HD 区三层之间存在显著差异（$P<0.05$）（表 7-11）。

贝加尔针茅草甸草原 6 月不同土层土壤有机质在不同退化区之间无显著差异（$P>0.05$）。8 月 0～10cm LD 区和 MD 区与 HD 区均无显著差异（$P>0.05$），MD 区显著高于 HD 区（$P<0.05$）；10～20cm 和 20～30cm 土层不同退化区之间无显著差异（$P>0.05$）。10 月 0～10cm 和 10～20cm 不同退化区之间无显著差异（$P>0.05$），20～30cm 土层 LD 区显著高于 MD 区与 HD 区（$P<0.05$）（表 7-12）。6 月 LD 区 0～10cm 土层土壤有机质显著高于 10～20cm 和 20～30cm 土层（$P<0.05$），MD 区三层之间存在显著差异（$P<0.05$），HD 区 0～10cm 和 10～20cm 土层土壤有机质显著高于 20～30cm 土层（$P<0.05$）；8 月 LD 区和 MD 区 0～10cm 土层土壤有机质显著高于 10～20cm 和 20～30cm 土层（$P<0.05$），HD 区 0～10cm 和 10～20cm 土层土壤有机质显著高于 20～30cm 土层（$P<0.05$）。10 月 LD 区 0～10cm 土层土壤有机质显著高于 10～20cm 和 20～30cm 土层（$P<0.05$），MD 区和 HD 区三层之间存在显著差异（$P<0.05$）（表 7-13）。

（五）退化草甸草原土壤 pH

羊草草甸草原 6 月 0～10cm 和 10～20cm 土层 MD 区和 LD 区与 HD 区均无显著

差异（$P>0.05$），HD 区显著高于 LD 区（$P<0.05$），20～30cm 土层 MD 区与 HD 区显著高于 LD 区（$P<0.05$）。8 月和 10 月三层土壤 pH 在不同退化区之间均无显著差异（$P>0.05$）（表 7-10）。6 月 LD 区和 MD 区三层之间无显著差异（$P>0.05$），HD 区 10～20cm 土层土壤 pH 和 0～10cm 与 20～30cm 土层均无显著差异（$P>0.05$），20～30cm 土层 pH 显著高于 0～10cm 土层（$P<0.05$）。8 月 LD 区 10～20cm 和 20～30cm 土层显著高于 0～10cm 土层土壤 pH（$P<0.05$），MD 区 0～10cm 和 10～20cm 土层土壤 pH 显著高于 20～30cm 土层（$P<0.05$），HD 区三层之间无显著差异（$P>0.05$）。10 月 LD 区三层之间无显著差异（$P>0.05$），MD 区 0～10cm 和 10～20cm 土层土壤 pH 显著高于 20～30cm 土层（$P<0.05$），HD 区 10～20cm 土层土壤 pH 和 0～10cm 与 20～30cm 土层均无显著差异（$P>0.05$），20～30cm 土层 pH 显著高于 0～10cm 土层（$P<0.05$）（表 7-11）。

贝加尔针茅草甸草原除了 10 月 0～10cm MD 区显著高于 LD 区和 HD 区（$P<0.05$），其他不同月份各土层不同退化区之间均无显著差异（$P>0.05$）（表 7-12）。6 月、8 月和 10 月 LD 区和 MD 区三层之间均无显著差异（$P>0.05$），HD 区 6 月 10～20cm 土层土壤 pH 和 0～10cm 与 20～30cm 土层均无显著差异（$P>0.05$），20～30cm 土层 pH 显著高于 0～10cm 土层（$P<0.05$）。8 月 20～30cm 土层土壤 pH 显著高于 0～10cm 和 10～20cm（$P<0.05$）；10 月三层之间存在显著差异（$P<0.05$）（表 7-13）。

三、退化土壤的线虫群落特征

在陆地生态系统中，土壤生物是土壤有机质分解和养分矿化等生态过程的主要调节者。线虫是土壤动物中十分重要的类群，在土壤食物网中占有多个营养级，与其他土壤生物共同形成复杂的食物网，在维持生态系统的稳定、促进物质循环和能量流动方面起着重要的作用，并直接或间接地影响植物的生长。线虫的生态功能对土壤生态系统生态效应的正常发挥具有重要的意义。殷秀琴和李建东（1998）对东北羊草草原不同生境土壤动物群落多样性研究表明，生境条件越优越，土壤动物的多样性指数越高，种类则越丰富。土壤动物群落的多样性与土壤有机质和全氮含量呈正相关。由于线虫的生长速率及生物量的碳氮比小于土壤微生物，因此土壤食微生物线虫取食细菌或真菌时会释放出大量 CO_2、NH_4^+ 及其他含氮化合物，进而影响土壤碳、氮循环过程。同时，线虫对环境变化十分敏感，是研究生态系统结构、功能对环境扰动响应的重要指示生物。例如，研究发现线虫群落对土壤演替过程具有良好的生物指示作用，可作为指示土壤功能的重要生物因子。近年来，土壤线虫的群落指数更是被广泛应用于土壤肥力及受干扰程度的评估（宋敏，2016）。线虫作为土壤中数量最丰富的后生动物，其群落组成可反映气候条件、土壤质地、土壤有机质的输入及自然和人为的扰动情况。土壤线虫是植物根际土壤生物区系中非常活跃的一类生物体，且直接参与生态系统物质循环和能量流动。许多研究已经证明线虫可以反映出受干扰生境重建过程中的典型演替过程，线虫多样性与沙地生态系统的稳定性密切相关，土壤线虫群落的时空变化可以反映出沙地土壤资源的异质性和土壤生态系统过程的差异。土壤受扰动后，原有的土壤线虫群落要经过恢复、迁

移的自然变化过程，线虫丰富度和多样性可以指示土壤受扰动后其恢复过程中复杂的生物活动（董锡文，2010）

以前对线虫生态学和群落结构的研究主要集中在自然生态系统中，而对受干扰的草原生态系统中土壤线虫关注很少。随着对土壤线虫多样性及其生态重要性的关注，线虫被用作一个地区生物多样性及可持续性的重要指示生物。

（一）退化梯度土壤线虫群落结构变化

不同退化梯度土壤线虫群落总数量的变化：羊草草甸草原、贝加尔针茅草甸草原不同土层相比，0～10cm 比 10～20cm、20～30cm 线虫数量高，不同季节取样结果表明，8 月 LD 0～10cm 土壤线虫数量显著高于 MD、HD（$P<0.05$），10 月不同土层样品则呈现为 LD、HD 高于 MD 的基本趋势。其余测定结果规律不明显（表 7-14）。

表 7-14　草甸草原不同退化梯度土壤线虫总数量

时间	退化梯度	羊草草甸草原			贝加尔针茅草甸草原		
		0～10cm	10～20cm	20～30cm	0～10cm	10～20cm	20～30cm
2007 年 6 月	LD	9.33±3.79b	7.33±1.53b	6.00±3.46b	101.67±24.68a	83.33±16.92a	32.00±7.55a
	MD	77.67±6.11a	34.67±11.15a	19.67±5.51a	11.00±2.00b	5.67±2.52c	6.67±4.62b
	HD	11.33±5.69b	7.33±2.52b	4.00±2.00b	98.67±5.86a	48.00±19.08b	30.00±14.53a
2007 年 8 月	LD	166.33±46.50a	48.33±26.27a	60.00±22.87a	316.67±108.39a	85.67±21.01a	27.00±8.54a
	MD	64.67±8.96b	37.00±13.89a	22.33±8.39b	166.33±32.33b	102.33±61.33a	43.33±22.19a
	HD	42.00±20.52b	48.67±15.37a	11.33±4.04b	83.00±55.38b	82.33±28.73a	50.33±20.55a
2007 年 10 月	LD	149.00±44.68a	102.67±5.51a	63.00±9.54a	146.67±73.53a	77.33±77.91a	46.67±24.79a
	MD	65.67±3.79b	45.00±16.09b	37.33±4.51b	72.00±33.06a	50.00±22.54a	34.67±10.21a
	HD	174.33±26.31a	84.00±24.33a	49.67±15.01ba	121.00±79.32a	99.33±75.38a	37.67±12.42a

注：同列不同小写字母表示差异显著（$P<0.05$）

不同退化梯度土壤线虫营养类群数量变化：羊草草甸草原、贝加尔针茅草甸草原不同月份各土层植物寄生类线虫数量由 LD 到 HD 基本呈下降趋势。8 月 0～10cm 土层的食真菌类线虫数量呈现 LD 高于 MD、HD，10 月各土层数量趋势为 MD>LD、HD；两类草甸食细菌类线虫数量 8 月样品 0～10cm 土层为 LD>MD>HD；6 月、8 月、10 月三次采样 0～10cm 土层捕食类/杂食类线虫数量均呈现出 LD 高于 MD 和 HD 的趋势（表 7-15、表 7-16）。

表 7-15　羊草草甸草原不同退化梯度土壤线虫营养类群数量变化

月份	营养类群	0～10cm			10～20cm			20～30cm		
		LD	MD	HD	LD	MD	HD	LD	MD	HD
6 月	植物寄生类线虫	33.33	33.33	2.33	19.67	19.00	1.67	9.33	15.00	0.67
	食真菌类线虫	21.67	22.33	0.33	6.67	6.33	1.00	9.00	5.00	0.33
	食细菌类线虫	20.33	36.34	5.00	10.66	15.00	2.00	6.00	11.00	0.66
	捕食类/杂食类线虫	46.00	40.00	3.68	17.65	11.99	2.67	4.66	8.00	2.00

续表

月份	营养类群	0～10cm			10～20cm			20～30cm		
		LD	MD	HD	LD	MD	HD	LD	MD	HD
8月	植物寄生类线虫	90.00	23.00	8.33	23.00	9.67	5.00	26.00	8.33	2.33
	食真菌类线虫	22.33	11.33	11.00	4.00	6.33	9.00	8.67	4.00	4.00
	食细菌类线虫	35.00	19.33	9.34	10.67	15.34	24.00	15.33	7.67	3.67
	捕食类/杂食类线虫	19.01	11.00	13.33	11.00	5.67	10.67	10.00	2.33	1.33
10月	植物寄生类线虫	54.67	25.33	18.33	34.00	14.67	14.00	32.33	14.00	9.33
	食真菌类线虫	17.33	4.33	46.00	20.33	4.33	19.33	6.00	4.33	12.33
	食细菌类线虫	36.67	19.00	86.33	24.00	12.67	35.33	14.33	13.00	20.00
	捕食类/杂食类线虫	40.33	17.00	23.68	23.67	13.33	15.33	10.33	8.00	9.34

表 7-16　贝加尔针茅草甸草原不同退化梯度土壤线虫营养类群数量变化

月份	营养类群	0～10cm			10～20cm			20～30cm		
		LD	MD	HD	LD	MD	HD	LD	MD	HD
6月	植物寄生类线虫	42.33	16.67	18.67	30.00	8.33	7.67	12.33	5.67	6.00
	食真菌类线虫	17.33	10.00	25.33	14.00	4.00	10.00	5.00	2.33	7.00
	食细菌类线虫	15.00	30.67	29.34	6.67	13.67	18.67	7.67	6.33	8.67
	捕食类/杂食类线虫	27.33	20.32	25.60	32.33	8.33	11.67	7.33	6.66	9.00
8月	植物寄生类线虫	103.33	40.33	31.33	32.33	31.00	16.67	11.33	16.33	8.67
	食真菌类线虫	44.00	13.00	16.67	17.67	8.67	18.33	4.33	4.33	9.67
	食细菌类线虫	81.33	62.67	13.67	12.66	37.00	28.00	4.66	16.33	16.00
	捕食类/杂食类线虫	87.99	50.33	21.33	16.33	26.33	19.34	6.67	8.67	12.66
10月	植物寄生类线虫	42.00	26.67	17.33	22.67	19.00	21.67	16.67	13.00	11.00
	食真菌类线虫	23.67	5.00	13.33	16.67	3.67	9.33	6.67	3.00	2.00
	食细菌类线虫	45.34	22.66	72.33	26.33	18.00	52.33	16.00	10.66	20.67
	捕食类/杂食类线虫	35.67	17.68	18.00	11.66	13.01	16.33	7.33	8.00	4.00

（二）退化梯度土壤线虫生态特征指数变化

土壤线虫丰富度的动态变化：羊草草甸草原、贝加尔针茅草甸草原不同月份 0～10cm 土层土壤线虫丰富度均为 MD>LD、HD，其中贝加尔针茅草甸草原在 8 月和 10 月该趋势显著（$P<0.05$）；在 20～30cm 土层土壤线虫丰富度呈递减趋势，且羊草草甸草原差异显著（$P<0.05$）。对 LD 和 MD 不同土层的土壤线虫丰富度，羊草草甸草原和贝加尔针茅草甸草原在 6 月和 10 月呈现相反趋势，8 月的 LD 均表现为 10～30cm>0～10cm；6 月和 10 月的 HD 土壤线虫丰富度由 0～10cm 到 20～30cm 均呈下降趋势（$P>0.05$）。其他特征不显著（表 7-17）。

表 7-17　羊草草甸草原、贝加尔针茅草甸草原不同退化梯度土壤线虫丰富度

月份	退化梯度	羊草草甸草原			贝加尔针茅草甸草原		
		0～10cm	10～20cm	20～30cm	0～10cm	10～20cm	20～30cm
6 月	LD	1.51±0.23a	2.22±0.51a	2.40±0.48a	1.02±0.11a	1.22±0.06a	0.99±0.17a
	MD	1.76±0.24a	1.79±0.29a	1.92±0.52a	1.17±0.10a	0.69±0.28a	0.27±0.25b
	HD	1.67±0.37a	1.89±0.16a	1.47±0.76a	1.02±0.24a	0.97±0.40a	0.89±0.14a
8 月	LD	1.38±0.07a	1.93±0.42a	1.75±0.20a	0.82±0.04b	0.94±0.07a	1.03±0.24a
	MD	1.60±0.12a	1.21±0.04b	1.62±0.18a	1.00±0.11a	0.98±0.07a	0.82±0.06a
	HD	1.46±0.33a	1.21±0.04b	1.10±0.34b	0.74±0.08b	0.84±0.20a	0.67±0.28a
10 月	LD	1.07±0.06a	1.15±0.12ba	1.29±0.15b	0.92±0.18ba	0.83±0.12a	0.81±0.22a
	MD	1.35±0.26a	1.33±0.12a	1.57±0.12a	1.09±0.11a	0.99±0.10a	0.91±0.06a
	HD	1.29±0.19a	1.06±0.06b	1.20±0.14b	0.75±0.05b	0.72±0.16a	0.64±0.14a

注：同列不同小写字母表示差异显著（$P<0.05$）

土壤线虫优势度的变化：10 月所取样品在 0～10cm 土层中土壤线虫优势度为 HD>MD>LD，且贝加尔针茅草甸草原的差异显著（$P<0.05$）。羊草草甸草原、贝加尔针茅草甸草原 6 月和 8 月 MD 土壤线虫优势度均随土层深度的增加呈上升趋势，差异基本显著（$P<0.05$）（表 7-18）。

表 7-18　羊草草甸草原、贝加尔针茅草甸草原不同退化梯度土壤线虫优势度

月份	退化梯度	羊草草甸草原			贝加尔针茅草甸草原		
		0～10cm	10～20cm	20～30cm	0～10cm	10～20cm	20～30cm
6 月	LD	0.34±0.09a	0.31±0.10a	0.47±0.46a	0.26±0.06a	0.21±0.01b	0.27±0.02b
	MD	0.17±0.01b	0.20±0.05a	0.21±0.06a	0.26±0.03a	0.41±0.13a	0.67±0.29a
	HD	0.32±0.11ba	0.24±0.04a	0.37±0.22a	0.22±0.03a	0.27±0.09ba	0.25±0.04b
8 月	LD	0.36±0.13a	0.30±0.02a	0.33±0.14a	0.23±0.00b	0.25±0.01a	0.30+0.07a
	MD	0.23±0.03a	0.24±0.03a	0.28±0.02a	0.23±0.02b	0.24±0.03a	0.29±0.03a
	HD	0.25±0.07a	0.32±0.11a	0.33±0.06a	0.31±0.05a	0.24±0.04a	0.27±0.05a
10 月	LD	0.26±0.03a	0.24±0.04a	0.34±0.02a	0.24±0.02b	0.34±0.10a	0.29±0.04b
	MD	0.29±0.03a	0.28±0.07a	0.27±0.03a	0.28±0.06b	0.30±0.02a	0.28±0.00b
	HD	0.34±0.14a	0.29±0.03a	0.31±0.08a	0.44±0.10a	0.38±0.05a	0.40±0.04a

注：同列不同小写字母表示差异显著（$P<0.05$）

土壤线虫多样性的变化：6 月羊草草甸草原不同土层土壤线虫多样性均表现为 MD>LD、HD，而贝加尔针茅草甸草原则表现为 LD、HD>MD；8 月 0～10cm、10～20cm 土层和 10 月 20～30cm 土层的样品，羊草草甸草原和贝加尔针茅草甸草原土壤线虫多样性均为 MD>LD、HD，且 10 月表现显著（$P<0.05$）。对 6 月和 8 月羊草草甸草原、贝加尔针茅草甸草原的 MD 各土层样品土壤线虫多样性分析得出，随着土层深度增加多样性逐渐降低（$P>0.05$），10 月 MD10～20cm 土壤线虫多样性均低于 0～10cm 和 20～30cm 土层（$P>0.05$）。其余情况规律性不明显（表 7-19）。

表 7-19　羊草草甸草原、贝加尔针茅草甸草原不同退化梯度土壤线虫多样性

月份	退化梯度	羊草草甸草原			贝加尔针茅草甸草原		
		0~10cm	10~20cm	20~30cm	0~10cm	10~20cm	20~30cm
6月	LD	1.24±0.27b	1.31±0.22b	1.08±0.93a	1.60±0.11a	1.75±0.05a	1.51±0.13a
	MD	1.90±0.08a	1.75±0.18a	1.69±0.23a	1.53±0.10a	1.03±0.34b	0.52±0.46b
	HD	1.33±0.34b	1.46±0.11ba	0.98±0.50a	1.67±0.14a	1.51±0.39ba	1.48±0.13a
8月	LD	1.35±0.22a	1.48±0.12a	1.40±0.30a	1.63±0.05a	1.55±0.05a	1.47±0.11a
	MD	1.67±0.07a	1.51±0.12a	1.46±0.06a	1.64±0.06a	1.61±0.14a	1.43±0.04a
	HD	1.59±0.23a	1.38±0.20a	1.18±0.24a	1.35±0.19b	1.56±0.15a	1.41±0.20a
10月	LD	1.45±0.07a	1.53±0.11a	1.29±0.06b	1.55±0.07a	1.30±0.24a	1.37±0.14a
	MD	1.46±0.15a	1.43±0.22a	1.52±0.08a	1.52±0.19a	1.44±0.06a	1.46±0.02a
	HD	1.38±0.32a	1.40±0.10a	1.38±0.14ba	1.15±0.22b	1.21±0.15a	1.10±0.09b

注：同列不同小写字母表示差异显著（$P<0.05$）

　　土壤线虫成熟度指数（MI）的变化：羊草草甸草原、贝加尔针茅草甸草原 6 月 10～20cm 样品土壤线虫成熟度指数均为 MD、HD>LD，贝加尔针茅草甸草原表现显著（$P<0.05$）；10 月 0～10cm 和 20～30cm 土层均表现为 LD、MD>HD（$P>0.05$）（表 7-20）。

表 7-20　羊草草甸草原、贝加尔针茅草甸草原不同退化梯度土壤线虫 MI

月份	退化梯度	羊草草甸草原			贝加尔针茅草甸草原		
		0~10cm	10~20cm	20~30cm	0~10cm	10~20cm	20~30cm
6月	LD	0.43±0.16a	0.31±0.15a	0.38±0.33a	0.27±0.07a	0.39±0.02a	0.21±0.08a
	MD	0.26±0.08a	0.25±0.02a	0.33±0.06a	0.36±0.24a	0.14±0.13b	0.22±0.25a
	HD	0.29±0.09a	0.36±0.19a	0.39±0.35a	0.26±0.11a	0.23±0.14ba	0.23±0.16a
8月	LD	0.12±0.04b	0.22±0.01a	0.16±0.04a	0.28±0.02a	0.19±0.01a	0.25±0.02a
	MD	0.17±0.01b	0.16±0.05a	0.11±0.01a	0.30±0.06a	0.25±0.05a	0.15±0.07a
	HD	0.30±0.07a	0.21±0.10a	0.09±0.15a	0.21±0.17a	0.24±0.14a	0.21±0.17a
10月	LD	0.26±0.08a	0.23±0.13a	0.16±0.10a	0.23±0.05a	0.15±0.03a	0.16±0.11a
	MD	0.26±0.10a	0.27±0.11a	0.22±0.07a	0.23±0.06a	0.17±0.06a	0.22±0.04a
	HD	0.14±0.06a	0.18±0.07a	0.18±0.06a	0.12±0.06a	0.13±0.08a	0.09±0.07a

注：同列不同小写字母表示差异显著（$P<0.05$）

四、退化土壤的微生物多样性特征

　　土壤微生物是陆地生态系统中最活跃的成分，推动着生态系统的能量流动和物质循环，并维持生态系统的正常运转。草原土壤微生物的种类及多寡是草原土壤质量的重要指标，在高等生物的保护和恢复生物学中起重要作用，可用于监控草原环境变化。草原土壤微生物区系及数量的地带性分布特征，受土壤、植被及环境的综合影响。不同草原类型，不同植物群落或同一群落不同人为因素干扰下，会对草原土壤微生物产

生不同的生态效应。因此，定量、定性分析土壤微生物的生理功能类群在草原生态系统中的分布与活动规律，不仅对揭示草原生态系统地下生理生态学的格局和过程具有重要意义，而且对草原管理实践具有很大的指导作用。同时，土壤微生物受土壤环境和生物多样性的影响，并随草原健康状况变化而改变，揭示和指示着草原生态系统现状和发展趋势。

（一）退化梯度基因组总 DNA 提取效果

对获得的总 DNA 在 0.8%的琼脂糖凝胶中进行电泳，结果显示所采取 DNA 粗提样品都在 23kb 左右出现较亮条带，表明得到了较为完整的总 DNA（图 7-9），可以进行 16S rDNA 的扩增。

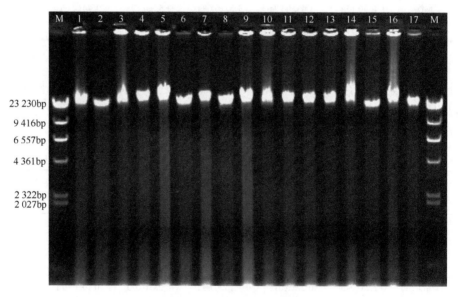

图 7-9　土壤总 DNA 提取

M：λHindIII Marker；1～3：羊草草甸草原 2007 年 6 月 LD、MD、HD；4～6：贝加尔针茅草甸草原 2007 年 6 月 LD、MD、HD；7、8：羊草草甸草原 2007 年 8 月 LD、HD；9～11：贝加尔针茅草甸草原 2007 年 8 月 LD、MD、HD；12～14：羊草草甸草原 2007 年 10 月 LD、MD、HD；15～17：贝加尔针茅草甸草原 2007 年 10 月 LD、MD、HD

（二）纯化及扩增结果评价

对 DNA 粗提物纯化后进行扩增，得到了 230bp 左右的产物，产物的特异性和产量较好（图 7-10），可以进行下一步研究。

（三）退化梯度 DGGE 图谱分析

土壤中微生物样品的 16S rDNA 扩增片段通过 DGGE 被分为若干条带，条带的数量代表土壤中的细菌种群数量，条带的亮暗反映细菌数量的多少。从图 7-11 可以看出，土壤中微生物种类十分丰富，各处理之间具有较高的一致性，同时也存在一定的差异。编号为 B4、B11、B5、B6、B8、B10 的条带在各处理中始终存在且亮度较高，是土壤中的优势种群。

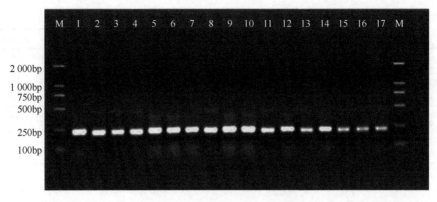

图 7-10　16S rDNA V3 片段扩增

M：DL2000 Marker；1～3：羊草草甸草原 2007 年 6 月 LD、MD、HD；4～6：贝加尔针茅草甸草原 2007 年 6 月 LD、MD、HD；7、8：羊草草甸草原 2007 年 8 月 LD、HD；9～11：贝加尔针茅草甸草原 2007 年 8 月 LD、MD、HD；12～14：羊草草甸草原 2007 年 10 月 LD、MD、HD；15～17：贝加尔针茅草甸草原 2007 年 10 月 LD、MD、HD

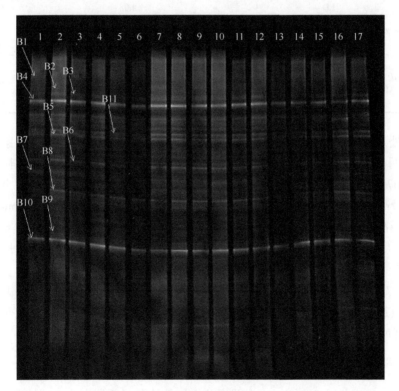

图 7-11　16S rDNA 的 DGGE 图谱分析结果

1～3：羊草草甸草原 2007 年 6 月 LD、MD、HD；4～6：贝加尔针茅草甸草原 2007 年 6 月 LD、MD、HD；7、8：羊草草甸草原 2007 年 8 月 LD、HD；9～11：贝加尔针茅草甸草原 2007 年 8 月 LD、MD、HD；12～14：羊草草甸草原 2007 年10 月 LD、MD、HD；15～17：贝加尔针茅草甸草原 2007 年 10 月 LD、MD、HD

（四）退化梯度土壤微生物群落多样性指数

　　使用 Bio-Rad 公司 Quantity One 图像分析软件分析 DGGE 电泳图片，检测每个泳道的条带数目，并对每个条带的强度进行分析，计算每个土样的多样性指数（表 7-21）。

表 7-21　0～10cm 土层土壤微生物群落多样性指数

处理		丰富度	Shannon-Wiener 多样性指数	均匀度
2007 年 6 月 羊草草甸草原	LD	30	3.8	0.77
	MD	28	4.06	0.84
	HD	31	3.9	0.79
2007 年 6 月 贝加尔针茅草甸草原	LD	29	3.79	0.78
	MD	30	3.84	0.78
	HD	27	3.7	0.78
2007 年 8 月 羊草草甸草原	LD	30	4.13	0.84
	HD	32	4.09	0.82
2007 年 8 月 贝加尔针茅草甸草原	LD	35	4.3	0.84
	MD	32	4.23	0.85
	HD	33	3.97	0.79
2007 年 10 月 羊草草甸草原	LD	31	4.08	0.82
	MD	28	3.54	0.74
	HD	30	3.83	0.78
2007 年 10 月 贝加尔针茅草甸草原	LD	28	3.72	0.77
	MD	33	4.29	0.85
	HD	31	4.14	0.84

所有处理中，0～10cm 土层土壤微生物群落多样性指数，贝加尔针茅草甸草原 2007 年 8 月 LD 丰富度最高，为 35；贝加尔针茅草甸草原 2007 年 6 月 HD 丰富度最低，为 27。2007 年 6 月各处理丰富度平均为 29.2、8 月为 32.4、10 月为 30.2，其中 8 月平均丰富度最高，分别比 6 月和 10 月高 11%和 7.3%。在所有处理中，Shannon-Wiener 多样性指数最高为贝加尔针茅草甸草原 2007 年 8 月 LD（4.30），最低为羊草草甸草原 2007 年 10 月 MD（3.54）。2007 年 6 月各处理 Shannon-Wiener 多样性指数平均为 3.85、8 月为 2.15、10 月为 3.93，其中 8 月平均 Shannon-Wiener 多样性指数最高，分别比 6 月和 10 月高 7.7%和 5.4%。在所有处理中，羊草草甸草原 2007 年 10 月 MD 均匀度最低为 0.74，贝加尔针茅草甸草原 2007 年 8 月 MD 和贝加尔针茅草甸草原 2007 年 10 月 MD 均匀度最高为 0.85。

（五）微生物群落相似性分析

使用 Bio-Rad 公司 Quantity One 图像分析软件绘制了不同土壤之间的遗传簇关系。该图通过各泳道所代表遗传簇的异同，表示各样品之间的基因多样性及亲缘关系。UPGMA 聚类分析表明，总体来说，各处理之间的相似性较大，其中#8 与#17、#12 与#7、#13 与#1、#6 与#5、#11 与#3 分别属于同一簇，说明其相互之间的相似性较高。#14 和#16 各自属于一簇，说明与其他各处理之间差异较大。但是，没有发现明显的同一时期或同一取样地点归于一簇，说明同一时期的样品或同一取样地点的样品之间的差异大于不同时期或不同取样地点的样品之间的差异。表明不同时期或不同退化程度对于土壤微生物群落结构没有明显的影响（图 7-12）。

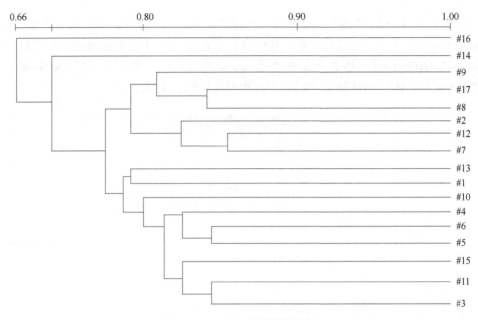

图 7-12　DGGE 图谱聚类分析

1#～3#：羊草草甸草原 2007 年 6 月 LD、MD、HD；4#～6#：贝加尔针茅草甸草原 2007 年 6 月 LD、MD、HD；7#、8#：
羊草草甸草原 2007 年 8 月 LD、HD；9#～11#：贝加尔针茅草甸草原 2007 年 8 月 LD、MD、HD；12#～14#：羊草草甸草
原 2007 年 10 月 LD、MD、HD；15#～17#：贝加尔针茅草甸草原 2007 年 10 月 LD、MD、HD

（六）DGGE 条带的测序分析

将 PCR 产物用 DGGE 分离后，将优势条带尽可能多地切胶分离并测序，共分离到 B1～
B11（图 7-11）共 11 个条带，测序结果在 GenBank 数据库中进行 BLAST 比对（表 7-22），
结果显示，所有序列与 GenBank 数据库中的相似度在 87%～100%。其中 B4、B5 和 B10
分别同不动杆菌 *Acinetobacter* sp. Y3A、*Acinetobacter* HTYC22 及苍白杆菌 *Ochrobactrum*
sp. BA-1-3 相似度为 100%。B9 与 GenBank 中序列最多只有 87% 的相似性。基于 98% 的
相似度，可将 B1、B3、B4、B5、B6、B8、B10 鉴定为变形菌门（Proteobacteria），将
B7 鉴定为放线菌门（Actinobacteria）。B9 同已知序列相似性较低，可能是未知的细菌。

表 7-22　16S rDNA DGGE 片段测序分析结果

16S rDNA 片段	最高相似度（%）	具有最高相似性的菌株
B1	99	*Chelatococcus* sp. TKE5A
B2	96	*Staphylococcus* sp.WS08A_H10
B3	99	*Herbaspirillum* sp.AV_8R-S-G10
B4	100	*Acinetobacter* sp. Y3A
B5	100	*Acinetobacter* HTYC22
B6	98	*Acinetobacter* sp. 11.5.051CS9
B7	99	*Actinobacterium* GASP-KC3W3_G11
B8	98	*Proteobacterium* IMCC1704
B9	87	*Uncultured bacterium*
B10	100	*Ochrobactrum* sp. BA-1-3

DGGE 切胶分离序列与 GenBank 中相似序列的系统进化关系如图 7-13 所示，Proteobacteria 为土壤中的优势类群，其中含有条带最多的为 γ-Proteobacteria，包括 4 个条带，α-Proteobacteria 包括 2 个条带，β-Proteobacteria 包含 1 个条带。另外 Actinobacteria 包含 1 个条带，B2 和 B9 条带同已知序列相似度较低，无法进行鉴定。

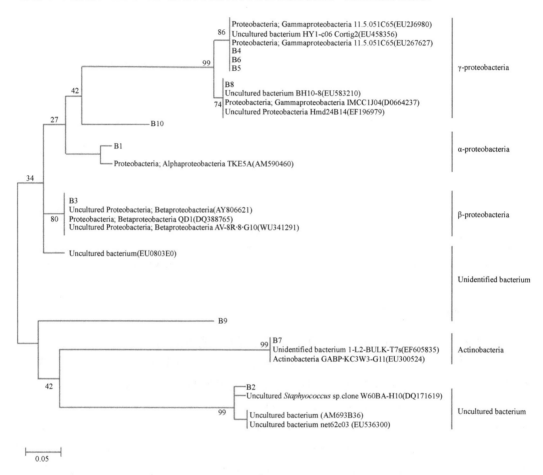

图 7-13　16S rDNA V3 序列的系统进化树

第四节　草甸草原生态系统植被与土壤退化特性的关系

一、植被特性与土壤理化特性的关系

羊草草甸草原 0～10cm 土层硬实度与盖度、密度之间呈显著负相关（$P<0.05$），相关系数分别为 -0.70 和 -0.69，pH 与高度、地上生物量之间呈显著负相关（$P<0.05$），相关系数分别为 -0.77 和 -0.73，速效磷与盖度、高度及地上生物量之间呈显著负相关（$P<0.05$），相关系数分别为 -0.68、-0.69 和 -0.69，速效钾和盖度也呈显著负相关（$P<0.05$），相关系数为 -0.69。10～20cm 土层速效钾与盖度、密度及枯落物量之间呈显著负相关（$P<0.05$），相关系数分别为 -0.70、-0.77 和 -0.68。20～30cm 土层速效磷与高度、

密度及地上生物量之间呈显著负相关（$P<0.05$），相关系数分别为–0.74、–0.68 和–0.75（表 7-23）。

表 7-23 羊草草甸草原和贝加尔针茅草甸草原植被不同特征指标间相关分析

土层	指标	盖度	高度	密度	地上生物量	枯落物量
0～10cm	硬实度	–0.70*	–0.32	–0.69*	–0.41	–0.53
	容重	0.48	0.29	0.43	0.29	–0.02
	含水量	–0.32	–0.25	–0.33	–0.25	–0.17
	pH	–0.53	–0.77*	–0.57	–0.73*	–0.56
	速效磷	–0.68*	–0.69*	–0.59	–0.69*	–0.57
	速效钾	–0.69*	–0.58	–0.64	–0.61	–0.51
	有机质	–0.14	–0.02	–0.14	–0.06	–0.45
	水解氮	–0.35	–0.61	–0.61	–0.63	–0.45
10～20cm	硬实度	–0.34	–0.09	–0.34	–0.15	–0.43
	容重	0.48	0.45	0.47	0.49	0.28
	含水量	–0.57	–0.24	–0.54	–0.29	–0.33
	pH	0.06	–0.13	0.20	–0.09	0.00
	速效磷	–0.17	0.05	–0.31	–0.04	–0.37
	速效钾	–0.70*	–0.61	–0.77*	–0.65	–0.68*
	有机质	0.04	0.28	0.00	0.23	–0.23
	水解氮	–0.43	–0.19	–0.47	–0.26	–0.54
20～30cm	硬实度	–0.20	0.33	–0.06	0.24	–0.11
	容重	0.55	0.12	0.41	0.18	0.43
	含水量	–0.39	–0.39	–0.48	–0.43	–0.15
	pH	0.26	–0.32	0.05	–0.26	0.09
	速效磷	–0.64	–0.74*	–0.68*	–0.75*	–0.66
	速效钾	–0.55	–0.09	–0.49	–0.20	–0.30
	有机质	–0.10	0.14	0.11	0.13	–0.17
	水解氮	–0.13	–0.19	–0.15	–0.16	–0.16

* $P<0.05$

贝加尔针茅草甸草原 0～10cm 土层含水量与高度呈显著正相关（$P<0.05$），相关系数为 0.71，有机质与盖度、密度及枯落物量之间呈显著正相关（$P<0.05$），相关系数分别为 0.68、0.70 和 0.85。10～20cm 土层植被不同特征与土壤理化特征指标间的相关性均不显著（$P>0.05$）。20～30cm 土层含水量与盖度、高度及地上生物量之间呈显著正相关（$P<0.05$），相关系数分别为 0.67、0.76 和 0.79（表 7-24）。

表 7-24 贝加尔针茅草甸草原植被不同特征与土壤理化特征指标间的相关性分析

土层	指标	盖度	高度	密度	地上生物量	枯落物量
0~10cm	硬实度	0.07	−0.02	0.24	0.04	0.00
	容重	−0.23	−0.42	0.08	−0.35	−0.01
	含水量	0.46	0.71*	0.25	0.65	0.20
	pH	0.41	0.17	0.55	0.21	0.46
	速效磷	0.01	0.33	−0.05	0.35	−0.03
	速效钾	−0.29	−0.10	0.03	−0.11	−0.08
	有机质	0.68*	0.34	0.70*	0.47	0.85*
	水解氮	−0.08	0.49	−0.04	0.43	−0.22
10~20cm	硬实度	0.12	0.28	0.40	0.24	−0.05
	容重	0.55	0.10	0.05	0.17	0.56
	含水量	0.02	−0.25	−0.02	−0.21	0.09
	pH	0.20	−0.16	0.30	−0.11	0.49
	速效磷	0.24	−0.14	0.21	−0.10	0.14
	速效钾	0.59	0.26	0.37	0.33	0.63
	有机质	−0.35	0.04	−0.49	−0.07	−0.56
	水解氮	0.04	0.43	−0.23	0.33	−0.39
20~30cm	硬实度	0.14	0.00	0.30	0.02	0.00
	容重	0.44	0.14	0.52	0.19	0.32
	含水量	0.67*	0.76*	0.56	0.79*	0.54
	pH	0.15	−0.20	0.10	−0.16	0.40
	速效磷	0.46	−0.09	0.34	−0.04	0.31
	速效钾	0.58	0.18	0.23	0.24	0.56
	有机质	0.19	0.21	−0.03	0.27	0.12
	水解氮	0.12	−0.02	−0.11	0.03	0.01

* $P<0.05$

二、植被特性与土壤线虫特性的关系

羊草草甸草原和贝加尔针茅草甸草原 0~10cm 土层线虫数量与高度、地上生物量呈极显著正相关（$P<0.01$），与盖度呈显著正相关（$P<0.05$）；20~30cm 土层线虫丰富度与盖度之间呈显著正相关（$P<0.05$），相关系数分别为 0.78 和 0.70（表 7-25、表 7-26）。

羊草草甸草原 0~10cm 土层线虫数量与盖度、密度呈显著正相关（$P<0.05$），相关系数分别为 0.73 和 0.78，线虫数量与高度、地上生物量呈极显著正相关（$P<0.01$），相关系数分别为 0.92 和 0.90；10~20cm 土层丰富度与高度、密度及地上生物量之间呈极

表 7-25　羊草草甸草原植被不同特征指标与土壤线虫特征间相关分析

土层	指标	盖度	高度	密度	地上生物量	枯落物量
0～10cm	线虫数量	0.73*	0.92**	0.78*	0.90**	0.61
	MI	−0.90**	−0.67*	−0.82**	−0.71*	−0.62
	多样性指数	−0.35	−0.64	−0.47	−0.60	−0.21
	丰富度	−0.02	−0.32	−0.29	−0.32	−0.09
	优势度	−0.36	0.63	0.40	0.57	0.14
10～20cm	线虫数量	−0.10	0.16	−0.16	0.10	−0.084
	MI	−0.04	0.28	−0.03	0.22	−0.01
	多样性指数	0.34	0.15	0.23	0.17	0.15
	丰富度	0.56	0.84**	0.81**	0.86**	0.70*
	优势度	−0.25	0.07	−0.14	0.03	−0.03
20～30cm	线虫数量	0.70*	0.91**	0.79*	0.88**	0.61
	MI	0.29	0.39	0.26	0.37	0.26
	多样性指数	0.42	0.25	0.34	0.24	0.12
	丰富度	0.78*	0.56	0.69*	0.62	0.76*
	优势度	−0.05	0.07	0.01	0.10	0.28

* $P<0.05$；** $P<0.01$

表 7-26　贝加尔针茅草甸草原植被不同特征指标与土壤线虫特征间相关分析

土层	指标	盖度	高度	密度	地上生物量	枯落物量
0～10cm	线虫数量	0.77*	0.88**	0.60	0.92**	0.47
	MI	0.59	0.16	0.03	0.16	0.44
	多样性指数	0.92**	0.45	0.53	0.51	0.79*
	丰富度	0.56	−0.12	0.33	−0.03	0.80**
	优势度	−0.91**	−0.49	−0.50	−0.53	−0.72*
10～20cm	线虫数量	0.32	−0.081	0.27	−0.06	0.11
	MI	0.07	−0.36	−0.51	−0.39	−0.00
	多样性指数	0.26	−0.13	−0.12	−0.14	0.10
	丰富度	0.45	0.19	0.20	0.19	0.39
	优势度	−0.07	0.21	0.32	0.26	0.12
20～30cm	线虫数量	−0.22	−0.57	−0.54	−0.62	−0.30
	MI	0.15	0.25	−0.37	0.18	−0.15
	多样性指数	0.23	0.13	−0.13	0.09	0.12
	丰富度	0.70*	0.68	0.46	0.71*	0.47
	优势度	0.33	0.35	0.47	0.42	0.26

* $P<0.05$；** $P<0.01$

显著正相关（$P<0.01$），相关系数分别为 0.84、0.81 和 0.86，与枯落物量呈显著正相关（$P<0.05$），相关系数为 0.70；20~30cm 土层线虫数量与盖度、密度呈显著正相关（$P<0.05$），相关系数分别为 0.70 和 0.79；与高度、地上生物量呈极显著正相关（$P<0.01$），相关系数分别为 0.91 和 0.88。丰富度与盖度、密度及枯落物量之间呈极显著正相关（$P<0.01$），相关系数分别为 0.78、0.69 和 0.76（表 7-25）。

贝加尔针茅草甸草原 0~10cm 土层线虫数量与盖度呈显著正相关（$P<0.05$），相关系数为 0.77；多样性指数与盖度呈极显著正相关（$P<0.01$），相关系数为 0.92，与枯落物量呈显著正相关（$P<0.05$），相关系数为 0.79；优势度与盖度呈极显著负相关（$P<0.01$），相关系数为–0.91，与枯落物量呈显著负相关（$P<0.05$），相关系数为–0.72。10~20cm 土层植被不同特征与土壤线虫特征间相关性均不显著（$P>0.05$）；20~30cm 土层丰富度与盖度、地上生物量之间呈显著正相关（$P<0.05$），相关系数分别为 0.70 和 0.71（表 7-26）。

三、土壤理化特性与线虫特性的关系

羊草草甸草原 0~10cm 土层线虫数量与 pH 呈极显著负相关（$P<0.01$），相关系数为–0.83，与速效磷呈显著负相关（$P<0.05$），相关系数为–0.70；MI 与硬实度呈显著正相关（$P<0.05$），相关系数为 0.73。丰富度与水解氮呈显著正相关（$P<0.01$），相关系数为 0.74。10~20cm 土层线虫数量与 pH 呈极显著负相关（$P<0.01$），相关系数为–0.91，与速效磷呈显著正相关（$P<0.05$），相关系数为 0.68；20~30cm 土层线虫数量与速效磷呈显著负相关（$P<0.05$），相关系数为–0.68（表 7-27）。

表 7-27　羊草草甸草原土壤不同层次特征与线虫特征间的关系

土层	指标	硬实度	容重	含水量	pH	速效磷	速效钾	有机质	水解氮
0~10cm	线虫数量	–0.32	0.52	–0.34	–0.83**	–0.70*	–0.64	0.21	–0.60
	MI	0.73*	–0.58	0.03	0.32	0.58	0.41	–0.11	0.19
	多样性指数	0.32	–0.49	–0.28	0.23	0.34	–0.00	–0.51	0.31
	丰富度	0.43	–0.23	–0.13	0.15	–0.29	–0.18	–0.48	0.74*
	优势度	–0.19	0.57	0.15	–0.36	–0.42	–0.10	0.57	–0.22
10~20cm	线虫数量	0.04	0.03	0.35	–0.91**	0.68*	0.30	0.51	0.31
	MI	0.36	0.57	0.26	–0.39	0.59	–0.12	0.66	0.83**
	多样性指数	–0.61	0.06	–0.14	–0.19	0.01	–0.60	0.14	0.19
	丰富度	–0.08	0.48	–0.45	0.23	–0.17	–0.62	0.08	–0.17
	优势度	0.58	0.01	0.20	–0.15	0.23	0.61	0.05	–0.14
20~30cm	线虫数量	0.37	0.23	–0.45	–0.16	–0.68*	–0.01	0.26	–0.23
	MI	0.54	0.35	–0.19	–0.21	–0.36	0.45	0.30	0.33
	多样性指数	0.15	0.46	–0.25	0.15	–0.38	0.12	0.22	–0.05
	丰富度	–0.21	0.43	0.07	0.12	–0.62	–0.27	–0.30	–0.16
	优势度	–0.22	–0.29	0.24	–0.14	0.08	–0.26	–0.35	–0.00

* $P<0.05$；** $P<0.01$

贝加尔针茅草甸草原除了 0～10cm 土层丰富度与有机质呈显著正相关（$P<0.05$，相关系数为 0.67）外，其他土层土壤特征与线虫特征间相关性均不显著（$P>0.05$）（表 7-28）。

表 7-28　贝加尔针茅草甸草原土壤不同层次特征与线虫特征间的关系

土层	指标	硬实度	容重	含水量	pH	速效磷	速效钾	有机质	水解氮
0～10cm	线虫数量	0.16	−0.34	0.58	0.10	0.40	−0.34	0.51	0.31
	MI	−0.32	−0.64	0.60	−0.04	−0.05	−0.58	0.07	0.06
	多样性指数	−0.24	−0.39	0.53	0.37	−0.16	−0.38	0.49	0.045
	丰富度	−0.40	−0.15	0.07	0.45	−0.25	−0.14	0.67*	−0.41
	优势度	0.21	0.49	−0.62	−0.31	0.10	0.47	−0.43	0.01
10～20cm	线虫数量	0.31	−0.19	0.22	0.04	0.59	−0.21	0.06	0.15
	MI	−0.10	0.45	0.09	−0.18	0.28	0.32	0.29	0.36
	多样性指数	0.05	0.05	0.33	0.10	0.67	0.27	0.53	0.29
	丰富度	0.10	0.19	0.40	0.30	0.53	0.61	0.32	0.11
	优势度	−0.10	0.02	−0.20	0.05	−0.57	−0.15	−0.61	−0.40
20～30cm	线虫数量	−0.02	−0.14	−0.44	0.16	0.48	−0.18	−0.34	0.12
	MI	0.02	0.07	0.19	−0.39	−0.10	0.42	0.33	0.16
	多样性指数	0.29	−0.03	0.14	0.19	−0.24	0.13	−0.26	−0.35
	丰富度	0.34	0.24	0.44	−0.15	0.10	0.42	0.42	0.05
	优势度	−0.14	0.20	0.23	−0.30	0.44	0.19	0.61	0.55

* $P<0.05$

第五节　结　语

1）不同退化梯度草甸草原群落物种组成、群落多样性、植物种群组织力、草群高度、植被盖度、地上生物量和枯落物重量、牧草饲用价值均发生显著变化。随着退化程度的加大，伴生种及常见种的综合优势比变化也呈不同趋势，其中，优质牧草及个体较大的物种综合优势比均下降，而寸草薹、糙隐子草及冷蒿等呈上升趋势；两种群落类型的建群种在轻—中—重的系列中，组织力参数逐渐降低，而寸草薹、糙隐子草等退化标志种的组织力参数逐渐上升，并最终成为新的建群种。随着退化程度的加大，物种多样性普遍呈现下降的趋势，而且羊草草甸草原比贝加尔针茅草甸草原的降幅明显，进一步表明贝加尔针茅草甸草原比羊草草甸草原的生物多样性维持能力强。

草地退化而产生的群落物种组成及物种多样性变化影响了群落的景观结构。随着退化梯度的加大，群落高度、盖度和密度均呈现下降趋势。其中群落高度从轻度到重度过程中下降均较为显著；羊草草甸草原的样地盖度降幅较大；而贝加尔针茅草甸草原的样地降幅较小，说明羊草+杂类草草甸草原比贝加尔针茅+柄状薹草+羊草草甸草原的耐牧性差；而且前者与后者相比，群落密度降低相对明显，印证了禾本科草群的分蘖密度随着利用程度加大而增加，同时也得出相反的结论。

随着退化梯度的加大，地上生物量均呈现不断减低的趋势。羊草草甸草原与贝加尔针茅草甸草原相比降幅较大，说明前者与后者的群落组成中，适口性好的物种比例较大。羊草草甸草原的羊草+杂类草草甸草原样地的枯落物重量随着退化程度的加大不断降低，而贝加尔针茅草甸草原的贝加尔针茅+柄状薹草+羊草草甸草原样地却是在中度退化状态下最大，这似乎符合了"中度干扰假说"，而与本研究其他分析中所得出的结论不符，这可能与所选的轻度退化样地离刈割草场距离较近有关，受到了刈割行为的影响。枯落物保持水土，减少蒸发、风蚀及减弱径流等水文作用是研究草原健康状况的重要内容，今后还有待于进一步的研究完善。

2）退化草甸草原土壤存在状态和营养物质循环受到不同程度影响。不同退化程度草甸草原对土壤含水量、土壤容重、硬度影响较小，差异不显著（$P > 0.05$），但是在 8 月时，不同退化梯度下 0～10cm 土层含水量均显著高于深层土壤，且同一退化草场深层土壤的容重和硬实度显著高于表层土壤；土壤速效磷、速效钾、速效氮和土壤有机质含量及土壤 pH 变化不一致。羊草草甸草原、贝加尔针茅草甸草原的土壤速效养分和有机质含量在同一土层不同退化梯度草场的差异基本不显著，而同一退化梯度不同土层的化学特征存在显著差异，同一月份 0～10cm 土壤显著高于底层土壤（$P < 0.05$），并随土层深度增加显著下降；20～30cm 土层土壤 pH 显著高于 0～10cm 土壤 pH（$P < 0.05$）。

土壤线虫可作为草甸草原退化进程的重要指标，随退化梯度、季节变化、土壤深度变化演变规律性较强。退化草甸草原土壤微生物特征特性表现出不同程度差异，总体表现为：处理间微生物多样性差异不明显，优势种群未发生显著变化。不同时期、不同退化梯度草甸草原土壤微生物丰富度存在差异，但不明显；土壤微生物 Shannon-Wiener 多样性指数存在一定差异；土壤微生物均匀度存在差异。

3）植被特征为退化草甸草原最敏感指标，土壤线虫也为敏感指标，土壤理化性质、土壤微生物特征特性为欠敏感指标。退化草甸草原的植被高度与地上生物量间相关性极显著（$P < 0.01$）；0～10cm 土层土壤线虫数量与高度、地上生物量呈极显著正相关（$P < 0.01$），与盖度呈显著正相关（$P < 0.05$）。20～30cm 土层土壤线虫丰富度与盖度之间呈显著正相关（$P < 0.05$）；试验条件下，土壤理化性质、土壤微生物特征特性与其他特征间关系不明显，规律性不强。

4）植物与土壤的关系是植物生态学研究的一个重要内容，也是退化草地恢复重建的重要理论基础。在同一气候条件下，土壤分异导致了植被的变化，同时，植物对土壤也有适应和改造的过程。已有相关研究表明：土壤理化特性会影响植被的生长和发育，如土壤的 pH、含水量、电导率、各养分含量等都将影响植物对各营养成分的吸收，同时植物也会对土壤的发育、理化特性产生影响。不同植物种群对土壤特征的影响，主要是通过作用于地上和地下凋落物的数量和质量及微环境进行的。安渊等（1999）对锡林郭勒大针茅草原土壤的研究表明，随着草地退化程度的加剧，草地土壤有机质、氮、磷的含量下降，土壤有机质含量与土壤全氮、全磷和速效氮含量呈明显的正相关。土壤结构通过作用于植物根系的发育和分布，而影响植物对土壤水分和养分的吸收，进而影响植物的生长、竞争及群落动态（陈佐忠等，2000）。在半干旱草原的研究表明，不同种群的植物覆盖方式较强于植物其他特性对土壤特征的影响（程积民和杜峰，1999）。这可能与半干旱草原覆盖方式的不连续、土壤有机质分解和养分可利用性的水分第一限制的特性有关。因此,不同植物种群对土壤特性的影响,是一个复杂的综合因素的作用过程。本研究的植被特征与土壤理化性质的相关性分析也印证了这一规律。从相关性分析得出,羊草草甸草原样地植被特征与土壤理化性质之间存在显著的负相关关系,而贝加尔针茅草甸草原样地植被与土壤理化性质间的关系正好相反,可能与两块样地植物群落类型不同有关。

　　从以前的研究看,土壤物理和化学属性一直被用来作为表征土壤生产力、肥力和健康质量的指标(张铜会等,2003)。近年来,土壤生物学性质能敏感地反映出土壤质量的变化,逐渐受到人们的重视。在陆地生态系统中,土壤生物是土壤有机质分解和养分矿化等生态过程的主要调节者(刘世贵等,1994)。线虫是土壤动物中十分重要的类群,在土壤食物网中占有多个营养级,且种类丰富,在土壤腐食食物网中占据中心位置(阮维斌等,2007)。线虫作为土壤中数量最丰富的后生动物,其群落组成可反映气候条件、土壤质地、土壤有机质的输入及自然和人为的扰动情况。线虫群落的多样性在一定程度上反映了生物群落的结构类型、组织水平、发育阶段、稳定性程度和生境条件。研究发现,线虫密度与土壤湿度、温度密切相关,且随土壤深度增加而降低。植物与土壤线虫的关系非常密切,植物为土壤线虫提供食物和生活环境,而土壤线虫也对植物的生长产生直接或间接的影响(梁文举和闻大中,2001)。近年来国外关于不同环境条件及管理措施下土壤线虫群落变化方面的研究受到重视,我国也有相关工作的报道。吴东辉等(2007)研究了刈割活动对松嫩平原碱化羊草草地土壤线虫群落的影响。从本研究的结果中我们同样看到植被特征与土壤理化性质对土壤线虫一系列特征的影响,从植被不同特征指标与土壤线虫特征间相关分析得出,植被盖度、密度、高度和地上生物量与土壤线虫数量呈显著正相关,显著水平在95%以上;多样性指数和土层丰富度与植被特征都呈显著正相关,且表层土壤的相关系数大于深层土壤。土壤的酸碱度及养分含量对土壤线虫的数量和丰富度都有显著的影响。其中的机理有待进一步研究。

<h1 style="text-align:center">参 考 文 献</h1>

安渊, 徐柱, 阎志坚, 等. 1999. 不同退化梯度草地植物和土壤的差异. 中国草地, 4: 31-36.
常学礼, 鲁春霞, 高玉葆. 2003. 科尔沁沙地不同沙漠化阶段植物种多样性与沙地草场上生物量关系研究. 自然资源学报, 18(4): 475-482.
常学礼, 邬建国. 1997. 科尔沁沙地沙漠化过程中的物种多样性. 应用生态学报, 8(2): 151-156.
陈昌笃. 1984. 论枯草落叶的保护——一个值得重视的生态学问题. 生态学杂志, 6: 31.
陈全功. 2007. 江河源区草地退化与生态环境的综合治理. 草业学报, 16(1): 10-15.
陈秀蓉. 2003. 陇东典型草原草地退化与微生物相关性及其优势菌系统发育分析与鉴定. 甘肃农业大学博士学位论文.
陈佐忠. 1994. 略论草地生态学研究面临的几个热点. 茶叶科学, (1): 42-45, 49.
陈佐忠, 汪诗平, 等. 2000. 中国典型草原生态系统. 北京: 科学出版社: 307-315.
程积民, 杜峰. 1999. 放牧对半干旱地区草地植被影响的研究. 草原与牧草, 1(6): 29-31.
董锡文. 2010. 科尔沁沙地沙丘植物恢复进程中土壤肥力变化及线虫群落空间分布特征研究. 沈阳农业

大学博士学位论文.

杜晓军. 2003. 生态系统退化程度诊断: 生态恢复的基础与前提. 植物生态学报, 27(5): 700-708.

傅华, 陈亚明, 周志宇, 等. 2003. 阿拉善荒漠草地恢复初期植被与土壤环境的变化. 中国沙漠, 23(6): 661-664.

高英志, 韩兴国, 汪诗平. 2004. 放牧对草原土壤的影响. 生态学报, 24(4): 790-797.

郭继勋. 1989. 枯枝落叶对草原生态环境的影响. 中国草地, 6: 17-20.

郭继勋, 祝廷成. 1994. 羊草草原枯枝落叶积累的研究——自然状态下枯枝落叶的积累及放牧、割草对积累量的影响. 生态学报, 14(4): 255-259.

郝敦元, 高霞, 刘钟龄, 等. 2004. 内蒙古草原生态系统健康评价的植物群落组织力测定. 生态学报, 8: 1672-1678.

黄文秀. 1991. 西南畜牧业资源开发与基地建设. 北京: 科学出版社.

李博. 1990. 内蒙古鄂尔多斯高原自然资源与环境研究. 北京: 科学出版社: 199-202.

李博. 1997. 中国北方草地退化及其防治对策. 中国农业科学, (06): 2-10.

李建龙, 赵万羽, 徐胜, 等. 2004. 草业生态工程技术. 北京: 化学工业出版社: 49-50.

李俊生, 郭玉荣. 2005. 放牧扰动对山地荒漠草地植物群落结构的影响. 东北林业大学学报, 33(1): 33-37.

李绍良, 陈有君, 关世英, 等. 2002. 土壤退化与草地退化关系的研究. 干旱区资源与环境, 16(1): 92-95.

李绍良, 贾树海, 陈有君. 1997a. 内蒙古草原土壤的退化过程及自然保护区在退化土壤的恢复与重建中的作用. 内蒙古环境保护, 9(1): 17-18, 26.

李绍良, 贾树海, 陈有君, 等. 1997b. 内蒙古草原土壤退化进程及其评价指标的研究. 土壤通报, 28(6): 241-243.

李永宏. 1992. 放牧空间梯度上和恢复演替时间梯度上羊草草原的群落特征及其对应性//中国科学院内蒙古草原生态系统定位站. 草原生态系统研究(第4集). 北京: 科学出版社.

李永宏. 1999. 植物及植物群落对不同放牧率的反应. 中国草地, 3: 11-19.

梁文举, 闻大中. 2001. 土壤生物及其对土壤生态学发展的影响. 应用生态学报, 12: 137-140.

刘世贵, 葛绍荣, 龙章富. 1994. 川西北退化草地土壤微生物数量与区系研究. 草业学报, 4: 70-76.

刘颖. 2002. 羊草草地山羊放牧对牧草再生影响的研究. 东北师范大学硕士学位论文.

龙章富, 刘世贵. 1996. 退化草地土壤农化性状与微生物区系研究. 土壤学报, 2: 192-200.

龙章富, 刘世贵, 葛绍荣. 1994. 退化草地土壤生化活性研究. 草地学报, 2: 58-65.

戎郁萍, 周禾, 韩建国. 2001. 不同放牧强度对草地土壤化学性质的影响//中国农学会, 中国草原学会. 21世纪草业科学展望——国际草业(草地)学术大会论文集. 北京: 中国农学通报期刊社: 293-296.

阮维斌, 吴建波, 张欣, 等. 2007. 内蒙古中东部大针茅群落土壤线虫多样性研究. 应用与环境生物学报, 3: 333-337.

宋敏. 2016. 土壤线虫群落对气候及碳输入途径变化的响应. 河南大学博士学位论文.

孙海群, 周禾, 王培. 1999. 草地退化演替研究进展. 中国草地, 1: 51-56.

汪诗平, 王艳芬, 陈佐忠. 2001. 内蒙古草地畜牧业可持续发展的生物经济原则研究. 生态学报, (4): 617-623.

王辉, 任继周, 袁宏波. 2006. 黄河源区天然草地沙化机理分析研究. 草业学报, 15(6): 19-25.

王仁忠. 1996. 放牧干扰对松嫩平原羊草草地的影响. 东北师大学报(自然科学版), 4: 77-82.

王仁忠. 1997. 放牧对松嫩草原碱化羊草草地植物多样性的影响. 草业学报, 6(4): 17-23.

王仁忠. 1998. 放牧和刈割干扰对松嫩草原羊草草地影响的研究. 生态学报, 18(2): 100-103.

王仁忠, 李建东. 1995. 松嫩草原碱化羊草草地放牧空间演替规律的研究. 应用生态学报, 6(3): 277-281.

王瑞, 王京, 李昕蔚, 等. 2020. 甘南高寒草甸土壤线虫营养功能群的地统计学分析. 动物学杂志, 55(6): 741-751.

王炜, 刘钟龄, 郝敦元, 等. 1996. 内蒙古草原退化群落恢复演替的研究 I. 退化草原的基本特征与恢复演替动力. 植物生态学报, 20(5): 449-459.

吴东辉, 尹文英, 阎日青. 2007. 植被恢复方式对松嫩草原重度退化草地土壤线虫群落特征的影响. 应用生态学报, 12: 2783-2790.

闫玉春, 唐海萍, 张新时. 2007. 草地退化程度诊断系列问题探讨及研究展望. 中国草地学报, 29(3): 90-97.

殷秀琴, 李建东. 1998. 羊草草原土壤动物群落多样性的研究. 应用生态学报, 2: 186-188.

尹文英. 1998. 中国土壤动物检索图鉴. 北京: 科学出版社.

张金屯. 2001. 山西高原草地退化及其防治对策. 水土保持学报, 15(2): 49-52.

张铜会, 赵哈林, 大黑俊哉. 2003. 连续放牧对沙质草地植被盖度、土壤性质及其空间分布的影响. 干旱区资源与环境, 17(4): 117-121.

张伟华, 关世英, 李跃进. 2000. 不同牧压强度对草原土壤水分、养分及其地上生物量的影响. 干旱区资源与环境, 14(4): 61-64.

Alder P B, Lauenroth W K. 2000. Livestock exclusion increases the spatial heterogeneity of vegetation in Colorado shortgrass steppe. Applied Vegetation Science, 3: 213-222.

Curtis J T. 1956. The modification of mid-latitude grasslands and forests by man//Thomas W L. Man's Role in Changing the Face of Earth. Chicago: University of Chicago Press: 721-736.

Dyksterhuis E J. 1949. Condition and management of rangeland based on quantitative ecology. Journal of Range Management, 2: 104-115.

Fischer S G, Lerman L S. 1979. Length-independent separation of DNA restriction fragments in two-dimensional gel electrophoresis. Cell, 16(1): 191-200.

Garbeva P, Postma J, Van Veen J A, et al. 2006. Effect of above-ground plant species on soil microbial community structure and its impact on suppression of *Rhizoctonia solani* AG3. Environmental Microbiology, 8(2): 233-246

Gibson D J. 1998. The relationship of sheep grazing and soil heterogeneity to plant spatial patterns in dune grassland. Journal of Ecology, 76(1): 233-252.

Martel Y A, Paul E A. 1974. Effects of cultivation on the organic matter of grassland soils as determined by fractionation and radio-carbon dating. Canadian Journal of Soil Science, 54: 419-426.

Pace P J, Catlin B W. 1986. Characteristics of *Neisseria gonorrhoeae* strains isolated on selective and nonselective media. Sexually Transmitted Diseases, 13(1): 29-39.

Reeder J D, Schuman G E. 2002. Influence of livestock grazing on C sequestration in semi-arid mixed-grass and short-grass range-lands. Environmental Pollution, 116: 457-463.

第八章　退化草甸草原生态系统的恢复及改良

　　人类已充分认识到，防止生态系统退化、恢复和重建受损生态系统是改善生态环境、提高区域生产力、实现可持续发展的关键。生态恢复是生态学有关理论的一种严格检验，是研究生态系统自身的性质、受损机理及修复过程（章家恩和徐琪，1997）。通过生物与工程的技术和方法，人为地改变和消除导致生态系统退化的主导因子或过程，调整、配置和优化系统内部及其与外界的物质、能量和信息的流动过程与时空秩序，使生态系统的结构、功能和生态潜力尽快成功地恢复到一定的或原有的乃至更高的水平。生态系统是一个具有自修复能力的、有机的系统，对于干扰具有系统功能性的阻抗、弹性和恢复力等有机体所具有的系统特性（戈峰，2008），这种特性不仅能够在环境条件改善的过程中使退化生态系统表现出响应、适应等一系列变化，而且能够逐步恢复到先前的某一个状态。在适当的人为干扰下，退化生态系统的恢复过程可以进一步加快。由于不能清晰地认识把握生态系统演变过程、变化规律及其构成要素与环境因素作用方式，人类活动对生态系统演变或者是恢复的介入方式、作用强度及时空尺度等依然存在着很大的不确定性（赵哈林等，2009）。因此，研究和探讨退化草甸草原生态系统的修复演替规律及改良技术措施，对寻求草原植被恢复及改良的有效途径和方法，准确把握和提升草原修复及改良效益，为指导退化草甸生态系统修复及改良和科学保护生态系统提供理论依据。

第一节　退化草原生态系统恢复及改良的研究进展

一、退化草原生态系统恢复演替的研究进展

　　面对全球性的生态退化，国际社会日益关注生态环境保护与恢复的研究。植被恢复是生态系统恢复的前提，土壤恢复是生态系统的本质，植物多样性和生产力的恢复是生态系统功能恢复的重要指标。受损生态系统的恢复可以通过两个途径，其一是生态系统受损是不超负荷并且是可逆的情况下，压力和干扰被移去后，恢复可在自然过程中发生（赵哈林等，2009）。宝音陶格涛和陈敏（1997）对退化草场进行围栏封育，十几年之后草场生产力就得到了恢复，但结构和功能并没有完全恢复，演替方向各种措施处理群落都向原生羊草草原群落方向靠近，但速率和轨迹各不相同。另一种是生态系统的受损是超负荷的，并发生不可逆的变化，只依靠自然过程并不能使系统恢复到初始状态，必须依靠人的帮助，如可以通过围封、施肥、补播等植被恢复的工程措施，至少要使受损状态得到控制。陈敏和宝音陶格涛（1997）在内蒙古半干旱草原区选择典型退化草原，进行了围栏封育、轻耙松土、浅耕翻松土、播种羊草等多项改良措施，经过 8 年的试验研究，表明这些改良措施都有不同程度的增产效果。退化生态群落可以从某一退化阶段在

人为扰动下向原生植被恢复，这是一个漫长过程，不同措施下群落演替规律和轨迹不同（闫志坚，2002）。恢复被损害生态系统到接近于它受干扰前的自然状况的管理与操作过程，即重建该系统干扰前的结构与功能及有关的物理、化学和生物学特征。生态恢复与重建的难度和所需要的时间，一般与系统退化程度、自我恢复能力及恢复方向密切相关。在草原生态系统中，退化程度越重，系统位移程度越大，恢复力就越弱。王炜等（1996）认为退化群落消除放牧干扰后的种群拓殖能力与群落资源（水分、矿质养分等）的剩余。群落资源条件是种群拓殖的物质基础，从而成为恢复演替的动力。退化群落的资源过剩与植物种群的拓殖能力是推进群落恢复演替的驱动力。退化草原的恢复演替是从适应于特定牧压的、在低能量水平上自我维持的生态系统向适应于自然生境的、在高能水平上自我调控的生态系统过渡的自组织过程。退化群落中的过剩资源保证许多植物种群以较快速度增长，从而推进群落的恢复演替，构成了恢复演替的驱动力，这也是退化群落具有的自我控制、自我恢复弹性特征的能力（宝音陶格涛，2009）。

　　草原植物群落的结构与外貌通常以优势种和种类组成为特征，优势种的更替可成为植物群落演替的标识（刘凤婵等，2012）。刘钟龄等（2002）研究典型草原的退化演替模式为大针茅草原→大针茅+克氏针茅+冷蒿→冷蒿+糙隐子草变型；克氏针茅草原→克氏针茅+冷蒿→冷蒿+糙隐子草变型；羊草草原→羊草+克氏针茅+冷蒿→冷蒿+糙隐子草变型。在长期高强度放牧条件下，冷蒿群落变型向更严重退化的星毛委陵菜或狼毒占优势的群落变型演变。据资料表明，退化草原 11 年的恢复演替进程依次划分为冷蒿优势阶段、冷蒿+冰草阶段、根茎冰草优势阶段、羊草优势阶段，恢复演替中植物群落的动态特征与它们在牧压由强到弱的空间梯度上的变化是基本一致的，即退化草原长期停牧后可恢复到顶极状态，但退化过程和恢复过程的轨迹是不同的（王炜等，1999）。李政海等（1994，1995）研究表明，围封后使严重退化的群落环境得以恢复和改善，通过生存竞争和种内、种间的相互作用，使退化后的冷蒿+小禾草+羊草群落逐步向适应当地气候条件的羊草+大针茅+杂类草群落的方向演进，在这种演替过程中，群落的植物种类组成及各自的群落学作用发生了明显的变化。随着放牧恢复演替进程的后移，家畜喜食的禾草比例上升，草场质量有较大提高。

　　退化生态系统恢复的指标是多方面的，最主要的是土壤肥力的恢复和物种多样性的恢复。土壤养分是自然生态系统生产力的主导因素，土壤养分状况往往制约着生态系统的演替过程和对环境变化的响应。统计发现，群落对牧压强度的反应取决于土壤养分资源的丰缺程度和分布，提高牧压明显降低了贫瘠土壤上的群落物种丰富度，肥沃土壤上的群落物种多样性明显增加（王识宇，2019）。群落演替过程中土壤养分的变化与群落结构动态相对应，种间竞争除了争夺光资源外，对土壤养分吸收利用能力差异也是引起物种更替和群落变化的重要方面。因此，把群落动态与土壤养分资源状况结合起来研究，有助于从家畜—土壤—群落系统的角度研究草原对放牧的响应及其恢复演替规律（宝音陶格涛，2009）。在退化草原的恢复演替过程中，土壤种子库产生显著变化，主要表现在增强种组、恒有稳定种组和一年生植物的种子数量显著增加，而消退种组种子数量减少（Li et al.，2012）。在恢复演替过程中，土壤微生物群落组成的物种多样性和群落生物量，均表现明显的增加趋势，土壤理化性质也均得到不同程度的改变。土壤作为植物生长发育的基质和养分供应源,对植物生长和植被恢复具有极其重要的作用。土壤影响植物群落的组成和群落演替过程及演替速率,对草地生态系统、生产力和结构等都具有重要的影响。不同土壤状况,植物的生长发育状况不同,竞争能力会有所差异,会对群落的结构和功能产生影响(赵哈林等,2009)。土壤结构和养分状况是衡量生态系统功能恢复与维持的关键指标之一,作为退化草原恢复研究的一个侧面,具有重要的意义(刘忠宽,2004)。植被恢复过程中土壤理化性质的改变,既是植物对土壤作用的结果,也是植物发生演替的重要动力。不同的改良措施作用下,土壤物理性质会发生改变,进而会造成土壤水、气、热的差异,影响土壤中矿质养分的供应状况,影响植物的生长发育,而且土壤物理性质与土壤中的生物种类、数量、活性有着密切的关系(李政海等,1995)。因此本节着重从土壤含水量、容重、土壤养分和土壤微生物组成等方面来分析。

二、草原封育的研究进展

(一)封育对退化草原群落的作用

封育是将退化草原封闭一定时期,消除外界环境干扰(放牧或割草),为植物生长发育创造条件,得到休养生息机会和自然更新,实现生态系统的自我恢复(汪海霞等,2016)。国内外已经将围栏封育措施作为退化草原恢复的主要手段。由于其投资少、见效快,已成为当前退化草原恢复与重建的重要措施之一(刘小丹等,2015;Huffman,1952)。根据资料表明,有些退化草原封育5~10年后达到最大值,但如果围封年限继续增加,则各植被数量指标缓慢下降。据报道围栏封育9年后,群落多样性增加,优势种和结构组成与原生境相似(郑翠玲等,2005)。围栏后植物群落逐渐由不稳定的一年生植被向次稳定的灌丛化植被和相对稳定的干草原植被过渡,典型草原恢复演替过程中物种多样性随恢复演替时间的延长呈增长趋势,最大值出现于演替中后期(胡毅等,2016)。随着围封年限的增加,群落结构逐渐趋于合理,物种丰富度、多样性和群落均匀度不断增大,而封育20年区群落数量特征值出现下降趋势。随着围封年限的增加,退化指示植物所占比例逐渐降低,建群种及一些适口性较好的优良牧草所占比例逐渐增加。围栏内生态系统碳交换高于围栏外,围栏内外表现出明显的差异性(李永宏和阿兰,1995)。因此,草原封育恢复的程度和速度取决于封育的草原类型、退化程度和封育年限长短等条件。

草原封育植被恢复过程是植被和土壤相互作用、相互促进的过程,逐渐恢复的植被给土壤以保护和调节,使土壤各个方面的性质得到不断改善,主要表现为土壤含水量与田间持水量增加,土壤粒度组成中粉粒质量含量增加、砂粒质量含量减小,密度和紧实度减小,总孔隙度和水稳性团粒增加(闫玉春等,2009)。各种土壤物理性状的变化中,土壤含水量与密度最为敏感,土壤机械组成最不敏感。随围封恢复年限的增加,土壤结构得到较大程度改善,表层受到根系、雨水、冻融等的作用而疏松,水分入渗能力增强,其渗透能力表现为封育27年>封育14年>未封育样地,涵养水源功能随封育年限的延长而大大增强。封育消除了土壤紧实层,改善了土壤结构与性状,但对土壤养分的影响效应不一致(刘凤婵等,2012)。随着围栏时间的增加土壤的理化性质也相应地发生变化,但不如植被变化明显。土壤性状对植物群落特征变化的响应程度表现为土壤水分含量与容重最为敏感,土壤养分含量较为敏感，而土壤机械组成则最不敏感（赵彩霞等，2006）。

（二）围封与退化草原恢复演替机制

闫玉春等（2009）分析总结了围封与退化草原恢复演替机制：围封通过排除家畜的践踏、采食及排便等干扰，从而使其群落向着一定方向演替。诸多研究表明，对退化草原围封，整个群落会表现出向气候顶极群落演替的趋势。退化草原群落围封后可能会出现 3 种演替模式：①单稳态模式（mono-stable-state）。单稳态模式认为，一个草原类型只有一个稳态（顶极或潜在自然群落），不合理的放牧所引起的逆行演替可以通过管理、减轻或停止放牧而恢复，并且认为恢复过程与退化过程途径相同，而方向相反。该模式是近来草原放牧演替绝大多数研究工作的理论基础；②多稳态模式（multi-stable-state）。一些研究表明，当生态系统严重受损时，其恢复演替途径并不会按照其退化演替的相反途径进行。在干旱区草原研究发现，退化的草原类型在围封后并没有沿着其退化演替的途径恢复到原来的顶极群落，而是较长期地稳定在演替的某一阶段中，因而认为在一些草原的放牧演替中有多个稳态存在，即"多稳态模式"。该模式认为严重退化草原围封后，外来种入侵、木本植物群落的建立等都会导致退化的群落难以恢复到原生群落类型（李政海等，1994）；③滞后模式（lag model）。该模式是单稳态模式的一个变型，单稳态模式强调恢复演替与退化演替途径相同，而方向相反。而在实际中，这种完全理想化的过程是不存在的，退化草原群落恢复演替过程往往表现出滞后于围封的特征。基于此提出退化草原群落围封后的另一种演替模式，即滞后模式，该模式也认为一个草原类型只有一个稳定状态，退化群落可以恢复演替到原来的群落稳定状态，但其恢复要在围封后较长的一段时间才能表现出来，其恢复演替不一定完全按照其退化演替的模式进行，并且往往会出现跃变的过程。这一模式更符合草原群落演替的实际情况。例如，对内蒙古典型草原的退化类型冷蒿（*Artemisia frigida*）草原 11 年的围封研究表明，羊草（*Leymus chinensis*）与大针茅（*Stipa grandis*）是退化群落中的衰退种，在恢复演替前期（1983～1988 年），种群无明显增长，1989 年起跃升为主要优势种。根茎冰草（*Agropyron michnoi*）在退化群落中也是衰退种，1984～1988 年间种群已有显著增长，1989 年以来仍是群落的优势成分之一。糙隐子草（*Cleistogenes squarrosa*）是退化群落的优势种，在 1987 年以前生物量比较稳定，1987 年以后种群趋于萎缩，成为群落结构下层的恒有成分。冷蒿是退化群落的主要优势种，在 1983～1988 年处于种群增长的态势，1989 年起开始趋于衰退，成为群落下层的伴生植物。变蒿（*Artemisia commutata*）在退化群落中是生物量较高的种群，1988 年以前，保持稳定，成为优势植物之一，1989 年以后，生物量急剧下降，成为稀有种。双齿葱（*Allium bidentatum*）与小叶锦鸡儿（*Caragana microphylla*）都是比较稳定的种群，在恢复演替过程中，其生物量的波动幅度较小（宝音陶格涛，2009）。有关围栏禁牧对植物多样性的影响（与对应放牧样地相比），在以往研究中并未得出一致结论。一些研究表明围栏禁牧可以增加植物多样性并认为过度干扰可以使某些种群消失从而降低植物多样性，如强度放牧导致适口性牧草减少或消失，而围封下适口性牧草增加从而导致物种丰富度和多样性提高（刘忠宽，2004；汪海霞等，2016；刘小丹等，2015）。

三、草原土壤物理疏松的研究进展

土壤是牧草生长的物质基础，长期过度利用会造成草地土壤板结、孔隙度降低和透水性变差（赵琼等，2010）。为了疏松和改善土壤通透性，并且可以促进根系的生长，松土改良措施被应用于退化的草地中（奇立敏，2015）。松土改良包括浅耕翻、耙地打孔和切根等措施，即运用农业机械疏松土壤，改善土层结构，通过改变土壤理化性质和对根系刺激达到原生植被恢复目的的改良方式（奇立敏，2015）。闫志坚和孙红（2005）关于大针茅羊草退化草原改良技术的研究表明，浅耕翻能抑制丛生禾草的生长，促进根茎禾草的生长，浅耕翻后第三年羊草的比例由 39% 上升到 55.9%，地上生物量大针茅由 318.40kg/hm^2 减少到 76.24kg/hm^2，羊草则由 265.23kg/hm^2 增加到 787.59kg/hm^2，增加了 196%。宝音陶格涛和王静（2006）对浅耕翻和耙地处理后退化羊草草原多样性变化的研究也表明，随着浅耕翻处理年限的增加，退化羊草草原表现为群落建群种和优势种的快速富集，尤其是根茎型的羊草生物量显著增加。轻耙处理后群落物种丰富度变化整体不大，而均匀度指数随演替过程呈下降趋势，多样性指数也出现波动下降的趋势。在处理达到一定年限时，群落均匀度指数和多样性指数逐渐趋于稳定（宝音陶格涛和王静，2006）。

对退化天然草场来说，打孔疏松是有效的改良方式之一，其通过对植物根际土壤进行钻孔以改良土壤透气状况，同时疏松土壤能促进其有机物分解，增加植物根系对土壤养分的吸收，有利于枯草层的进一步分解（宋桂龙和韩烈保，2003）。土壤微生物活性对枯草层的 pH 变化十分敏感，因此打孔间接影响着微生物酶的活性。相关研究发现，打孔对内蒙古牙克石地区草地具有良好的改善作用且短期内改善了土壤微生物的环境，使得微生物活性增强（李志强和韩建国，2000；刘劲松，2003；刘晓波等，2013）。但是目前，打孔技术大多被用于草坪的改善和维护上，在草地生态学领域比较罕见。切根改良是利用机具将草地植株的横走根茎切断，实现植株增殖促繁的改良方式（乌仁其其格等，2011）。与浅耕翻和耙地松土改良相比，切根改良不翻垡草原土壤，地表植被破坏率小于 30%，减少草原沙化（张文军等，2012）。切根可以提高土壤的通透性和含水量，降低不同深度的土壤紧实度、土壤容重和孔隙度（梁方，2015；代景忠等，2017a；吴佳和张淑敏，2010）。相对于土壤物理性状的直接作用，土壤化学性质对切根的响应是间接的。由于切根处理加大了土壤孔隙度，土壤对气温、降雨等环境因子的响应不同，植物根系对土壤养分的吸收率均可能因切根处理变得不同（代景忠，2016）。切根改良虽然可以提高土壤的通透性，但不适当地切根措施对土壤有不同程度的破坏，在实践操作中应选择适宜在水土条件较好的草原区退化草地实施（梁方，2015）。天然羊草割草地由于长期无节制的利用，加之多年生羊草根茎盘根错节，使得羊草草地土壤发生板结现象，土壤透水性和透气性下降，从而使牧草根系的生长延伸受到抑制（赵琼等，2010）。羊草属于根茎型克隆植物，根茎是羊草重要的无性繁殖器官和营养器官。羊草在地下具有发达的横走根茎网，在地下 5～10cm 的土壤中形成了纵横交错的根茎网，根茎最高深度可达 1.5m（胡成波和王洗清，2012）。切根改良可以切断羊草根茎并对其单元面积的根茎数、主根茎节数和根茎节总数影响不显著，却能使羊草各单元组成构件间的生长协调性下降，导致克隆生长内部出现竞争，对地上枝条总长度、主根茎长度和根茎总长产生显著影响（张文军等，2012；梁方，2015；董鸣，2011；尤泳，2008）。切根促进了羊草的复壮与自我繁殖，使羊草的个体数量、盖度提高，提高羊草的竞争能力和排他能力，提高羊草种群在草地群落中所占的比例（郭金丽和李青丰，2008）。有研究表明，不同的切根深度很大程度地影响羊草的生长速率、密度和高度，5cm 和 10cm 深度切根均可显著提高羊草的高度，切根宽 30cm、深 5cm 最大限度地提高了羊草的密度（尤泳，2008）。乌仁其其格等（2011）通过试验研究了切根深度对植物群落特征的影响表明，切根深度为 4cm 时，可提高群落总盖度和密度，显著降低了群落多样性及均匀度指数；而切根深度达到 7cm 时，群落地上生物量出现最高。

四、草原施肥的研究进展

（一）施肥对种群的影响

不同植物种群在植物群落占据一定的资源，其占据资源空间的能力是各植物种群在构件群落过程中的功能体现（何丹等，2009）。当植物种群在群落中地位稳定时，其占据的资源空间相对稳定。在植物群落中，占据优势地位的种群植物个体健壮，其密度和生物量较大，而处于劣势的种群对水分、养分等资源竞争能力弱，容易产生个体死亡现象，导致其密度降低（邱波等，2004）。植物群落生产力取决于植物种群对资源的利用，而优势种群生物量的变化是造成群落地上生物量波动的重要原因之一（杜青林，2006；章祖同和刘起，1992）。施肥能够改善土壤中的有效资源的分配，使得植物群落种类增多，产量增大，种群结构明显改善（程积民等，1997）。由于不同植物对肥料的利用率不同，导致植物种群发生变化，进而使得群落结构发生变化（章祖同和刘起，1992）。在羊草草甸草原进行氮磷混合施肥试验表明，施肥初期增加了优势种细叶白头翁种群高度，随着施肥年限和施肥浓度增加，细叶白头翁和糙隐子草逐渐消失（陈积山等，2018）。另有研究表明，适量施肥增加了建群种羊草种群密度，但存在阈值，过量施肥导致羊草种群密度降低，部分优势种消失（代景忠等，2017b）。程积民等（1997）对半干旱草地进行的氮、磷、钾混施研究表明，施肥对不同植物种群的生物量有显著性影响，高浓度施肥小区生物量较高。代景忠（2016）对半干旱羊草割草地进行施肥试验表明，高浓度施肥显著提高建群种羊草地上生物量，降低了其他优势种地上生物量。因此，不同植物种群对不同的肥料及浓度均存在敏感区间，导致种群高度、密度和地上生物量变化，从而引起植物群落的变化（温超等，2017）。

（二）施肥对群落的影响

植物群落物种多样性对于草地生态系统功能起着重要作用，并且与生态系统稳定性、生产力和养分动态之间存在密切关系（Basso et al.，2016；Bennett et al.，2003）。当植物群落的多样性减少时，草地的缓冲作用减小，生态系统的服务功能受到威胁（张杰琦等，2010；Hautier et al.，2014；Hector et al.，1999）。施肥通过改变群落物种的数量特征（丰富度）和质量特征（重要值）进而改变草地生态系统的生物多样性和生态系统功能的关系（Abrams，1999；Waide et al.，1999；Mittelbach et al.，2001）。施肥导致物种多样性的变化是由于物种对环境资源的有效利用所致，使得资源利用产生不对称性，进而引起物种丰富度的下降（沈振西等，2002）。Grime（2001）认为物种多样性下降的原因是施肥导致地上和地下竞争力造成的。其他学者认为草地施肥导致物种对光的竞争增强，进而处于竞争能力弱的植物逐渐减少引起物种多样性降低（高宁，2019）。Dickson 和 Foster（2011）认为，光因子并不是唯一限制因子，施肥降低多样性的原因应结合多个因子进行分析。多样性下降其他因素可能是群落密度，密度下降引起了物种丰富度的下降，即密度下降引起了物种丰富度的损失（Stevens et al.，2004；杨中领等，2014；Huston，1997）。李禄军等（2010）施肥研究发现，氮、磷肥混施改变了群落物种组成，降低了群落的物种丰富度，而单施磷肥对群落物种数和物种丰富度均无显著影响。短期施肥的研究表明，有机肥可以在短期内增加植物群落的盖度和高度，从而影响群落丰富度（Waide et al.，1999；Mittelbach et al.，2001）。在不同改良措施下动态规律的研究中，多样性作为衡量群落稳定状况和健康状况的主要指标，对于综合评价和衡量退化割草地恢复具有重要的指示作用。

生物量是生态系统获得能量的集中体现，同时对生态系统的结构形成和功能具有重要的作用（章祖同和刘起，1992）。天然割草地随着连年刈割导致土壤营养元素减少，造成草地生态系统因养分限制而退化，生产力大幅下降（白玉婷等，2017；Basso et al.，2016）。由于养分需求、养分获取策略及选择养分类型的不同，导致植物群落和土壤对施肥的响应不同（白春利等，2013；王生明等，2012）。大量试验表明，施氮肥会显著增加草地生态系统的群落地上生物量（代景忠，2016；白玉婷等，2017）。白春利等（2013）在内蒙古荒漠草原进行了施肥实验表明，施氮肥使得群落地上生物量增加幅度与施肥梯度呈正相关关系，这意味着施氮肥能在短期内加速草地生态系统生产力的恢复。李楠等（2001）研究表明，磷是吉林省西部半干旱羊草草原中主要限制牧草生长的营养成分，施用磷肥提高干草产量。有机肥可以为牧草提供全面营养和改善土壤的理化性质，而且肥效长，对草地可食牧草产量的增加最为显著（王生明等，2012）。关于有机肥的增产效果，国内已进行过大量试验，从长期的增产效应来看，有机肥增产效果绝不逊于化肥，甚至超过化肥（王生明等，2012）。长期定位施肥研究表明，平衡施用无机肥（氮、磷、钾）或有机肥与无机肥配合施用对不同的土壤类型中氮、磷、钾及微量元素等养分的含量均有积极的影响（聂胜委等，2012；邱波和罗燕江，2004；李本银等，2004）。一般认为，不同肥料的添加水平与群落的生产力存在"单峰"曲线关系，但草地生物量并不是随施肥浓度的增大而不断增加，且在某个量上存在一个阈值（白玉婷等，2016）。由于不同地区环境因子，例如土壤、气候等存在差异，加之不同植物种群对肥料的响应不同，施肥时应注意本地区植物生长的限制性因素（潘庆民等，2005）。因此，在改良退化草地时，应当根据实际需要来确定肥料量，以控制群落的物种结构组成，做到既增加牧草产量又提高群落中优良牧草组分（陈亚明等，2004）。

牧草营养品质通过影响牲畜对牧草的消化率、能量摄入及养分获取，对畜产品的产量和品质起到重要的作用（余有贵和贺建华，2004；郑凯等，2006；张丽英，2007）。从营养价值来看，粗蛋白是家畜必不可少的营养物质；中性洗涤纤维含量的高低直接影响家畜采食率，其含量高则适口性差；酸性洗涤纤维含量则影响家畜对牧草的消化率，其含量与养分消化率呈负相关（张丽英，2007；谭占坤等，2019）。相对饲用价值是由中性洗涤纤维和酸性洗涤纤维计算出来的，常作为评定干草质量的一个指数（孙彩丽等，2017）。相对饲用价值越高，就说明该种牧草具有越高的营养价值。施肥是提高牧草品质的重要途径（付霞杰等，2019；董晓兵等，2014）。有资料表明，未施肥的 100kg 干草，含 2.6kg 可消化粗蛋白和 48.5 个饲料单位，而施肥草地则含 6.5kg 可消化粗蛋白和58.8 个饲料单位（许能祥等，2009）。韩璐等认为牧草品质的评价指标主要是粗蛋白、酸性洗涤纤维和中性洗涤纤维，粗蛋白含量高，酸性洗涤纤维和中性洗涤纤维含量低，牧草营养价值高（韩路等，2003）。施氮对豆科牧草品质的影响一般认为氮肥增加含氮量和粗蛋白含量（林明月等，2011）。研究表明，牧草的粗蛋白含量均随着氮肥施用量增加而增加，酸性洗涤纤维则呈下降趋势（周学东和陈卫东，2000）。有学者研究磷肥和钾肥对牧草品质结果发现，在高浓度磷肥和高浓度钾肥处理下，牧草粗脂肪含量最高；低浓度磷肥和低浓度钾肥处理下，牧草中粗蛋白含量最高；高浓度磷肥和中浓度钾肥处理下，牧草粗纤维含量最高（周学东和陈卫东，2000）。研究表明，施磷可显著提高牧草粗纤维含量，而氮磷合施可以弥补单施其中一种而引起的某些营养成分下降的弊端，使牧草品质提高，能显著增加粗蛋白（付霞杰等，2019）。群落牧草品质除了与物种有关外，还受到环境条件的影响（董晓兵等，2014）。伴随着割草场的退化，优良牧草的比例和牧草自身的品质也随之下降（林明月等，2011）。

（三）施肥对土壤养分的影响

氮、磷、钾等主要元素在土壤中的含量一定程度上可以体现土壤肥力高低（代景忠，2016）。土壤中的氮元素主要以无机态氮及有机态氮两种形式存在，其中无机态氮包括铵态氮和硝态氮，施用化肥能够明显增加无机氮的数量，但对增加有机氮数量影响不大（于占源等，2007）。施用有机肥能够增加土壤中的有机氮含量，而有机氮是有机质的重要成分，对于供给土壤养分作用显著（冯涛等，2005）。若土壤仅施氮肥会使土壤中氮素淋溶较多，而施入有机肥后能够有效降低氮素的淋溶，土壤中氮素含量会随着有机肥施用量的提高而逐渐增多（冯涛等，2005）。李楠等（2001）研究土壤硝态氮和速效氮对施肥的响应发现，随施氮量的增加，两种养分含量均增加。有学者研究发现草地施肥后土壤养分呈现向表层积聚的趋势，施肥后退化草地土壤全氮含量在土壤表层 10cm 以上升高，在 10cm 以下则表现为下降（Hu et al.，2009；Meek et al.，1979）。土壤中磷的形态包括无机磷和有机磷，与氮素不同，土壤中的磷主要以无机态磷为主。长期施用有机肥对于有机磷和无机磷含量的提升均有显著效果。周宝库和张喜林（2005）研究证明，有机肥能明显提高土壤速效磷含量。李本银等（2004）研究全磷和速效磷对施肥的响应发现，施肥后两者的含量均有大幅提高，0～20cm 土层土壤中速效磷含量显著增加，平均增加 227%～504%，水解氮含量增加 32%～50%。有机肥能够在一定程度上降低土壤对磷的固定作用，使土壤中的速效磷含量不易流失，保持在较高的水平上，还能提升土壤磷的有效性和活化土壤难溶性磷（Hu et al.，2009）。有机肥之所以能够提高土壤磷和钾的含量，主要因为有机肥能够分解成草酸、柠檬酸等各种酸类物质，这种酸类物质能够溶解难溶性钾、增加磷的溶解度，进而提高其有效性（Meek et al.，1979）。

长期定位施肥研究表明，单一种类施肥对土壤养分含量的增加效果不及合施（Meek et al.，1979；周宝库和张喜林，2005）。土壤养分含量的变化受肥料种类及浓度的影响，其中最易受影响的是土壤磷，其次是土壤氮（Meek et al.，1979）。传统观点认为陆地生态系统受氮限制多于磷限制（高树涛等，2008；冯涛等，2005；Hu et al.，2009；Meek et al.，1979）。氮添加通常会对土壤速效磷产生显著影响，一方面，氮添加会引起土壤酸化导致土壤磷的流动性减弱。另一方面，氮添加会对根系磷酸酶和根际微生物产生影响进而影响土壤磷素有效性（Hu et al.，2009）。因此，氮、磷配施除了可以满足作物生长所需，还可以保持磷素养分的平衡（Meek et al.，1979）。近些年，由于大量单施氮肥或磷肥造成了氮、磷比例失调，限制了养分的高效利用（陈欣，2012）。施用磷肥是增加土壤磷库的重要措施，但单施磷肥会使土壤中无机磷和有机磷的活性组分转化成稳定性磷，造成难利用磷的累积，而配施有机肥则可以活化土壤中难利用的磷素（陈欣，2012）。土壤养分是植物生长的主要养分来源，施肥（养分添加）是通过人为的方式，弥补和增加土壤养分供给能力，进而成为促进植物生长的有效手段，也可以称为退化草地的化学改良措施。

（四）施肥对植物营养元素和化学计量学特征的影响

氮和磷是植物在生长过程中所需的重要元素，氮磷元素不足会限制植物生产力（张学洲等，2014；陈凌云等，2010；王雪等，2014）。在适宜环境条件下，植物的光合速率会随着植物体内氮含量增加而增加，但存在一定范围，超出后植物的光合速率会下降（陈凌云等，2010）。磷是植物体内多种酶的组成部分，主要参与生物体内呼吸代谢、酶促反应、糖分代谢和生理生化调节等过程（宋彦涛等，2016）。磷在植物体内含量很低，平均只占干重的0.2%左右（张学洲等，2014；王雪等，2014）。虽然磷在植物体内含量很低，但其重要性却不亚于碳和氮（曹文侠等，2015；Zhang et al.，2004）。由于磷在土壤中有效性低、移动性差，磷制约着植物的生长和发育，成为限制生态系统发展的重要元素之一（He et al.，2016）。施肥对植物自身养分元素有不同程度的影响，随着周围环境发生变化，植物体内的任何一种元素的变化都将可能导致其他元素含量发生变化，但植物有机体的元素组成比值一般被认为是呈动态稳定状态的（陈佐忠等，2000；刘美丽，2016）。叶片营养元素（叶氮和叶磷），常被用于评价植物对环境养分吸收和利用状况的指标（Lü and Han，2010；Lü et al.，2012）。黄菊莹等（2013）对宁夏荒漠草原的施肥研究后发现，增加氮肥施用量可以显著增加针茅、牛枝子和老瓜头的叶片氮浓度。杨浩和罗亚晨（2015）利用盆栽实验的研究发现，糙隐子草的叶片氮含量在自然降水下随氮添加量的增加有增加趋势，而在干旱条件下显著降低，证明了植物叶片保留氮的能力受水分的限制，水分条件限制时，即使氮的供应增加，植物吸收并保留氮含量的能力也不会明显提高。相对于叶片氮含量对环境中氮的供应增加的明显效应外，尽管多数生态系统植物生长受到磷限制，但磷的供应增加不一定增加叶片磷含量。王雪等（2014）研究表明，氮和氮磷的复合作用显著增加植物的叶片氮含量，而氮、磷及氮磷的复合作用对叶片磷都无影响。在内蒙古温带草原施肥试验表明，施用氮肥后的羊草和黄囊薹草中氮、磷元素含量明显增加（吴巍和赵军，2010）。青海高寒草甸施肥研究表明，豆科植物、禾草类植物和莎草类植物的氮、磷含量并未因氮磷元素添加而产生显著性改变，但施肥后普遍被发现会提高植物群落氮、磷含量（沈景林等，1999）。由于不同的草地类型、肥料种类及环境因子的差异，植物群落或种群中元素含量对施肥的响应不同（那守海，2008；Abelson，1999）。营养元素含量的多少，直接关系到牧草的生长状况和质量（李楠等，2001）。

　　生态化学计量学是研究化学反应中各化学元素的比值及反应过程中的能量变化（邬畏等，2010）。生物体与生物体之间、生物体与非生物环境之间的相互作用方式会受到相关生物体对元素需求的强烈影响，也会受到周围环境化学元素平衡状况的影响（Elser et al.，2000）。生态化学计量学是研究生态系统能量和多种化学元素平衡的一门科学，是近年来新兴的一个生态学研究领域，为研究植物和土壤元素中碳、氮、磷循环提供了一种新的综合方法（邵梅香等，2012）。植物组织中的碳、氮、磷及其化学计量通常与植物的生长策略有关，而这些策略受到外部环境干扰的强烈影响（邵梅香等，2012）。在半干旱草原的研究表明，优势种群随着氮素添加的持续时间表现出减少的趋势（宾振钧等，2014；贺金生和韩兴国，2010；He et al.，2008）。植物群落的临界比值可以作为判断植物群落生产力受到哪种元素的限制，植物 C∶N∶P 生态化学计量学特征研究为探索植物的养分利用状况提供了一种重要的手段（Elser et al.，2000）。这些比率还可以响应诸如大气氮沉积等全球变化因素而改变，并且可以对干旱和半干旱地区的群落组成和生态系统功能施加强有力的控制（He et al.，2008；银晓瑞等，2010）。目前从群落水平研究 C∶N∶P 化学计量临界比存在很大争议（邬畏等，2010）。对中国陆地植物的研究表明，叶片的磷含量显著低于全球植物平均水平，导致 C∶P 明显高于全球平均水平（贺金生和韩兴国，2010）。贺金生和韩兴国（2010）认为中国草地植被 N∶P 值高于全球水平，原因是草地土壤普遍缺磷。张丽霞等（2004）施肥试验结果验证了内蒙古草原的植物 N∶P 值是相对稳定的，可以作为判断生境中氮或磷不足的指标。

　　植物和土壤是一个互相联系和牵制的整体，而土壤是植物生长的载体和主要养分来源（张丽霞等，2004；王绍强和于贵瑞，2008；李艳，2014；韩文轩等，2009）。植物根、茎和叶中的养分含量取决于土壤养分供应和植物养分需求的动态平衡（周鹏等，2010；刘兴诏等，2010）。植物通过光合作用固定碳并产生有机物，以转移方式或凋落物形式补偿到土壤中，植物体可再次进行吸收利用。因此，整个生态系统中碳、氮、磷含量及其比率的生态化学计量特征具有明显的关联性和差异性（徐冰等，2010；羊留冬等，2012）。土壤碳、氮、磷含量受气候差异、地理因素、植被条件和土壤因子等因素的影响变化很大（许秀美等，2001）。土壤 C∶N 作为指示土壤氮素矿化能力的指标，可以反映土壤受外源氮输入的影响程度，而土壤 N∶P 可以指示土壤是否受氮和磷元素限制（Huang et al.，2015）。一般来说，较低的 N∶P 反映了地上植物受氮限制作用明显，较高的 N∶P 反映了植物受磷作用明显（黄昌勇，2000）。我国温带土壤中的 C∶N 稳定在 10∶1 到 12∶1。热带与亚热带地区土壤 C∶N 最高可达 20∶1，而一般耕作表层土壤 C∶N 平均在 10∶1～12∶1（李艳，2014）。黄菊莹等（2013）发现短期氮添加对荒漠草原土壤 C∶N∶P 计量影响较小，这是因为施氮缓解了氮限制。大多数关于化学计量特征的研究，主要集中于对不同类型的天然草地群落、某些元素的养分添加等实验研究（贺金生和韩兴国，2010；银晓瑞等，2010），而对于在切根和切根+施肥作用下，退化割草场土壤和植物化学计量特征的响应，是否因施肥造成化学计量学特征的变化而形成限制因子的改变等研究明显不足。

天然羊草割草地面积大、产量高和品质好，是我国草原地区最重要的天然割草地（仲延凯等，1998）。由于长期过度利用，天然羊草草地土壤发生板结现象，土壤透水性和透气性下降，牧草根系的生长和繁殖受到严重抑制（刘美丽，2016）。同时，天然割草地连年频繁刈割，在收获牧草的同时从草地中带走大量的营养物质，致使草地生态系统的长期物质循环被打破，养分的输入与输出已经失去平衡，造成土壤贫瘠（Atkinson，1986）。割草地营养元素入不敷出的矛盾日益加剧，这正是天然羊草割草地生产力下降、草地退化的根本原因（Bai et al.，2004）。为了探讨和研究不同改良措施对天然草甸草原羊草割草地的综合改良效果，阐释羊草割草地植物群落和土壤特征对不同改良措施的响应特点及变化规律，以及寻求退化草甸草原羊草割草地改良效果的最优方案，从而为退化割草地人工恢复提供技术指标体系，进而为退化天然割草地的改良和生态恢复及草地畜牧业的可持续发展提供理论依据和数据支撑。

第二节　研究区域概况与研究方法

一、研究区自然地理特征

研究区域位于内蒙古呼伦贝尔草原生态系统国家野外科学观测研究站附近谢尔塔拉，北纬 49°19.833′、东经 120°03.356′，海拔 629～651 m。该地区属中温带半干旱大陆性气候，年平均降水量为 350mm，多集中在 7～9 月且变率较大。年均气温为–2.4℃，最高、最低气温分别为 36.17℃和–48.5℃，积温为 1580～1800℃，无霜期为 110 天；土壤为黑钙土或暗栗钙土。植被类型包括羊草草甸草原和贝加尔针茅草甸草原，建群种分别为羊草和贝加尔针茅，伴生种有蓬子菜、展枝唐松草、斜茎黄芪、山野豌豆、防风、草地早熟禾等。

二、研究样地与方法

（一）退化草甸草原近自然围封

选取地点在内蒙古呼伦贝尔草原生态系统国家野外科学观测研究站贝加尔针茅草甸草原，位于谢尔塔拉 11 队贝加尔针茅草甸草原围封样地内，北纬 49°20.979′、东经 120°07.419′，海拔 660.09～664.60m。样地围封于 2006 年，于围栏内外开展草地生态系统动态研究。

（二）退化草甸草原生态系统土壤化肥改良

选取内蒙古呼伦贝尔草原生态系统国家野外科学观测研究站的羊草草甸草原恢复

改良样地,进行打孔和切根改良。试验在 2014~2016 年 8 月进行,分别在样地内与样地外,选取对照、打孔、切根 3 种处理进行植物群落特征、植物营养成分、土壤物理和化学性质的测定,每种处理重复 3 次。试验地相邻,在土壤母质状况、降雨状况、光照强度、群落组成等方面均比较相似。

样地选取长期割草利用的羊草草甸草原固定草场(利用时间>20 年),刈割频率为每年一次。于 2013 年 8 月末(牧草生长季结束)对土壤进行本底调查。2014 年 5 月初建立试验区。为减少土壤肥力等非处理因素的影响,试验采取单因素随机区组设计,4 种处理,3 个重复,共计 12 个小区。每个小区面积为 6m×10m,中间设置 2m 的缓冲带。然后利用 9QP-830 型草地破土切根机对试验区进行切根处理,切根深度为 15cm,切根长度、宽度为 30cm×30cm,呈网格状。同年 6 月初进行养分添加处理。经查阅文献,氮、磷配施比例为 2:1 时群落的地上生物量相对较高,所以将氮、磷元素添加比例设置为 2:1。同时,根据土壤养分调查结果(0~30cm 土壤全氮含量为 2.86g/kg、全磷为 0.49g/kg、全钾为 22.96g/kg)设置 4 个添加梯度。分别为 CK(切根+氮 0g/m^2+磷 0g/m^2)、QH1(切根+低含量氮 3.5g/m^2+低含量磷 1.7g/m^2)、QH2(切根+中含量氮 7.0g/m^2+中含量磷 3.4g/m^2)、QH3(切根+高含量氮 10.5g/m^2+高含量磷 5.1g/m^2),括号内为折算后氮、磷元素添加量。氮元素选择有机态尿素(CON$_2$H$_4$,总氮含量≥46.4%),磷元素选择有机态过磷酸钙(P$_2$O$_5$ 含量≥16%)。添加方式为肥料加水混匀,人工喷施。

(三)退化草甸草原生态系统统土壤微生物肥料改良

试验地为呼伦贝尔羊草草甸草原割草地,2013 年 7 月对试验地进行植物群落调查,2014 年 5 月选择地势平坦、植被分布均匀的代表性天然割草地进行围封,建立试验区。分别在 2014 年、2015 年和 2016 年生长季节 6 月初一次性均匀施肥。本试验采用随机区组设计,根据该地的长期试验资料及土壤本底调查,设置对照(CK)、单施腐殖酸复合微生物肥料(F)、糖蜜发酵复合微生物肥料(T)、海藻酸复合微生物肥料(H)、3 种复合微生物混合肥料(F+T+H)、腐殖酸+复合微生物菌剂肥料(F+J)和海藻酸+复合微生物菌剂肥料(H+J)7 个处理,微生物肥料的施入量如表 8-1 所示。每个处理重复 3 次,小区面积 30m^2(6m×5m),间隔 2m,共 21 个试验小区。

表 8-1　施微生物肥料改良试验设计和肥料用量

处理	处理	肥料生产公司(肥料名称)	有效活菌数	施肥用量
CK	对照	—	—	0
F	腐殖酸	青岛明月海藻集团(五菌天王)	>0.2 亿/g	75g/m^2
T	糖蜜发酵	辽宁三色微谷科技有限公司(三色原菌剂)	>20 亿/g	6ml/m^2
H	海藻酸	福建诏安绿洲生化有限公司(绿乌龙)	>0.2 亿/g	75g/m^2
F+T+H	腐殖酸+糖蜜发酵+海藻酸	综合三种肥料		25g/m^2+6ml/m^2+25g/m^2
F+J	腐殖酸+复合微生物菌剂	北京丹路生物工程有限公司	>2.0 亿/g	75g/m^2+30g/m^2
H+J	海藻酸+复合微生物菌剂	(复合微生物菌剂)		75g/m^2+30g/m^2

第三节 退化草甸草原生态系统的封育

围栏封育作为退化草原近自然恢复的一种措施，在我国草原资源保护和可持续管理中得到广泛应用，并在实践中取得了良好的效果。对合理恢复和改良退化草原的途径和方法，国内外学者做了很多研究，在诸多方法中，针对大面积的退化草原，围栏封育是一种有效而且简便易行的方法。本研究以 2006 年围栏封育以来的呼伦贝尔草甸草原为研究对象，2018 年在贝加尔针茅草原围栏封育内、外分别设置 10 个调查样方，利用频度规律、重要值及生态位分析方法，研究植物空间地位、群落结构和生态位的特征，以揭示封育退化草原的植被恢复过程和效果，认识和探索退化草原恢复的适宜措施，为制定科学合理的草原保护和恢复管理体系提供理论依据。

一、围栏内、外植物种类及频次的变化

相对稳定的植物群落都有一定的种类组成和结构。一般在环境条件优越的地方，群落的层次结构较复杂且种类丰富。经调查围栏封育内的植物种类共 52 种，全部是多年生植物，围栏外共计 40 种植物（表 8-2）。围栏内 52 种植物中且没有出现一年生植物，而围栏外出现了 4 种一年生植物。围栏内比围栏外多 12 种植物，全部是多年植物，而围栏外出现频次高的植物不仅有一年生植物，还有退化指示植物，围栏内、外植物群落的空间格局变化直接指示了生境格局的变化。围栏封育 12 年间，由于围封解除放牧干扰后，围栏内植物群落种类和结构的分布格局和复杂程度远大于围栏外，说明围栏内土壤生境条件随植被的改善而得到改善。

植物出现的频次反映群落中各种植物在水平分布上是否均匀一致，说明植物与环境或植物之间的关系。在欧洲草原群落的研究中，用 1/10m 的小样圈任意投掷，将小样圈内的所有植物种类加以记录，然后计算每种植物出现的次数与样圈总数之比，以分析群落优势种和建群种及植物物种分布的均匀一致性及稳定度。凡频度在 1%～20% 的植物物种归入 A 级，21%～40% 者为 B 级，41%～60% 者为 C 级，61%～80% 者为 D 级，80%～100% 者为 E 级。这个定律说明在一个种类分布比较均匀一致的群落中，属于 A 级频度的种类通常是很多的，它们多于 B、C 和 D 频度级的种类。这个规律符合群落中低频度种的数目较高频度种的数目为多的事实。E 级植物是群落中的优势种和建群种，其数目也较大，因此占有较高的比例，所以 E>D。实践证明，上述定律基本上适合于任何稳定性较高而种数分布比较均匀的群落，群落的均匀性与 A 级和 E 级的大小成正比。E 级越高，群落的均匀性越大。如若 B、C、D 级的比例增高时，说明群落中种的分布不均匀。

本研究利用 Raunkiaer 频度定律来分析研究记录和汇总后的频率分布图（表 8-2、图 8-1）。围栏内、外频度等级分别是 A>B>E>C>D、A>C>B>E>D，围栏内、外 A 级频度的种类都很多，但围栏内 A 级频度种类高于围栏外的 1.77 倍，且围栏内 E 级频度种类高于围栏外 1.33 倍，根据 Raunkiaer 频度定律，说明围栏内植物分布均匀程度明显高于围栏外。

表8-2　围栏内外植物出现频次等级

A 围栏内	A 围栏外	B 围栏内	B 围栏外	C 围栏内	C 围栏外	D 围栏内	D 围栏外	E 围栏内	E 围栏外
阿尔泰狗娃花	粗根鸢尾	糙隐子草	萹蓄	花苜蓿	独行菜	麻花头	伏毛山莓草	羊草	糙隐子草
菊叶委陵菜	苦荬菜	洽草	花苜蓿	叉枝鸦葱	裂叶蒿	柄状薹草	麻花头	展枝唐松草	蒲公英
乳浆大戟	囊花鸢尾	狭叶青蒿	叉枝鸦葱	二裂委陵菜	斜茎黄芪	羽茅	柄状薹草	贝加尔针茅	薹草
山遏兰	水葫草	瓣蕊唐松草	狭叶青蒿	山野豌豆	茭蒿	囊花鸢尾	贝加尔针茅	裂叶蒿	二裂委陵菜
石竹	多裂叶荆芥	粗根鸢尾	瓣蕊唐松草	柴胡	灰绿藜	沙参		蓬子菜	羊草
双齿葱	漠蒿	多裂叶荆芥	米口袋	火绒草	菊叶委陵菜			披针叶黄华	羽茅
星毛委陵菜	披针叶黄华	狗舌草	溚草		轮叶委陵菜			薹草	
异燕麦	山葱	冷蒿	双齿葱		平车前			细叶白头翁	
长叶百蕊草	细叶白头翁	轮叶委陵菜			沙参				
草木樨状黄芪	狭叶山野豌豆	棉团铁线莲							
地榆	星毛委陵菜								
多叶棘豆	草地早熟禾								
伏毛山莓草	展枝唐松草								
光稃茅香									
黄芩									
列当									
祁州漏芦									
土三七									
细叶葱									
狭叶山野豌豆									
斜茎黄芪									
玉竹									
草地早熟禾									

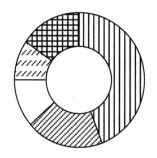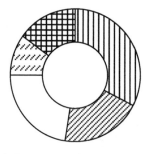

A
B
C
D
E

图 8-1　围栏内、外植物出现频次等级分布图

从植物组成看，围栏内、外存在截然不同的植被分化和不同演替的趋势。围栏内52 种植物中没有出现一年生植物，而围栏外出现了 4 种一年生植物，即蒲公英、独行菜、灰绿藜、平车前，并其分布在 C 级以上，尤其是蒲公英已上升为 A 级，占居群落优势种。围栏内退化指标种只有二裂委陵菜，E 级的羊草、展枝唐松草、贝加尔针茅在水平分布上比较均匀一致，并且分布面积大；围栏外 E 级植物出现频次 100% 的有糙隐子草、薹草、蒲公英，其中糙隐子草和薹草是退化草原的优势种，同时一年生植物蒲公英广泛分布并成为优势种，这是预警草原处于严重退化现象。围栏外总体出现一二年生植物和退化指示植物共计五种，除蒲公英，还有二裂委陵菜、独行菜、灰绿藜、平车前，若指标稳定性差的一二年生及退化指标植物频繁出现，表示围栏外植物群落稳定性差并处于退化趋势。总体上围栏封育后控制了对植被不利因素的干扰，促进了植物群落正向演替进程，相反围栏外由于利用较重使得草原退化仍在继续。

二、围栏内、外植物重要值的变化

重要值是研究植物物种在群落中的地位和作用的综合数量指标，以综合数值表示植物物种在群落中的相对重要性，也是草原植物群落结构的一项重要特征。重要值越大的种，在群落中越重要，而优势种的更替是群落演替不同阶段的标志。重要值可以反映群落种群的变化情况，也用于衡量物种在群落中的地位。本研究采用植物相对特征值之和的均值来计量物种重要值，重要值=（相对生物量+相对盖度+相对多度+相对频度+相对高度）/5。

本研究选取围栏内外重要值大于 0.3 的主要物种进行对比分析得出，围栏内群落的重要值最大是羊草，重要值为 1.60（图 8-2）。羊草是该围栏封育后演替过程中的优势种，次优势种为柄状薹草和裂叶蒿，重要值分别为 1.06、1.03；围栏内由于封育改善了优势种和建群种生长条件，多年生植物和稳定性较强植物占重要地位。围栏外群落的重要值最大的是薹草，重要值为 5.54，薹草为围栏外演替过程中的优势种，次优势种为披针叶黄华、蒲公英，重要值分别为 0.97、0.91。可见围栏外薹草由于利用过强，它由草甸草原的伴生种在退化演替过程中上升为优势种和建群种，同时次优势种蒲公英已由草甸草原的偶见种成为退化草原的优势种。草原退化是一种逆行演替过程，刘钟龄等（2002）认为退化演替具有明显的阶段性，贝加尔针茅草原、羊草草原逆行演替最终阶段被寸草薹变型所替代。在这些退化阶段中，群落中不同种群间作用的相对大小发生消长（李永宏和阿兰，1995；王炜等，1999）。在草甸草原中当优势种和建群种植物受到抑制时，抗干扰强的薹草由伴生种变为优势种，而一二年植物和退化植物由原来的偶见种变为优势种，由此可推断围栏外的群落生态环境十分恶劣，草原处于严重退化阶段。

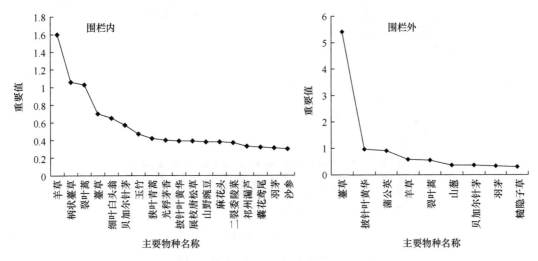

图 8-2 围栏内、外植物重要值变化

　　生态位描述了植物种间竞争、种间动态、群落和生态系统的演替等方面的规律。生态位宽度（niche breadth）是指物种对资源开发利用的程度，可用来评价一个物种所能利用的各种资源总和，以明确地判断群落的稳定性和资源利用能力。

　　生态位宽度采用 Levins（生态位宽度公式）的公式计算：

$$B_i = \frac{1}{r} \times \sum_{h=1}^{r}(P_{ih})$$

式中，B_i 为第 i 个物种的生态位宽度；P_{ih} 为第 i 个物种在第 h 个资源水平下的重要值占该种在所有资源水平上重要值总和的比例；r 为样方数。

　　图 8-3 为围栏内、外均匀分布的 21 种主要植物生态位宽度，围栏内除薹草，主要植物平均生态位宽度值为 0.58，围栏外为 0.05，围栏内平均生态位宽度比围栏外高 0.53，围栏内主要植物的生态位宽度随着围栏封育改善其生长环境而增大。围栏内羊草具有最大的生态位宽度，为 7.63，围栏外生态位宽度最大是薹草，为 33.12，围栏内羊草生态位宽度随着干扰强度减少而增大，封育后羊草在植物群落中的地位和功能明显增强，而围栏外伴生种薹草随着干扰强度增加其生态位宽度增大。围栏内共计 16 种植物生态位宽度明显高于围栏外，尤其是主要植物物种羊草、柄状薹草、裂叶蒿、花苜蓿、细叶白头翁、贝加尔针茅的生态位宽度明显高于围栏外。而围栏外的薹草、双齿葱、菊叶委陵菜、轮叶委陵菜、叉枝鸦葱 5 种植物的生态位宽度高于围栏内，尤其是薹草比围栏内高达 32.13，围栏外草甸草原原生优势种羊草处于弱势地位，则薹草作为未退化前草甸草原的伴生种，由伴生种演化为优势种，薹草生态位宽度明显增大是对重度利用强度干扰的响应。通过围栏内、外主要植物生态位关系的变化分析，可以看出总体上围栏封育排

除了各种人为不良的干扰，使得围栏内群落结构得到恢复，其资源利用能力增强，进而群落稳定性随之增强。

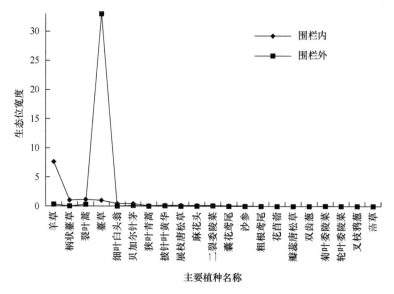

图 8-3　围栏内外 21 种主要植物生态位宽度

第四节　退化草甸草原生态系统土壤疏松改良

一、打孔改良对割草场的影响

对退化天然草场来说，打孔疏松是有效的物理疏松土壤的方式之一，其通过对植物根际土壤进行钻孔以改良土壤透气状况，同时疏松土壤能促进其有机物分解，增加植物根系对土壤养分的吸收，有利于枯草层的进一步分解。打孔技术大多被用于草坪的改善和维护上，在草原生态学领域比较罕见。打孔是土壤改良的一种有效物理措施，在疏松土壤的同时能促进其有机物分解，增加植物根系对土壤养分的吸收。目前，打孔改良多数用于草坪的改善和维护，通过试验发现，打孔对内蒙古牙克石地区草坪具有良好的改善作用，且增加了早熟禾草坪的生长速度和生殖枝数。因此，打孔改良成为草坪改良的一种快速、有效的手段，很多地区已经采用这种方法增加土壤通透性。探讨草甸草原割草地植物和土壤特性对打孔疏松的响应，可为认识草原退化过程和机理提供理论依据。

（一）打孔改良对植物群落特征的影响

打孔改良对草群结构及植物群落特征影响，改良后羊草草原植物高度、盖度、密度及地上生物量逐渐提高（表 8-3）。羊草草甸草原连续改良三年后植物群落高度、盖度、密度、地上生物量分别增加了 16.97%、15.03%、15.03%、27.20%，其中打孔后羊草盖度显著高于对照（$P<0.05$）。可能是该地区主要植物为优势种羊草，打孔改良后增加了土壤透气性有利于此类植物生长。

表 8-3　天然割草场打孔改良过程中植物群落特征变化情况

年份	不打孔				打孔			
	高度（cm）	盖度（%）	密度（株/m²）	干重（g/m²）	高度（cm）	盖度（%）	密度（株/m²）	干重（g/m²）
2014	23.05±3.88a	87.07±7.35a	552.00±124.49a	293.72±32.30a	24.32±2.26a	83.73±7.04a	744.00±82.81a	285.43±25.84a
2015	20.30±3.11a	201.33±41.35a	633.33±62.51a	184.19±11.18a	21.45±2.30a	198.67±17.99a	521.33±101.95a	180.81±6.08b
2016	16.73±3.27a	47.47±1.61b	414.67±24.94a	159.08±9.04a	20.15±0.66a	55.87±3.49a	488.00±48.11a	218.51±32.10a

注：同行同一指标不同小写字母表示差异显著（$P<0.05$）

　　调查区草原的优势种为羊草，羊草是根茎类禾草，克隆繁殖是其繁殖后代的主要方式，根茎生物量多，有利于地上部分茎叶的再生长，此外 0～10cm 土壤根系多而分布广，可提高草原的抗寒能力。不打孔草原与打孔草原的 0～10cm 地下生物量也有明显变化，打孔改良地下根茎生物量均高于不打孔改良（图 8-4）。与不打孔相比，打孔改良三年内 0～10cm、20～30cm 根茎总生物量增加，10～20cm 根茎总生物量随年份不同变化不同，2014 年 0～10cm、10～20cm、20～30cm 打孔改良后根茎总生物量增加幅度最大，分别为 38.13%、61.73%、72.06%，2016 年 10～20cm 打孔改良后根茎总生物量增加了 41.27%；2014 年 0～10cm 根茎总生物量最高，2016 年 20～30cm 根茎总生物量最高，这可能与不同年份降雨量有关；改良后 2015 年 0～10cm 羊草根茎生物量增加了 20.00%，2014 年、2016 年分别减少了 19.05%、28.57%。由此说明，连续打孔改良增加了土壤的透气性，较适宜草原根茎总生物量生长，而羊草是根茎类禾草，打孔改良时可能破坏其根系。

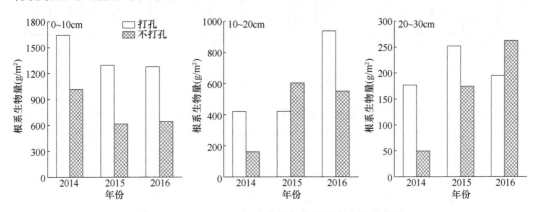

图 8-4　2014～2016 年羊草草甸草原根茎生物量变化

（二）打孔改良对植物群落养分的影响

　　改良后由于植物群落组成和植物种群碳水化合物及其他养分含量发生改变，植物群落养分也会发生相应的变化。呼伦贝尔地区打孔改良三年后，打孔改良植物群落酸性洗涤纤维含量低于不打孔改良，中性洗涤纤维高于不打孔改良（图 8-5）。2016 年打孔改良优势种羊草酸性洗涤纤维高于不打孔改良，中性洗涤纤维低于不打孔改良。

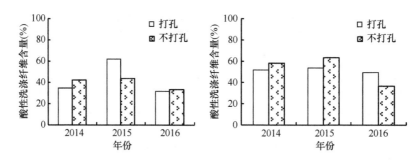

图 8-5 试验区植物群落（左）和羊草（右）养分的变化

（三）打孔改良对土壤物理特征的影响

植物根系通过从土壤里吸收水分供其生长，土壤含水量的大小直接影响着植株的生长发育，因此对土壤含水量的测定，也是衡量退化割草场恢复程度的重要指标之一。与不打孔相比，2014 年打孔后 0～10cm、10～20cm、20～30cm 土壤含水量分别增加了13.31%、16.05%、10.53%（图 8-6a）。2015 年 0～10cm 土壤含水量降低了 8.91%，10～20cm、20～30cm 土壤含水量分别增加了 5.73%、31.13%（图 8-6b）。

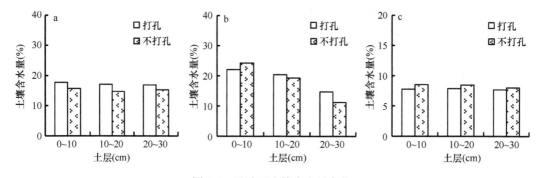

图 8-6 试验区土壤含水量变化

2016 年 0～10cm、10～20cm、20～30cm 土壤含水量分别降低了 8.92%、6.67%、4.12%（图 8-6c）；改良三年内，相同深度土壤含水量也不同，其中 2015 年土壤含水量最大，2016 年土壤含水量最低。试验结果表明，改良第一年不同深度的土壤含水量均增加，第二年 0～10cm、10～20cm、20～30cm 土壤含水量降低，第三年改良后各土层土壤含水量均降低，这可能与该地区不同年份降雨量、植被类型和土壤性质不同有关。

由图 8-7 可见，2014～2016 年打孔改良后呼伦贝尔地区 0～30cm 土壤容重变化。2014 年，打孔改良后 0～10cm、10～20cm、20～30cm 土壤容重分别降低了 1.74%、9.65%、3.78%（图 8-7a）；2015 年打孔改良后 0～10cm 土壤容重增加了 6.60%，10～20cm、20～30cm 土壤容重分别降低了 2.19%、11.95%（图 8-7b）；2016 年 0～10cm 土壤容重增加了 14.64%，10～20cm、20～30cm 土壤容重降低了 3.94%、1.64%（图 8-7c）。试验结果表明，改良三年后表层土壤容重降低，这可能是因为打孔起到了疏松土壤的作用，土壤疏松从而容重变小，但该地区 2015 年降雨量低于 2014 年，导致土壤紧实度增加，且打孔后加速了表层土壤的呼吸、水分流失，这可能是 2015 年土壤容重增加的主要原因。

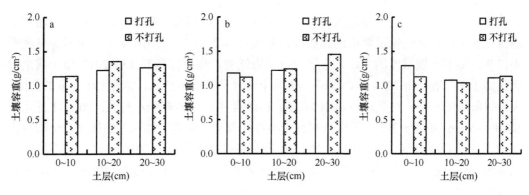

图 8-7　试验区土壤容重变化

（四）打孔改良对土壤化学特性的影响

土壤是生物量生产最重要的基质，是许多营养的贮存库，是动、植物分解和循环的场所，是牧草和家畜的载体。不同土壤养分影响着植物群落的生物量大小、物种组成和多样性。由表 8-4 可见，打孔改良后对呼伦贝尔地区土壤不同养分的影响是不一致的。2014～2016 年打孔改良后土壤速效氮含量均高于不打孔改良，其中打孔改良后 2016 年土壤 20～30cm 速效氮增高比例最大为 26.82%，随着土壤深度的加深，速效氮呈降低的趋势；打孔改良后 2014 年、2016 年土壤速效磷高于不打孔，2015 打孔改良后土壤速效磷低于不打孔，随着土壤深度的加深，速效磷呈降低的趋势；打孔改良后 2015 年土壤

表 8-4　土壤养分变化

年份	处理	土层深度	速效氮 (mg/kg)	速效磷 (mg/kg)	速效钾 (mg/kg)	全氮 (g/kg)	全磷 (g/kg)	全碳 (g/kg)	电导率 (µS/cm)	pH
2014	不打孔	0～10cm	237.02	3.17	297.43	2.03	0.64	35.57	63.9	6.3
		10～20cm	182.00	1.90	141.16	2.87	0.94	53.66	47.5	6.3
		20～30cm	150.78	1.62	137.39	2.13	0.52	39.32	42.2	6.4
	打孔	0～10cm	250.04	3.74	227.03	3.31	0.66	59.36	122.1	7.1
		10～20cm	188.92	3.03	136.55	2.43	0.52	46.19	92.5	6.9
		20～30cm	141.82	2.47	118.15	2.02	0.54	39.98	68.0	6.8
2015	不打孔	0～10cm	259.84	10.81	355.28	3.52	0.77	41.59	139.4	6.8
		10～20cm	210.86	9.00	245.95	2.41	0.87	28.8	138.2	6.9
		20～30cm	259.3	9.82	249.62	3.52	0.53	41.11	154.5	6.4
	打孔	0～10cm	264.76	4.47	590.36	3.31	0.88	41.92	146.8	6.6
		10～20cm	266.59	3.24	432.88	2.68	0.76	32.28	138.3	6.8
		20～30cm	216.42	1.86	418.46	2.32	0.77	27.15	140.8	6.9
2016	不打孔	0～10cm	42.00	3.34	191.24	2.64	0.82	32.29	62.6	6.3
		10～20cm	41.07	1.99	83.49	2.10	0.24	25.77	152.9	6.4
		20～30cm	31.77	2.92	87.41	2.07	0.56	21.61	96.9	6.7
	打孔	0～10cm	52.41	6.32	187.49	3.11	0.63	30.83	62.6	6.1
		10～20cm	37.67	3.50	104.68	2.35	0.80	26.83	152.9	6.4
		20～30cm	40.29	2.95	91.22	1.96	0.66	22.31	96.9	6.3

速效钾高于不打孔，各土层速效钾含量分别升高了 66.17%、76.00%、67.64%，随着土壤深度的加深，速效钾呈降低的趋势；打孔改良后 2014 年、2016 年土壤全氮含量高于不打孔，随着土壤深度的加深，全氮含量呈降低的趋势；打孔改良后 2015 年土壤全磷含量高于不打孔，而 2014 年、2016 年土壤全磷含量低于不打孔，随着土壤深度的加深，全磷呈降低的趋势；打孔改良后 2014 年、2015 年土壤全碳高于不打孔，2016 年打孔改良 10～20cm 和 20～30cm 土壤全碳高于不打孔改良，随着土壤深度的加深，全碳变化规律不同；打孔改良后 2014 年、2015 年电导率高于不打孔，2016 年打孔与不打孔无明显差异；打孔改良后 2014 年土壤 pH 大于不打孔，土壤 pH 随着土壤深度加深无明显变化。

二、切根改良对割草场的影响

破土切根是利用主动型的盘齿类切刀强制切土壤板结层，将羊草横走根茎切断，地表除形成极小切缝并伴随局部疏松外，不会造成任何土壤翻垡、地表起垄、扬沙扬尘等破坏土壤环境现象；同时，纵向或网状的切缝相当于将整体板结的土层划分成一个个小的板结单元体，实现一种间隔疏松、虚实并存的土壤状态，使土壤朝着利于植物生长的环境转变。破土切根是天然退化羊草草地生态恢复与治理的优良改良方法，一方面，因为羊草是多年生根茎型禾草，切断根茎可以促使羊草加快自我繁殖；另一方面，在切断横走根系的同时起到松土的作用，改善土壤结构，提高土壤透气性和蓄水能力，为羊草生长发育创造了有利的土壤环境。切根机械一般采用 9QP-830 型盘齿式草地破土切根机，切根深度以 12～15cm 为宜，切根宽度一般控制在 20～40cm。切根方式有两种，一种是单向式，切根宽度以 20～30cm 为宜；一种是垂直交叉式，呈井字形切根，切根宽度以 30～40cm 为宜。

（一）切根对优势种羊草种群特征的影响

由表 8-5 可以看出，2014 年切根处理（Q）下羊草种群高度、密度和生物量均有不同程度的下降，但与切根前相比也并未达到显著性水平（$P>0.05$）。到了切根第二年（2015 年），切根处理下羊草高度显著低于对照处理（CK）（$P<0.05$），羊草密度增加，羊草生物量减少（$P>0.05$）。2016 年切根和对照处理下羊草种群特征无显著性差异（$P>0.05$）。

表 8-5　羊草种群特征的差异

年份	处理	高度（cm）	密度（株/m²）	生物量（g/m²）
2014	CK	38.10±3.31a	131.67±14.34a	44.06±9.73a
	Q	34.97±1.39a	104.00±17.57a	36.35±7.41a
2015	CK	31.90±0.67a	97.67±12.72a	41.49±8.61a
	Q	31.00±2.50b	125.67±14.41a	38.95±5.31a
2016	CK	34.80±2.99a	100.67±19.71a	41.19±8.61a
	Q	35.90±2.60a	94.00±20.88a	42.05±5.31a

注：同列不同小写字母表示差异显著（$P<0.05$）

（二）切根对群落特征的影响

1. 群落物种丰富度的变化

与对照（CK）相比，2014～2016 年切根处理（Q）对群落物种丰富度影响不显著（$P > 0.05$）（图 8-8）。

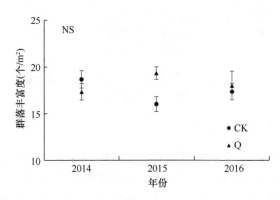

图 8-8　切根处理（Q）和对照（CK）群落物种丰富度的变化

NS 表示无显著性差异

2. 群落地上生物量的变化

对比切根处理与对照，本研究并没有发现 2014～2016 年群落地上生物量在两个处理之间存在显著性差异（$P > 0.05$）（图 8-9）。

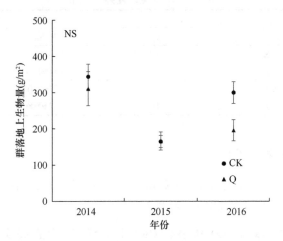

图 8-9　切根处理（Q）和对照（CK）群落地上生物量的变化

NS 表示无显著性差异

3. 群落地下生物量的变化

切根处理对 0～10cm、10～20cm 和 20～30cm 土层中的群落地下生物量无显著性影响（$P > 0.05$）（图 8-10）。

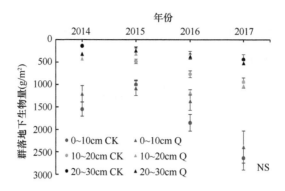

图 8-10 切根处理（Q）和对照（CK）群落地下生物量的变化（彩图请扫封底二维码）
NS 表示无显著性差异

（三）切根对土壤容重的影响

由表 8-6 可以看出，0～10cm、10～20cm、20～30cm 的容重表现明显的垂直分布，土层越深，土壤容重越大。2014 年，3 个土层中 CK 的容重在 1.05～1.19g/cm³，Q 在 1.05～1.18g/cm³，切根前后容重基本无变化。到了 2015 年，3 个土层中 CK 的容重介于 1.21～1.32g/cm³，而 Q 介于 1.12～1.29g/cm³，Q 处理容重普遍小于 CK 处理。0～10cm 中容重差异显著，Q＜CK（$P<0.05$）。对比容重的年际变化发现，2015 年的 3 个土层切根前后的容重值均显著地高于 2014 年，其中 CK 增幅在 0.13～0.16，而 Q 增幅在 0.03～0.07，CK 中的容重年际变化幅度相对较大。

表 8-6　土壤容重的差异（g/cm³）

年份	处理	土层		
		0～10cm	10～20cm	20～30cm
2014	CK	1.05±0.03	1.10±0.03	1.19±0.03
	Q	1.05±0.05	1.11±0.06	1.18±0.08
2015	CK	1.21±0.01	1.27±0.01	1.32±0.06
	Q	1.12±0.03	1.22±0.06	1.29±0.05

（四）切根对土壤化学特征的影响

2014 年切根处理显著降低了 20～30cm 土壤全磷含量，2015 年切根处理使 10～20cm 土壤全磷含量显著减少（$P<0.05$）（表 8-7）。

表 8-7　切根处理（Q）和对照（CK）土壤全量元素含量的差异（g/kg）

年份	土层	处理	全碳	全氮	全磷	全钾
2014	0～10cm	CK	633.07±12.59a	33.30±0.47a	0.65±0.04a	26.72±1.44a
		Q	632.27±9.69a	33.23±0.61a	0.62±0.02a	27.53±2.94a
	10～20cm	CK	483.70±6.51a	24.97±0.85a	0.55±0.01a	25.88±2.17a
		Q	478.73±7.49a	25.73±0.43a	0.57±0.03a	26.72±1.42a
	20～30cm	CK	364.57±2.92a	20.07±1.25a	0.68±0.20a	24.09±2.41a
		Q	345.97±13.79a	18.33±0.56a	0.45±0.03b	25.06±2.19a

年份	土层	处理	全碳	全氮	全磷	全钾
2015	0～10cm	CK	431.80±9.17a	34.50±0.61a	1.02±0.11a	19.63±0.64a
		Q	418.03±10.29a	33.50±0.11a	0.86±0.03a	18.70±0.58a
	10～20cm	CK	332.83±8.27a	27.57±1.25a	0.79±0.02b	26.74±4.16a
		Q	306.93±5.59a	26.07±0.09a	0.83±0.06a	21.92±1.48a
	20～30cm	CK	266.17±18.49a	22.37±1.95a	0.69±0.02a	17.96±0.41a
		Q	228.50±9.80a	19.10±0.81a	0.69±0.02a	20.03±0.17a
2016	0～10cm	CK	329.67±8.74a	31.00±0.95a	0.79±0.05a	15.92±0.93a
		Q	293.43±10.38a	28.07±1.48a	0.78±0.01a	14.95±1.50a
	10～20cm	CK	264.13±9.65a	24.73±0.77a	0.81±0.04a	17.87±1.11a
		Q	260.67±12.38a	25.07±0.95a	0.74±0.06a	16.31±2.20a
	20～30cm	CK	211.90±6.57a	20.07±0.67a	0.61±0.02a	15.42±2.04a
		Q	194.17±7.18a	19.30±1.14a	0.58±0.06a	13.82±3.17a

注：同列不同小写字母表示差异显著（$P<0.05$）

与 CK 处理相比，2015 年 0～10cm 切根处理显著增加了土壤速效氮含量，而显著减少了土壤速效钾含量（$P<0.05$，表 8-8）。在 10～20cm 土层中，2015 年切根处理下土壤速效氮含量显著低于对照（$P<0.05$）。

表 8-8　切根处理（Q）和对照（CK）土壤速效养分含量的差异（mg/kg）

年份	处理	速效氮			速效磷			速效钾		
		0～10cm	10～20cm	20～30cm	0～10cm	10～20cm	20～30cm	0～10cm	10～20cm	20～30cm
2014	CK	324.45a	260.78a	195.09a	5.30a	2.28a	1.81a	282.67a	156.94a	130.69a
	Q	324.29a	266.14a	180.69a	5.16a	2.98a	1.76a	276.14a	150.32a	131.92a
2015	CK	283.49b	260.76a	252.76a	7.95a	4.71a	3.05a	477.80a	366.65a	225.75a
	Q	293.32a	238.33b	194.51a	6.68a	3.05a	2.55a	343.05b	340.88a	234.72a
2016	CK	470.16a	376.50a	384.00a	5.81a	5.23a	3.34a	227.21a	148.63a	122.45a
	Q	461.66a	408.92a	306.62a	5.26a	5.79a	2.72a	211.31a	134.29a	109.45a

注：同列不同小写字母表示差异显著（$P<0.05$）

（五）切根对土壤微生物特征的影响

切根对土壤的微生物的作用效果要大于对土壤养分的影响。从表 8-9 可以看出，切根第一年（2014 年），过氧化氢酶出现了显著变化，Q＞CK（$P<0.05$），其余指标（蔗糖酶、微生物生物量碳、微生物生物量氮）有所增高，但未达显著性水平（$P>0.05$）。到了切根第二年（2015 年），虽然土壤酶活性（蔗糖酶、脲酶、过氧化氢酶）变化不明显，但微生物生物量碳、微生物生物量氮含量却有大幅下降（$P<0.05$）。Q 中的微生物生物量碳含量下降了 33.1%、微生物生物量氮下降了 36.6%。从年际变化看，CK 和 Q 在 2015 年的各指标数值要普遍低于 2014 年。

表 8-9　土壤微生物指标的差异

年份	处理	酶活性			微生物生物量	
		蔗糖酶（mg/g）	脲酶（mg/g）	过氧化氢酶（mg/g）	微生物生物量碳（mg/kg）	微生物生物量氮（mg/kg）
2014	CK	1.19±0.02a	0.47±0.01a	0.79±0.01a	255.89±7.21a	97.36±10.92a
	Q	1.21±0.01a	0.46±0.03a	0.82±0.00b	256.90±9.68a	101.36±5.54a
2015	CK	1.06±0.02a	0.42±0.03a	0.72±0.01a	223.16±14.99a	109.20±1.41a
	Q	1.06±0.04a	0.51±0.00a	0.74±0.00a	149.27±14.62b	69.25±8.09b

注：同列不同小写字母表示差异显著（$P < 0.05$）

第五节　退化草甸草原生态系统土壤化肥改良

从养分循环的角度，由于缺少养分的反馈途径，我国的草原生态系统养分长期以来一直处于输出大于输入的状态。人类的利用活动，如放牧和打草作业，将系统中的营养元素以畜产品或饲草的形式移出，由于成本上的原因，缺少养分补充的环节，使得草原生态系统的养分呈现逐渐减少的态势。近年来，随着人们对草原生态系统生产和生态功能重要性的认知不断深入，关于草原生态系统养分提升方面的研究逐渐增加。施肥对草原生态系统的土壤、植被和微生物的影响得到了广泛的研究，尤其是施肥对土壤理化性质、有效养分含量、植物群落初级生产力、物种多样性、微生物的多样性等进行了较为深入的研究。

一、施肥对种群特征的影响

（一）种群高度

由表 8-10 可以看出，羊草是 5 个优势种群中自然高度最高的植物，在降水充足的施肥第一年（2014 年），除中浓度施肥处理（H2）外，无施肥（H0）、低浓度施肥处理（H1）、高浓度施肥处理（H3）中羊草的高度显著地高于 CK 处理（$P < 0.05$）；细叶白头

表 8-10　物种种群高度的差异（cm）

年份	处理	羊草	糙隐子草	山野豌豆	细叶白头翁	展枝唐松草
2014	CK	29.89±2.45c	8.55±1.61a	31.55±4.22a	9.50±0.50b	22.09±1.42a
	H0	37.33±0.38bc	15.50±1.83a	—	—	—
	H1	45.56±6.52ab	16.00±2.46a	35.78±2.66a	16.67±0.34ab	38.34±0.34a
	H2	13.33±0.51d	8.50±2.17a	15.84±3.84a	12.33±1.07b	—
	H3	48.89±2.41a	14.89±1.90a	34.67±6.67a	18.00±2.67a	25.67±3.38a
2015	CK	37.67±1.68a	14.83±3.50a	23.78±3.76a	11.89±2.47b	21.89±3.64a
	H0	28.78±2.48a	8.33±1.17a	21.34±1.34a	12.67±0.51b	19.89±2.79a
	H1	32.00±1.90a	8.50±2.17a	23.06±1.78a	14.67±0.19ab	20.67±1.76a
	H2	35.22±2.60a	7.67±1.00a	26.83±4.50a	18.78±1.31a	23.33±6.00a
	H3	36.89±4.08a	—	25.34±9.34a	14.78±1.42ab	19.44±5.49a

注：同列不同小写字母表示差异显著（$P < 0.05$）

翁的高度在 2014 年变化显著（$P<0.05$），随着施肥浓度的提高，高度先降低后提高，在 H3（18.00cm）的数值最高。到了 2015 年，高度变化趋势仍然明显（$P<0.05$），随施肥浓度的增加，高度呈现出先增后减的趋势，在 H2 处理下达最高值（18.78cm），2 年之间的高度变化并不明显；展枝唐松草的高度在 2014 年变化不显著（$P>0.05$），其中 H1（38.34cm）的数值最大，H0 和 H2 中并未出现该物种。

（二）种群密度

从表 8-11 中可以看出，羊草是 5 个优势种群中密度最大的植物，2014 年，H3 处理下羊草的密度显著地高于其他处理（CK、H0、H1、H2）（$P<0.05$），最高值 H3 达 420 株/m^2，而 CK 的数值是 109 株/m^2，H3 是 CK 的近 3 倍。2015 年，羊草种群密度随施肥浓度变化的趋势并不明显（$P>0.05$），但处理间却存在较大差异，H0、H2>H1、H3>CK（$P<0.05$），H2（124.33 株/m^2）的密度是 CK（10.33 株/m^2）10 倍多；细叶白头翁的密度在 2 年中有较大变化，2014 年，H1>H2>H3，数值在 7～14 株/m^2；展枝唐松草种群密度的变化趋势与细叶白头翁相似，2014 年，H1 的数值显著地高于 H3（$P<0.05$），两者数值相差近 9 倍。

表 8-11　物种密度的差异（株/m^2）

年份	处理	羊草	糙隐子草	山野豌豆	细叶白头翁	展枝唐松草
2014	CK	109.33±50.19b	32.00±18.90a	10.67±6.67a	14.00±10.00a	12.00±4.00b
	H0	87.33±80.39b	38.00±26.00a	—	—	—
	H1	122.67±56.96b	21.33±7.42a	8.00±4.00a	32.00±4.00a	68.00±20.00a
	H2	26.67±15.07b	20.00±12.00a	14.00±10.00a	20.00±8.00a	—
	H3	420.00±148.45a	34.00±9.17a	7.00±5.00a	7.00±1.00b	7.33±2.91b
2015	CK	10.33±4.70c	38.00±34.00a	7.33±4.37b	44.00±14.42a	28.67±14.62a
	H0	146.33±88.72a	23.00±9.07a	38.00±27.00a	35.67±13.42a	32.33±12.45a
	H1	62.00±11.02b	13.00±2.00a	10.00±4.00b	29.00±7.09ab	52.67±29.34a
	H2	124.33±17.29a	15.50±0.50a	6.00±2.00b	50.67±26.69a	15.50±9.50a
	H3	78.00±29.96b	—	4.00±3.00b	14.33±2.03b	9.67±3.84b

注：同列不同小写字母表示差异显著（$P<0.05$）

（三）种群地上生物量

5 个优势种的地上生物量变化显著（图 8-11）。其中羊草的地上生物量占有很大比例。随着施肥浓度的增大，2014 年羊草的地上生物量也逐渐增高，H3（198.89g/m^2）的数值最高（$P<0.05$）。2015 年，5 个优势种的地上生物量低于 2014 年，羊草所占比例依然很高，数值为 25.88g/m^2，较 2014 年下降了 50%。羊草地上生物量的最高值出现在 H2 之中，数值为 40.87g/m^2，施肥浓度的增大带来了产量的增高，较 CK 增加 58.92%；山野豌豆的地上生物量在 2 年中均有显著性变化（$P<0.05$）。2014 年 H1 的数值最高（37.38g/m^2），显著地高于其他处理，随施肥浓度的增大，数值先增后减。2015 年，CK 和 H0 的数值分别为 33.15g/m^2 和 57.52g/m^2，显著高于其他 3 个施肥处理，随着添加浓

度的增大，数值逐渐降低。

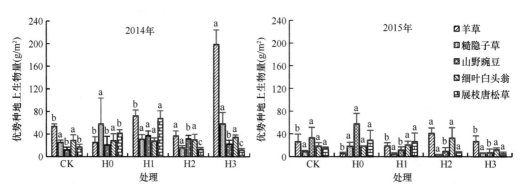

图 8-11　物种地上生物量的差异
同一处理不同字母表示差异显著（P<0.05）

（四）优势种种群的变异系数

不同物种种群均存在较大的变异。2014 年羊草、糙隐子草的变异系数相对较小，仅有 19.20% 和 37.63%，而山野豌豆、细叶白头翁和展枝唐松草的变异系数较大（表 8-12）。到了 2015 年，羊草的变异系数达到 89.16%，而糙隐子草的变异系数为 36.79%。与上一年相比，糙隐子草的变异系数较低，比较稳定，而羊草变异度较大。山野豌豆的变异系数由 2014 年的 86.25%，增加到了 2015 年的 120.17%，出现了较大增幅，而细叶白头翁、展枝唐松草则由原来的 83.80% 和 64.83% 分别下降到了 56.72% 和 21.59%。

表 8-12　群落优势种种群的变异系数

优势种	2014 年			2015 年		
	均值（g/m²）	标准差（g/m²）	变异系数（%）	均值（g/m²）	标准差（g/m²）	变异系数（%）
羊草	53.56	10.28	19.20	25.88	23.07	89.16
糙隐子草	25.22	9.49	37.63	8.68	3.19	36.79
山野豌豆	12.21	10.53	86.25	33.15	39.83	120.17
细叶白头翁	28.70	24.05	83.80	18.34	10.40	56.72
展枝唐松草	17.15	11.11	64.82	14.75	3.18	21.59

二、施肥对群落特征的影响

（一）群落物种丰富度变化

从图 8-12 中可以看出，施肥第一年（2014 年），群落的物种数量并未因施肥而发生显著性改变，H3 中的物种数最大（21 个/m²），H2 中的物种数最低（12 个/m²），但两者差异并不显著。到了第二年（2015 年），处理间的差异变得明显，最大值 H0 比最小值 H3 多出 11 个物种（P<0.05）。曲线拟合结果显示，物种数量随施肥水平的变化趋势明显（P=0.047），群落的物种丰富度随施肥水平的增高而逐渐降低，拟合度为 0.399，与 2014 年相比，2015 年 CK 内物种丰富度几乎无变化，但其他处理间丰富度的年际差异

较大，除 H3 中的物种数量下降了 30% 以外，其他处理（H0、H1、H3）2015 年的物种数量明显高于 2014 年。

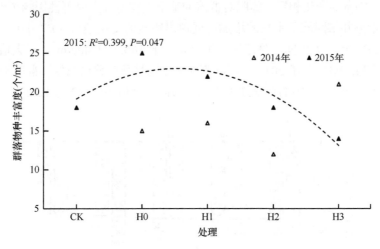

图 8-12　群落物种丰富度的变化

（二）群落地上生物量变化

群落地上生物量（CAB）受施肥的影响较大，尤其在降水充沛的年份里，群落的地上生物量随施肥水平的增加呈现出明显的变化趋势。由图 8-13 可以看出，随着施肥量的提高，2014 年群落的地上生物量表现出显著的递增趋势（$P<0.001$），CK<H0<H1<H2<H3。到了 2015 年，施肥效果变得不再明显，处理间的 CAB 在 217~264g/m² 范围内，彼此相差很小。虽然随着施肥水平的增大，CAB 有先增后减的趋势，但曲线拟合结果并不显著（$P=0.731$）。对比两年结果可以看出，2014 年的 CAB 显著地低于 2015 年。

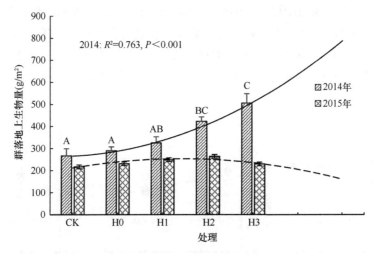

图 8-13　群落地上生物量的变化

不同字母表示各处理间差异极显著（$P<0.01$）

（三）群落地下生物量变化

与地上生物量的变化相反，施肥对群落的地下生物量并无显著性影响（$P>0.05$），群落地下生物量也并未因施肥水平的增加而展现出明显的变化趋势（$P>0.05$）。从图 8-14 可以看出，2014 年，处理间的群落地下生物量介于 1662～2240g/m²，最大值 H2 比最小值 H3 高出了 34.77%。到了 2015 年，群落地下生物量数值普遍偏低，群落地下生物量介于 1457～1912g/m²，CK 中的群落地下生物量最高，是最小值 H2 的 1.3 倍。

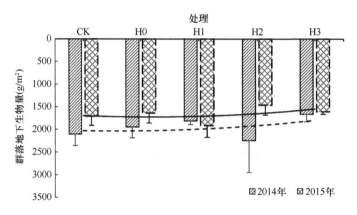

图 8-14　群落地下生物量的变化

三、施肥对植物营养元素和化学计量的影响

（一）群落营养成分变化

植物群落 C、N、P 对不同施肥处理变化趋势明显。2014 年植物群落全碳（CTC）、全氮（CTN）含量变化范围在 40.91%～42.43%、1.47%～1.98%，整体趋势比较平稳（图 8-15）。与 CTC、CTN 变化趋势完全相反，植物群落全磷（CTP）随着施肥水平的增加而逐渐上升（$P<0.05$）；2015 年 CTC、CTN 含量随着施肥水平增加呈逐渐下降的趋势（$P<0.05$）。CTP 含量依然有逐渐增高的趋势，其中 H2 的 CTP 含量要显著的小于 2014 年（$P<0.05$）。

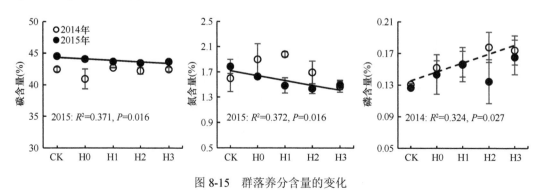

图 8-15　群落养分含量的变化

（二）群落化学计量比变化

植物群落的化学计量比同样发生了明显的改变。2014 年不同处理间植物群落 C：N 差异显著（图 8-16），H1 显著高于 CK、H0、H2（$P<0.05$），但 C：N 并未随施肥水平的增加呈现显著的变化趋势（$P>0.05$）；2015 年植物群落 C：N 随着施肥水平的增加呈现直线上升的变化趋势（$P<0.05$）。与 CTC、CTN 变化趋势完全相反，2014 年、2015 年群落的 C：P 和 N：P 均随施肥水平增加呈现出逐渐下降的变化趋势，其中 2014 年群落的 C：P 变化趋势达到显著水平（图 8-16）。

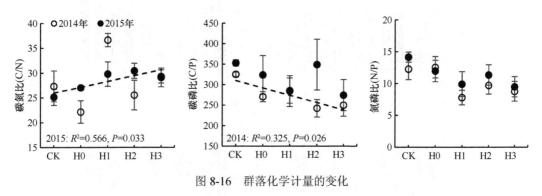

图 8-16　群落化学计量的变化

四、施肥对土壤营养元素及化学计量的影响

（一）土壤营养元素变化

土壤 C、N、P 含量整体上呈垂直分布，随着土层增加其含量逐渐下降（图 8-17）。2014 年和 2015 年施肥对土壤 C、N、P 含量影响较小，只有部分土层全氮（STN）、全磷（STP）有一定的变化，而全碳（STC）基本未受到影响。2014 年 STN 含量随着施肥水平的增加呈缓慢下降的趋势（图 8-17a、b），三个土层的 STN 含量并未受显著性影响（$P>0.05$）；10～20cm 土层处理间的 STP 含量差异显著（图 8-17c、d），其中 H1 显著高于 CK、H3（$P<0.05$）。2015 年 STN 含量随着施肥水平的增加呈显著下降趋势（$P<0.05$），H2、H3 的 0～10cm 土层中 STN 含量显著高于 CK、H0、H1（$P<0.05$）；三个土层的 STP 含量整体呈现出先降后升的变化趋势（$P>0.05$），2015 年三个土层的 STP 含量均显著地高于 2014 年，最多高出了 44%。2014 年与 2015 年的处理间并未因为肥料的添加而发生显著性改变（$P>0.05$），三个土层中的 STC 含量依次呈垂直分布且每个土层之间差异显著（$P<0.05$），每层土壤 STC 的含量都较上一层降低了 20%～30%。从年际变化上看，2015 年三个土层的 STN 含量均高于 2014 年，最多增加了 14.5%。相同处理下，2014 年三个土层的 STC 含量显著高于 2015 年（$P<0.05$），降低幅度在 28%～38%。

（二）土壤化学计量变化

土壤 C、N、P 的化学计量比随施肥浓度增加而呈现不同程度的变化，并且个别比

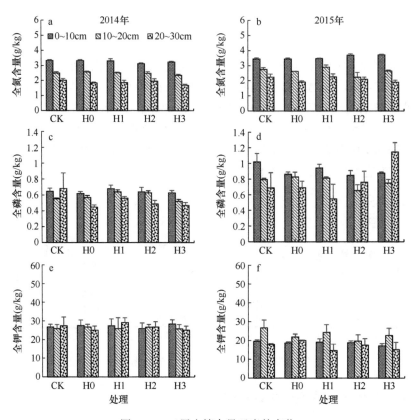

图 8-17 三层土壤全量元素的变化

值呈现出显著的变化趋势（图 8-18）。2014 年三层土壤的 C∶N、C∶P 和 N∶P 受施肥浓度的影响相对较小，变化范围分别为 18.31～19.42、64.06～102.51、3.38～5.19。0～10cm、10～20cm 土层中 C∶N 有缓慢上升趋势，20～30cm 土层中 C∶N 有缓慢下降趋势，其中 CK 的 C∶N 高于 0～10cm 土层。土壤 N∶P 和 C∶P 变化相似，0～10cm 土层的比值最高，20～30cm 土层最低，比值的下降幅度较为均匀。2015 年三层土壤的 C∶N、C∶P 和 N∶P 变化范围为 11.33～12.51、25.59～53.49、2.17～4.41。C∶N 整体呈下降趋势，除 10～20cm 外其他土层下降趋势达显著性水平（图 8-18b）；随着施肥浓度的增加，0～10cm 土层 C∶P 和 N∶P 有上升趋势，10～20cm 土层变化较为平缓，而 20～30cm 土层有下降趋势。对比 2 年比值的变化，2015 年 C∶P 和 N∶P 较 2014 分别下降区间为 47.8%～59.7% 和 15.0%～35.8%。

五、施肥对土壤微生物及酶活性的影响

土壤微生物数量中，细菌＞放线菌＞真菌。施肥对土壤微生物数量的影响明显，尤其是数量最少的真菌在施肥后发生显著性改变。如表 8-13 所示，H1 中的真菌的数量要远高于其他处理（$P < 0.05$）。虽然其他处理间差异未达显著性水平，但从平均值可以看出施肥后 H2 和 H3 中的真菌数量要比施肥的 CK 和 H0 多出 57%～348%。与真菌的变化相反，土壤细菌和放线菌数量均没有显著性变化（$P > 0.05$）。施肥后细菌数量有所

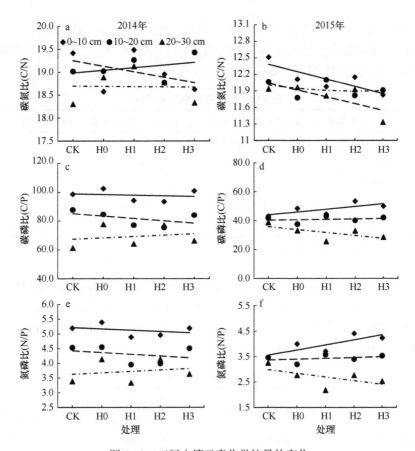

图 8-18　三层土壤元素化学计量的变化

表 8-13　微生物数量的变化

处理	细菌（cfu×10^6/g 干土）	放线菌（cfu×10^5/g 干土）	真菌（cfu×10^4/g 干土）
CK	10.57±1.47a	5.88±1.40a	7.02±2.17b
H0	12.41±3.69a	17.52±3.14a	4.78±1.01b
H1	12.12±5.81a	8.76±2.52a	34.49±7.53a
H2	7.87±1.68a	10.43±3.22a	10.99±3.54b
H3	8.77±3.00a	13.49±6.40a	21.45±9.72b

注：同列不同字母表示差异显著（$P<0.05$）

降低，大小顺序为 H0＞H1＞CK＞H3＞H2。与 CK 相比，施肥后放线菌数量整体增高，大小顺序为 H0＞H3＞H2＞H1＞CK。

　　施肥对土壤微生物生物量产生了显著的影响，土壤微生物生物量碳发生了显著的变化。如表 8-14 所示，低浓度施肥 H1 中的微生物生物量碳显著地增加（$P<0.05$），均值达 369.01mg/kg，远高于其他处理。而微生物生物量氮则表现平稳，均值在 97.36～105.26mg/kg。还可以看出，能够反映微生物群落结构信息变化的微生物生物量碳氮比也未发生显著性改变。除 H1 的比例较高之外（3.65），其他处理间的微生物生物量碳氮

比例均在 2.6 左右。另外，从表 8-14 还可以看出，施肥后土壤的整体质量变高。因为比土壤微生物生物量碳和土壤有机碳更能有效反映土壤质量变化的土壤微生物碳在施肥后大幅增加，尤其是 H1 的促进效果明显（$P<0.05$）。

表 8-14　微生物生物量的变化

处理	微生物生物量碳（mg/kg）	微生物生物量氮（mg/kg）	微生物生物量碳氮比	微生物生物量熵（MBC/SOC）
CK	255.88±7.21b	97.36±10.92a	2.71±0.35a	2.66±0.09b
H0	256.90±9.68b	101.36±5.54a	2.56±0.21a	2.69±0.13b
H1	369.01±24.14a	101.10±6.28a	3.70±0.44a	3.79±0.19a
H2	256.24±10.78b	95.37±1.44a	2.69±0.14a	2.82±0.04b
H3	281.38±8.19b	105.26±6.86a	2.70±0.23a	3.08±0.16b

注：同列不同字母表示差异显著（$P<0.05$）

从表 8-15 可以看出，短期的施肥并未对土壤蔗糖酶、脲酶、过氧化氢酶活性造成显著性影响（$P>0.05$）。从数值上看，土壤蔗糖酶的活性整体上高于脲酶活性，蔗糖酶活性是脲酶活性的 2.5 倍左右。几个处理中，H1 中的蔗糖酶活性最高，H3 的脲酶活性最高，H0 的过氧化氢酶活性最高。

表 8-15　土壤酶活性的变化

处理	蔗糖酶（mg/g）	脲酶（mg/g）	过氧化氢酶（ml/g）
CK	1.196±0.017a	0.470±0.013a	0.793±0.010a
H0	1.212±0.006a	0.464±0.030a	0.821±0.001a
H1	1.216±0.004a	0.486±0.020a	0.802±0.004a
H2	1.195±0.009a	0.459±0.014a	0.785±0.012a
H3	1.203±0.012a	0.500±0.014a	0.794±0.013a

注：同列相同字母表示差异不显著（$P>0.05$）

第六节　退化草甸草原生态系统土壤微生物肥料改良

合理、平衡施肥可增加土壤肥力，改善草地植物群落结构，有助于草地生产力的恢复，已成为保护草地资源、维持草原生态系统养分平衡、恢复退化草地的重要管理措施。近年来研究表明，过量施用化肥会引起土壤板结、重金属污染、水体富营养化、淋溶污染地下水，导致草原土壤酸化、营养失衡、生物多样性减少、生产力降低、草地退化等严重威胁到草原生态系统功能。在此背景下，微生物肥料的开发和应用逐渐成为热点。研究表明，将微生物肥料与有机肥混播，不仅能提供作物生长所需的大量元素氮、磷、钾和中微量元素，还能为作物提供有机物质和有益微生物活性菌等。通过对内蒙古呼伦贝尔羊草草甸草原进行复合微生物肥料的添加，研究其对植物和土壤的影响，深入理解其退化机理，揭示退化驱动力，防止其进一步退化，并为恢复和提高草原生产力提供理论依据。

一、施微生物肥料对群落特征的影响

（一）植物群落高度、盖度、地上生物量变化

土壤微生物是草地生态系统中重要的组成部分，其活动能力的强弱与草地植被类型及土壤营养元素有一定相关性，可以加速碳、氮等元素的循环，对有机质的分解转化也起主导作用。微生物肥料通过提高微生物的生命活动，增加植物营养元素的供应量，改善植物营养状况，从而增加作物的产量。本研究表明，2014 年、2015 年、2016 年 F+T+H 的配合施用均使植物群落密度和地上生物量增加，植物群落密度分别增加了 26.72%、17.94%、34.64%。地上生物量分别增加了 7.18%、49.97%、47.64%（表 8-16）。由于不同植物对肥料的利用率不同，使得植物群落的高度、盖度和密度发生不同的变化，进而影响植物群落地上生物量。H+J 配合施用 2014 年植物群落盖度比对照组高 35.75%，但群落地上生物量比对照组减小了 17.82%，2015 年、2016 年植物群落密度分别比对照组高 9.99%、24.52%，群落地上生物量分别比对照组高 45.83、37.25%；2016 年 F+J 配合施用植物群落高度、盖度分别比对照组高 33.10%、14.13%。

表 8-16　施加微生物肥料对植物群落特征的影响

年份	处理	群落高度（cm）	群落盖度（%）	群落密度（株/m²）	群落地上生物量（g/m²）
	CK	25.55±4.49a	49.11±5.82b	598.67±58.97bc	251.83±23.23ab
	F	29.89±6.87a	49.18±7.46b	626.22±42.84b	245.45±43.23ab
	T	25.95±2.37a	61.38±5.89ab	736.89±43.62a	280.93±6.26a
2014	H	26.97±7.98a	59.51±4.17b	591.56±38.65bc	267.32±32.93ab
	F+T+H	27.38±5.15a	61.42±7.30ab	758.67±31.44a	269.91±29.18ab
	F+J	25.77±4.75a	53.51±8.34b	594.67±40.60bc	223.88±15.73ab
	H+J	29.13±2.61a	76.44±10.89a	633.78±56.86b	206.96±16.80b
	CK	22.87±3.91a	40.90±6.85a	503.33±43.65b	155.62±37.41b
	F	19.62±4.74a	38.63±4.91a	508.33±17.62b	172.34±18.38ab
	T	20.41±5.47a	48.27±4.61a	536.33±46.01b	205.88±14.26ab
2015	H	23.59±4.55a	36.17±3.88a	491.67±13.01b	185.19±10.69ab
	F+T+H	23.02±5.79a	41.00±2.00a	593.67±27.93ab	233.38±32.91a
	F+J	21.68±1.88a	45.03±6.16a	481.33±50.84b	185.94±15.50ab
	H+J	22.26±3.66a	38.10±5.37a	553.33±88.82ab	226.95±30.97a
	CK	20.54±5.46c	52.87±4.19bc	458.00±36.10b	169.01±12.75c
	F	21.94±2.70c	49.63±3.91c	583.33±60.48a	143.47±17.27c
	T	25.46±4.83cd	62.77±2.22ab	572.00±19.08a	206.55±13.65bc
2016	H	20.85±3.57a	54.07±3.48bc	577.33±55.87a	183.53±13.23bc
	F+T+H	22.11±4.12bc	57.60±2.26bc	616.67±8.33a	249.54±12.74a
	F+J	27.34±5.44a	60.43±2.44ab	431.00±18.00b	193.66±10.56bc
	H+J	24.62±4.78ab	66.63±2.50a	570.33±44.50a	231.98±22.66ab

注：同列不同字母表示差异显著（$P < 0.05$）

（二）植物群落主要物种重要值变化

施入微生物肥料对植物群落主要物种重要值具有显著影响，但不同物种响应有差别。在生态位理论框架中，物种在特定生境中的适合度决定于其生活史对策，而各物种的生活史对策主要决定于植物的个体表现特征，表现特征又决定于个体的生理、形态和功能特征，这些特征决定了植物的生长能力、竞争能力、存活能力等。2014 年施加 T 禾本科植物重要值比对照组高 9.59%、杂草类植物重要值比对照组低 38.55%，施加 F+J 豆科植物重要值分别比对照组高了 23.47%、20.71%；2014～2016 年施加 F 植物群落主要物种重要值无明显变化，F+T+H 配合施用 2015 年、2016 年禾本科植物重要值分别增加了 3.64%、43.44%，豆科植物重要值分别增加了 50.00%、18.80%，H+J 配合施用豆科植物重要值分别增加了 76.35%、73.77%（表 8-17）。根茎型禾草（羊草等）对复合微生物肥料添加的响应显著高于丛生型禾草和莲座型菊科植物等草类。表明退化草地施肥后，促进了禾草类植物的生长，提高了禾本科植物重要值，相反弱势种群的植物在竞争中重要值显著降低而逐渐消失。本实验结果显示，施加 T 2014 年禾本科植物重要值比对照组高 9.59%，同时杂草类植物重要值比对照组低 38.55%；施加 H 2014 年、2015 年菊科植物重要值比对照组分别减少了 60.42%、55.08%。豆科植物与根瘤菌结瘤形成

表 8-17　施加微生物肥料对植物群落物种重要值的影响

年份	处理	禾本科	豆科	毛茛科	菊科	莎草科	杂草类
	CK	47.11±6.14a	14.87±4.31ab	13.45±2.86c	14.30±1.78ab	9.82±1.75a	25.63±3.08ab
	F	49.24±7.54a	12.85±2.49ab	16.16±4.97bc	8.23±1.42cd	6.70±1.00a	18.54±3.91cd
	T	51.63±14.85a	15.67±2.62ab	17.30±1.96bc	8.83±1.50cd	6.17±1.37a	15.75±2.31d
2014	H	49.63±6.88a	11.36±2.81b	18.25±1.75ab	5.66±0.96d	7.61±1.59a	24.81±4.26ab
	F+T+H	46.89±5.80a	18.36±2.78a	16.66±3.32bc	12.46±2.19ab	7.07±2.09a	28.06±3.91a
	F+J	48.31±7.06a	17.95±3.65a	19.88±2.62ab	14.36±1.80ab	8.36±1.86a	24.30±3.64abc
	H+J	49.21±9.24a	11.00±2.03b	24.23±3.50a	16.70±4.25a	6.37±1.53a	23.39±1.62abc
	CK	36.80±6.32ab	5.92±0.91b	18.20±2.51b	14.16±1.65a	10.18±1.11b	27.16±3.59ab
	F	30.14±4.00b	4.88±1.60b	26.24±2.76ab	6.10±1.02bc	8.05±1.36b	35.25±4.33a
	T	32.26±5.45b	5.40±1.53b	23.33±3.40ab	9.61±0.62b	7.89±1.17b	22.15±2.96b
2015	H	30.86±4.19b	5.20±0.87b	31.63±3.60a	6.36±1.20bc	10.23±1.06b	30.39±2.46ab
	F+T+H	38.14±9.57a	8.88±1.07a	20.99±3.54b	8.68±1.49ab	9.41±0.70b	26.89±4.31ab
	F+J	32.15±4.78b	5.72±0.47b	27.07±3.88ab	5.73±0.96c	7.68±1.01b	27.55±3.09ab
	H+J	33.74±3.98b	10.44±1.11a	18.23±3.76b	9.13±1.38ab	14.53±2.55a	21.15±4.56b
	CK	27.51±3.55b	4.68±1.21c	30.54±1.11a	3.85±0.56b	7.46±1.47abc	24.63±4.16a
	F	33.48±2.20ab	4.69±1.03c	26.36±9.61b	3.64±1.00b	5.71±1.68bc	23.97±3.14a
	T	35.47±3.56ab	5.94±0.95bc	23.19±3.56b	6.31±1.13ab	6.94±0.87abc	26.33±5.28a
2016	H	35.97±4.94ab	4.71±1.05c	28.13±3.25b	6.74±1.96ab	9.55±1.49a	26.84±3.83a
	F+T+H	39.46±6.14a	5.56±0.82bc	28.25±5.14b	7.13±1.48ab	8.52±1.03ab	26.28±6.08a
	F+J	27.56±3.77b	8.02±1.06ab	29.46±3.44ab	3.65±0.87b	9.24±1.43a	28.67±2.78a
	H+J	38.82±6.06a	8.13±1.29a	25.84±2.62b	9.33±1.23a	4.83±0.61c	23.99±4.98a

注：同列不同字母表示差异显著（$P<0.05$）

共生体，具有将大气中沉降氮转化为直接供植物生长发育所需氮素的能力，所以豆科植物对微生物肥料的敏感度不及禾本科，施加 F+T+H、F+J 豆科植物重要值分别比对照组高了 23.47%、20.71%，但均不及禾本科增加幅度，施肥使禾本科、豆科植物的重要值增加，杂草类重要值减少，削弱了杂草类植物在群落中的作用。

二、施微生物肥料对土壤特征的影响

（一）土壤养分变化

打孔与施微生物肥料不同处理对 0～20cm 土层土壤养分的短期影响不显著（表 8-18）。与单个打孔处理相比，施微生物肥料第一年，在 2014 年水分正常甚至丰盈的年份，打孔与施微生物肥料土壤中全碳和全氮含量最高值均出现在处理 F+J（47.07g/kg、2.12g/kg），比单个打孔处理提高 1.84%～18.53%、1.24%～31.67%；电导率有所下降，最低值出现在处理 T（52.05μS/cm），比单个打孔处理下降 7.32%～24.03%；速效氮和速效钾含量最高值也出现在 F+J，较单个打孔分别提高 10.52% 和 5.71%。方差分析表明，除了全钾 H+J 显著高于 F（$P<0.05$），速效氮 F+J 显著高于 H+J（$P<0.05$）外，土壤养分不同处理之间均无显著差异（$P>0.05$），施肥第二年（2015 年）属于降水较少气候干燥的年份，微生物肥料和菌剂没有起到明显的作用，甚至一些处理出现降低的趋势，这有可能反映了土壤对微生物肥料和菌剂的吸收和转化与土壤降水相关，方差分析表明，速效氮呈现出与 2014 年相同的规律，处理 F+J 显著高于处理 H+J（$P<0.05$），速效磷 H 显著高于 H+J，pH 显著高于 CK、F+H+T 和 F+J，其余与 2014 年呈现相同的规律，不同处理之间均无显著差异（$P>0.05$）。但是两年研究发现，单个施腐殖酸复合微生物肥料有所降低土壤速效 N 和速效 P 含量，增加 pH，年度间相比较，通过打孔与施微生物肥料，不同处理土壤全氮、速效氮、全磷、速效磷、速效钾和电导率均显著增加，土壤全碳、全钾、pH 和碳氮比有所下降。

表 8-18 不同施肥处理下土壤养分变化

年份	处理	全碳 (g/kg)	全氮 (g/kg)	碳/氮	全磷 (g/kg)	全钾 (g/kg)	速效氮 (mg/kg)	速效磷 (mg/kg)	速效钾 (mg/kg)	pH	电导率 (μS/cm)
2014	CK	39.71a	1.61a	24.64a	0.57a	26.30ab	136.99ab	4.38a	215.12a	6.65a	64.87a
	F	40.44a	1.63a	24.77a	0.59a	25.87b	136.08ab	3.72a	204.28a	6.72a	54.48a
	T	40.33a	1.64a	24.65a	0.58a	27.53ab	138.33ab	3.93a	222.66a	6.62a	52.05a
	H	41.35a	1.66a	24.97a	0.55a	27.12ab	134.75ab	3.79a	214.72a	6.65a	49.28a
	F+T+H	45.70a	2.07a	22.71a	0.54a	28.78ab	137.24ab	4.38a	195.01a	6.63a	54.88a
	F+J	47.07a	2.12a	22.95a	0.56a	29.15ab	151.41a	4.38a	227.40a	6.67a	60.12a
	H+J	41.04a	1.84a	22.76a	0.53a	31.24a	128.72b	3.72a	210.10a	6.63a	58.55a
2015	CK	37.57a	3.13a	12.02a	0.67a	16.83a	270.72ab	7.66ab	311.76a	6.42b	145.50a
	F	37.93a	3.14a	12.07a	0.71a	14.71a	265.69ab	6.37ab	313.44a	6.47ab	150.42a
	T	36.03a	3.03a	11.90a	0.72a	18.47a	266.41ab	6.68ab	314.98a	6.52ab	148.87a
	H	37.13a	3.04a	12.20a	0.71a	14.45a	261.55ab	9.43a	295.55a	6.63a	145.22a
	F+T+H	38.01a	3.16a	11.97a	0.84a	12.60a	264.68ab	6.21ab	308.95a	6.37b	140.78a
	F+J	39.34a	3.26a	12.07a	0.73a	11.00a	302.10a	6.40ab	301.69a	6.38b	144.03a
	H+J	34.97a	2.96a	11.81a	0.73a	16.47a	247.60b	3.51b	265.22a	6.53ab	152.32a

注：同列不同字母表示差异显著（$P<0.05$）

（二）土壤微生物生物量碳氮变化

打孔+施微生物肥料对土壤微生物生物量氮、碳含量见图 8-19，2014 年不同处理土壤微生物生物量氮含量变动在 73.49～94.48mg/kg，最高值出现在 H+J 处理；土壤微生物生物量碳含量变动在 192.99～304.00mg/kg，最高值出现在 F+J 处理，其次为 H+J；通过对不同处理 0～20cm 土层土壤酶活性和微生物碳氮含量进行单因素方差分析可知，2014 年处理 F+J 和 H+J 显著增加了土壤微生物碳含量（$P<0.05$），并且 F+J 也显著增加了土壤微生物氮含量（$P<0.05$），其他施肥处理均没有显著差异（$P>0.05$）；2015 年不同处理土壤微生物生物量氮含量变动在 43.01～82.82mg/kg，最高值出现在 T 处理，显著高于最低值 H+J 处理（$P<0.05$），其他处理之间无显著差异（$P>0.05$）；土壤微生物生物量碳含量变动在 117.96～278.84mg/kg，最高值出现在 H 处理，最低值出现在 F+J，不同处理之间差异性不显著（$P>0.05$），甚至打孔+腐殖酸复合微生物肥料+复合微生物菌剂（F+J）由于干旱原因导致土壤微生物碳氮有所下降。研究表明，土壤微生物活性与土壤水、热状况密切相关，在雨水正常的年份，打孔+施微生物肥料+菌剂短期效应显著影响土壤微生物碳氮含量。

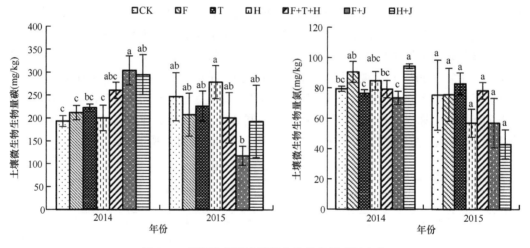

图 8-19　不同处理下土壤微生物生物量碳氮变化
同一年份不同字母代表差异显著（$P<0.05$）

（三）土壤酶活性变化

土壤蔗糖酶活性可以反映有机物质积累和转化的规律，而且与环境中 CO_2 气体的排放有着密切关系，是促进土壤碳素循环的重要环节部分（陈娟丽等，2016）；土壤脲酶则直接参与土壤含氮有机化合物的转化，其活性和土壤的供氮素供应强度有着密切的关系（关松荫和孟昭鹏，1986）；过氧化氢酶表征土壤腐殖化强度和有机质积累程度（关松荫和孟昭鹏，1986）。打孔+施微生物肥料处理下土壤酶活性见表 8-19，土壤蔗糖酶施肥第一年最高值出现在处理 H+J，其次为 F+J，显著高于其他处理（$P<0.05$）；施肥第二年不同打孔与施微生物肥料处理比单个打孔处理提高 4.72%～9.84%，且处理 F、H、

T 及 F+J 显著高于 CK（$P<0.05$）；对于土壤脲酶施肥第一年和第二年在不同处理施肥与对照相互之间均没有显著的差异（$P>0.05$）；土壤过氧化氢酶活性施肥第一年和施肥第二年相对于对照单个打孔处理，不同施肥处理均有所提高，两年分别较对照提高 0.26%～2.50%、0.70%～4.08%，并且施肥第二年土壤过氧化氢酶在处理 F 和 F+J 显著高于 CK（$P<0.05$）。研究表明，打孔+施微生物肥料短期效应能够影响土壤蔗糖酶和过氧化氢酶。

表 8-19　不同处理下土壤酶活性变化

土壤酶活性	处理	施肥时间	
		2014 年	2015 年
蔗糖酶 [mg/(g·24h)]	CK	1.077±0.002bc	1.016±0.019c
	F	1.041±0.029c	1.085±0.025ab
	T	1.075±0.003bc	1.104±0.006ab
	H	1.070±0.006bc	1.095±0.004ab
	F+T+H	1.118±0.043b	1.064±0.021abc
	F+J	1.186±0.005a	1.116±0.023a
	H+J	1.192±0.001a	1.068±0.039abc
脲酶 [mgNH$_3^-$N/(g·24h)]	CK	0.408±0.011a	0.363±0.022a
	F	0.416±0.012a	0.440±0.051a
	T	0.427±0.081a	0.480±0.103a
	H	0.359±0.028a	0.411±0.013a
	F+T+H	0.399±0.007a	0.412±0.078a
	F+J	0.445±0.019a	0.388±0.044a
	H+J	0.418±0.015a	0.360±0.028a
过氧化氢酶 [ml 0.02mol/L KMnO$_4$/(g·20min)]	CK	0.759±0.004a	0.711±0.015b
	F	0.778±0.006a	0.739±0.013a
	T	0.769±0.008a	0.720±0.010ab
	H	0.767±0.008a	0.716±0.004ab
	F+T+H	0.767±0.012a	0.729±0.005ab
	F+J	0.778±0.003a	0.740±0.006a
	H+J	0.761±0.006a	0.721±0.002ab

注：同列不同字母表示差异显著（$P<0.05$）

（四）土壤微生物生物量、酶活性与土壤养分的回归分析

土壤微生物生物量碳氮、酶活性与土壤养分之间的相关性如表 8-20 所示。土壤全磷、速效磷为土壤微生物碳的关键影响因子，呈显著正相关线性关系（$P<0.05$，$R^2=0.303$）；土壤全磷为土壤微生物氮的关键影响因子，呈极显著负相关线性关系（$P<0.01$，$R^2=0.189$）；影响土壤蔗糖酶的关键因子为土壤全碳，呈显著正相关线性关系（$P<0.05$，$R^2=0.133$）；影响土壤脲酶的关键因子为土壤速效效钾和速效氮，呈极显著正相关线性关系（$P<0.01$，$R^2=0.189$）；土壤电导率为土壤过氧化氢酶的关键影响因子，呈极显著正相关

线性关系（$P<0.001$，$R^2=0.189$）。结果表明，土壤全碳、速效钾、速效氮、电导率分别为土壤蔗糖酶、脲酶、过氧化氢酶的关键影响因子，土壤全磷、速效磷为土壤微生物生物量的关键影响因子。

表 8-20　土壤微生物碳氮含量、酶活性与土壤养分的相关系数及回归方程

	回归方程	R^2	F	P
微生物生物量碳 MBC	$Y=-402.608TP+19.938AP+432.289$	0.303^*	4.478	0.041
微生物生物量氮 MBA	$Y=-75.908TP+123.773$	0.189^{**}	9.334	0.004
蔗糖酶	$Y=0.04TC+0.937$	0.133^*	6.154	0.017
脲酶	$Y=0.01AK-0.01AN+0.296$	0.324^{**}	11.016	0.002
过氧化氢酶	$Y=0.01TC+0.793$	0.667^{**}	80.202	0.000

注：* $P<0.05$；** $P<0.01$。TP、AP、TC、AK、AN 分别代表土壤全磷、土壤速效磷、土壤全碳、土壤速效钾、土壤速效氮

第七节　结　语

植物群落在干扰后的恢复过程是一种重要的演替方式。退化草原恢复及改良是退化草原向人们所需要或原有自然植被的方向发展演替，以达到恢复的目的。根据退化草场恢复演替规律，认识退化草原恢复及改良的技术措施对草地生态系统的恢复演替的影响，为促进可持续发展而寻求草原恢复及培育改良的有效方法。

1）围栏封育内、外群落演替过程截然不同。围栏封育 12 年后植物有 52 种，比围栏外多 12 种，羊草、柄状薹草、裂叶蒿为优势种和建群种。而围栏外优势种为薹草，次优势种出现了蒲公英，此外，在群落中出现独行菜、灰绿藜、平车前，且分布频度在 50%以上。围栏内多年生植物分布均匀，群落趋于稳定，围栏外，退化仍在继续，并预警处于严重退化状态。围栏内植物分布均匀程度明显高于围栏外，植物组成和群落结构的稳定性明显好于围栏外。围栏封育后控制了对植被不利因素的干扰，促进了植物群落正向演替进程，相反围栏外由于利用较重使得草原退化仍在继续。

围栏封育 12 年的贝加尔针茅草原还在恢复演替中，贝加尔针茅植物仍为群落的常见种和伴生种，可能是排除干扰后，由于羊草根茎繁殖迅速，更新能力强，而贝加尔针茅植物相对恢复速度比较缓慢，或与围栏封育前草原退化严重使顶极群落植物恢复较难有密切关系。围栏内主要植物的生态位宽度随着围栏封育改善其生长环境而增大，围栏内羊草生态位宽度随着干扰强度减少而增大，围栏外薹草则随着干扰强度增加其生态位宽度增大。围栏封育后羊草在植物群落中的地位和功能明显增强，其资源利用能力和稳定性也增强；围栏外优势种薹草、披针叶黄华、蒲公英在不利的强度人为干扰下，随环境变差其空间位置增强。每个物种都有自己独特的生态位，借以跟其他物种做出区别。生态位宽度越大的物种对环境的适应力越强。围栏内主要植物的生态位宽度随着围栏封育改善其生长环境而增大。围栏内羊草生态位宽度随着干扰强度减少而增大，封育后羊草在植物群落中的地位和功能明显增强，而围栏外伴生种薹草随着干扰强度增加其生态位宽度增大。总体上围栏封育排除了各种人为不良的干扰，使得围栏内群落结构得到恢

复，其资源利用能力增强，进而群落稳定性随之增强。

2）打孔疏松通过对植物根际土壤进行钻孔以改良土壤透气状况，同时疏松土壤能促进其有机物分解，增加植物根系对土壤养分的吸收，有利于枯草层的进一步分解。打孔改良后羊草草原植物高度、盖度、密度及地上生物量逐渐提高；优势种羊草酸性洗涤纤维、粗蛋白含量高于不打孔，中性洗涤纤维低于不打孔；植物群落酸性洗涤纤维含量高于不打孔，中性洗涤纤维、粗蛋白含量低于不打孔。打孔改良第一年不同深度的土壤含水量均增加，第二年20~30cm土壤含水量降低，第三年各土层土壤含水量均降低，这可能与该地区不同年份降雨量、植被类型不同、土壤性质不同有关。打孔改良一年土壤容重增加，改良两年、三年后表层土壤容重降低，深层土壤容重降低，这可能是因为打孔起到了疏松土壤的作用。2016年打孔改良后土壤速效氮、速效磷和速效钾含量均高于不打孔改良，随着土壤深度的加深，速效氮、速效磷和速效钾含量呈降低的趋势；打孔改良后2014~2016年土壤全氮含量高于不打孔，随着土壤深度的加深，全氮含量呈降低的趋势；2016年土壤全磷含量低于不打孔，随着土壤深度的加深，全磷呈降低的趋势；2016年打孔改良10~20cm和20~30cm土壤全碳高于不打孔改良，随着土壤深度的加深，全碳变化规律不同；2016年打孔与不打孔无明显差异；2016年打孔改良土壤pH大于不打孔，土壤pH随着土壤深度加深无明显变化。

2014年切根改良对羊草种群高度、密度和生物量均有不同程度的下降，2015年切根处理下羊草高度显著低于对照处理，羊草密度增加，羊草生物量减少。2016年切根和对照处理下羊草种群特征无显著性差异；2014~2016年切根改良对群落物种丰富度、群落地上生物量和群落地下生物量影响不显著；0~10cm、10~20cm、20~30cm的容重表现出明显的垂直分布，土层越深，土壤容重值越大；试验初期切根处理显著降低了土壤全磷含量，增加了土壤速效氮含量；切根第一年（2014年）的过氧化氢酶显著高于对照；到了切根第二年（2015年），微生物生物量碳、微生物生物量氮含量显著下降。

3）中浓度施肥处理对羊草高度、密度和羊草地上生物量的增加有明显作用。施肥第二年不同处理下物种数量明显高于施肥前期，而群落的地上生物量受施肥的影响较大，尤其在降水充沛的年份里，群落的地上生物量随施肥水平的增加呈现出明显的变化趋势。2014年群落的地上生物量表现出显著的递增趋势，2015年施肥效果变得不再明显。2015年全碳、全氮含量随着施肥水平增加呈逐渐下降的趋势，全磷含量依然有逐渐增高的趋势。2015年植物群落C：N随着施肥水平的增加呈现直线上升的变化趋势。

土壤碳、氮、磷含量整体上呈垂直分布，随着土层增加其含量逐渐下降。2015年速效氮含量随着施肥水平的增加呈显著下降趋势，中高浓度施肥处理下0~10cm土层中全氮含量显著提高；三个土层的速效磷含量均显著高于2014年，最多高出了44%。三个土层中的STC含量依次呈垂直分布且每个土层之间差异显著（$P<0.05$），每层土壤STC的含量都较上一层降低了20%~30%。2015年三层土壤C：N整体呈下降趋势，除10~20cm外其他土层下降趋势达显著性水平；随着施肥浓度的增加，0~10cm土层C：P和N：P有上升趋势，10~20cm土层变化较为平缓，而20~30cm土层有下降趋势。对比2年比值的变化，2015年C：P和N：P较2014分别下降为47.8%~59.7%和15.0%~35.8%。

施肥对土壤微生物数量的影响明显，尤其是数量最少的真菌在施肥后发生显著性改变。土壤微生物生物量碳发生了显著的变化，低浓度施肥 H1 中的微生物生物量碳显著增加，土壤微生物生物量碳和土壤有机碳更能有效反映土壤质量变化，土壤微生物碳在施肥后大幅增加，尤其是 H1 的促进效果明显。H1 中的蔗糖酶活性最高，H3 的脲酶活性最高，H0 的过氧化氢酶活性最高。

4）2014～2016 年 F+T+H 的配合施用均增加了植物群落的密度和地上生物量，2016 年 F+J 配合施用后的植物群落高度、盖度分别比对照组高 33.10%、14.13%。施加 T 2014 年禾本科植物重要值比对照组高 9.59%，同时杂草类植物重要值比对照组小 38.55%；施加 H 2014 年、2015 年菊科植物重要值比对照组分别减小了 60.42%、55.08%。豆科植物与根瘤菌结瘤形成共生体，具有将大气中沉降氮转化为直接供植物生长发育所需氮素的能力，所以豆科植物对微生物肥料的敏感度不及禾本科，施加 F+T+H、F+J 的豆科植物重要值分别比对照组高了 23.47%、20.71%，但均不及禾本科的增加幅度，施肥使禾本科、豆科植物的重要值增加，杂草类重要值减少，削弱了杂草类植物在群落中的作用。

施微生物肥料第一年，土壤中全碳和全氮含量最高值均出现在处理 F+J；电导率均有所下降，最低值出现在处理 T；速效氮和速效钾含量最高值也出现在 F+J，速效氮 F+J 显著高于 H+J；施肥第二年（2015 年）属于降水较少气候干燥的年份，微生物肥料和菌剂没有起到明显的作用，甚至一些处理出现降低的趋势，这有可能反映了土壤对微生物肥料和菌剂的吸收和转化与土壤降水相关。

2014 年 H+J 处理土壤微生物生物量氮和生物量碳含量最高；2015 年土壤微生物生物量氮和生物量碳含量最高值分别在 T 处理和 H 处理。土壤生物活性与土壤水、热状况密切相关，在雨水正常的年份，打孔+施微生物肥料+菌剂短期效应显著影响土壤微生物碳氮含量。土壤蔗糖酶施肥第一年最高值出现在处理 H+J，施肥第 2 年处理 F、H、T 及 F+J 显著高于 CK。土壤全碳、速效钾、速效氮、电导率分别为土壤蔗糖酶、脲酶、过氧化氢酶的关键影响因子，土壤全磷、速效磷为土壤微生物生物量的关键影响因子。

参 考 文 献

白春利, 阿拉塔, 陈海军, 等. 2013. 氮素和水分添加对短花针茅荒漠草原植物群落特征的影响. 中国草地学报, 35(02): 69-75.
白玉婷, 卫智军, 代景忠, 等. 2017. 施肥对羊草割草地植物群落和土壤 C：N：P 生态化学计量学特征的影响. 生态环境学报, 26(04): 620-627.
白玉婷, 卫智军, 刘文亭, 等. 2016. 草地施肥研究及存在问题分析. 草原与草业, 28(02): 7-12.
宝音陶格涛. 2009. 不同改良措施下退化羊草(Leymus chinensis)草原群落恢复演替规律研究. 内蒙古大学博士学位论文.
宝音陶格涛, 陈敏. 1997. 退化草原封育改良过程中植物种的多样性变化的研究. 内蒙古大学学报(自然科学版), (01): 90-94.
宝音陶格涛, 王静. 2006. 退化羊草草原在浅耕翻处理后植物多样性动态研究. 中国沙漠, (02): 232-237.
宝音陶格涛, 刘海松, 图雅, 等. 2009. 退化羊草草原围栏封育多样性动态研究. 中国草地学报, 31(05): 37-41.
宾振钧, 王静静, 张文鹏, 等. 2014. 氮肥添加对青藏高原高寒草甸 6 个群落优势种生态化学计量学特征的影响. 植物生态学报, (03): 231-237.

曹文侠, 李文, 李小龙, 等. 2015. 施氮对高寒草甸草原植物群落和土壤养分的影响. 中国沙漠, 35(03): 658-666.

陈积山, 孔晓蕾, 朱瑞芬, 等. 2018. 切根和施氮对退化羊草草地土壤理化性质的影响. 草地学报, 26(05): 1104-1108.

陈娟丽, 师尚礼, 祁娟. 2016. 磷肥与菌肥配施对青藏高原高寒区苜蓿草地生产力的影响. 草原与草坪, 36(02): 27-33.

陈凌云, 康瑞琴, 马正学, 等. 2010. 大夏河临夏段枯水期纤毛虫群落特征与水质相互关系研究. 生态与农村环境学报, 26(06): 550-557.

陈敏, 宝音陶格涛. 1997. 半干旱草原区退化草地改良的试验研究. 草业科学, (06): 28-30.

陈欣. 2012. 长期施用有机肥对黑土磷素形态及有效性的影响. 东北农业大学硕士学位论文.

陈亚明, 李自珍, 杜国祯. 2004. 施肥对高寒草甸植物多样性和经济类群的影响. 西北植物学报, (03): 424-429.

陈佐忠, 汪诗平, 等. 2000. 中国典型草原生态系统. 北京: 科学出版社.

程积民, 贾恒义, 彭祥林. 1997. 施肥草地群落生物量结构的研究. 草业学报, 6(2): 22-27.

代景忠. 2016. 切根与施肥对羊草草甸草原割草场植被与土壤的影响. 内蒙古农业大学博士学位论文.

代景忠, 闫瑞瑞, 卫智军, 等. 2017a. 短期施肥对羊草草甸割草场土壤微生物的影响. 生态学杂志, 36(09): 2431-2437.

代景忠, 闫瑞瑞, 卫智军, 等. 2017b. 施肥对羊草(Leymus chinensis)割草场功能群物种丰富度和重要值的影响. 中国沙漠, 37(03): 453-461.

董鸣. 2011. 克隆植物生态学. 北京: 科学出版社.

董晓兵, 郝明德, 郭胜安, 等. 2014. 施肥对羊草产量和品质的影响. 草业科学, 31(10): 1935-1942.

杜青林. 2006. 中国草业可持续发展战略. 北京: 中国农业出版社.

冯涛, 杨京平, 孙军华, 等. 2005. 两种土壤不同施氮水平对稻田系统的氮素利用及环境效应影响. 水土保持学报, (01): 64-67.

付霞杰, 许建海, 莫放, 等. 2019. 半细毛羊5种玉米的可消化粗蛋白质和有效能的测定及其预测. 中国畜牧杂志, 55(01): 81-86.

高宁. 2019. 刈割、施肥对高寒草甸物种多样性、功能多样性与生态系统多功能性关系的影响. 陕西师范大学硕士学位论文.

高树涛, 李文香, 钟希杰, 等. 2008. 长期定位施肥对非石灰性潮土全硫动态变化的影响. 中国农学通报, 24(10): 306-309.

戈峰. 2008. 现代生态学. 北京: 科学出版社.

关松荫, 孟昭鹏. 1986. 不同垦殖年限黑土农化性状与酶活性的变化. 土壤通报, (04): 157-159.

郭金丽, 李青丰. 2008. 克隆整合对白草克隆生长的影响. 中国草地学报, 30(06): 43-48.

韩路, 贾志宽, 韩清芳, 等. 2003. 紫花苜蓿主要性状的对应分析. 中国草地, 25(5): 38-42.

韩文轩, 吴漪, 汤璐瑛, 等. 2009. 北京及周边地区植物叶的碳氮磷元素计量特征. 北京大学学报(自然科学版), 45(05): 855-860.

何丹, 李向林, 何峰, 等. 2009. 施氮对退化天然草地主要物种地上生物量和重要值的影响. 中国草地学报, 31(05): 42-46.

贺金生, 韩兴国. 2010. 生态化学计量学: 探索从个体到生态系统的统一化理论. 植物生态学报, 34(1): 2-6.

胡成波, 王洗清. 2012. 适于北方种植的10种高产优质牧草. 中国畜牧业, (05): 54-56.

胡毅, 朱新萍, 韩东亮, 等. 2016. 围栏封育对天山北坡草甸草原土壤呼吸的影响. 生态学报, 36(20): 6379-6386.

黄昌勇. 2000. 土壤学. 北京: 中国农业出版社

黄菊莹, 赖荣生, 余海龙, 等. 2013. N 添加对宁夏荒漠草原植物和土壤 C∶N∶P 生态化学计量特征的影响. 生态学杂志, (11): 2850-2856.

李本银, 汪金舫, 赵世杰, 等. 2004. 施肥对退化草地土壤肥力、牧草群落结构及生物量的影响. 中国草地, 34(01): 15-18.

李禄军, 于占源, 曾德慧, 等. 2010. 施肥对科尔沁沙质草地群落物种组成和多样性的影响. 草业学报, 19(02): 109-115.

李楠, 宋建国, 刘伟, 等. 2001. 草原施肥对羊草产量和质量的影响. 草原与草坪, (03): 38-41.

李世清, 吕丽红, 付会芳, 等. 2003. 土壤氮素矿化过程中非交换铵态氮的变化. 中国农业科学, 36(6): 663-670.

李艳. 2014. 刈割与施肥对高寒草甸土壤、植物 N、P 化学计量特征的影响. 陕西师范大学硕士学位论文.

李永宏, 阿兰. 1995. 不同放牧体制对新西兰南部补播生草丛草地的长期效应. 国外畜牧学(草原与牧草), (01): 22-28.

李政海, 裴浩, 刘钟龄, 等. 1994. 羊草草原退化群落恢复演替的研究. 内蒙古大学学报(自然科学版), (01): 88-98.

李政海, 王炜, 刘钟龄. 1995. 退化草原围封恢复过程中草场质量动态的研究. 内蒙古大学学报(自然科学版), (03): 334-338.

李志强, 韩建国. 2000. 打孔和施肥处理对草地早熟禾草坪质量的影响. 草业科学, 17(6): 71-76.

梁方. 2015. 草地切根施肥补播复式改良机械的优化设计与试验研究. 中国农业大学博士学位论文.

林明月, 许春辉, 苏以荣, 等. 2011. 平衡施肥对喀斯特地区牧草产量及品质的影响. 农业现代化研究, 32(04): 502-504

刘凤婵, 李红丽, 董智, 等. 2012. 封育对退化草原植被恢复及土壤理化性质影响的研究进展. 中国水土保持科学, 10(05): 116-122.

刘劲松. 2003. 关于草坪打孔机与对草坪生长的影响. 内蒙古林业调查设计, 26(2): 56.

刘美丽. 2016. 呼伦贝尔羊草草甸草原围封草地不同利用模式下群落特征、土壤特性研究. 内蒙古师范大学硕士学位论文.

刘小丹, 张克斌, 王晓, 等. 2015. 围封年限对沙化草地群落结构及物种多样性的影响. 水土保持通报, 35(03): 39-43.

刘晓波, 杨春华, 徐耀华, 等. 2013. 打孔对草坪枯草层及坪床土壤微生物活性和有机质含量的影响. 草地学报, 21(1): 174-179.

刘兴诏, 周国逸, 张德强, 等. 2010. 南亚热带森林不同演替阶段植物与土壤中 N、P 的化学计量特征. 植物生态学报, 34(01): 64-71.

刘忠宽. 2004. 不同放牧压草原休牧后土壤养分和植物群落变化的研究. 中国农业大学博士学位论文.

刘忠宽, 汪诗平, 韩建国, 等. 2004. 内蒙古温带典型草原羊尿斑块土壤化学特性变化. 应用生态学报, (12): 2255-2260.

刘钟龄, 王炜, 郝敦元, 等. 2002. 内蒙古草原退化与恢复演替机理的探讨. 干旱区资源与环境, (01): 84-91.

莫淑勋. 1991. 猪粪等有机肥料中磷养分循环再利用研究. 土壤学报, 28(3): 309-316.

那守海. 2008. 氮磷营养对落叶松幼苗生长的调控. 东北林业大学博士学位论文.

聂胜委, 黄绍敏, 张水清, 等. 2012. 长期定位施肥对土壤效应的研究进展. 土壤, 44(2): 188-196.

潘庆民, 白永飞, 韩兴国, 等. 2005. 氮素对内蒙古典型草原羊草种群的影响. 植物生态学报, (02): 311-317.

奇立敏. 2015. 不同切根方式和不同梯度氮素添加对内蒙古退化羊草地的影响. 内蒙古大学硕士学位论文.

邱波, 罗燕江. 2004. 不同施肥梯度对甘南退化高寒草甸生产力和物种多样性的影响. 兰州大学学报(自然科学版), 40(3): 56-59.

邱波, 罗燕江, 杜国祯. 2004. 施肥梯度对甘南高寒草甸植被特征的影响. 草业学报, 13(6): 65-68.

邵梅香, 覃林, 谭玲, 等. 2012. 我国生态化学计量学研究综述. 安徽农业科学, 40(11): 6918-6920.

沈景林, 孟杨, 胡文良, 等. 1999. 高寒地区退化草地改良试验研究. 草业学报, 01: 9-14.

沈振西, 陈佐忠, 周兴民, 等. 2002. 高施氮量对高寒矮嵩草甸主要类群和多样性及质量的影响. 草地学报, (01): 7-17.

宋桂龙, 韩烈保. 2003. 养护管理对足球场草坪运动质量影响的研究进展. 草业科学, 20(9): 67-70.

宋彦涛, 李强, 王平, 等. 2016. 羊草功能性状和地上生物量对氮素添加的响应. 草业科学, 33(07): 1383-1390.

孙彩丽, 肖列, 李鹏, 等. 2017. 氮素添加和干旱胁迫下白羊草碳氮磷化学计量特征. 植物营养与肥料学报, 23(4): 1120-1127.

谭占坤, 商振达, 强巴央宗, 等. 2019. 饲料分析与质量检测技术实验教学方法改革. 畜牧与饲料科学, 40(06): 77-80.

汪海霞, 吴彤, 禄树晖. 2016. 我国围栏封育的研究进展. 黑龙江畜牧兽医, (09): 89-92.

王绍强, 于贵瑞. 2008. 生态系统碳氮磷元素的生态化学计量学特征. 生态学报, (08): 3937-3947.

王生明, 王自胜, 谈敦姊, 等. 2012. 有机肥不同施用量对有机水稻产量的影响. 宁夏农林科技, 04: 10-11.

王识宇. 2019. 中国北方退化羊草草地恢复演替机制. 东北师范大学博士学位论文.

王炜, 梁存柱, 刘钟龄, 等. 1999. 内蒙古草原退化群落恢复演替的研究Ⅳ. 恢复演替过程中植物种群动态的分析. 干旱区资源与环境, (04): 44-55.

王炜, 刘钟龄, 郝敦元, 等. 1996. 内蒙古草原退化群落恢复演替的研究Ⅰ. 退化草原的基本特征与恢复演替动力. 植物生态学报, (05): 449-459.

王雪, 雒文涛, 庾强, 等. 2014. 半干旱典型草原养分添加对优势物种叶片氮磷及非结构性碳水化合物含量的影响. 生态学杂志, 33(07): 1795-1802.

温超, 单玉梅, 贾伟星, 等. 2017. 水肥耦合对科尔沁羊草割草场植物群落多样性和生产力的影响. 中国农学通报, 33(26): 100-106.

乌仁其其格, 闫瑞瑞, 辛晓平, 等. 2011. 切根改良对退化草地羊草群落的影响. 内蒙古农业大学学报(自然科学版), 32(04): 55-58.

邬畏, 何兴东, 周启星, 等. 2010. 生态系统氮磷比化学计量特征研究进展. 中国沙漠, 30(2): 296-302.

吴佳, 张淑敏. 2010. 草地点线式破土切根机工作原理及性能测试. 现代农业科技, (05): 218-219.

吴巍, 赵军. 2010. 植物对氮素吸收利用的研究进展. 中国农学通报, 26(13): 75-78.

徐冰, 程雨曦, 甘慧洁, 等. 2010. 内蒙古锡林河流域典型草原植物叶片与细根性状在种间及种内水平上的关联. 植物生态学报, 34(01): 29-38.

许能祥, 顾洪如, 丁成龙, 等. 2009. 追施氮对多花黑麦草再生产量和品质的影响. 江苏农业学报, 25(3): 601-606.

许秀美, 邱化蛟, 周先学, 等. 2001. 植物对磷素的吸收、运转和代谢. 山东农业大学学报(自然科学版), 32(3): 397-400.

闫玉春, 唐海萍, 辛晓平, 等. 2009. 围封对草地的影响研究进展. 生态学报, 29(9): 5039-5046.

闫志坚. 2002. 不同改良措施对大针茅植物群落影响的研究//中国草原学会. 现代草业科学进展——中国国际草业发展大会暨中国草原学会第六届代表大会论文集. 北京: 中国草学会.

闫志坚, 孙红. 2005. 不同改良措施对典型草原退化草地植物群落影响的研究. 四川草原, 5: 1-5.

羊留冬, 王根绪, 杨阳, 等. 2012. 峨眉冷杉幼苗叶片功能特征及其 N、P 化学计量比对模拟大气氮沉降的响应. 生态学杂志, 31(01): 44-50.

杨浩, 罗亚晨. 2015. 糙隐子草功能性状对氮添加和干旱的响应. 植物生态学报, 39(01): 32-42.

杨路华, 沈荣开, 覃奇志, 等. 2003. 土壤氮素矿化研究进展. 土壤通报, 34(6): 569-571.

杨中领, 苏芳龙, 苗原, 等. 2014. 施肥和放牧对青藏高原高寒草甸物种丰富度的影响. 植物生态学报, 38(10): 1074-1081.

银晓瑞, 梁存柱, 王立新, 等. 2010. 内蒙古典型草原不同恢复演替阶段植物养分化学计量学. 植物生态学报, 34(01): 39-47.

尤泳. 2008. 破土切根对退化羊草草地土壤理化特性的影响//中国草学会青年工作委员会. 农区草业论坛论文集. 厦门: 中国草学会青年工作委员会: 518-524.

于占源, 曾德慧, 艾桂艳, 等. 2007. 添加氮素对沙质草地土壤氮素有效性的影响. 生态学杂志, (11): 1894-1897.

余有贵, 贺建华. 2004. 牧草的营养品质及其评价. 中国饲料, (23): 34-35.

张杰琦. 2011. 氮素添加对青藏高原高寒草甸植物群落结构的影响. 兰州大学硕士学位论文.

张杰琦, 李奇, 任正炜, 等. 2010. 氮素添加对青藏高原高寒草甸植物群落物种丰富度及其与地上生产力关系的影响. 植物生态学报, 34(10): 1125-1131.

张丽霞, 白永飞, 韩兴国, 等. 2004. 内蒙古典型草原生态系统中 N 素添加对羊草和黄囊苔草 N∶P 化学计量学特征的影响. 植物学报, 46(3): 259-270.

张丽英. 2007. 饲草分析及饲料质量检测技术（第 3 版）. 北京: 中国农业大学出版社.

张文军, 张英俊, 孙娟娟, 等. 2012. 退化羊草草原改良研究进展. 草地学报, 20(04): 603-608.

张学洲, 李学森, 兰吉勇, 等. 2014. 氮磷钾施肥量对混播草地产量, 品质和经济效益的影响. 草原与草坪, 34(04): 56-60.

章家恩, 徐琪. 1997. 现代生态学研究的几大热点问题透视. 地理科学进展, (03): 31-39.

章祖同, 刘起. 1992. 中国重点牧区草地资源及其开发利用. 北京: 中国科学技术出版社.

赵彩霞, 郑大玮, 何文清, 等. 2006. 不同围栏年限冷蒿草原群落特征与土壤特性变化的研究. 草业科学, (12): 89-92.

赵哈林, 李玉强, 周瑞莲. 2009. 沙漠化对科尔沁沙质草地土壤呼吸速率及碳平衡的影响. 土壤学报, 46(05): 809-816.

赵琼, 刘兴宇, 胡亚林, 等. 2010. 氮添加对兴安落叶松养分分配和再吸收效率的影响. 林业科学, 46(05): 14-19.

郑翠玲, 曹子龙, 王贤, 等. 2005. 围栏封育在呼伦贝尔沙化草地植被恢复中的作用. 中国水土保持科学, (03): 78-81.

郑凯, 顾洪如, 沈益新, 等. 2006. 牧草品质评价体系及品质育种的研究进展. 草业科学, 23(5): 57-61.

仲延凯, 孙维, 包青海. 1998. 刈割对典型草原地带羊草(*Leymus chinensis*)的影响. 内蒙古大学学报(自然科学版), 2: 202-213.

周宝库, 张喜林. 2005. 长期施肥对黑土磷素积累、形态转化及其有效性影响的研究. 植物营养与肥料学报, 11(2): 143-147.

周鹏, 耿燕, 马文红, 等. 2010. 温带草地主要优势植物不同器官间功能性状的关联. 植物生态学报, 34(01): 7-16.

周学东, 沈景林, 高宏伟, 等. 2000. 叶面施肥对高寒草地产草量及牧草营养品质的影响. 草业学报, 9(3): 14-23.

Abelson P H. 1999. A potential phosphate crisis. Science, 283(5410): 2015.

Abrams P A. 1995. Monotonic or unimodal diversity-productivity gradients: what does competition theory predict? Ecology, 76: 2019-2027.

Atkinson C J. 1986. The Effect of clipping on net photosynthesis and dark respiration rates of plants from an upland grassland, with reference to carbon partitioning in *Festuca ovine*. Annals of Botany, 58: 61-72.

Bai Y, Han X, Wu J, et al. 2004. Ecosystem stability and compensatory effects in the Inner Mongolia grassland. Nature, 431: 181-184.

Basso B, Dumont B, Cammarano D, et al. 2016. Environmental and economic benefits of variable rate nitrogen fertilization in a nitrate vulnerable zone. The Science of The Total Environment, 545-546: 227-235.

Bennett L T, Judd T S, Adams M A, et al. 2003. Growth and nutrient content of perennial grasslands following burning in semi-arid, sub-tropical Australia. Plant Ecology, 164: 185-199.

Dickson T L, Foster B L. 2011. Fertilization decreases plant biodiversity even when light is not limiting. Ecology Letters, 14: 380-388.

Elser J J, Sterner R W, Gorokhova E, et al. 2000. Biological stoichiometry from genes to ecosystems. Ecology Letters, 3(6): 540-550.

Elskens M, Pussemier L, Dumortier P, et al. 2013. Dioxin levels in fertilizers from Belgium: determination and evaluation of the potential impact on soil contamination. The Science of The Total Environment, 454: 366-372.

Grime J P. 2001. Plant Strategies, Vegetation Processes, and Ecosystem Properties, 2nd edn. New York: Wiley.

Hautier Y, Seabloom E W, Borer E T, et al. 2014. Eutrophication weakens stabilizing effects of diversity in natural grasslands. Nature, 508: 521-525.

He J S, Wang L D, Flynn F B, et al. 2008. Leaf nitrogen: phosphorus stoichiometry across Chinese grassland biomes. Oecologia, 155: 301-310.

He K, Qi Y, Huang Y, et al. 2016. Response of aboveground biomass and diversity to nitrogen addition-a five-year experiment in semi-arid grassland of Inner Mongolia, China. Scientific Reports, 6: 31-49.

Hector A, Schmid B, Harris R, et al. 1999. Plant diversity and productivity experiments in European grasslands. Science, 286: 1123-1127.

Hu J L, Lin X G, Wang J H, et al. 2009. Population size and specific potential of P-mineralizing and solubilizing bacteria under long-term P-deficiency fertilization in a sandy loam soil. Pedobiologia, 53(1): 49-58.

Huang L, Liang Z, Suarez D L, et al. 2015. Continuous nitrogen application differentially affects growth, yield, and nitrogen use efficiency of *Leymus chinensis* in two saline- sodic soils of Northeastern China. Agronomy Journal, 107: 314-322.

Huffman D A. 1952. A method for the construction of mini-mum-redundancy codes. Proceedings of the IRE, 40(9): 1098-1101.

Huston M A. 1997. Hidden treatments in ecological experiments: re-evaluating the ecosystem function of biodiversity. Oecologia, 110: 449-460.

Li Y Y, Dong S K, Wen L, et al. 2012. Soil seed banks in degraded and revegetated grasslands in the alpine region of the Qinghai-Tibetan Plateau. Ecological Engineering, 49: 77-83.

Lü X T, Han X G. 2010. Nutrient resorption responses to water and nitrogen amendment in semi-arid grassland of Inner Mongolia, China. Plant and Soil, 327: 481-491.

Lü X T, Kong D L, Pan Q M, et al. 2012. Nitrogen and water availability interact to affect leaf stoichiometry in a semi-arid grassland. Oecologia, 168: 301-310.

Meek B D, Graham L E, Donovan T J, et al. 1979. Phosphorus availability in a calcareous soil after high loading rates of animal manure. Soil Science Society of America Journal, (43): 741-743.

Mittelbach G G, Steiner C F, Scheiner S M, et al. 2001. What is the observed relationship between species richness and productivity? Ecology, 82: 2381-2396.

Stevens C J, Disc N B, Mountford J O, et al. 2004. Impact of nitrogen deposition on the species richness of grasslands. Science, 303: 1876-1879.

Waide R B, Willig M R, Steiner C F, et al. 1999. The relationship between productivity and species richness. Annual Review of Ecology and Systematics, 30: 257-300.

Zhang L X, Bai Y F, Han X G, et al. 2004. Differential responses of N：P stoichiometry of *Leymus chinensis* and Carex korshinskyi to N additions in a steppe ecosystem in Nei Mongol. Acta Botanica Sinica, 46(3): 259-270.

Zhang X Y, Dong W Y, Dai X Q, et al. 2015. Responses of absolute and specific soil enzyme activities to long term additions of organic and mineral fertilizer. The Science of The Total Environment, 536: 59-67.